高等职业教育制冷与空调技术专业系列教材

制冷空调测控技术

主编　王寒栋
参编　赖学江　张铛峰
　　　田国庆　苏　燕
主审　王　立

机械工业出版社

本书是高等职业教育制冷与空调专业的系列教材之一。全书共分2篇，第1篇中介绍了制冷空调工程中常用的热工参数测量仪表及其使用方法；第2篇则介绍了自动控制系统（含微机测控系统）基础知识及制冷空调的典型自动控制系统。为方便读者学习，在每章之后都设有本章要点，并配有思考题与习题，而且在大部分章节之后安排有相应的实训项目，使理论教学与实践教学相辅相成。

本书可作为高等职业教育制冷与空调专业教材，也可作为普通高等学校的大专学生、业余大学和函授大学的学生以及专业人员培训的教材，或作为本科学生、专业技术人员和管理人员等参考书。

图书在版编目（CIP）数据

制冷空调测控技术/王寒栋主编.—北京：机械工业出版社，2004.1（2023.2重印）
高等职业教育制冷与空调技术专业系列教材
ISBN 978-7-111-13672-9

Ⅰ.制…　Ⅱ.王…　Ⅲ.制冷-空气调节器-低温测量方法-高等学校：技术学校-教材　Ⅳ.TB657.2

中国版本图书馆CIP数据核字（2003）第119389号

机械工业出版社（北京市百万庄大街22号　邮政编码100037）
责任编辑：张双国　宋学敏　版式设计：冉晓华　责任校对：李秋荣
封面设计：饶　薇　　责任印制：李　昂
北京捷迅佳彩印刷有限公司印刷
2023年2月第1版第8次印刷
184mm×260mm・21.25印张・488千字
标准书号：ISBN 978-7-111-13672-9
定价：55.00元

电话服务　　网络服务
客服电话：010-88361066　机　工　官　网：www.cmpbook.com
010-88379833　机　工　官　博：weibo.com/cmp1952
010-68326294　金　书　网：www.golden-book.com
封底无防伪标均为盗版　机工教育服务网：www.cmpedu.com

高职高专制冷与空调专业规划教材编写说明

随着科技发展、社会进步和人民生活水平的不断提高，制冷与空调设备的应用几乎遍及生产、生活的各个方面，运行和维护制冷与空调设备需要大批专门技术人才，尤其我国加入WTO，融入国际竞争的大潮，社会对制冷空调设备的安装、维修、管理专业高级技术人才的需求量也愈来愈大。为了满足和适应社会不断增长的需要，全国已有数十所高职高专院校先后开设了“制冷与空调”专业，以加速制冷与空调专业应用型高级技术人才的培养。

为了编写出既有行业特色，又有较宽覆盖面，适应性、实用性强的专业教材，我们组织了全国十几所不同行业高等院校具有丰富教学和工程实践经验的教师编写了这套高职高专制冷与空调专业规划教材，书目见封四。

本套教材在编写过程中，结合我国制冷与空调专业的发展以及行业对高职高专人才的实际要求，在形式和内容上都进行了有益探索。在专业面向上，既涉及家用、商用制冷与空调设备，又涉及工业制冷空调设备，其覆盖范围广；在内容安排上，既介绍传统的制冷空调原理、方法、设备，又补充了大量的新技术、新工艺、新设备，立足专业最前沿；在课程组织上，基本理论力求深入浅出、通俗易懂，实验、实训力求贴近生产，强调实际、实用；特别强调突出能力培养，体现高职特色，既可作为高职高专院校的专用教材，也可作为社会从业人员岗位培训教材。

本套教材编写过程中，得到了有关设计、施工、管理、生产企业和有关专家学者的大力支持，提出了许多宝贵意见，提供了大量技术资料和工程实例，使得教材内容更加丰富、翔实，在此表示衷心感谢！

由于受理论水平、专业能力和知识面的限制，加之时间短促，全套教材中难免有疏漏和错误，恳请广大师生和读者批评指正，以便再版时修订、补充、完善和提高。

高职高专制冷与空调专业教材编审委员会

前　言

本书是高等职业教育制冷空调专业系列教材之一，是为满足该专业“制冷空调测控技术”课程的教学需要而编写的。

随着科技水平的提高及各学科相互融合的加强，现代制冷空调工程中已不可避免地吸收与采用检测与自动控制方面的先进技术，从而使制冷空调技术发展到一个新的高度，使设备或系统的性能和技术含量大为提高。面对大量技术先进、功能众多的现代制冷空调设备或系统，为制冷空调生产一线培养合格技术人才的高职院校，应如何组织教材和教学、真正达到学生毕业即可上岗的要求就不可避免地摆在各位教学工作者的面前，而其中，首当其冲的是如何选择或编写合适的高职教材。

以往这方面的高职教材大多选用普通高等教育本科教材，但在教学中发现，本科教材的理论性很强，而在实用性方面则有所欠缺，难以满足高职教学的全部要求。由于各地高职高专院校制冷空调专业的培养目标极富地方特色而各不相同，使得目前难以找到很合适的高职高专教材，教师只好采用本科教材的同时，自己编写部分补充讲义，或者同时选用两本以上的教材交互使用，难免会在一定程度上影响教学效果或增加学生的经济负担。因此，组织编写适合高职高专教学要求、同时又能为大多数院校所接受的制冷空调测控技术教材就成为当务之急。在机械工业出版社的大力支持下，几所兄弟学校共同承担了高职高专制冷与空调专业系列教材之《制冷空调测控技术》的编写工作，以期能为我国的高职高专教育尽绵薄之力，或为抛砖引玉之用。

本书由2篇组成：第1篇为热工测量及其仪表；第2篇为空调制冷自动控制原理与应用。第1篇主要介绍了各种常用热工参数的检测要求及其测量仪表的特点和使用要求，着重训练学生针对不同待测参数来制订测量方案、选用仪表、正确实施测量过程和对测量结果进行正确处理与分析的能力。第2篇简要介绍了自动控制的基础知识，重点对自动控制在制冷空调系统中的应用进行了介绍与分析，并对现代微机测控技术的应用进行了单独介绍以突出其重要性。根据高职高专教育的人才培养特色，大幅减少了自控系统设计方面的内容，同时对自控理论中的传递函数及其应用不再进行介绍，而将重点放在制冷空调实际测控系统的分析方面，因此在教学中主要要求学生掌握各种实际自动控制系统的组成、功能、控制过程和特点，能将实际系统用框图或自动控制流程图加以描述，或能实现框图与流程图之间的互变并能准确、清晰地描述其自动控制过程与特点，借此掌握其运行维护与管理等方面的要求。

考虑到各地的地方特色及制冷空调专业培养目标的差异，在编写本书时适当拓展了知识的覆盖面，使用者可根据当地的实际需要选择相应的内容组织教学，不一定要面面俱到。此外，本书中的实训内容主要是针对相应的知识与技能要求提出的，教学中亦可进行取舍或改做类似的内容。

在本书的编写中，力图体现以下特色：

1. 注重理论与实践相结合，注重实践能力的培养。理论知识以职业岗位对能力的要求为中心，以“必需、适用、够用”为原则；实训内容以培养学生熟练的操作技能、敏锐的观察能力、独立思考能力、分析和解决问题的能力为主旨，兼顾应变能力、创新能力和职业素质的培养。实训内容与理论知识可根据需要灵活地进行先理论后实践，或先实践后理论，或理论与实践相互穿插的方式组织教学。为了突出教学中学生的主体地位，增强学生自己分析问题、解决问题的自主性，大多数实训内容只列出了训练目的、要求及关键性的步骤，而对如何达到这些要求，如何实施的具体过程等交由学生自己去思考和完成（教师可根据情况加以适当指点）；这种安排还可兼顾各地的不同条件和要求，使教师有一定的调整空间，增加了训练内容的灵活性，也就更加实用。

2. 针对高职教学的实际需要，省略一些不必要的理论公式与推导，增加了实际工程应用分析等方面的内容，使教材的实用性和针对性加强。

3. 根据现代制冷空调新技术的发展趋势，适当增加微机测控技术及其在制冷空调工程中的应用等知识内容，使之与新技术应用更为贴近。

4. 注意到本教材与同系列其他教材之间的关系，在内容编排上不再重复其他教材已编写的内容（如在制冷技术、空调技术等已讲授过的理论原则上不再重复），做到精炼、适用。

5. 教材的内容和安排更适合“教、学、做”相结合的“三明治”式教学，更能提高学生学习的兴趣，也便于学生理解和掌握。

本书共分 13 章和 7 个附录，由王寒栋主编并负责全部统稿工作，其他参加编写人员为张铛峰、赖学江、田国庆、苏燕。具体分工为：第 1、2、13 章由王寒栋编写，第 3、4、5、6 章及附录 A ~ 附录 F 由张铛峰编写（实训内容由王寒栋编写），第 7、8、9 章及附录 G 由赖学江编写，第 10、11 章由苏燕编写，第 12 章由田国庆编写。

本书主审王立老师为审稿工作付出了辛勤的劳动，提出了宝贵的意见和建议，编者在此向他表示衷心的感谢。此外向本书参考文献的作者表示感谢——是他们为我们的编写工作打下了良好的基础。

由于时间的关系，我们预先的一些计划和设想未能全部在本书中体现出来，让编者引为憾事，尚有待于今后进一步丰富和提高。同时，由于编者水平所限，书中难免有不妥之处，恳请同行专家、学者和读者批评、指正，使我们不断提高。

编者

目　录

编写说明

前言

第1篇　热工测量及其仪表

附录

参考文献

第1篇

热工测量及其仪表

第1章

概　述

1.1 热工测量技术发展概况与特点

随着21世纪信息时代的来临，科学技术的发展更加迅速。测量技术对自然科学、工程技术发展的重要性，已越来越为人们所认识和重视，并已成为科学研究不可缺少的重要手段。不但工业过程要依靠各种先进的测量方法来实现自动控制，各种更为复杂的科学实验要通过测量提供可靠的数据，即使在计算机和计算科学迅猛发展的今天，各种数学模型和数值计算的结果也需要经过测量来验证。

与其他学科一样，在热工领域中，测量技术的发展也经历了一个漫长的历程。20世纪50年代以前，作为参数测量的感受元件较多属于机械式传感器，如弹簧压力表、膨胀式温度计等。20世纪60年代后，开始应用非电量电测技术和相应的二次仪表，使测量技术上了一个新台阶。随着计算机与电子技术的发展，测量技术开始了一个新的发展阶段。20世纪80年代开始应用计算机和智能化仪表，以实现对动态参数的实时检测和处理。随后，许多新型传感技术如激光全息照相技术、光纤传感技术、红外CT技术、超声波测量技术等高新技术相继出现，并已逐步深入到热工的各个领域，用于对流动过程、传热传质过程等的高速瞬变动态参数的测量。从而使得对热工过程的研究，从宏观过程的研究深入到微观、瞬变过程的研究。许多研究成果表明，这些高科技的传感技术，加上智能化的二次仪表和计算机的应用，在热工过程的研究中起到了极其重要的作用。由于对热工中各种过程内在规律的深入研究，对过去的传统观念作出了新的解释，并有新的发现，从而大大促进了学科的发展。

概括地讲，近代热工测量技术的发展呈现以下特点：

1）在测量方法上，由接触测量向非接触测量发展。如传统的测温方法都是接触式的，而近代的激光测温则是非接触式的。这种非接触式的测量方法，避免了传感器对被测对象的干扰，代表了当今测量技术的发展方向。

2）在测量的时间域上，由热工参数的静态测量发展为热工参数的动态测量。

3）在测量的空间域上，由对被测物理量个别点的测量发展到整个热物理量场的测量。

4）在数据处理上，由被测数据的手工采集或仪表记录发展到计算机采集、储存与处理。

5）在测量的功能上，由单纯的测量发展到测量与控制相结合，又进一步发展为测量、控制、诊断及图像显示相结合。

随着科学技术的进步，测量技术已逐步成为一门完整的、独立的学科，同时它又是与传感技术、电子及计算机技术、应用数学及控制理论等相互交叉的学科。这一学科的发展，无疑将会大大促进热工工程领域科学研究和应用技术的发展。

1.2 热工测量在制冷空调工程中的作用

热工测量指的是在热工过程中所涉及到的一些典型物理量的测量，这些典型的物理量包括温度、压强（压力）、湿度、流速、流量、液位、热量等。考虑到高等职业教育及制冷空调专业培养目标的特点，以上这些参数中，液位、热流的测量在这里不作介绍了，如有这方面需要的读者，可参考其他相关资料。

在制冷空调工程中，热工测量的目的在于：

1）直接反映热力过程中的运行参数值，供值班人员及时掌握设备的运行情况，并据此作出正确的判断和合理地进行操作，以保证设备安全可靠地运行，为企业经济核算和计算各项技术经济指标提供数据，以寻求经济、合理的运行方式。

比如，使用空调时，为了达到最基本的舒适性要求，就要在合适的时候开机与关机，而这个“合适的时候”往往是由温度、湿度等热工参数来决定的，因此就要有温度、湿度等的检测与监控。同样，要判断制冷空调设备的运行是否正常，也离不开对相应热工参数的检测，如通过空调系统所能达到的温度、系统内的压力、工质的流速与流量等参数值的分析，可以经过计算得出系统供冷量的多少、系统性能的好坏等等，为分析系统或设备的状况、调试与寻求系统或设备的最佳工况提供准确的、客观的判断依据。热工参数测量在这方面的典型应用，就是确定设备维护保养的时机。设备要不要作维护保养、何时作维护保养，才能做到既能维持设备的高效运行，又能避免盲目做不必要的工作，往往要通过对设备运行状况的分析之后才能决定，而这种分析又必须建立在热工参数的检测基础之上。如，在确定要不要清洗冷水机组的冷凝器铜管簇时，往往根据相应负荷时冷却水的进、出水温度差值等来判断。

还有，目前在中央空调工程中开始应用的空调分户计费系统，将用户享受空调舒适程度与其应支付的费用联系起来，而用户所需支付的费用也必须通过准确的热工参数（温度、流量等）测量与计算之后才能确定。

2）提供自动控制用的测量信号。现代制冷空调设备都离不开自动控制，甚至在某种程度上来说，自动控制系统的优劣成了衡量设备性能、功能与技术先进性等优劣的主要指标，设备的更新换代在很大的程度上也往往是源于其自动控制系统的推陈出新。在自动控制系统中，输入控制器的信号是必不可少的，该信号是控制器动作与否的一个依据，而该信号只有通过测量来获得。可见，热工参数的测量是现代制冷空调控制的基础和前提。

3）分析事故原因，并据此处理事故与吸取教训等。现代制冷空调设备往往是由多个结构复杂、功能各异的模块或部件所组成，当设备出现故障或事故时，往往不能一下子就发现问题所在。这时，如果有设备运行期间所检测与记录到的运行参数等资料，就会给故障分析与诊断提供最可靠的依据，从而为分析与排除故障、处理事故带来极大的便利，并从中吸取经验教训，由此制订相应的规章制度以提高设备的运行管理水平。

可见，通过对热工参数的测量，可以准确掌握制冷空调设备运行状态的好坏，了解其效率的高低，并据此做出及时的应对，改善其运行特性，达到经济、合理运行的目的。还可以准确地获得各热工参数的数值，并避免因人的主观感受差异而导致的不同评判标准，从而为所采取的措施提供严谨且科学的依据。同时，通过对检测与控制手段的改进，可以使制冷空调产品的科技含量大幅度上升，从而促进产品提高质量，甚至更新换代。

第 2 章

测量与测量仪表基础

2

2.1 测量及其基本方法

2.1.1 测量

测量是人类对自然界中客观事物取得数量观念的一种认识过程。在日常生活中，如对气温、湿度、气压等参数的测量；体检时，量体温、测血压、脉搏、身高、体重、各种化验等。在工业生产中，如在中央空调系统中，为了使系统能正常运行并提供符合使用要求的空气，同时满足节能的经济性要求，就需要不断地对系统中有关部位的温度、湿度、压力、流速与流量等参数进行检测，并将检测到的信号传输给相应的控制器件，以调节系统的运行状态，使其按人们的要求进行工作。

可见，所谓**测量**，就是用特定的工具和方法，通过实验手段将被测物理量与相应的测量单位进行比较以确定二者之间的比值，从而得到被测量的数值。因此，测量就是确定一个数值未知的物理量的过程。

要获得准确的测量结果，测量过程就必须满足以下要求：

1）用来比较的测量单位必须是国际上或国家公认的。

2）进行比较时所用的方法和仪器（即工具和方法）必须是经过验证了的。

在测量过程中，测量值可用数学式表示为

$$X = aU \tag{2-1}$$

式中 X——被测量；

U——标准量，亦即选用的测量单位；

a——被测量与单位的数字比值。

由式（2-1）可知，比值 a 的大小与所选用的测量单位有关。单位改变时，a 的大小也将随之变化。因此，在测量结果中必须要标明测量单位。

事实上，完整地描述一个测量过程还必须知道测量过程的三要素，即，**测量单位**、**测量方法**、**测量仪器**与设备。也就是说，当给出某个物理量的测量值时，必须同时指出测量所采用的仪器设备名称、类型以及采用何种测量方法进行测量和测量中的标准量（即测量单位）的名称。如要测量某空调房间内的温度值，就应说明：

1）是用哪种温度计或仪表来测量的。

2）是如何利用该温度计或仪表来获得测量结果的（即测量方法），如测点的布置、读数的时间间隔、测量的次数、数据处理方法等等。

3）采用何种温标，如摄氏度（℃）、热力学温标（K）等。

只有这样，才能给人以比较完整、清晰的印象，这也是在进行热工测量时所应具有的严谨的、科学的态度。

2.1.2 测量的基本方法

测量方法，即实现被测量与单位比较的方法。按照得到最后结果的过程不同，测量方法一般分为直接测量、间接测量和组合测量三种。

1. 直接测量

被测量的数值可以直接从使用的测量仪器上读得，称之为**直接测量**。如用玻璃液体温度计测温度，用弹簧压力计测压力，用数字风速仪测风速等。

直接测量是测量的基础，其常用的方法有：

(1) 直读法　用度量标准直接比较，或从仪表上直接读出被测量的绝对值。例如，用米尺测量长度，用弹簧秤测质量等。

(2) 差值法　指从仪表上直接读出两量的差值，作为要测的量，如用 U 形液柱式差压计测压差。

(3) 代替法　指用已知量代替被测量，即调整已知量，使两者对仪表的影响相等，此时被测量就等于已知量。如用光学高温计测温度就属于代替法。

(4) 零值法　使被测量对仪表的影响与同类已知量的影响相抵消，则被测量等于已知量。如用电位差计测热电势（注意不是用热电偶测温度）、用天平测质量等。

2. 间接测量

间接测量是指被测量的数值不能直接从测量仪器上读得，而需要通过直接测量得到与被测量有一定函数关系的量，然后经过运算得到被测量的数值。如需要测空气的焓值，就不能直接从简单仪器上直接得到，只能通过测量空气的干、湿球温度等之后，借助焓值计算公式或图表等而得到。

3. 组合测量

测量中使各个未知量以不同的组合形式出现，或改变测量条件以获得这种不同的组合，根据直接测量或间接测量所获得的数据，通过解联立方程组以求得未知量的数值，这类测量称为**组合测量**。

如果按测量条件，如测量者水平、仪器仪表精度、测量方法、环境条件等来划分，测量可分为**等精度测量**和**非等精度测量**两种。等精度测量中，每次的测量条件完全相同，而非等精度测量中每次的测量条件不尽相同。

如果按被测量的状态，可将测量分为**静态测量**与**动态测量**两种。静态测量中，被测量不随时间明显变化；动态测量中，被测量则随时间有明显的变化。例如，恒温房间稳定的温度、风速等，在测量过程中不随时间而发生显著的变化，因此对其测量属于静态测量。但空调房间在升温或降温过程中的温度测量、空调系统在加湿或减湿过程中的湿度测量等，则属于动态测量。相对于静态测量来说，动态测量更为困难，要求测量系统的动态特性要好。

需要注意的是，测量方法本身并无高低、优劣之分，只有对具体被测对象的适合与不适合。因此，在选用测量方法时，应根据测量的具体条件和要求，在满足测量精度的前提下力求测量的简便、迅速，而不苛求使用高精度的仪器仪表。

2.2　测量系统

2.2.1　测量系统的组成与功能

测量系统由被测对象与测量设备共同组成。其中，测量设备又包括测量所用的传感器、变换器或变送器、信号传输通道、显示装置等。

有时，人们将测量设备的各个组成部分统称为**测量环节**。所谓测量环节是指测量时建立输出与输入量之间某种函数关系的一个基本部件，若干个具有一定基本功能的测量环节组成测量系统。

由测量系统的组成，可知测量系统具有信号变换、选择、比较与运算、显示与记录等主要功能。但要注意的是，系统的组成与系统的基本功能之间不一定是一一对应的关系，有时多种基本功能也可由一个测量仪表来完成，如水银温度计就同时具有变换、比较与显示的功能。在测量系统中，各环节的功能如下：

1）传感器，属于一次仪表（即直接与被测对象发生联系的仪表），如热电偶、热敏电阻等。传感器输出的信号有机械位移、电阻、电势、电容量等。传感器的作用是：将被测量按一定规律转换成便于处理和传输的另一个物理量，实现测量与自动控制的首要条件，其精确性对测量质量有着决定性的影响。

2）变换器与变送器是将传感器输出的信号变换成显示装置易于接收的部件。由于传感器输出的信号与显示装置所能接受的信号有所差异，则变换器将信号进行变换。尽管部分现代的自动指示、记录与调节仪表可直接接受传感器的信号，但为了标准化，有的仪表要求接受标准信号，如0～10mA DC、4～20mA DC、0～10V DC等信号。为此，需要将传感器转换来的信号变换到标准信号。

3）显示装置是与观测者直接发生联系的部分，又称显示仪表，根据其特点可分为模拟式、数字式和屏幕式三种。

4）传输通道是仪表各环节间输入、输出信号的连接部分，它分为电线、光导纤维和管路等。测量系统中的传输通道应按规定要求进行选择和布置，否则会造成信息损失、信号失真或引入干扰等。

2.2.2 测量系统的分类

测量系统的分类方法多种多样，可按被测对象的特点分，亦可按测量设备的特点分。在此，仅介绍按测量设备中显示装置的特点的分类方式，有模拟式测量系统、数字式测量系统、屏幕式测量系统。

1. 模拟式测量系统

测量系统中，如果显示仪表为模拟式的仪表，则称之为**模拟式测量系统**。模拟式测量系统以连续变化的被测量直接进行连续显示与记录，具有结构简单、价格低廉等优点，但容易在测量过程中产生视差。模拟式仪表最常见的为指针式仪表，如弹簧压力表等，液面连续变化的玻璃液体温度计也属于模拟式仪表。

2. 数字式测量系统

数字式测量系统是将模拟量转换成数字量进行测量，即将连续的被测量通过各种传感器和变换器变换成直流电压或频率信号后，再转换成相应的数字量，然后予以数字编码，进而传输、显示或打印测量值。

相对于模拟式测量仪表而言，数字式仪表具有测量精度高、速度快、读数客观、易实现测量自动化及将测量结果以数码形式输出，便于和计算机相连等一系列优点。用它还可以提高测量的技术水平。但数字式测量系统的显示仪表存在量化误差，量化误差的大小取决于模/数转换器的位数，直观性不如模拟式系统。

3. 屏幕式测量系统

屏幕式测量系统中采用的是屏幕式显示仪表，是电视技术在测量中的应用。它既可以按模拟方式给出曲线，也可以给出数字，或者两者同时显示，具有形象性和易于读数的优点，并能在屏幕上显示出大量的数据，便于比较和判断。这是目前最先进的测量系统。

2.2.3　工程中的自动测量系统

随着制冷空调工程技术的不断发展，对其中各种参数的测量，尤其是对其瞬变参数（即每时每刻都在变化着的参数）的动态测量而言，要求精度高、速度快，并能实时迅速处理，这只能通过自动测量系统来进行。因此，自动测量系统在制冷空调工程中得到迅速发展。目前，对温度、压力、流量等的测量，都有适合自身参数测量的专用自动化测量系统。

图 2-1 为工程中一种典型的由计算机控制的自动测量系统框图。它由传感器、输入通道、主机、外围设备和操作控制台 5 个部分组成。

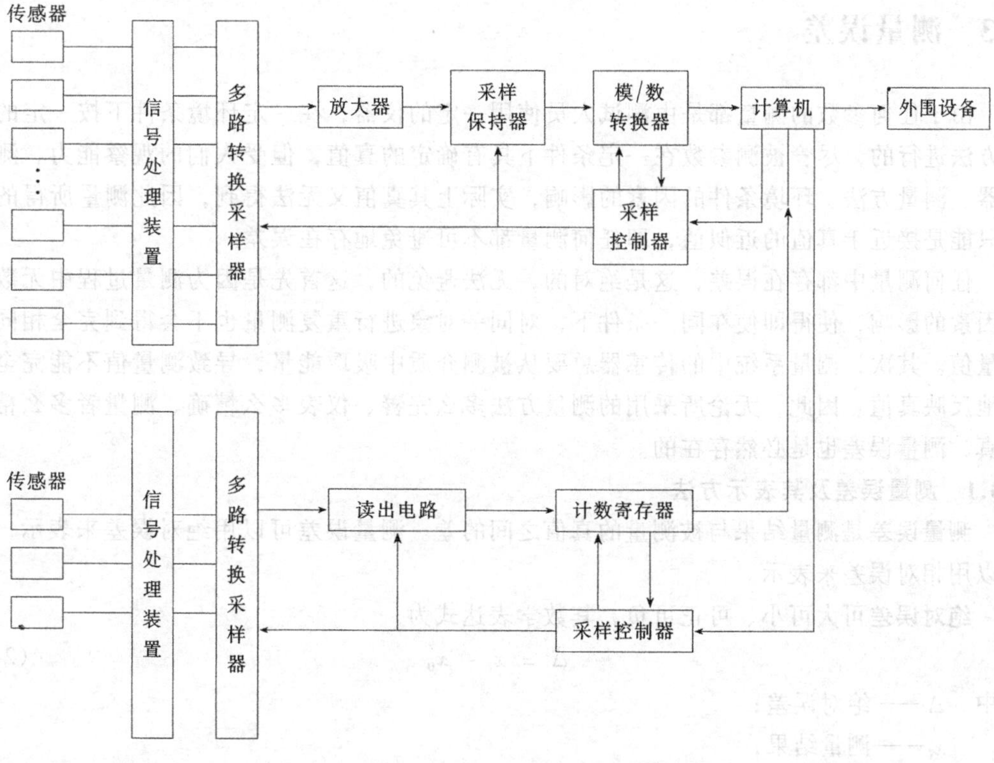

图 2-1　计算机控制的自动测量系统框图

其中，传感器的作用是检测被测量的物理量，并把所检测到的物理量转换成电信号，它可以是模拟量电信号（如电流、电压），也可以是数字量电信号（如脉冲信号）。

与传感器输出信号相匹配的有模拟量输入通道和数字量输入通道。模拟量输入通道包括信号处理装置、多路转换采样器、放大器和采样保持器、模/数（A/D）转换器、采样控制器等。通过输入通道将传感器信号进行抗干扰、放大、线性化、A/D 转换等处理，使通道输出的信号符合计算机进行数据处理的要求。图中另一路为数字量输入通道，它由信号处理装置、多路转换采样器、读出电路、计数寄存器及采样控制器组成，其作用是将脉冲信号转换成数字信号。

计算机是现代工程测量系统的核心，它实施对整个系统的控制，并将检测到的信号进行必要的处理后送到外围设备，将数据和分析结果打印输出、光电显示、绘制图形等。外围设备还包括数据输入设备，如磁带机等，它的作用是把事先编好的程序或所需要的数据输入计算机存放和处理。在计算机内存较小时，外围设备还应包括外存储器，它可以和内存储器交换信息。

操作控制台的作用是完成人-机间的联系，包括实时控制、修改、增删程序和参数，在系统有故障或异常情况时，干预主机工作。

尽管现代的工程测量系统因参数、测量环境和要求等不同而有所差异，但上述系统仍基本上反映了现代工程测量系统的概况。有关详细内容将在第13章中进行介绍。

2.3 测量误差

由于任何参数的测量都是由测试人员使用一定的仪器，在一定环境条件下按一定的测量方法进行的，尽管被测参数在一定条件下具有确定的真值，但受人们的观察能力、测量仪器、测量方法、环境条件的因素的影响，实际上其真值又无法得到，因此测量所得的结果只能是接近于真值的近似值，即任何测量都不可避免地存在误差。

任何测量中都存在误差，这是绝对的，无法避免的，这首先是因为测量过程中无数随机因素的影响，使得即使在同一条件下，对同一对象进行重复测量也不会得到完全相同的测量值。其次，测量系统中的传感器总要从被测介质中吸取能量，导致测量值不能完全准确地反映真值。因此，无论所采用的测量方法多么完善、仪表多么精确、测量者多么精心认真，测量误差也是必然存在的。

2.3.1 测量误差及其表示方法

测量误差是测量结果与被测量的真值之间的差。测量误差可以用绝对误差来表示，也可以用相对误差来表示。

绝对误差可大可小、可正可负，其数学表达式为

$$\Delta = x_i - x_0 \tag{2-2}$$

式中 Δ——绝对误差；

x_i——测量结果；

x_0——被测量的真值。

相对误差与绝对误差有一定的关联，其数学表达式为

$$\delta = \frac{\Delta}{x_0} \times 100\% \tag{2-3}$$

式中 δ——相对误差。

由绝对误差与相对误差的表达式可知，尽管二者都能反映误差的大小、也都有正负之分（正、负号表示结果是正偏差还是负偏差），但它们之间还是有所不同的：

1）绝对误差反映的是测量读数在度量上与被测量真值偏差的绝对大小，绝对误差数

值越小，表明测量读数越接近真值、偏差越小；而相对误差则反映的是测量过程中，绝对误差在被测量真值中所占份额的多少，即测量结果偏离真值的相对程度。

2）相对误差中隐含有绝对误差，而绝对误差则只与测量值与真值直接相关。

3）绝对误差是有单位的，其单位与被测物理量所采用的单位相同，而相对误差是没有单位的。

由于真值 x_0 无法测量，使得式（2-3）也无法列出。如果知道误差范围 Δ_{max} 后，可将真值 x_0 的范围 x_0' 写作

$$x_0' = x_i \pm \Delta_{max} \tag{2-4}$$

x_0' 也是一个不确定的值，但由它可以确定真值 x_0 的实际范围，即 x_0 的实际值落在式（2-4）的区间内。因此，在进行测量工作时，只有当给出了测量结果、误差范围 $\pm\Delta_{max}$ 及其单位，测量才算完成。

2.3.2　测量误差的分类

按测量过程中误差出现的规律不同，以及它们对测量结果的影响程度来分，可将测量误差分为三类，即系统误差、随机误差（或偶然误差）、粗大误差（或过失误差）。

1. 系统误差

系统误差是指在相同的测量条件下，对同一被测量进行多次测量，误差的绝对值和符号保持不变，或按一定规律变化的一类误差，前者称为恒值系统误差，后者称为变值系统误差。系统误差可以通过试验的方法加以消除，也可通过引入修正值加以修正，因此在正确的测量结果中不应包含系统误差。

2. 随机（偶然）误差

在相同测量条件下，对同一被测量进行多次测量，由于受到大量的、微小的随机因素的影响，测量误差的绝对值的大小和符号没有一定规律，且无法简单估计，这类误差称为**随机误差或偶然误差**。

随机误差在数值上时大时小，时正时负，产生原因不详，故无法在测量过程中加以完全控制和排除，使得测量结果中必然包含随机误差。但在等精度测量中，随机误差服从统计规律，随着测量次数的增加，随机误差的算术平均值将逐渐接近于零，因此，多次测量结果的算术平均值将更接近于真值。

3. 粗大（过失）误差

粗大误差是显然与事实不符的误差，主要是由于测量者粗心大意或操作不正确所造成的，如读错刻度值、记录错误、计算错误等。此类误差无规则可循，只能在测量时多加注意，仔细操作，才可以避免。在实验结果中，一旦发现粗大误差，应立即从测量数据中剔除。

2.3.3　测量误差的来源与处理方法

由于测量得到的数据总是含有误差和不确定性，为了提高测量精度，必须尽可能消除或减小误差，因此有必要对各种误差出现的规律及其处理方法等进行研究，使得最后能通过有关方法估计出测量中各个误差分量的大小，对测量结果做出科学的评价，并把测量结果正确地表达出来。

1. 系统误差的来源及其处理方法

在测量过程中，引起系统误差的原因主要有测试仪器、仪器的安装、测试环境、测试方法、测试中的操作、瞬变量的动态变化等等。根据引起误差的原因不同，分别有仪器误差、安装误差、环境误差、方法误差、操作误差、动态误差。

仪器误差是由于仪器不完善或老化所产生的误差。

安装误差是由于仪器安装和使用不当而产生的误差，如选择测点不当等。

环境误差是由于仪器使用的环境条件与使用规定的条件不符而引起的误差。

方法误差是由于测量方法或计算方法不当所产生的误差，或是由于测量和计算所依据的理论本身不完善等原因而导致的误差。有时也可能是由于对被测量定义不明确而形成的理论误差。

操作误差，即人为误差，是由于观察者因操作错误或观察位置不对而产生的误差。

动态误差是在测量瞬变量时，由于仪器的自振频率、阻尼以及与被测量之间的关系而产生的振幅和相位误差。

系统误差的处理一般属于技术问题。首先应尽可能设法预见各种系统误差的来源，并尽力消除其影响；其次是设法确定或估算系统误差值。

对于有些系统误差，只要严格按照测量仪器的安装方法、使用条件、操作规程等实施，是不难消除的。具体地说，可用以下方法来消除系统误差：

(1) 交换抵消法　即将测量中某些条件（如被测物的位置等）相互交换，使产生系统误差的原因相互抵消。

(2) 替代消除法　在一定测量条件下，用一个精度较高的已知量，取代测量系统中的被测量，而使测量仪器的指示值保持不变，此时，被测量即等于该已知量。

(3) 预检法　预检法是一种检验和发现测量仪器系统误差的常用方法。可将测量仪器与较高精度的基准仪器对同一物理量进行多次重复测量。设测量仪器读数的平均值为 $\overline{L}$，基准仪器读数的平均值为 $\overline{L}_0$，则 $\overline{L}$ 与 $\overline{L}_0$ 的差值 $\Delta = \overline{L} - \overline{L}_0$ 可以作为测量仪器在对该物理量测量时的系统误差。测出系统误差值就可对测量值进行修正。

2. 随机（偶然）误差的来源与处理方法

随机（偶然）误差来源于某些不可知的原因，其误差的出现完全是随机的，故难以估计出每个因素对测量结果的影响。随机误差产生的原因主要有下面几种情况：

1) 无规律变化，仪表本身的设计、制造、材料、间隙、摩擦等因素有关，无规律变化与出现的结果。

2) 测试人员虽认真，但最后一位估计读数不准。数字显示仪表，虽可消除读数的估计误差，但由于计数脉冲与门脉冲不完全同步而产生的误差。

3) 使用条件与环境的变化。如产生的误差较大，可通过实验方法加以校正，则属于系统误差，如仅是微量的随机变化，使被测量参数在数值尾数上随机波动，仪器愈精密，分辨的微量愈小，此值在读出时就产生了随机误差。

在工程中，随机误差均可用正态分布规律处理。服从正态分布的随机误差具有 4 个特性：

1) 单峰性：绝对值小的误差出现的次数比绝对值大的误差出现的次数多。

2）对称性：符号相反但绝对值相等的随机误差出现的机会相等。

3）有限性：在一定测量条件下，误差的绝对值一般不超出一定范围。

4）抵偿性：当测量次数 $n\to\infty$ 时，测量中各误差的代数和趋于零。

正态分布及其相关内容在本书中不作介绍，如果读者确实需要借此进行严格的误差分析，可参考其他有关热工测量的资料。

对被测量进行有限次等精度测量后，从有限个带有随机误差的测量值中求出最接近真值的值，该值称为测量的最佳值或最可信赖值。对于直接测量误差而言，可以通过以下步骤来获得测量的最佳值：

1）先剔除测量值中的粗大误差，并修正系统误差。

2）对随机误差进行分析与计算。设对某一被测量进行 m 次等精度重复测量后，得出 m 个测定值 l_1'，l_2'，…，l_m'，按步骤 1）处理后得到不存在粗大误差和系统误差的 n（$n\leqslant m$）个测量值 l_1，l_2，…，l_n，然后计算这 n 个测量值的平均值 L 与其偏差的平方和 $\sum_{i=1}^{n}V_i^2$

$$L=\frac{\sum_{i=1}^{n}l_i}{n}=\frac{l_1+l_2+\cdots+l_n}{n}\tag{2-5}$$

$$\sum_{i=1}^{n}V_i^2=\sum_{i=1}^{n}(l_i-L)^2=(l_1-L)^2+(l_2-L)^2+\cdots+(l_n-L)^2\tag{2-6}$$

进而计算测量值的均方根误差 $\hat{\sigma}$ 和测量值的极限误差 $\Delta_{\lim}$

$$\hat{\sigma}=\sqrt{\frac{\sum_{i=1}^{n}V_i^2}{(n-1)}}\tag{2-7}$$

$$\Delta_{\lim}=\pm 3\hat{\sigma}\tag{2-8}$$

同时检查 V_i 的值，如果其中有大于 $\Delta_{\lim}$ 者，应将该次测量值剔除，再重新按以上步骤计算。

3）计算算术平均值的均方根误差 S 及其极限误差 $\lambda_{\lim}$。

$$S=\frac{\hat{\sigma}}{\sqrt{n}}$$

$$\lambda_{\lim}=\pm 3S\tag{2-9}$$

4）计算算术平均值的相对极限误差 $\delta_{\lim}$。

$$\delta_{\lim}=\frac{\lambda_{\lim}}{L}\times 100\%\tag{2-10}$$

5）得到被测量的值 x（即最后的测量结果）为

$$x=L\pm\lambda_{\lim}\tag{2-11}$$

或 $$x = L \pm \delta_{\lim} \tag{2-12}$$

2.3.4 测量精度

测量精度可分为以下三方面的内容，与误差大小相对应。

1. 准确度

准确度反映系统误差对测量的影响程度，系统误差小者准确度高，系统误差大者准确度低。可见准确度反映的是对同一被测量进行多次测量时，测量值偏离被测量真值的程度。

2. 精密度

精密度反映随机误差的影响程度，随机误差小者精密度高。精密度反映的是对同一被测量进行多次测量时，测量值重复一致的程度，或者说是测量值分布密集的程度。

3. 精确度

精确度反映系统误差和随机误差综合影响的程度，是准确度与精密度的集中表现。

对于具体测量过程，精密度高的，准确度不一定高；准确度高的，精密度不一定高。但是，如果精确度高，则精密度与准确度都高。图 2-2 可形象地表示三者之间的关系。图 2-2a 中各中靶点离靶心较近，但相互之间较分散，反映出随机误差大而系统误差小，即准确度高而精密度低；图 2-2b 中各点离靶心较远，但相互之间靠得很近，即分布较为密集，反映出随机误差小而系统误差大，亦即精密度高而准确度低；图 2-2c 中各点既离靶心较近，相互之间又靠得很近，反映出随机误差和系统误差都小，即精确度高（同时其精密度和准确度也高）。

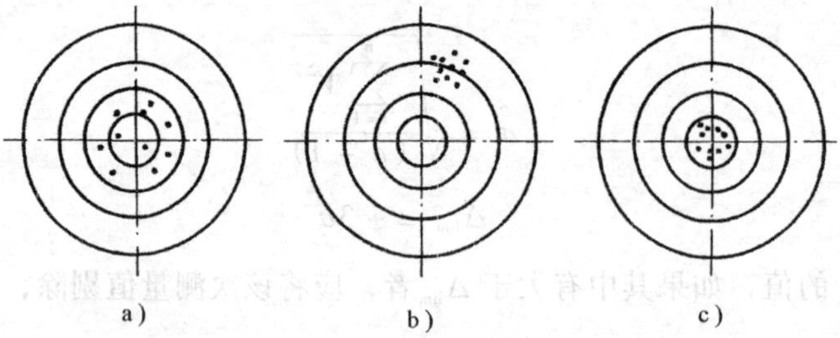

图 2-2 准确度、精密度、精确度图示

2.4 测量仪表的基本特性

预定的测量任务能否完成，以及测量精度能否满足要求，很大程度上取决于测量仪表的特性。测量仪表的特性决定了测量结果的可靠程度，它一般用仪表的准确度、恒定度、灵敏度、灵敏度阻滞、指示滞后时间等来表示。

1. 准确度

仪表的指示值接近于被测量的实际值的准确程度，称为**准确度**。它通常以“允许误差”的大小来表示。允许误差的物理意义是：仪表读数允许的最大绝对误差占仪表量程的

百分数，即

$$\delta_y = \pm \frac{\Delta_{jmax}}{L_a - L_b} \times 100\% \tag{2-13}$$

式中　δ_y——允许误差；

Δ_{jmax}——允许的最大绝对误差；

L_a、L_b——仪表刻度的上限和下限值。

例如，有一温度计的刻度是从 −30 ~ 120°C，而允许的最大绝对误差为 ±2°C，则其允许误差为

$$\delta_y = \pm \frac{2}{120-(-30)} \times 100\% = \pm 1.3\%$$

测量仪表允许误差的绝对值去掉百分号“%”后剩下的数字，称为仪表的**准确度等级**，工程上一般称为仪表的**精度等级**。如允许误差为 ±1.5% 的仪表，其精度等级即为 1.5 级。我国仪表工业目前采用的精度等级系列为：0.005、0.01、0.02、（0.035）、0.04、0.05、0.1、0.2、(0.35)、0.5、1.0、1.5、2.5、4.0、5.0。通常工程用仪表的精度等级为 0.5~4 级，实验室用仪表的精度等级为 0.2 ~ 0.5 级。仪表的精度等级一般用规定的符号及数字如 △1.5 、⓪.5 等表示在仪表的面板上。在掌握仪表的精度等级这一概念时，必须注意以下几点：

1）用户不能按自己检定的允许误差随意给仪表升级使用，但在某些情况下可降级使用。另外，精度等级的标志说明了允许误差值的大小，但绝不意味着该仪表在实际测量中出现的误差也是这么大。

2）在测量中使用同一精度等级、量程又相同的仪表，那么所引起的仪表的绝对误差与被测参数的数值大小无关。例如，某一温度仪表的精度为 1.0 级，测量范围为 50 ~ 100°C，如果使用这一温度表来测量温度，无论你测的温度值是 60°C 还是 80°C，其所产生的仪表的绝对误差均为 0.5°C。

3）同一精度的仪表，如果量程不等，则在测量中可能产生的绝对误差是不同的。例如，两只精度均为 1.0 级的温度表，一个测量范围为 0 ~ 50°C，另一个为 0 ~ 100°C，用这两只仪表去测同一温度，得到的测量结果均为 40°C，而可能产生的误差分别为

$$\Delta_{jmax1} = \pm (50-0) \times 1\% = \pm 0.5°C$$

$$\Delta_{jmax2} = \pm (100-0) \times 1\% = \pm 1°C$$

可见，被测量值越接近仪表的上限值，其测量相对误差就越小，测量就越准确，反之亦然。所以，在选用仪表时，在满足被测量的数值范围的前提下，尽可能选择量程小的仪表，并使测量值在上限或全量程的 2/3 ~ 3/4 处，避免使测量值出现在仪表量程的 1/3 以下，这样既能满足测量误差的要求，又能选择精度等级较低的测量仪表以降低成本。

例 2-1　某仪表厂生产测温仪表，测温范围为 200 ~ 700 °C，校验时得到的最大绝对误差为 ±4 °C，试确定该仪表的精度等级。

解　该仪表的允许误差为

$$\delta_y = \pm \frac{4}{700-200} \times 100\% = \pm 0.8\%$$

将允许误差去掉“±”号与“%”，其数值为0.8，由于国家规定的精度等级中没有0.8级仪表，而该仪表的允许误差又超过了0.5级仪表的允许值，按仪表不能升级使用的要求，这台仪表的精度等级应定为1.0级。

例 2-2 某台测温仪表的测量范围为0～1000℃，根据工艺要求，温度指示值的误差不允许超过±7℃，试问应如何选择仪表的精度等级才能满足以上要求？

解 根据工艺要求，仪表允许误差为

$$\delta_y = \pm \frac{7}{1000-0} \times 100\% = \pm 0.7\%$$

将允许误差去掉“±”与“%”，其数值为0.7。此值介于0.5级和1.0级之间，如果选用精度等级为1.0级的仪表，其允许误差为±1.0%，超过了工艺要求的允许误差，因此只能选用0.5级精度的仪表才能满足工艺要求，此时，0.5级仪表类似于降级使用。

可见，仪表的精度等级是衡量仪表质量优劣的重要指标之一，其数值越小，表示仪表的精度等级越高。

2. 恒定度

仪表多次重复测量时，其指示值的稳定程度，称为**恒定度**。通常以读数的变差来表示。当外部条件不变时，用同一仪表对某一物理量的同一参数值重复进行测量或是相隔一段时间再测量时，指示值之间的最大差数与仪表量程之比的百分数为读数的变差。读数变差的另一种特例是当仪表指针上升（正行程）与下降（反行程）时，对同一被测量所得读数之差。显然，仪表读数的变差不应超过仪表的允许误差。

3. 灵敏度

灵敏度是表征测量仪表对被测量变化的反应能力。对于给定的被测量值，测量仪表的灵敏度用仪表指示值的增量（即输出增量，表现为仪表指针的线位移或角位移等）与其相应的被测量的增量（即输入增量）之比来表示，用数学式表达为

$$S = \frac{\Delta\alpha}{\Delta x} \tag{2-14}$$

式中 S——灵敏度；

$\Delta\alpha$——仪表指示值的增量（表指针的线位移或角位移等）；

Δx——被测量的增量。

对于不同用途的仪表，灵敏度的量纲各不相同，当输入与输出量纲相同时，灵敏度也称为**放大比**或**放大因数**。

在测量仪表的刻度盘上，刻度总是又细又密的，但必须指出的是，仪表的刻度与仪表精度、灵敏度有关。单纯提高仪表的灵敏度不一定能提高仪表的精度，例如，把一个电流表的指针接得很长，虽然可把直线位移的灵敏度提高，但其读数的精度并不一定提高，相反，可能由于指针平衡状况变化而导致精度反而下降。为了防止这种虚假灵敏度，常规定仪表读数标尺的分度值（相邻两刻线所代表的量值之差）不能小于仪表允许误差的绝对值。否则，过细的刻度毫无意义。

4. 灵敏度滞阻

灵敏度滞阻又称为**灵敏阈**或**灵敏限**，是指能够引起测量仪表指示值出现可察觉变化的被测量的最小变化值。它表征了仪表响应与分辨输入量微小变化的能力，这一特性参数对

于用在零值法中的指零仪表有着重要的意义。一般仪表的灵敏度滞阻应不大于仪表允许误差的一半。

5. 指示滞后时间

从被测参数发生变化到仪表指示出该变化值所需要的时间，称为**指示滞后时间**，或称**时滞**。时滞主要由仪表的惯性引起。因仪表中均存在引起惯性的因素，如机械式仪表中运动件的质量、电测仪表中的电感或电容、传热式仪表中的热容量等，故时滞是无法避免的。

6. 温度误差

当不是进行温度测量时，测量中温度变化带来的示值变化，称为温度干扰或温度误差。通常，将仪表在高、低温度下的输出值与标准温度（20°C）下输出值间的差值，称做**温度误差**。

此外，还有一些用来评定仪表质量或特性的参数，这里不再一一介绍。应指出的是，这些指标在仪表的使用和保管过程中往往是逐渐变坏的，因此必须及时加以检验和校正。

对于实验室用的仪表，为求得更为可靠的测量，应进行校正，即将被校仪表与精度更高的标准仪表进行比较，将被校仪表标尺上各点的实际误差测出，做校正曲线或校正数值表。使用时对该仪表的读数引入一个校正数，如仪表标尺上某一点的读数校正数为

校正数 = 标准值 - 读数

本章要点

1. 测量的概念；测量过程的三要素；测量方法。
2. 测量系统的组成及传感器、变换器或变送器、信号传输通道、显示装置等的功能。
3. 测量误差的表示、分类，误差的分析与处理方法。
4. 测量的精度及其与误差之间的关系。
5. 测量仪表的特性及其对测量结果的影响。

思考题与习题

2-1　结合你所学过的专业课程，举例说明热工测量在制冷空调中所起的作用。

2-2　什么是测量？规定测量的三要素有何意义？

2-3　测量的基本方法有哪些？各有何特点？

2-4　测量系统由哪些部分组成？各部分分别有何功能？各部分之间的关系如何？

2-5　评价仪表质量的主要指标有哪些？什么是仪表的精度等级？我国常用的仪表精度有哪几种？仪表的精度等级在仪表面板上用怎样的符号标记？

2-6　什么是仪表的灵敏度？仪表的指示刻度与灵敏度有何关系？

2-7　什么叫真值、测量值、误差与相对误差？绝对误差与相对误差有何区别与联系？

2-8　为什么说误差必然会产生？误差从数据处理的角度可分为哪几类？

2-9　什么叫随机误差、系统误差和粗大误差？

2-10　简述各种误差的来源及相应的处理办法。

2-11　什么叫静态测量与动态测量？

2-12　测量结果如何表达？如何对测量数据进行处理？

2-13 测量数据与处理过的数据有何区别?

2-14 欲测20°C的温度，要求测量误差小于±0.4°C，并限定选用1.0级精度的仪表，问仪表的测量范围应为多少?

2-15 已知某一测温仪表的测量范围为-50~150°C，仪表的最大测量误差为2.8°C，求此仪表的允许误差及其精度等级是多少?

2-16 某台温度测量仪表最大允许相对误差为±1.5%，问该仪表的精度等级为多少? 在仪表盘上怎样标记?

2-17 某台铂电阻数字温度计，其测量范围为0~300°C，精度等级为1.0级，测得最大绝对误差为：在真实温度为100°C时，其正行程时读数为99°C，反行程时读数为101°C，求该仪表的恒定度是多少? 这台仪表能否继续使用? 如果该仪表的精度等级是0.5级，这台仪表还能使用吗?

2-18 某工厂的蒸汽供热系统的蒸汽压力控制指标为1.5MPa，要求指示误差不大于±0.05MPa，现用一只刻度范围为0~2.5MPa，精度为2.5级的压力表，问它可否满足使用要求? 为什么? 应选用什么级别的压力表?

2-19 有一块精度为2.5级，测量范围为0~1000kPa的压力表，它的刻度标尺最多可分为多少格?

第3章

温度测量及其仪表

3

3.1 概述

温度是制冷、空调系统中最重要的参数之一。在食品冷藏过程中，保持库房的稳定低温是食品保鲜的必要条件；在空调系统中，控制室内温度在所需的范围内，是空气调节的一项重要内容。另外，制冷系统的运行，机器与设备的调整等等，大多数是以库温、室温为依据的。因此，准确地检测温度，是制冷、空调生产过程中一个必不可少的重要环节。

3.1.1 测温方法

1. 温标

温度是物体冷热程度的度量，是物体分子平均动能大小的标志。分子运动的速度越快，物体的温度就越高。

测量温度的标尺叫做**温标**。制定温标就是规定温度的起点及其基本单位。我国习惯上使用摄氏温标，用符号“t”或“θ”表示，测量单位用“°C”，它规定在1标准大气压[㊀]下冰的熔点为0°C，水的沸点为100°C，中间分100分度，每一分度为一摄氏度。目前推广的国际实用温标（ITS—90）中规定，热力学温标用符号“T”或“Θ”[㊁]，测量单位用“K”表示。热力学温标与摄氏温标的分度相同，但起点不同。它是把分子停止运动时的温度作为起点，相当于摄氏温度的零下273.15°C。两种温度的换算关系为

$$T = t + 273.15 \tag{3-1}$$

少数欧美国家还习惯使用华氏温标°F，它规定冰点为32°F，水沸点为212°F，中间分成180等分度。它与摄氏温标的关系为（F表示华氏温度）

$$F = \frac{9}{5}t + 32 \tag{3-2}$$

2. 测温方法

温度不能直接测量，只能根据物体的某些特性值与温度之间的函数关系，通过对这些特性参数的测量，间接获得物体的温度。温度测量仪表分为接触式和非接触式两大类。

冷热程度不同的物体接触，必然发生热交换现象。热量将由高温物体传给低温物体，直到两物体的冷热程度相同，即达到热平衡。接触式测温就是利用这一原理，借助温度测量元件与被测物体的热交换，当达到热平衡时，测量元件的温度与被测物体的温度相等，通过温度测量元件的物理量（如几何尺寸、电阻值等）变化特性，间接得到被测物体的温度。

非接触式测温时，测温元件不与被测物体接触，利用物体的热辐射（或其他特性），通过对辐射强度（或颜色等）的测量，得到被测物体的温度。

接触式测温简单、可靠、测量精度高。但由于测温元件与被测物体需要进行充分的热交换，因而产生了测温的滞后现象。而且，测温元件容易破坏被测对象的温度场，还要注

㊀ 1标准大气压 = 1.01325×10^5 Pa。

㊁ 本书第8、9章中，温度符号与时间符号同时出现，根据国标 GB 3100～3102—93，将摄氏度和热力学温度分别用 θ、Θ 来表示。

意防止测温元件和被测介质产生的化学反应。测温元件由于受到耐高温材料的限制，也不能应用于很高的温度测量。制冷空调系统多采用接触式测温。

非接触式测温只能测得被测物体的表观温度（亮度温度、辐射温度、比色温度），一般情况下，要对被测物体表面发射率修正后才能得到真实温度。非接触式测温在原理上不受温度上限的限制，也不会破坏被测物体的温度场。

3.1.2 测温仪表

主要测温仪表如表3-1进行分类。本章将着重介绍制冷空调常用的膨胀式温度计、热电偶温度计和热电阻温度计及其使用方法。

表3-1 温度检测方法的分类

测温方式	类别	原理	典型仪表	测温范围/°C
接触式测温	膨胀类	利用液体、气体的热膨胀及物质的蒸气压力变化	玻璃管液体温度计	-100~600
			压力式温度计	-100~500
		利用两种金属的热膨胀差	双金属温度计	-80~600
	热电类	利用热电效应	热电偶	-200~1800
	电阻类	固体材料的电阻随温度而变化	铂热电阻	-260~850
			铜热电阻	-50~150
			热敏电阻	-50~300
	其他电学类	半导体器件的温度效应	集成温度传感器	-50~150
		晶体的固有频率随温度而变化	石英晶体温度计	-50~120
非接触式测温	光纤类	利用光纤的温度特性或作为传光介质	光纤温度传感器	-50~400
			光纤辐射温度计	200~4000
	辐射类	利用普朗克定律	光电高温计	800~3200
			辐射传感器	400~2000
			比色温度计	500~3200

3.2 膨胀式温度计

膨胀式温度计是根据物体热胀冷缩原理设计制造的。这种温度计指示温度的方法，就是直接观察膨胀量的大小，或者通过传动机构取得温度信号。根据膨胀物体的不同形态，膨胀式温度计可分为固体膨胀式、液体膨胀式和压力式三种类型。

3.2.1 固体膨胀式温度计

双金属温度计就是典型的固体膨胀式温度计。它的测温元件是将膨胀系数不同的两种金属片迭焊成一体，如图3-1所示，双金属片的一端固定，另一端自由。当温度升高时，双金属片将向膨胀系数小的一端弯曲偏转，温升越高，弯曲越大。偏转角 α 反映了被测温度的数值。

$$\alpha=\frac{360}{\pi}K\frac{L\ (t-t_0)}{\delta} \tag{3-3}$$

式中 K——比弯曲，单位为℃$^{-1}$；

L——双金属片的有效长度，单位为mm；

δ——双金属片的总厚度，单位为mm；

t，t_0——分别是被测温度和起始温度，单位为℃。

为了增加灵敏度，有时把双金属片绕成螺管形状。温度变化时，螺管的一端相对另一端产生扭转，这样就可以用指针在刻度盘上给出温度的直接读数，或者带动可变电阻发出相应的电阻信号等。另外，还可以制成双金属自记温度计，如图3-2所示。双金属片感受被测温度后，自由端做出相应的位移，通过杠杆带动记录笔在自记筒上记录出被测温度变化的曲线。

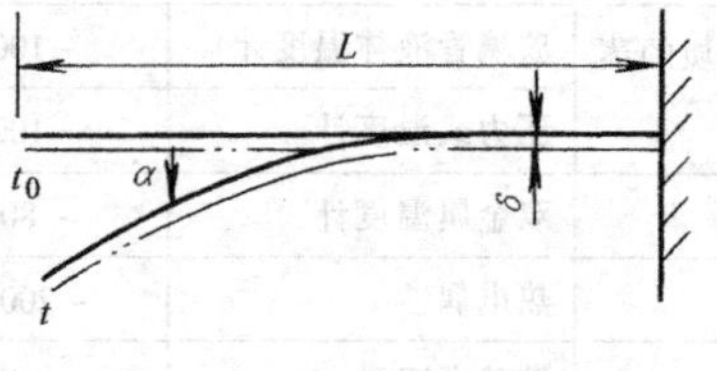

图3-1 双金属温度计原理图

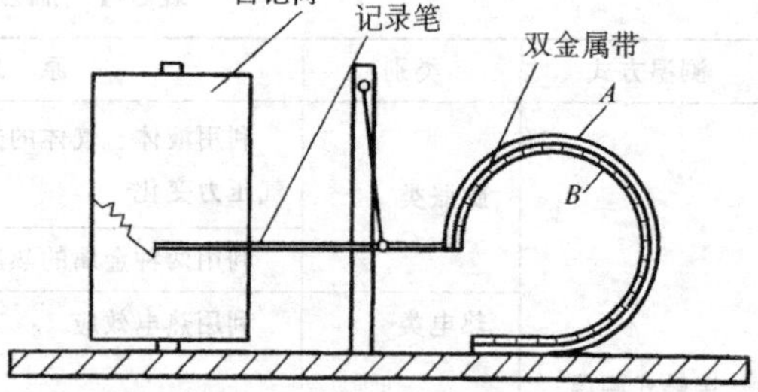

图3-2 双金属自记温度计

双金属温度计也可以用做极值温度信号器。如图3-3所示。当温度升高，双金属片弯曲变形到一定限值时，双金属片与调节螺钉接触使电路接通，信号灯亮。如果用继电器代替信号灯，就可以实现对温度的极值保护。

双金属温度计的实际结构如图3-4所示。常用结构有两种：一种是轴向结构，双金属温度计的刻度盘平面与保护管成垂直方向连接；一种是径向结构，双金属温度计的刻度盘平面与保护管成水平方向连接。可根据生产操作中安装方便及便于观察来选择轴向或径向结构。

双金属温度计的外壳直径有60mm、100mm、150mm三种；保护管直径有4mm、6mm、8mm、10mm、12mm五种，其长度与直径有关。例如，直径为$\phi4$的保护管，最大长度为300mm；而直径为$\phi12$的保护管，则最大长度可以达到500mm。保护管的材料有黄铜、碳钢、不锈钢等，可根据被测介质的性质选择。

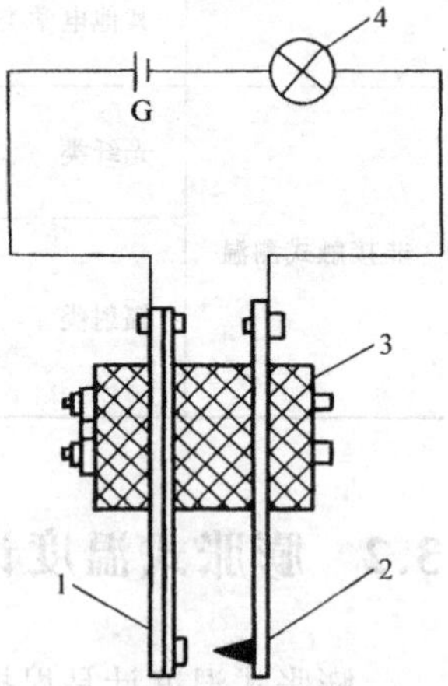

图3-3 双金属信号器

1—双金属片 2—调节螺钉

3—绝缘固定架 4—信号灯

双金属温度计的最大优点是抗震性能好，结构紧凑。国内生产的双金属温度计测温范围在-80~600℃，但精度较低(等级为1、1.5、2.5级)，量程和使用范围有限，使用工作环境温度为-80~60℃。

3.2.2 玻璃管液体温度计

常用的玻璃管液体温度计是由充注液体的温包与优质玻璃毛细管组成，如图3-5所示。当玻璃温包插入被测介质时，由于被测介质的温度变化，使感温液体膨胀或收缩，而沿玻璃毛细管上升或下降，由刻度标尺显示出被测物体的温度值。为防止温度过高时液体胀裂玻璃管，在毛细管顶端留有膨胀塞。液体热胀冷缩与温度的关系可用下式表示

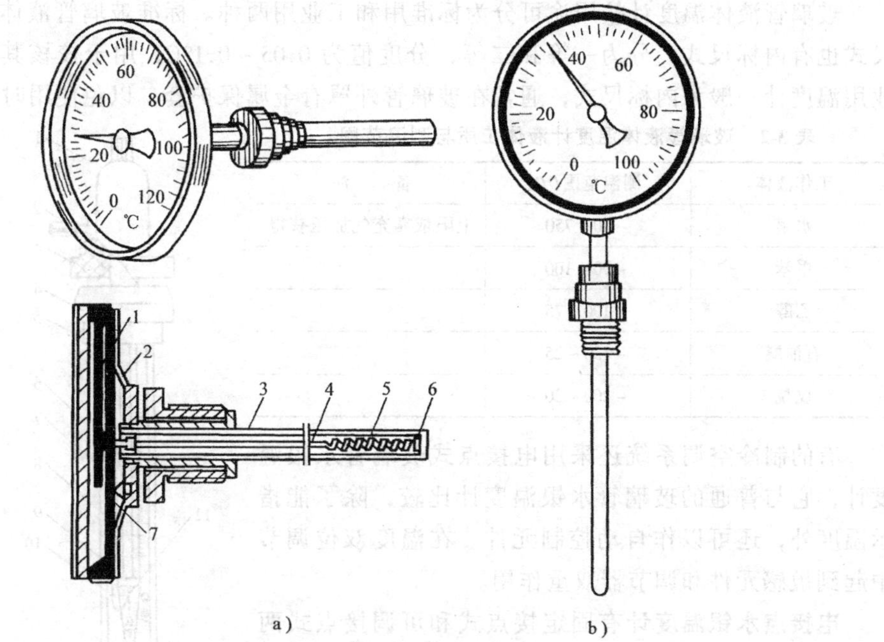

图 3-4　双金属温度计

a）轴向型　b）径向型

1—指针　2—表壳　3—金属保护管　4—指针轴　5—双金属感温元件　6—固定端　7—刻度盘

$$V_t = V_{t0}\ (\alpha - \alpha')\ (t - t_0) \tag{3-4}$$

式中　V_t——t°C 时的液体体积，单位为 m^3；

V_{t0}——t_0°C 时的液体体积，单位为 m^3；

α——液体的体膨胀系数，单位为 m^3/°C；

α'——盛液容器的体膨胀系数，单位为 m^3/°C。

从式中可以发现，感温液体的体膨胀系数 α 越大，温度计的灵敏度就越高。一般多采用水银和酒精作为工作液。水银是最常用的感温液体，因为水银不易氧化、不粘玻璃、纯度高、熔点和沸点间隙大，常压下在 −38 ~ 356°C 保持液态，200°C 以下液体膨胀系数具有良好的线性度，常用于测量 −30 ~ 300°C 的范围。如果需要 −30°C 以下温度，可用酒精等作为工作介质。玻璃管液体温度计的液体工质与测温范围见表 3-2。玻璃管液体温度计的特点是，测量准确、读数直观、结构简单、使用方便、测温范围广、价格低廉。但存在易碎、信号不能远传和不能自动记录等缺点。

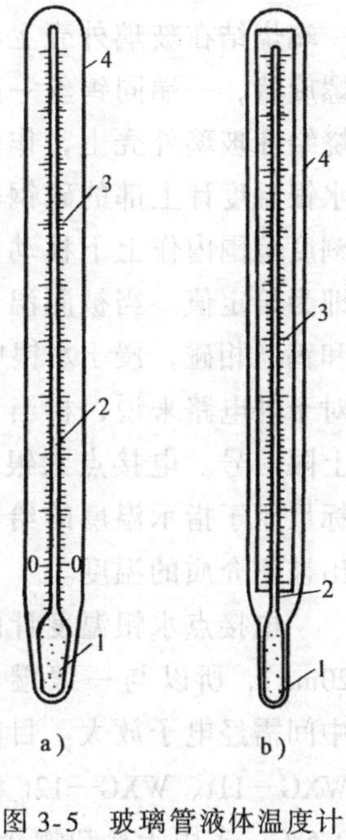

图 3-5　玻璃管液体温度计

a）外标尺式　b）内标尺式

1—玻璃温包　2—毛细管

3—刻度标尺　4—玻璃外壳

玻璃管液体温度计按标尺位置可分为内标尺式和外标尺式。将连通玻璃温包的毛细管固定在标尺板上的，就是**外标尺式温度计**，如图 3-5a，多用于测量室温。图 3-5b 叫做**内标尺式温度计**，乳白色的玻璃片温度温标放置在连通玻璃温包的毛细管后面，将温标和毛细管一起套在玻璃管中，内标尺式温度计观测较方便，但热惰性较大。

玻璃管液体温度计按用途可分为标准用和工业用两种。标准玻璃管液体温度计有外标尺式也有内标尺式，分为一等和二等，分度值为 0.05 ~ 0.1°C，用于校核其他温度计。工业用温度计一般为内标尺式，通常在玻璃管外罩有金属保护套，以免使用时被碰坏。

表 3-2 玻璃管液体温度计液体工质与测温范围

工作液体	测温范围/°C	备　注
水银	- 30 ~ 750	上限依靠充气加压获得
甲苯	- 90 ~ 100	
乙醇	- 100 ~ 75	
石油醚	- 130 ~ 25	
戊烷	- 200 ~ 20	

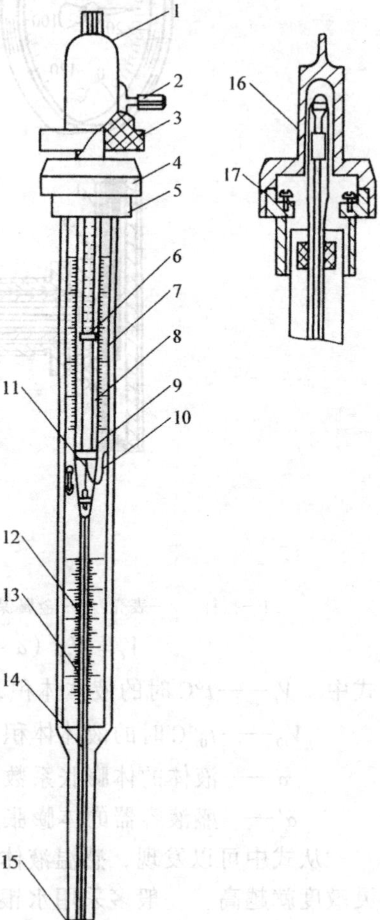

图 3-6 电接点水银温度计

1—调节帽 2—固定螺钉 3—磁钢 4—胶木帽 5—胶木座 6—指示铁 7—钨丝 8—调温螺杆 9—底铁座 10—铂丝接触点 11—铂弹簧 12—标尺 13—铂丝接触点 14—水银柱 15—水银泡 16—调温转动铁心 17—引出线接线柱

有的制冷空调系统还采用电接点式玻璃管水银温度计，它与普通的玻璃管水银温度计比较，除了能指示温度外，还可以作自动控制元件。在温度双位调节中起到敏感元件和调节器双重作用。

电接点水银温度计有固定接点式和可调接点式两种。图 3-6 为可调接点式。

电接点水银温度计有两条铂金属丝，一条铂丝的一端焊在玻璃温包内，使铂丝浸于温包的水银中，另一端烧结在玻璃外壳上，作引出线。另一条铂丝做成螺旋状，一端同钨丝一起固定在指示铁下端，另一端烧结在玻璃外壳上，作钨丝的引出线。当旋转电接点水银温度计上部的磁钢套时，指示铁能随着在上标尺刻度范围内作上下移动，它的下沿在标尺上所指出的即为给定值。当被测温度上升到给定值时，水银柱面和钨丝相碰，浸于水银中的铂丝通过水银与钨丝接通。对于外电路来说，相当于通过水银触点发出一个温度上限信号。电接点水银温度计有上、下两个标尺，上标尺用于指示温度的给定值，通过下标尺可以直接读出被测介质的温度。

电接点水银温度计的接点额定电流很小（一般≤20mA），所以与一般继电器、电磁阀等配合使用时，中间需经电子放大。目前常用的电接点水银温度计有 WXG—11t、WXG—12t 和 WXG—13t 型，分度值可达 0.5°C。多用于冷却物冷藏间的温度控制和空调系统室温或露点温度控制。

任何玻璃管液体温度计在使用前，必须检查是否有“断丝”（即液柱有无断开）现象发生，如有，必须修复后才能使用。

3.2.3 压力式温度计

压力式温度计是根据在封闭容器中的液体、气体或低沸点液体的饱和蒸气，受热后体积膨胀或压力变化的原理制作的，并用压力表来测量这种变化，从而测得温度值。

1. 压力式温度计的构造

压力式温度计的基本构造如图 3-7 所示。主要由充有感温介质的温包 5、传压元件 7（毛细管）及压力敏感元件 1（弹簧管）构成的全金属组件。测温时将温包置于被测介质中，温包内的感温介质因温度升高、体积膨胀而导致压力增大。该压力的变化经毛细管传递给弹簧管，从而使弹簧管产生一定的形变，然后借助齿轮或杠杆等传动机构，带动指针转动，指示出相应的温度。

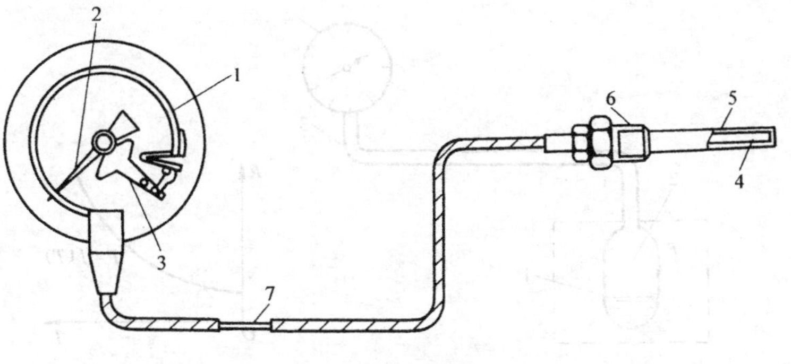

图 3-7 压力式温度计结构

1—弹簧管 2—指针 3—传动机构 4—工作介质 5—温包

6—螺纹连接件 7—毛细管

温包是直接与被测介质相接触的感温元件，它要将温度的变化充分地传递给内部的感温介质，所以要求具有一定的机械强度、较低的体膨胀系数、较高的热导率及较好的抗腐蚀性能。通常采用黄铜或不锈钢材料制成，黄铜只能用于非腐蚀性介质。

毛细管用来传递压力的变化。为了减少周围环境温度变化引起的附加误差，毛细管的容积应远小于温包的容积。通常采用铜或不锈钢冷拉无缝管，内径约为 0.15 ~ 0.5mm，长度一般小于 50m。

弹簧管就是一般压力表用的弹性元件。

2. 压力式温度计的分类

根据感温介质的不同，压力式温度计分为**液体压力温度计**、**气体压力温度计**和**蒸气压力温度计**三种。

(1) 液体压力温度计　液体压力温度计多以有机液体（甲苯、酒精、戊烷等）或水银作为感温介质，当温包周围温度升高时，温包内的液体膨胀，通过毛细管使弹簧管产生形变，并借助指示机构得到温度数值。

液体压力温度计要求感温介质有较大的体膨胀系数，粘性小，比热容小，热导率高，对温包、毛细管、弹簧管无腐蚀等特点。温包、毛细管及弹簧管采用不锈钢制成。如，水银是常用的感温介质，其温度上限可达 650°C。测量 150°C 和 400°C 以下的温度可分别采用甲醇和二甲苯作为感温介质。

(2) 气体压力温度计　气体压力温度计多以氮气或氢气作为感温介质。由于气体的体膨胀系数比液体或固体大得多，所以应用时可以忽略温包、毛细管和弹簧管等由于温度变化及其内部压力的改变所引起的体积变化，认为封闭系统就是定容系统。根据理想气体状态方程式 $pV=mRT$，在封闭系统中，所充气体的质量 m 是一定的，由于体积 V 不变，所以气体的温度 T 与压力 p 成正比。当温包周围的温度升高时，封闭系统的压力也将随之升高，此压力由弹簧管测出并通过指示机构得到相应的温度。如以氮气为感温介质，能测得最高温度可达 500～550°C，在低温下则用氢气，它的测量下限可达 －120°C。

(3) 蒸气压力温度计　由于液体的饱和蒸气压力只与温度有关，因此可以利用低沸点液体的饱和蒸气压力随温度变化的性质来测量温度。这种温度计测量滞后比液体式和气体式都要小，而且毛细管和弹簧管周围环境温度变化对测量几乎没有影响。

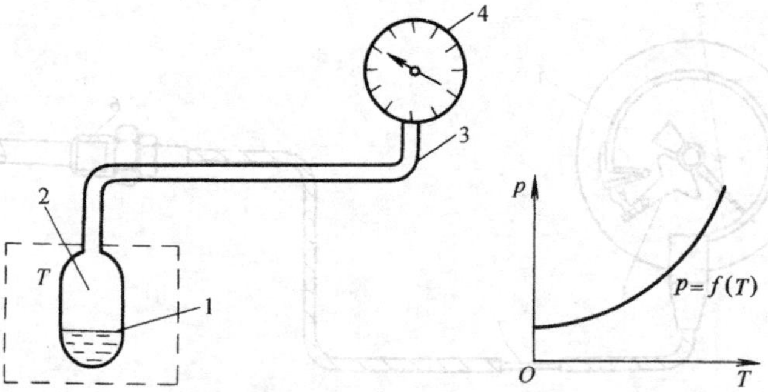

图 3-8　蒸气压力温度计及其特性曲线

1—低沸点液体　2—饱和蒸气　3—毛细管　4—压力表

如图 3-8 所示，金属温包的一部分体积内盛放着低沸点的液体，其余空间以及毛细管、弹簧管内是这种液体的饱和蒸气。由于气、液分界面在温包内，所以这种温度计的读数仅和温包温度有关。这种温度计的压力与温度关系是非线性的，不过可在压力表的连杆机构中采取一些补偿措施，使温度刻度线性化。温包中所充液体的种类及其使用的温度范围大致是：氯甲烷（－20～100°C），氯乙烷（0～120°C），二乙醚（0～150°C），内酮（0～170°C）及苯（0～120°C）等。

蒸气压力温度计比液体压力温度计价格便宜，也不会因毛细管周围介质温度变化而产生误差，温包的尺寸和温包中充填液体数量的多少，对仪表的刻度及其精度影响较小，但必须保证在测温上限时，温包内仍有液体。蒸气压力温度计的毛细管长度一般可达 60m。

3.3　热电偶温度计

热电偶温度计是以热电效应原理为基础将温度变化转换为热电势变化进行温度测量的仪表。热电偶温度计测量范围广（可以用来测量 －200～1600°C 范围内的温度，在特殊情况下，可测至 2800°C 的高温或 4K 的低温），而且结构简单、使用方便，测温准确可靠、便于信号远传、自动记录和集中控制，应用极为普遍。

3.3.1　热电偶

1. 热电偶测温原理

将两种不同的导体或半导体连成闭合回路，当两个接点处的温度不同时，闭合回路中将产生热电势，这种现象称为**热电效应**，又称**塞贝克效应**。热电偶温度计就是按照热电效应的原理设计制造的。

热电偶测温系统如图 3-9 所示，主要由三个部分组成：热电偶 1 是系统中的测温元件；导线 2 用来连接热电偶与测量仪表，为了提高测量精度，一般都要采用补偿导线和考虑冷端温度补偿；测量仪表 3 是用来检测热电偶产生的热电势信号，可以采用动圈式仪表或电位差计。

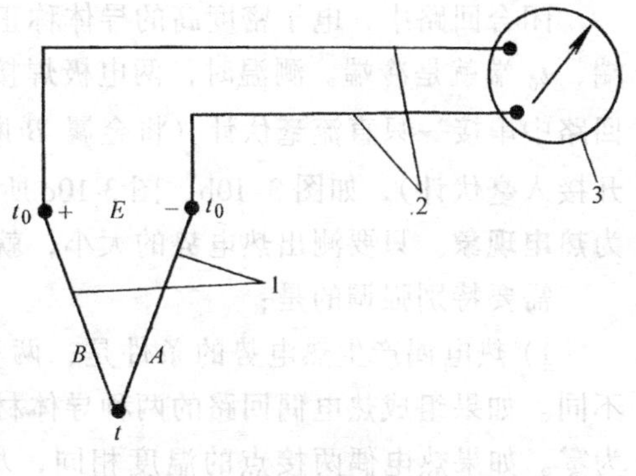

图 3-9　热电偶测温系统示意图

1—热电偶　2—导线　3—测量仪表

热电偶由两种不同材料的导体（或半导体）A、B 焊接而成，焊接的一端插入被测介质中，感受到被测温度，称为热电偶的工作端（也称为测量端或热端）；另一端与导线连接，称为自由端（也称为参比端或冷端）。导体 A、B 称为热电极，合称热电偶。

如图 3-10a 所示，取两根不同材料的金属导体 A 和 B，将其两端焊接在一起，组成了一个闭合回路。如将接点 1 端加热，接点 1 处的温度 t 高于另一接点 2 处的温度 t_0，那么在此闭合回路中就有热电势产生。闭合回路中产生的热电势由两种电势组成：温差电势和接触电势。温差电势是指同一导体的两端因温度不同而产生的电势，不同的导体具有不同的电子密度，所以温差电势也不一样。接触电势是指两种不同的导体相接触时，因各自的电子密度不同而产生电子扩散，当达到动平衡后所形成的电势，接触电势的大小取决于两种不同导体的性质和接触点的温度。所以，在闭合回路中产生的总热电势为

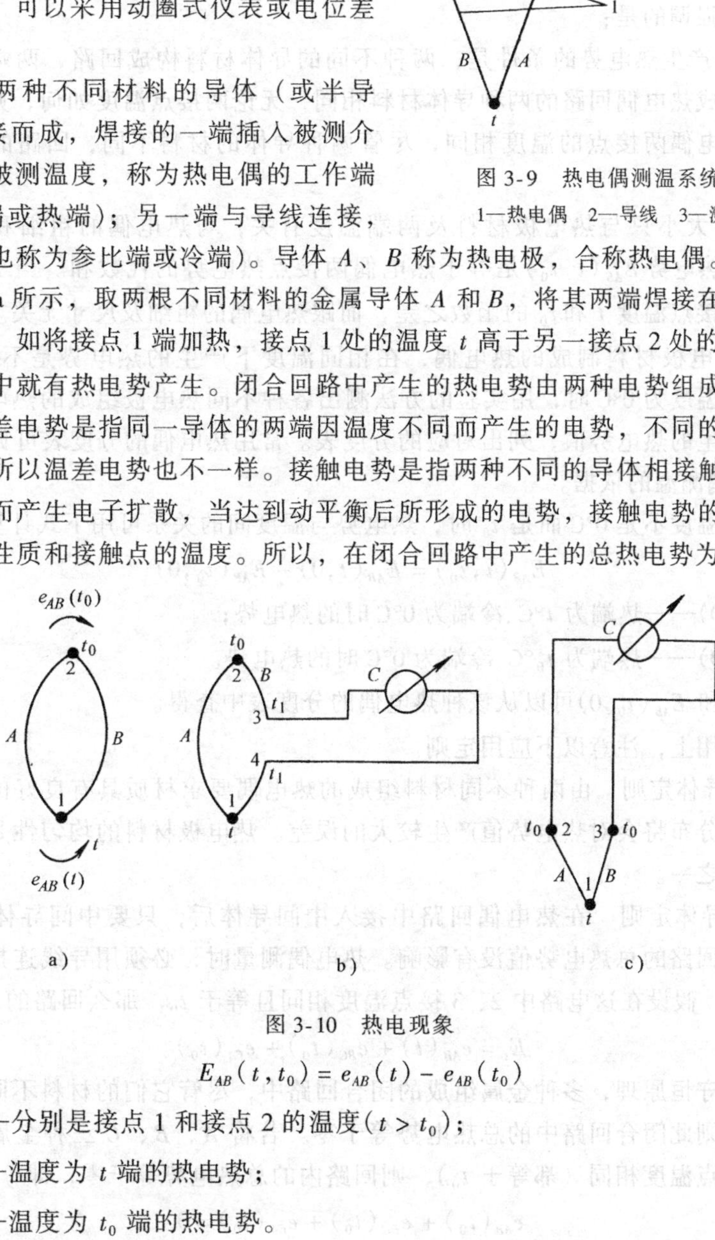

图 3-10　热电现象

$$E_{AB}(t,t_0)=e_{AB}(t)-e_{AB}(t_0) \tag{3-5}$$

式中　t,t_0——分别是接点 1 和接点 2 的温度($t>t_0$)；

$e_{AB}(t)$——温度为 t 端的热电势；

$e_{AB}(t_0)$——温度为 t_0 端的热电势。

当 t_0 维持一定时，$e_{AB}(t_0)$等于常数 C，对于确定的热电偶，其热电势只与温度 t 成单值函数关系，即

$$E_{AB}(t,t_0)=e_{AB}(t)-C \tag{3-6}$$

闭合回路中，电子密度高的导体称正电极，电子密度低的导体称负电极；t 端就是热端，t_0 端就是冷端。测温时，两电极焊接在一起形成测量端，置于被测介质中。如果在此回路中串接一只直流毫伏计（将金属 B 断开接入毫伏计，或者在两金属线的 t_0 接头处断开接入毫伏计），如图 3-10b、图 3-10c 所示，就可见到毫伏计中有电势指示，这种现象称为**热电现象**。只要测出热电势的大小，就能反映出测点的温度。

需要特别强调的是：

1) 热电偶产生热电势的条件是，两种不同的导体材料构成回路，两端接点处的温度不同。如果组成热电偶回路的两种导体材料相同，无论两接点温度如何，则回路的热电势为零。如果热电偶两接点的温度相同，尽管两种导体的材料不同，回路的总热电势也是零。

2) 热电势大小只与热电极材料及两端温度有关，与热电偶的粗细和长短无关。式(3-5) 说明了热电势 $E_{AB}(t,t_0)$ 是等于热电偶两接点热电势的代数和。当 A、B 材料确定后，热电势是接点温度 t 和 t_0 的函数之差，而跟热电偶的粗细及尺寸无关。

3) 不同热电极材料制成的热电偶，在相同温度下产生的热电势是不同的。实际上，一般是在冷端温度为 0°C 时，用实验的方法测出各种不同热电极组成的热电偶，在不同热端温度下所产生的热电势值，列出对应的分度表。常用热电偶的分度表可见附录 A 至附录 C，这是热电偶测温的依据。

如果冷端温度不是 0°C 而是 t_0 时，热电势与温度间的关系可用下式计算

$$E_{AB}(t,t_0)=E_{AB}(t,0)-E_{AB}(t_0,0) \tag{3-7}$$

式中 $E_{AB}(t,0)$——热端为 t°C、冷端为 0°C 时的热电势；

$E_{AB}(t_0,0)$——热端为 t_0°C、冷端为 0°C 时的热电势。

$E_{AB}(t,0)$ 和 $E_{AB}(t_0,0)$ 可以从该种热电偶的分度表中查得。

在实际应用上，注意以下应用定则。

(1) 均质导体定则　由两种不同材料组成的热电偶要求材质具有良好的均匀性，否则热电极的温度分布将会对热电势值产生较大的误差。热电极材料的均匀性是衡量热电偶质量的重要指标之一。

(2) 中间导体定则　在热电偶回路中接入中间导体后，只要中间导体两端的温度相同，对热电偶回路的总热电势值没有影响。热电偶测量时，必须用导线连接测量仪表，如图 3-10c 所示。假设在这电路中 2、3 接点温度相同且等于 t_0，那么回路的总热电势 E_t 为

$$E_t=e_{AB}(t)+e_{BC}(t_0)+e_{CA}(t_0) \tag{3-8}$$

根据能量守恒原理，多种金属组成的闭合回路中，尽管它们的材料不同，但只要各接点温度相等，则此闭合回路中的总热电势等于零。若将 A、B、C 三种金属丝组成一个闭合回路，各接点温度相同（都等于 t_0），则回路内的总热电势等于零，即

$$e_{AB}(t_0)+e_{BC}(t_0)+e_{CA}(t_0)=0$$

或
$$-e_{AB}(t_0)=e_{BC}(t_0)+e_{CA}(t_0) \tag{3-9}$$
将式（3-9）代入式（3-8），得
$$E_t=e_{AB}(t)-e_{AB}(t_0) \tag{3-10}$$

同理还可以加入更多种导体，只要加入导体的两接点温度相等，回路的总热电势就与原回路的电势值相同。根据这一性质，可以在热电偶回路中引入各种仪表和连接导线等。

例 3-1　用一只镍铬-镍硅热电偶，测量某锅炉烟气的温度，已知热电偶工作端（热端）温度为800°C，自由端（冷端）温度为30°C，求热电偶产生的热电势 $E(800,30)$。

解　由附录 C 可以查得
$$E(800,0)=33.277\text{mV}$$
$$E(30,0)=1.203\text{mV}$$
代入式(3-7)，即得
$$E(800,30)=E(800,0)-E(30,0)=33.277-1.203=32.074\text{mV}$$

例 3-2　某支铂铑$_{10}$-铂热电偶在工作时，冷端温度 $t_0=30°C$，测得热电势 $E(t,t_0)=14.195\text{mV}$，求被测介质的实际温度。

解　由附录 A 可以查得
$$E(30,0)=0.173\text{mV}$$
代入式(3-7)得
$$E(t,0)=E(t,30)+E(30,0)$$
$$=0.173\text{mV}+14.195\text{mV}=14.368\text{mV}$$
由附录 A 查得：14.368mV 对应的温度 t 为 1400°C。

2. 常用热电偶的种类

理论上，根据热电偶测温的基本原理，任意两种导体即可以组成热电偶。实际上，为了保证测量温度值的精确度，对热电偶材料有以下要求：

1）在测温范围内热电性能稳定，不随时间和被测介质而变化。

2）在测温范围内物理和化学性能稳定，不易氧化和腐蚀，耐辐射。

3）所组成的热电偶要有足够的灵敏度，热电势随温度的变化率要足够大，热电特性接近单值线性或近似线性。

4）电导率高，电阻温度系数小。

5）力学性能好，强度高，材质均匀，便于加工成丝；

6）复现性[㊀]好，便于成批生产，也可以保证良好的应用互换性。

并非所有材料都能满足以上全部要求，选用时可根据具体测温条件具体决定。目前国际上已有 8 种标准化热电偶作为工业热电偶在不同场合中使用。表 3-3 列出标准化热电偶的分类及性能，热电极材料前者为正极，后者为负极。表 3-4 列出标准化热电偶的允差，选用时要综合考虑。

除了表 3-3 中所列的常用热电偶外，用于各种特殊用途的热电偶还有很多，如红外线接收热电偶，用于 2000°C 高温测量的钨铼热电偶，非金属热电偶等。这些热电偶是非标准化的，使用时需要单独校验。

㊀ 同种成分材料制成的热电偶，其热电性质均相同的性质称为复现性。

表 3-3 工业热电偶分类及性能

名称	分度号①	测量范围/°C	适用气氛②	稳定性
铂铑$_{30}$-铂铑$_6$	B	200 ~ 1800	O、N	< 1500°C，优；> 1500°C，良
铂铑$_{13}$-铂	R	− 40 ~ 1600	O、N	< 1400°C，优；> 1400°C，良
铂铑$_{10}$-铂	S			
镍铬-镍硅（铝）	K	− 270 ~ 1300	O、N	中等
镍铬硅-镍硅	N	− 270 ~ 1260	O、N、R	良
镍铬-康铜	E	− 270 ~ 1000	O、N	中等
铁-康铜	J	− 40 ~ 760	O、N、R、V	< 500°C，良；> 500°C，差
铜-康铜	T	− 270 ~ 350	O、N、R、V	− 170 ~ 200°C，优

① 分度号的定义参见 3.4.2 节中内容。

② 表中 O 为氧化气氛，N 为中性气氛，R 为还原气氛，V 为真空。

表 3-4 工业热电偶允差

分度号	一级允差		二级允差		三级允差	
	温度范围/°C	允差值/°C	温度范围/°C	允差值/°C	温度范围/°C	允差值/°C
R，S	0 ~ 1000	± 1	0 ~ 600	± 1.5	—	
	1100 ~ 1600	$\pm[1+0.003(t-1100)]$	600 ~ 1600	$\pm 0.0025\lvert t\rvert$		
B	—		600 ~ 1700	$\pm 0.0025\lvert t\rvert$	600 ~ 800	± 4
					800 ~ 1700	$\pm 0.005\lvert t\rvert$
K，N	− 40 ~ 375	± 1.5	− 40 ~ 333	± 2.5	− 167 ~ 40	± 2.5
	375 ~ 1000	$\pm 0.004\lvert t\rvert$	330 ~ 1200	$\pm 0.0075\lvert t\rvert$	− 200 ~ − 167	$\pm 0.015\lvert t\rvert$
E	− 40 ~ 375	± 1.5	− 40 ~ 333	± 2.5	− 167 ~ 40	± 2.5
	375 ~ 800	$\pm 0.004\lvert t\rvert$	333 ~ 900	$\pm 0.0075\lvert t\rvert$	− 200 ~ 167	$\pm 0.015\lvert t\rvert$
J	− 40 ~ 375	± 1.5	− 40 ~ 333	± 2.5		
	375 ~ 750	$\pm 0.004\lvert t\rvert$	333 ~ 750	$\pm 0.0075\lvert t\rvert$		
T	− 40 ~ 125	± 0.5	− 40 ~ 133	± 1	− 67 ~ 40	± 1
	125 ~ 350	$\pm 0.004\lvert t\rvert$	133 ~ 350	$\pm 0.0075\lvert t\rvert$	− 200 ~ − 67	$\pm 0.015\lvert t\rvert$

3．热电偶的结构形式

热电偶结构类型很多，目前应用最多的是普通型热电偶和铠装热电偶。

（1）普通型热电偶　普通型热电偶为装配式，基本结构是由热电极、绝缘套管、保护套管和接线盒等主要部分构成，如图 3-11 所示。

热电极是组成热电偶的两根热偶丝，有正负热电极之分。热电极直径由材料的价格、机械强度、电导率、热电偶的使用条件和测量范围等决定。贵金属电极丝的直径一般为 0.3 ~ 0.65mm，普通金属电极丝的直径一般为 0.5 ~ 3.2mm，其长度由安装条件及插入深度而定，一般为 350 ~ 2000mm。

绝缘套管也称绝缘子，用于防止两根热电极短路。其结构形式通常有单孔管、双孔管

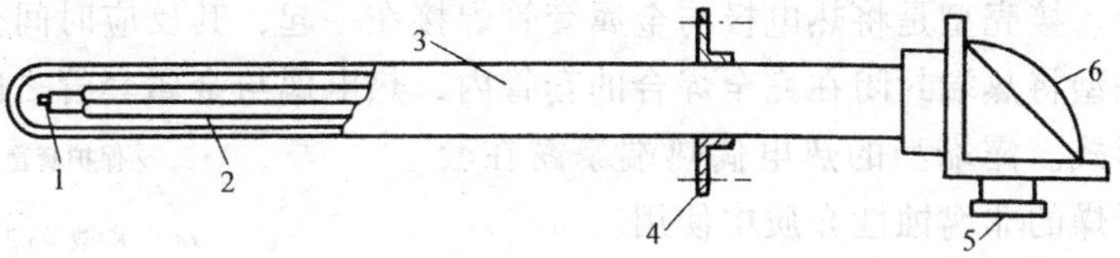

图 3-11 热电偶的结构

1—热电偶接点 2—瓷绝缘套管 3—不锈钢套管 4—安装固定件 5—引线口 6—接线盒

及四孔的瓷管和氧化铝管等。选用的材料可根据使用温度范围而定。表 3-5 为绝缘子的常用材料。

为了使热电极免受化学侵蚀和机械损伤，确保热电偶的使用寿命和测温的准确性，通常将热电极（包括绝缘子）用保护套管保护。保护套管材料的选择一般是根据测温范围、插入深度、环境条件以及测温的时间常数等因素来决定。要求保护套管材料具有耐高温、承受温度剧变、耐腐蚀、有良好气密性和足够的强度、高的热导率、在高温下不会分解出对热电偶有害的气体等。常用的保护套管材料如表 3-6 所列。

表 3-5 热电偶绝缘材料

名 称	长期使用温度上限/°C	名 称	长期使用温度上限/°C	名 称	长期使用温度上限/°C
天然橡胶	60 ~ 80	玻璃和玻璃纤维	400	氧化铝	1600
聚乙烯	80	石英	1100	氧化镁	2000
聚四氟乙烯	250	陶瓷	1200		

表 3-6 热电偶保护套管材料

金属材料	耐温/°C	非金属材料	耐温/°C	金属陶瓷	耐温/°C
铜	350	石英	1100	AT_{203} 基金属陶瓷	1400
20# 碳钢	600	高温陶瓷	1300	Zr_{02} 基金属陶瓷	2200
1Cr18Ni9Ti 不锈钢	900	高纯氧化铝	1800	MgO 基金属陶瓷	2000
镍铬合金	1200	氧化镁	2000	碳化钛系金属陶瓷	1000

接线盒用于连接热电偶和显示仪表。一般由铝合金制成，并分有防溅式、防水式、防爆式、插座式等四类。为了防止灰尘和有害气体进入热电偶保护套管内，接线盒的出线孔和盖子均用垫片和垫圈加以密封。接线盒内用于连接热电极和导线的螺钉必须紧固，以免产生较大的接触电阻而影响测量的准确性。

(2) 铠装热电偶 铠装热电偶是将热电偶丝、绝缘材料和金属保护套管三者经整体复合拉伸工艺加工而成的可弯曲的坚实组合体。铠装热电偶与普通热电偶不同的是：热电偶与金属保护套管之间被氧化镁绝缘材料填实，三者成为一体；具有一定的可挠性，一般情况下，最小弯曲半径为其直径的 5 倍；安装使用方便，能满足特殊场合的需要，其截面可加工成圆变截面或扁圆变截面型两种。套管材料一般采用不锈钢或镍基高温合金，绝缘材料采用高纯度脱水氧化镁和氧化铝粉末。

铠装热电偶的热端有接壳、绝缘、露端等形式，如图 3-12 所示，其中以接壳及露端型的动态特性较好。接壳型是将热电极与金属套管焊接在一起，其反应时间介于绝缘型和露端型之间。绝缘型将热端封闭在完全焊合的套管内，热电偶与金属套管之间互相绝缘，是最常用的一种形式。露端型的热电偶热端暴露在套管外面，仅在干燥的非腐蚀性介质中使用。

按照国标（GB7668—87）规定，目前国产标准铠装热电偶的外径为0.5～8mm，热电极直径为0.1～1.3mm，有单丝、双丝及四丝等。套管壁厚为0.075～1mm，外径为0.5～12mm，长度可以根据需要任意截取或选购，最长可达500m。非标准化极细型铠装热电偶的外径仅为0.25～0.34mm。由于铠装热电偶的金属套管壁较薄、热电极细，所以与相同分度号的普通热电偶比较，使用温度要低或使用寿命要短。

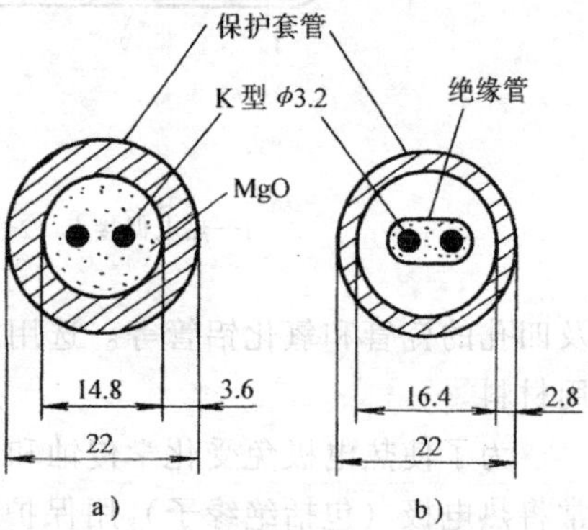

图 3-12 铠装热电偶热端结构
a）铠装热电偶 b）普通热电偶

铠装热电偶的突出优点是动态特性好，结构小型化，易于制成特殊用途的形式，挠性好，能弯曲，可安装在狭窄或结构复杂的测量场合，已得到较为广泛的使用。

3.3.2 热电偶的冷端温度补偿

1. 补偿导线法

热电偶测温原理指出，只有当热电偶冷端温度保持不变时，热电势才是被测温度的单值函数。实际上，由于接线盒与检测点之间的长度有限，一般为150mm左右（除铠装热电偶外），这样热电偶的冷端距离被测对象较近，冷端会受到被测对象温度及环境温度变化的影响，冷端温度难以保持不变。最简单的方法是把热电偶做得很长，使冷端延长到温度比较稳定的地方，但缺点是，热电极本身不便于敷设，并且对于贵金属热电偶来说也很不经济。解决这个问题的方法，是采用两种不同的廉价金属制成专用导线，将热电偶的冷端延伸出来，在一定温度范围内（一般100°C以下）与所连接的热电偶具有相同或十分相近的热电特性。这种方法称为补偿导线。如图3-13所示，用较短的镍铬-镍硅丝作为热端，然后以较长的铜-铜镍丝延伸两热电极，使热电偶的冷端远离测温对象，保证冷端的温度稳定，以达到导线补偿的目的。

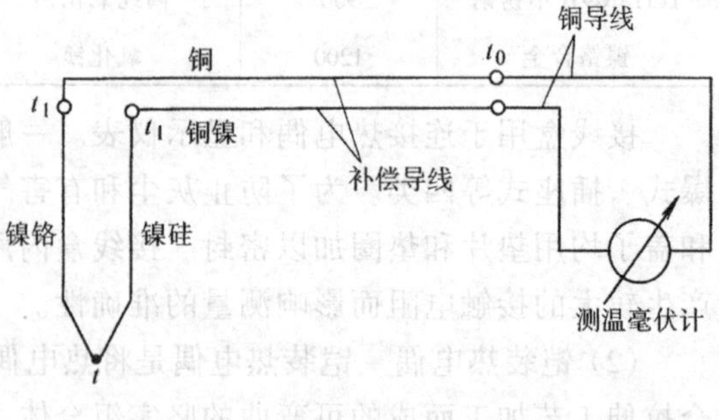

图 3-13 补偿导线连接图

补偿导线分为补偿型补偿导线（C）与延伸型补偿导线（X）两类。补偿型补偿导线材料与热电极材料不同，常用于贵金属热电偶，它只能在一定的温度范围内与热电偶的热电特性一致；延伸型补偿导线是采用与热电极相同的材料制成，适用于廉价金属热电偶。

根据热电偶补偿导线标准（GB4989～4990—85），不同热电偶所配用的补偿导线也不同，各种型号热电偶所配用的补偿导线材料列于表3-7。其中，型号的第一个字母与配用热电偶的分度号相对应。补偿导线有正、负极性之分。由表3-7中可见，各种补偿导线的正极均为红色，负极的不同颜色分别代表不同分度号的导线。使用时要注意型号及极性不能接错，还要注意补偿导线和热电偶连接的接点温度要相同。例如，KC和KX分别表示适用于镍铬-镍硅热电偶（K）的补偿型和延伸型补偿导线，由于线芯材质的不同，这两者的热电特性差别也很大，在较宽的温度范围内，KX的特性曲线是线性的，误差很小。但是KX与KC相比成本较高，电阻也较大，所以在使用温度不太高、测量精度要求又不太严格的场合，最好采用廉价的补偿型KC补偿导线。如果测量精度要求较高，必须将热电偶与补偿导线连接处的温度保持在100°C以下。

表3-7　常用热电偶补偿导线

补偿导线型号	配用热电偶的分度号	补偿导线的线芯材料		绝缘层颜色	
		正　极	负　极	正　极	负　极
SC	S（铂铑$_{10}$-铂）	SPC（铜）	SNC（铜镍）	红	绿
KC	K（镍铬-镍硅）	KPC（铜）	KNC（康铜）	红	蓝
KX	K（镍铬-镍硅）	KPX（镍铬）	KNX（镍硅）	红	黑
EX	E（镍铬-康铜）	EPX（镍铬）	ENX（铜镍）	红	棕
JX	J（铁-康铜）	JPX（铁）	JNX（铜镍）	红	紫
TX	T（铜-康铜）	TPX（铜）	TNX（铜镍）	红	白

2. 冰浴法

热电偶的分度表都是在冷端温度为0°C的情况下制定的，如果把冷端置于能保持温度为0°C的保温瓶中，则测得的热电势就代表被测的实际温度。如图3-14所示，保温瓶内盛满冰水混合物，为了防止短路，两根电极丝要分别插入各自加入绝缘油的试管里，将试管置于保温瓶中，使其温度保持在0°C，然后用铜导线引出接入显示仪表。此方法要经常检查，并补充适量的冰，可以使温度变化不超过±0.02°C。由于这种方法需要保持冰水两相共存，使用起来比较麻烦，一般在实验室的精密测量中使用，工业测量极少采用。

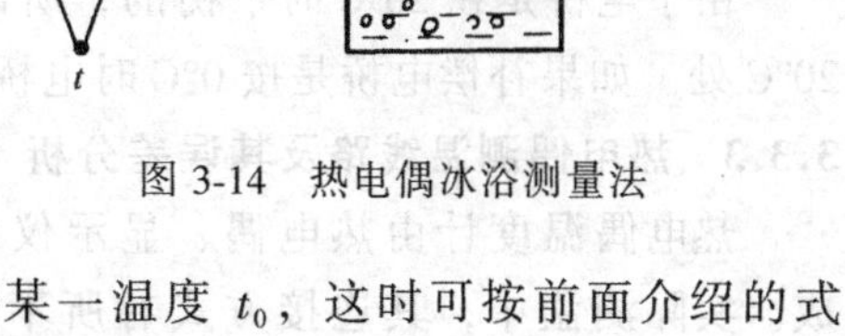

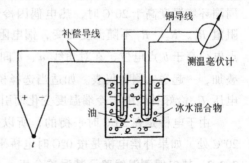

图3-14　热电偶冰浴测量法

3. 计算修正法

在实际生产中，冷端温度往往不是0°C，而是某一温度 t_0，这时可按前面介绍的式(3-7)进行修正，即

$$E_{AB}(t,t_0)=E_{AB}(t,0)-E_{AB}(t_0,0)$$

或

$$E_{AB}(t,0)=E_{AB}(t_0,0)+E_{AB}(t,t_0) \tag{3-11}$$

这就是说，热电势的修正方法是把测得的热电势 E_{AB}（t，t_0）加上热端为 t_0、冷端为0°C时的热电偶的热电势 E_{AB}（t_0，0），便得到实际温度下的热电势 E_{AB}（t，0）。

用计算修正法来补偿冷端温度变化的影响，仅适用于实验室或临时性测温的情况，而对于现场的连续测量并不适用。

4. 仪表零点校正法

如果热电偶冷端温度相对稳定，与之配用的显示仪表的零点调整又比较方便的话，可采用仪表零点校正法来实现冷端温度补偿。可将显示仪表的机械零点直接调至冷端温度 t_0 处，这相当于在输入热电偶回路热电势之前就给显示仪表输入了一个电势 $E(t_0,0)$，因为与热电偶配套的显示仪表是根据分度表刻度的，这样在接入热电偶之后，使得输入显示仪表的电势相当于 $E(t,t_0)+E(t_0,0)=E(t,0)$，因此显示仪表可显示测量端的温度 t。由于仪表零点校正法简单实用，工业上经常使用。应当注意，当冷端温度 t_0 变化时需要重新调整仪表的零点，若冷端温度变化频繁则会产生较大误差，就不宜采用此方法。调整显示仪表的零点时，应在断开热电偶回路的情况下进行。

5. 补偿电桥法

补偿电桥法是利用不平衡电桥产生的不平衡电压，来补偿热电偶因冷端温度变化而引起的热电势变化值，如图 3-15 所示。

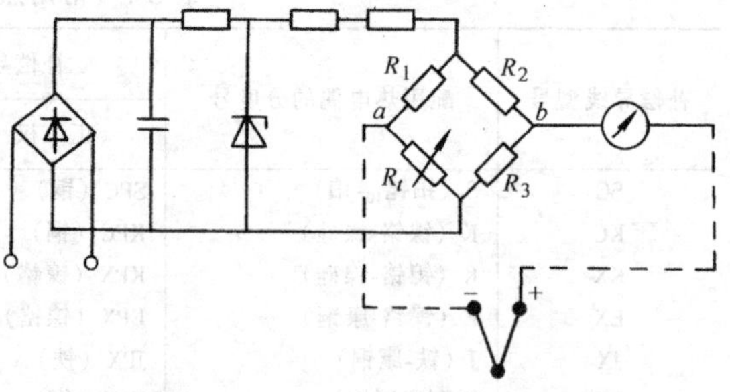

图 3-15 冷端温度补偿测温线路

不平衡电桥（又称冷端温度补偿器）由电阻 R_1、R_2、R_3（锰铜丝绕制）和 R_t（铜丝绕制）等四个桥臂和稳压电源组成，串联在热电偶测温回路中。热电偶的冷端与电阻 R_t 放在一起，感受相同的温度。电桥通常取在 20°C 时处于平衡，即 $R_1=R_2=R_3=R_t$，此时，对角线 a、b 两点电位相等，即 $U_{ab}=0$，电桥对仪表读数无影响。当周围环境温度高于 20°C 时，热电偶因冷端温度升高而使热电势减弱，此时，电桥中的电阻值 R_1、R_2、R_3 不随温度而变，铜电阻 R_t 却随温度增加而增加，于是电桥不再平衡。a 点电位高于 b 点电位，在对角线 a、b 间输出一个不平衡电压 U_{ab}，并与热电偶的热电势相叠加，一起送入测量仪表。如适当选择桥臂电阻和电流的数值，可以使电桥产生的不平衡电压 U_{ab} 恰好补偿由于冷端温度变化而引起的热电势变化值，仪表即可指示出正确的温度。

由于电桥是在 20°C 时平衡的，所以采用这种补偿电桥时，应将仪表的零点预先调到 20°C 处。如果补偿电桥是按 0°C 时电桥平衡设计的，则仪表零位应调在 0°C 处。

3.3.3 热电偶测温线路及其误差分析

热电偶温度计由热电偶、显示仪表及中间连接导线组成。实际测温中，其连接方式有所不同，应根据不同的需求，选择准确、方便的测量线路。

1. 典型测温线路

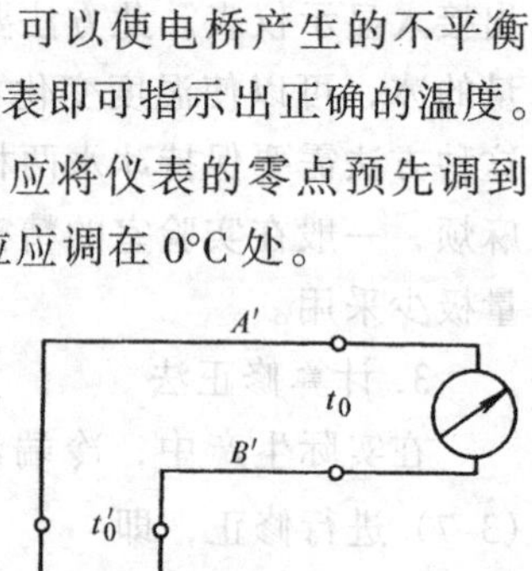

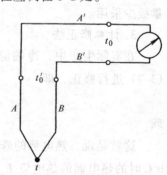

图 3-16 典型热电偶测温线路

目前工业用热电偶所配用的显示仪表，大多带有冷端温度的自动补偿功能。典型的测温线路如图 3-16 所示。热电偶采用补偿导线，将其冷端延伸到显示仪表的接线端子处，使得热电偶冷端与显示仪表的温度补偿装置处在同一温度下，从而实现冷端温度的自动补偿，显示仪表所显示的温度即为热端温度。

如果所配用的显示仪表不带有冷端温度的自动补偿功能，则要对热电偶冷端温度的影响进行处理或修正。

2. 热电偶的串并联线路

(1) 热电偶的串联线路 热电偶的串联线路是将 n 支同型号的热电偶以串联的方式，依次按正、负极性相连的线路进行连接，各支热电偶的冷端必须采用补偿导线延伸到同一温度下，以便对冷端温度进行补偿。其连接方式如图 3-17 所示。

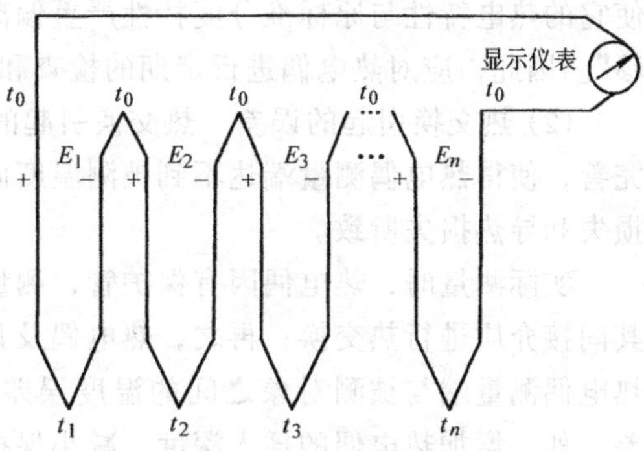

图 3-17 热电偶串联线路

则串联线路测得的热电势应为

$$E = E_1 + E_2 + \cdots + E_n = \sum_{i=1}^{n} E_i \tag{3-12}$$

式中 E_1，E_2，…，E_n——各单支热电偶的热电势；

E——n 支热电偶的总热电势。

串联线路的主要优点是热电势大，测量精度比单支热电偶高。但只要有一支热电偶断路，整个测温系统就不能工作。

(2) 热电偶的并联线路 热电偶的并联线路是将 n 支同型号的热电偶的正极和负极分别连接在一起的线路，如图 3-18 所示。如果 n 支热电偶的电阻均相等，则并联线路的总电势等于 n 支热电偶热电势的平均值，即

$$E = \frac{E_1 + E_2 + \cdots + E_n}{n} = \frac{1}{n}\sum_{i=1}^{n} E_i \tag{3-13}$$

并联线路常用来测量平均温度。同串联线路相比，并联线路的热电势虽小，但其相对误差仅为单支热电偶的 $\frac{1}{\sqrt{n}}$，当某支热电偶断路时，测温系统可照常工作。为了保证热电偶回路内阻尽量相同，可以分别串入较大的电阻，以减小内阻不同的影响。

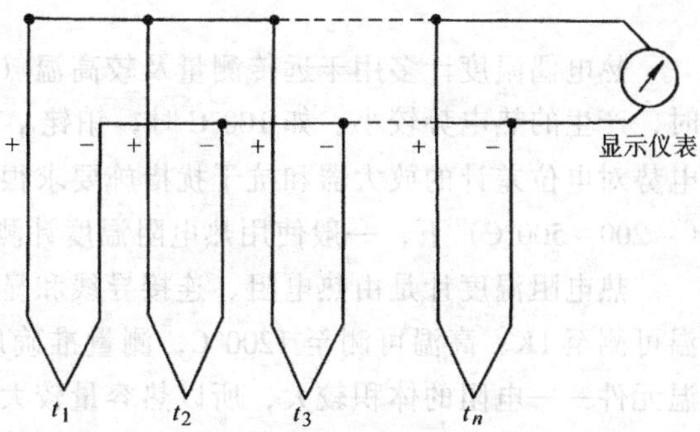

图 3-18 热电偶并联线路

3. 热电偶测量误差分析

因为热电偶温度计是由补偿导线、冷端补偿器及显示仪表等组成，而且工业用热电偶一般均带有保护管，所以在测温时，常出现如下误差因素。

(1) 热电偶本身的误差

1) 分度误差：对于标准化热电偶，其**分度误差**就是校验时的误差，不得超过允许偏差；对于非标准化热电偶，其分度误差由校验时个别确定。严格按照规定条件使用时，分度误差的影响并不大。

2）热电特性变化引起的误差：在使用过程中，由于热电极的腐蚀污染等因素，会导致热电特性的变化，从而产生较大的误差。因热偶丝遭受严重污染或发生不可逆的失效，使它的热电特性与原标准分度特性严重偏离所引起的测量误差，称为**“蜕变”**误差或**“漂移”**。因此，应对热电偶进行定期的检查和校验。

(2) 热交换引起的误差　热交换引起的误差是由于被测对象和热电偶之间的热交换不完善，使得热电偶测量端达不到被测温度而引起的误差。这种误差的产生，主要是热辐射损失和导热损失所致。

实际测量时，热电偶因有保护管，测量端没有和被测对象直接接触，要经过保护管及其间接介质进行热交换；再之，热电偶及其保护管向周围环境也有热损失等，这就造成了热电偶测量端与被测对象之间的温度误差。所以可以采取一定的措施，尽量减少测量误差。如，增加热电偶的插入深度，减小保护管的壁厚和外径等。

(3) 补偿导线引起的误差　补偿导线引起的误差是由于补偿导线的热电特性与热电偶不完全相同所造成的。如，K型热电偶的补偿导线，在使用温度为100°C时，允许误差约为±2.5°C，如果补偿导线的工作温度超出规定使用范围时，误差将显著增加。

(4) 显示仪表的误差　与热电偶配用的显示仪表都有一定的准确度等级，它说明了仪表在单次测量中允许误差的大小。大多数显示仪表带有冷端温度补偿功能，如果显示仪表的环境温度变化范围不大，对于冷端温度补偿所造成的误差可以忽略不计。但当环境温度变化较大时，显示仪表就不能对冷端温度进行完全补偿，会引起一定的误差。

在应用热电偶测温时，首先必须正确选型，合理安装与使用，同时还应注意尽可能避免污染及设法消除各种外界影响，以减小附加误差，达到测温准确、简便和耐用等目的。

3.4　热电阻温度计

热电偶温度计多用于远传测量及较高温（一般500°C以上）测量，因为在测量较低温时，产生的热电势较小。如100°C时，铂铑$_{10}$-铂热电偶的热电势只有0.645mV，太小的热电势对电位差计的放大器和抗干扰措施要求很高，仪表维修也比较困难。所以，在中低温（-200～500°C）下，一般使用热电阻温度计测量效果较好。

热电阻温度计是由热电阻、连接导线和显示仪表组成。其特点是，在特殊情况下，低温可测至1K、高温可测至1200°C，测量准确度高，性能稳定，不需冷端补偿。但由于感温元件——电阻的体积较大，所以热容量较大，动态特性和抗震性能不如热电偶。由于热电阻输出的是电阻信号，所以也便于远距离显示或远传信号。适用于测量液体、气体、蒸气及固体表面的温度。

3.4.1　热电阻的测温原理

热电阻是热电阻温度计的测温原件，它是利用金属导体电阻值随温度变化而变化的特性来实现温度测量的。金属导体电阻值与温度的关系为

$$R_t = R_0\left[1 + a\left(t - t_0\right)\right] \tag{3-14}$$

$$\Delta R_t = aR_0\Delta t \tag{3-15}$$

式中　R_t——温度为t°C时的电阻值；

R_0——温度为 t_0（通常为0°C）时的电阻值；

a——电阻温度系数，即温度每升高1°C时的电阻相对变化量；

Δt——温度的变化量；

ΔR_t——温度改变 Δt 时的电阻变化量。

由式（3-15）可知，温度的变化，导致了导体电阻的变化。由于一般金属的电阻与温度不是线性关系，所以 a 值也随温度变化，但在某个范围内可近似为常数。实验证明，大多数金属在温度每升高1°C时，其电阻值要增加0.4%～0.6%。电阻温度计就是把温度变化所引起导体电阻的变化，通过测量电路（电桥）转换成电压（毫伏）信号，然后送到显示仪表来显示被测温度的。

从测温原理可以知道，热电偶温度计是把温度的变化通过测温元件——热电偶转化为热电势的变化来测量温度的；而热电阻温度计则是把温度的变化通过测温元件——热电阻转换为电阻的变化来测量温度的。

3.4.2 常用热电阻及构造

作为热电阻材料，必须符合如下要求：

1）电阻温度系数大，即灵敏性高。

2）电阻率大，电阻体积小，同时减少了测温的热惯性。

3）电阻与温度间的变化近似线性关系，测温范围广。

4）稳定的物理和化学性能，能长期适应较差的测温环境。

5）价格便宜，制造方便。

实际上，很难找到完全符合以上要求的热电阻材料，目前，应用最广泛的热电阻材料是铂和铜。工业上标准化生产的常用热电阻有铂电阻（WZP）和铜电阻（WZC）。

1. 常用热电阻

（1）铂热电阻　铂热电阻由纯铂丝绕制而成，其使用温度范围（按国际电工协会IEC标准）为－200～850°C。铂电阻具有精度高、性能可靠、抗氧化性好、物理和化学性能稳定的特点。金属铂容易提纯，复制性好，有良好的工艺性，可以制成极细的铂丝（直径可达0.02mm）或极薄铂箔，比其他热电阻材料的电阻率大。因此，铂是较为理想的热电阻材料，除作为一般工业测温元件外，还可以作为标准器件。工业上使用的铂电阻是用直径 $\phi=0.05\sim0.07$mm的铂丝浇在云母、石英或陶瓷支架上制成的。它的缺点是电阻温度系数小，电阻与温度呈非线性，高温下不宜在还原性介质中使用，而且价格较高。

要确定铂电阻与温度间的关系（R_t-t），首先要确定 R_0 的大小，R_0 不同，R_t-t 的关系也不同。这种 R_t-t 的关系称为**分度表**，用分度号表示。工业上使用的铂电阻主要有分度号Pt100，即0°C时相应的电阻值为 $R_0=100\Omega$，其分度表见附录D。

（2）铜电阻　铜容易加工提纯，价格便宜；铜的电阻与温度基本呈线性关系；在测温范围－50～150°C内，具有很好的稳定性。其缺点是温度超过150°C容易被氧化，氧化后失去良好的线性特性；另外，由于铜的电阻率小，为了要绕得一定的电阻值，铜电阻丝必须较细，长度较长，故铜电阻体积较大，强度较低。多用于温度不高，测温元件体积无特殊限制的场合。

工业上用的铜电阻有两种，一种是 $R_0=50\Omega$，其分度号为 Cu_{50}，分度表见附录 E。另一种是 $R_0=100\Omega$，相对应的分度号为 Cu_{100}，分度表见附录 F。

2. 热电阻的结构

热电阻由电阻体、绝缘子、保护套管和接线盒四个部分组成。除电阻体外，其余部分的结构和形状与热电偶的相应部分相同。

将电阻丝绕在具有一定形状的支架上，便是电阻体。电阻体要求体积小，而且受热膨胀时，电阻丝不产生附加应力。目前，用来绕制电阻丝的支架一般有三种构造形式：平板形、圆柱形和螺旋形，如图 3-19 所示。可根据电阻丝的材料、制造工艺、使用温度和测量精度等各种因素来决定采用支架的形状。一般来说，螺旋形支架是作为标准或实验室用的铂电阻体的支架，平板形支架多作为铂电阻体的支架，圆柱形支架大多作为铜电阻体的支架。支架材料有云母、玻璃（石英）、陶瓷等。

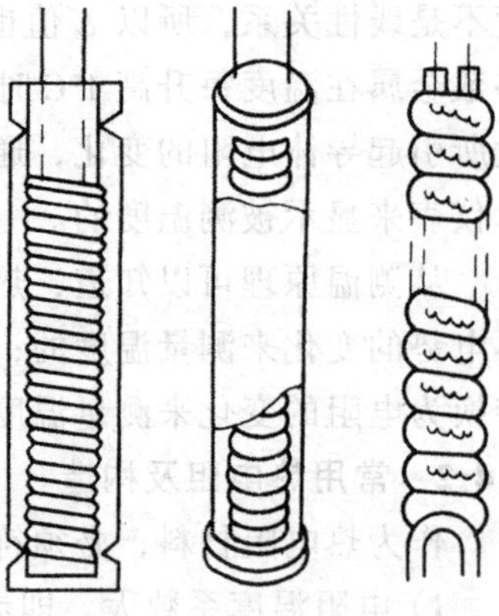

图 3-19 热电阻的支架形状（已绕电阻丝）

a) 平板形 b) 圆柱形 c) 螺旋形

云母支架的抗振动性能强，响应快。老式热电阻多用云母作支架，但即使是优质云母，在 500°C 以上也要放出结晶水并产生变形，所以使用温度宜在 500°C 以下。

玻璃支架体积小，响应快，抗振性好。较通用的是外径为 1～4mm，长度为 10～40mm 的骨架，最高安全使用温度为 400°C。铂电阻丝均匀的绕在支架上，经热处理使电阻丝固定，外层再用相同材料制成的套管加以封固烧结。

陶瓷支架体积小，响应快，绝缘性能好。外径为 1.6～3mm，长度为 20～30mm，一般是将铂丝绕在刻有螺纹槽的支架上，表面涂釉后再烧结固定。

为了避免通过交流电时产生电抗，造成附加误差，热电阻体一般采用双线无感绕法绕制而成。

3. 热电阻的导线连接法

在热电阻与显示仪表的实际连接中，由于其间的连接导线长度较长，若仅使用两根导线连接在热电阻两端，导线本身的电阻会与热电阻串联在一起，造成测量误差。如果每根导线的电阻为 r，则加到热电阻上的绝对误差为 $2r$，而且这个误差并非定值，是随导线所处的环境温度而变化的，所以应用时，为避免或减少导线电阻对测量的影响，常常采用三线制或四线制的连接方式来解决。

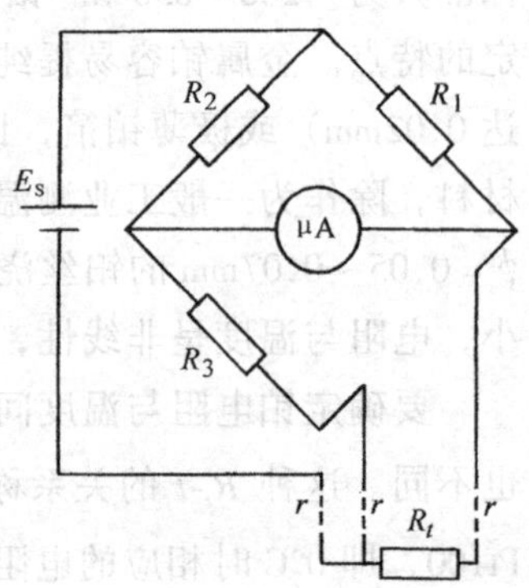

图 3-20 热电阻的三线制接法

(1) 三线制　三线制就是在热电阻的一端与一根导线相连，另一端与两根导线相连，如图 3-20 所示。当与电桥配合使用时，与热电阻 R_t 连接的三根导线，粗细、长短相同，阻值均为 r。当桥路平衡时，可以得到下列关系

$$R_2(R_t + r) = R_1(R_3 + r) \tag{3-16}$$

由此可得
$$R_t = \frac{R_1(R_3 + r)}{R_2} - r = \frac{R_1 R_3}{R_2} + \frac{R_1 r}{R_2} - r \tag{3-17}$$

电桥设计时，只要满足 $R_1 = R_2$，则上式中 r 被消去，即消除了导线电阻的影响。这种情况下，导线电阻的变化对热电阻没有影响。必须注意，只有在全等臂电桥（4个桥臂电阻相等）而且是在平衡状态下才是如此，否则不可能完全消除导线电阻的影响，但分析可见，采用三线制连接方法会使它的影响大大减少。

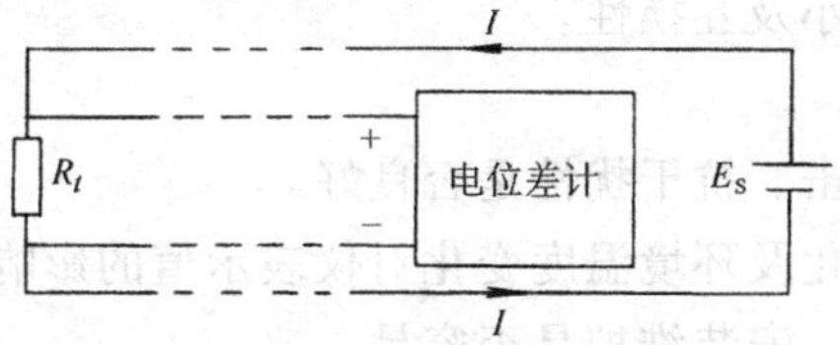

图 3-21 热电阻的四线制接法

(2) 四线制 四线制就是在热电阻的两端各采用两根导线与仪表相连接，一般是用于要求电压或电势输入的仪表。如果与直流电位差计配用，其接线方式如图 3-21 所示。由恒流源供给的已知电流 I 流过热电阻 R_t，使其产生电压降 U，电位差计测得 U，便可得到 R_t（$R_t = U/I$）。尽管导线存在电阻 r，但有电流流过的导线上，电压降 rI 不在测量范围之内，连接电位差计的导线虽然存在电阻，但没有电流流过（电位差计测量时不取电流），所以4根导线的电阻对测量均无影响。这是一种比较完美的方法，它不受任何条件的限制，能消除连接导线电阻对测量的影响。

3.5 温度计的选择与安装

在使用膨胀式温度计、热电偶温度计和热电阻温度计等接触式温度计时，按照规定正确的选择和安装，可以减少测量误差。

3.5.1 温度计的选用

前面已经介绍了各类工业温度计的优缺点及其适用范围，重点介绍了膨胀式温度计、热电偶温度计与热电阻温度计。选用时，首先要分析被测对象的特点及状态，然后根据现有仪表的特点及其技术指标确定选用的类型。

1. 分析被测对象

1) 被测对象的温度变化范围及变化的快慢。

2) 被测对象是静止的还是运动的（移动或转动）。

3) 被测对象是液态还是固态，温度计的检测部分能否与它相接触、能否靠近，如果远离以后辐射的能量是否足以检测。

4) 被测区域的温度分布是否相对稳定，要测量的是局部（点）温度，还是某一区域（面）平均温度或温度分布。

5) 被测对象及其周围环境是否有腐蚀性，是否存在水蒸气、一氧化碳、二氧化碳、臭氧及烟雾等介质，是否存在外来能源对辐射的干扰，如，其他高温辐射源、日光、灯光、炉壁反射光及局部风冷、水冷等。

6）测量的场所有无冲击、振动及电磁场。

2. 合理选用仪表

1）仪表的可能测温范围及常用测温范围。

2）仪表的精度、稳定性、变差及灵敏度等。

3）仪表的防腐性、防爆性及连续使用的期限。

4）仪表输出信号能否自动记录和远传。

5）测温元件的体积大小及互换性。

6）仪表的响应时间。

7）仪表的防震、防冲击、抗干扰性是否良好。

8）电源电压、频率变化及环境温度变化对仪表示值的影响程度。

9）仪表使用是否方便、安装维护是否容易。

3.5.2 温度计的安装

在正确选择了测温元件和显示仪表之后，要注意测温元件的正确安装，以免影响测量精度。一般的安装要求如下：

1. 测温元件应与被测介质充分接触

应保证足够的插入深度。对于管路测温，双金属温度计的插入长度必须大于敏感元件的长度；温包式温度计的温包中心应与管中心线重合；热电偶温度计保护管的末端应越过管中心线5~10mm；热电阻温度计的插入深度在减去感温元件的长度后应为金属保护管直径的15~20倍。为非金属保护管直径的10~15倍。测温元件应迎着被测介质流向插入（斜插或在弯头处安装），如图3-22a所示；至少要与被测介质流向成正交（呈90°）安装，如图3-22b所示；切勿与被测介质形成顺流，如图3-22c所示。

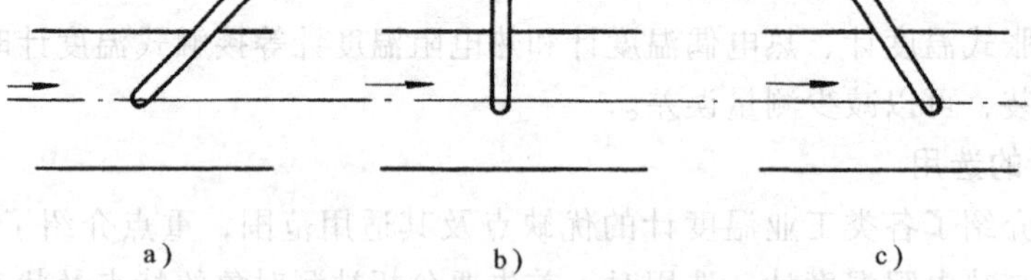

图3-22 测温元件安装示意图

a）逆流 b）正交 c）顺流

2. 减少测温元件外露部分的热损失

应尽量减少测温元件外露部分的热损失，以减小测量误差。可对测温元件外露部分进行保温。

3. 确保测温元件的安全可靠

1）用热电偶测量炉温时，应避免测温元件与火焰直接接触。接线盒不应碰到炉壁，以免热电偶冷端温度过高。

2）在被测介质具有较大流速的管道中，测温元件必须倾斜安装，以免受到过大的冲蚀。若被测介质中有尘粒、粉物，为保护测温元件不受磨损，应加装保护屏。

3）热电偶、热电阻接线盒面盖应向上密封，以免雨水或其他液体、脏物进入接线盒中而影响测量。接线盒的温度应保持在100°C以下，以免补偿导线超过规定温度范围。

4）在有压设备上安装测温元件，都必须保证密封。当工作介质压力超过1×10^5Pa时，还必须另外加装保护套管。为减少测温的滞后，可在套管之间加装传热良好的填充物。如，温度低于150°C时可充入变压器油，当温度高于150°C时可充填铜屑或石英砂，以保证良好传热。

3.5.3　连接导线与补偿导线的安装

连接导线与补偿导线的安装，应符合下列要求：

1. 按照规定的测温元件型号配用相应的导线

热电偶的补偿导线应与相应的分度号配用，且正、负极性不能接错；热电阻一般采用普通导线三线制或四线制连接，线路电阻应符合所配用显示仪表的要求。

2. 防止外界机械损伤

为保护连接导线与补偿导线不受外来的机械损伤，同时削弱外界磁场的干扰，应将连接导线或补偿导线穿入金属管中，管内导线不得有接头、曲折、迂回等情况，也不得拉得太紧，管内应留有一定数量的备用线。最好采用架空敷设，也可采用地下敷设。

3. 导线应有良好的绝缘屏蔽

由于导线穿入金属管中，起到了绝缘屏蔽作用，但金属管必须有一处接地。禁止与交流输电线一同敷设，以免引起干扰。

4. 保证环境使用条件

连接导线与补偿导线应尽量避免高温、潮湿，以及腐蚀性与爆炸性气体和灰尘的作用，禁止敷设在炉壁、烟道及热管道等高温设备上。

本章要点

1. 常用的温度测量方法及其特点。
2. 各种温度测量仪表特点及其使用要求。
3. 测温仪表的选用注意事项。
4. 测温仪表的安装注意事项。

思考题与习题

3-1　温度测量仪表的种类有哪些？各使用在什么场合？

3-2　试述双金属温度计的原理。如何用双金属温度计自动控制电冰箱的温度？

3-3　热电偶温度计为什么可以用来测量温度？它由哪几部分组成？各部分有何作用？

3-4　为什么热电偶测温时，一般要采用补偿导线？

3-5　什么是冷端温度补偿？用什么方法可以进行冷端温度补偿？

3-6　如果用镍铬-镍硅热电偶测量温度，其仪表指示值为600°C，而冷端温度为65°C，在没有冷端补偿的情况下，则实际被测温度为665°C，对不对？为什么？正确值应为多少？

3-7　用镍铬-镍硅热电偶测量炉温，热电偶在工作时，其冷端温度t_0为30°C，测得的热电势为33.29mV，求被测炉子的实际温度。

3-8 电阻温度计的工作原理是什么？

3-9 哪些材料常用来作热电阻材料？各有什么特点？

3-10 电阻温度计的电阻体 R_t 为什么要采用三线制接法？为什么要规定某一数值的外线路电阻？

3-11 如何选用温度计？

3-12 温度计如何安装？

实训1 用各种温度计对空调制冷系统现场测温

1. 实训目的

1）熟悉制冷空调系统温度测量的部位和方法。

2）掌握测量温度的方法，熟悉温度计的选用，熟悉常用测温仪表的使用方法。

3）掌握测量数据的处理与分析方法。

4）培养良好的职业习惯。

2. 仪表与设备

1）制冷空调设备（冰箱、空调器、冷藏柜等）或中央空调系统。

2）玻璃管液体温度计、压力式温度计、热电偶温度计、电阻式温度计等常用测温仪表或传感器。

3. 操作步骤

1）按小组熟悉设备、仪器与测量要求。

2）针对不同测量对象，拟定相应的测量方法并记录在实训报告单上。

3）选择测量仪器并确定测点，记录在数据表中。

4）起动相应设备，投入运行以备测量。

5）按布置的测点测量各设备（测量对象）中要求测量的温度（注意温度计或温度传感器的安装与使用要求），并记录在报告单上。

6）全部测量完毕后，关闭运行设备的电源，并由小组长负责将仪表收齐上交。

7）清理现场，打扫卫生。

8）分析与处理测量数据，获得被测对象的平均温度并进行误差分析，并比较各种温度计或温度传感器的差异，完成实训报告（报告的具体内容、格式和要求可由指导老师自定）。

第4章 湿度测量及其仪表

4

4.1 概述

湿度就是物质中水分的含量，这种水分可能是液体状态，也可能是蒸汽状态。湿度也是空调与制冷系统中需要检测、调节的一个重要参数。例如，冷藏间的湿度太高时，容易引起细菌的大量繁殖，使食品在冷藏过程中腐败变质；湿度太低又会增加食品的干耗，影响食品的色、香、味。特别是鲜蛋、水果、蔬菜等易腐食品，湿度对其影响更加显著。在舒适性空调中，空气湿度的高低直接影响人的舒适感，甚至身体健康；在工业空调中，空气湿度的高低将影响电子产品和光学仪器的性能、纺织业中的纤维强度、印刷工业中的印刷品质量等。本章主要介绍空气湿度的测量方法及其仪表。

4.1.1 湿度的表示法

空气的湿度通常用绝对湿度、相对湿度和含湿量来表示。

(1) 绝对湿度 **绝对湿度**是指在一定温度及压力条件下，每单位体积空气中所含的水蒸气量，单位用 kg/m^3 或 g/m^3 表示。

(2) 相对湿度 **相对湿度** φ 是指每立方米湿空气中所含水蒸气的质量与在相同条件（同温度同压力）下可能含有的最大限度水蒸气质量之比。相对湿度有时也称水蒸气的饱和度，用百分数（%）表示。

(3) 含湿量 **含湿量**是指在一定温度及压力条件下，每千克干空气中所含有的水蒸气的克数，单位为 g/kg_d。

各种湿度的表示方法之间具有一定的关系，例如相对湿度有以下关系式

$$\varphi = \frac{\rho_a}{\rho_s} = \frac{p_a}{p_s} = \frac{p_D}{p_t} \tag{4-1}$$

式中 ρ_a——空气中水蒸气的密度；

ρ_s——在相同温度下饱和水蒸气的密度；

p_a——空气中水蒸气的分压；

p_s——在相同温度下饱和水蒸气的分压；

p_D——空气在露点温度 t_D 时的饱和水蒸气的分压；

p_t——湿气体在温度 t 时的饱和水蒸气压。

ρ_s 及 p_s 或 p_t 在各种温度下的数值可从有关手册中直接查得，因此知道 p_a、ρ_a，露点温度 t_D 后就很容易求得 φ 的大小。反之，有了 φ 值及空气的温度 t 后也可以求得 ρ_a、p_a，露点温度 t_D 等。

4.1.2 湿度测量仪表

湿度的检测方法很多，从其测量原理上可将其分为三种：干湿球法（如干湿球温度计）、吸湿法（如氯化锂电阻湿度计、氯化锂露点湿度计、毛发湿度计、电容式湿度计等）与非吸湿法（如热敏电阻湿度计等）。传统的方法是干湿球温度计法和露点计法。随着科学技术的发展，利用潮解性盐类、高分子材料、多孔陶瓷等材料的吸湿特性可以制成湿敏元件，构成各种类型的湿敏传感器，目前已有多种湿敏传感器得到开发和应用。传统的干

湿球温度计和露点计采用了新技术，也可以实现自动检测。本章仅对部分常用的湿度测量仪表进行介绍，而对目前已很少使用的毛发式湿度计则不予介绍。

4.2　干湿球温度计

干湿球温度计是利用潮湿物体表面水分蒸发吸热的效应来测定空气的相对湿度的。

普通干湿球温度计由两支温度计组成，如图4-1所示。一只温度计用来直接测量空气的温度，称为干球温度计；另一只温度计在感温部位包有被水浸湿的棉纱吸水套，并经常保持湿润，称为湿球温度计。当棉套上的水分蒸发时，会吸收湿球温度计感温部位的热量，使湿球温度计的温度下降。水的蒸发速度与空气的湿度有关，相对湿度越高，蒸发越慢；反之，相对湿度越低，蒸发越快。所以，在一定的环境温度下，干球温度计和湿球温度计之间的温度差与空气湿度有关。当空气为静止或具有一定流速时，这种关系是单值的。若是饱和空气，则干湿球温度差为零。测得干球温度 t_d 和湿球温度 t_m 后，就可以通过查表或计算，求出空气的相对湿度 φ。

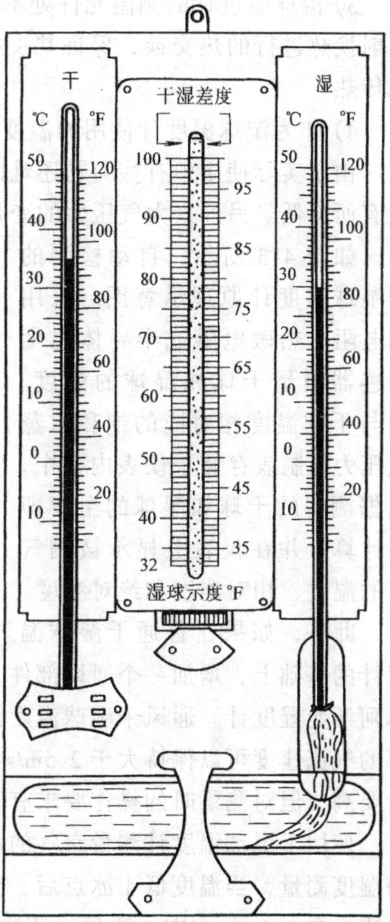

图4-1　普通干湿球温度计

根据热平衡原理，可以推导出干球温度、湿球温度与空气中水蒸气的分压力 p_a 之间的关系，即

$$p_a = p_m - Ap(t_d - t_m) \tag{4-2}$$

式中　p_m——温度为湿球温度 t_m 时的饱和水蒸气分压；

A——决定于湿度计的常数，A 与风速和温度传感器的结构因素有关；

p——湿空气的总压力。

相对湿度 φ 则为

$$\varphi = \frac{p_a}{p_s} = \frac{p_m - Ap(t_d - t_m)}{p_s} \tag{4-3}$$

式中　p_s——温度为干球温度 t_d 时的饱和水蒸气压。

在自动连续测量中，温度计一般采用两个电阻温度计，分别测量“干球”和“湿球”温度。两个温度计分别接在两个直流电桥或交流电桥的桥臂中，两个电桥输出同向并联，如图4-2所示。图中 R_d 为干球温度计电阻值，R_m 为湿球温度计的电阻值。干球温度计的电桥输出从滑线电阻 R_p 上分压取出，滑线电阻可由电子自动电位差计中的可逆电动机带动，以随时平衡湿球电桥的输出信号。

干湿球温度计理论上的测量精度是较高的，但在实际安装使用时并不能达到高精度测

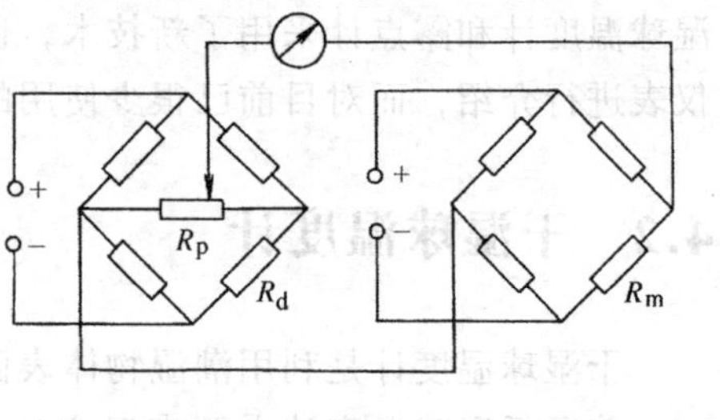

图 4-2 连续测量的干湿球湿度计电路示意图

量，主要是湿球温度的误差，因此要求达到真正的湿球温度必须做到以下几点：

1）湿球温度计的测温元件外面包的棉纱或棉布必须吸水性能好，并经常保持完全润湿。

2）湿球润湿的水应该是蒸馏水，不能含有盐类等。

3）湿球温度计的测温元件处不应有以导热或辐射换热进行的热交换，保证热交换方式仅有对流传热。

4）作为湿球温度计使用的温度计本身是准确的。

由于实际使用中有些问题还难以避免，因此这些影响因素的加入，就使仪表的测量精度有所降低。另外，大气压力的变化对测量精度也有较大的影响。

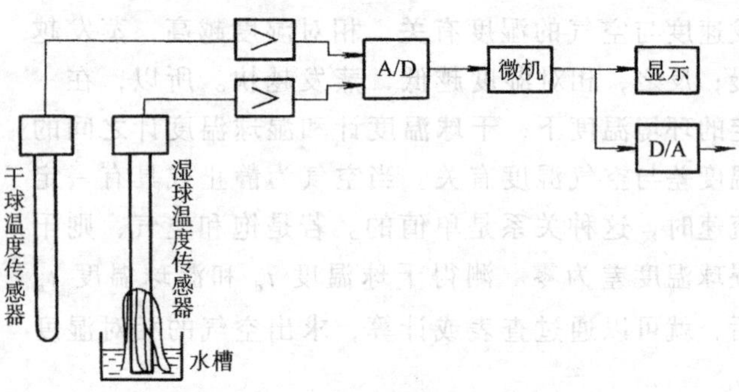

图 4-3 自动检测的干湿球温度计原理示意图

如图 4-3 所示，自动检测的干湿球温度计原理示意图。采用铂电阻、热敏电阻或半导体温度传感器测量干球和湿球的温度。把与干球温度相对应的饱和水蒸气压力值制表存储于仪表内存中，根据测得的干球和湿球的温度即可计算，并在仪表上显示被测气体的温度、相对湿度和绝对温度。

此外，如果在普通干湿球温度计的基础上，增加一个通风部件，并进行适当的改造，就可做成通风干湿球温度计，又称阿斯曼湿度计。通风干湿球温度计由于增加了强制通风部件等，使测量时流过温度计球部的气流速度可以保持大于 2.5m/s，且可维持相对稳定，测量的准确性较普通干湿球温度计要高，但对测量时的操作要求有所提高。

使用干湿球温度计测量空气的相对湿度时，需要注意的是它只适用于冰点以上温度区的湿度测量，当温度低于冰点后，测量误差显著增大；同时还要保证流过温度计球部的气流速度在 2.5m/s 左右。测量过程中应避免观测者的呼吸对其产生干扰。如果当地的大气压与标准大气压相差较大，还要对测得的结果进行修正

$$\varphi \approx \frac{p_{amb}^{\ominus}}{p'_{amb}}\varphi' \tag{4-4}$$

式中 p_{amb}——实测点的当地大气压力，单位为 Pa；

p'_{amb}——对照表中所规定的大气压力，单位为 Pa；

φ——修正后的相对湿度；

φ'——修正前的相对湿度。

⊖ 下脚 amb——ambient pressure。

4.3 露点湿度计

如前所述，测得露点温度后，由式（4-1）即可求得相对湿度，以下介绍两种露点湿度计的工作原理。

4.3.1 光电式露点湿度计

如图4-4所示，被测气体引入检测室内，流经一个光滑的反光镜面，用一定方法使镜面温度逐渐降低，待镜面上产生一层水雾时，此时的温度即为露点温度。水雾的产生是用光电管或光电池接收镜面的反射光，它使光源的光线经聚光镜后投射到镜面上的反射光线被光电管所接收。当镜面上出现雾气时，反射性能突然降低，光电流减小。光电流的变化经放大器放大后，控制半导体制冷制热器的电流方向。当光电流减小时，半导体制热，镜面温度上升，雾气消失，于是光电流又增加，使电流反向，半导体制冷，使镜面温度下降，又使镜面出现雾气，如此往复，使镜面温度常保持在露点温度附近，此温度由热电堆加以测量并供记录。

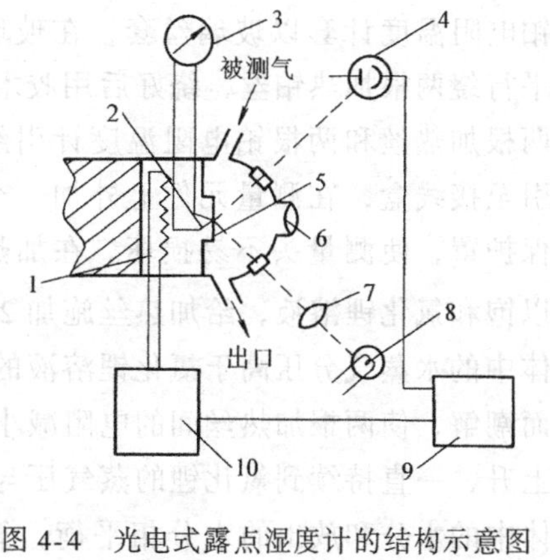

图4-4 光电式露点湿度计的结构示意图
1—半导体制冷制热器 2—热电堆 3—毫伏计 4—光电管 5—镜面 6—透镜 7—聚光镜 8—光源 9—放大器 10—功率控制器

若被测气体中有露点与水蒸气露点接近的组分（大多是碳氢化合物），则它的露点可能会被误认是水蒸气的露点，给测量带来干扰。被测气体应该完全除去机械杂质及油气等。常用的露点测量范围为 - 80 ~ 50℃，误差约 ±0.25℃，反应时间为1 ~ 10s。

4.3.2 氯化锂露点湿度计

氯化锂具有强烈的吸水性，当被配成饱和溶液后，在每一温度上就有相应的饱和蒸气压，当与湿气体接触时，如果湿气体中的水蒸气分压大于在当时温度下氯化锂饱和溶液的饱和蒸气压，则氯化锂溶液就会吸收湿气体中的水分。反之，如果湿气体中的水蒸气分压低于氯化锂溶液的蒸气压，则氯化锂溶液就向湿气体放出其溶液中的水分。现以纯水和饱和氯化锂溶液的饱和蒸气压曲线，来说明这种测量方法的工作过程，如图4-5所示。

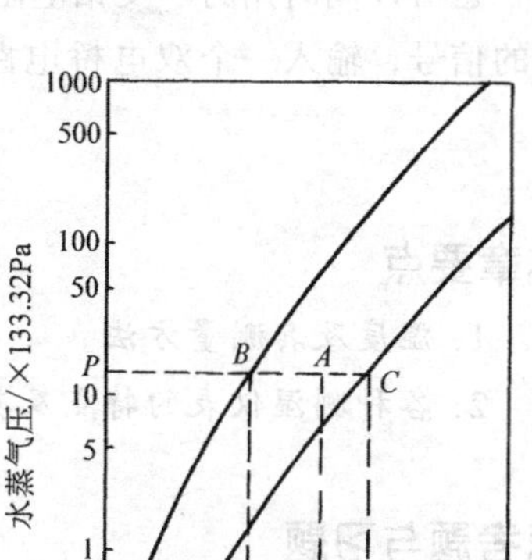

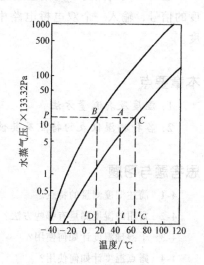

图4-5 纯水和氯化锂饱和蒸气压曲线

假定有某种湿气体，它的水蒸气分压为 p，温度为 t，如图4-5中 A 点所示。由 A 点向 p 连线与纯水的饱和蒸汽压曲线交于 B 点，由 B 点向下引垂线交横坐标得某一温度值 t_D，t_D 即湿气体的**露点温度**。再将 pA

延长，与氯化锂溶液的饱和蒸气压曲线相交于 C 点，由 C 点向下引垂线交于横坐标得 t_C 值，这就是指氯化锂溶液的温度为 t_C 时，它的饱和蒸气压也等于 p，因此如果将氯化锂溶液放在上述湿气体中，设法把氯化锂溶液的温度上升到 t_C，那么只要测出 t_C 温度值，也就知道湿气体的露点。

氯化锂露点测量元件就是根据以上原理设计的，如图 4-6 所示。它是用一根特制的铂电阻温度计套以玻璃丝套，在玻璃丝套上平行绕两根加热铂丝，绕好后用胶木圆固定，两根加热丝和两根铂电阻温度计引线从一端引至接线盒，在测量元件上外加一个不锈钢保护罩，使测量头不易损坏。在加热丝间浸以饱和氯化锂溶液，给加热丝施加 25V 的交流电，将测量元件放入被测气体中，当被测气体中的水蒸气分压高于氯化锂溶液的饱和蒸气压时，氯化锂溶液因吸收被测气体中的水分而潮解，使两根加热丝间的电阻减小，造成加热电流增大，从而产生热量，使氯化锂温度上升，一直持续到氯化锂的蒸气压与被测气体中的水蒸气压相等，这时氯化锂溶液吸收气体中的水分和放出的水分相平衡，氯化锂溶液的电阻不再变化，加热丝的电流就恒定下来。反之，如被测气体中的水蒸气分压低于氯化锂的饱和蒸气压，则氯化锂溶液放出水分，这时其本身的电阻增大，加热丝中的电流减小，产生的热量较少，使氯化锂溶液的温度下降，氯化锂溶液的饱和蒸气压也随之下降，直到氯化锂的蒸气压与被测气体中的水蒸气的分压相等时，氯化锂的温度才稳定下来。达到蒸气压平衡时的温度称为**平衡温度**，即是铂电阻温度计测得的温度。由于平衡温度与露点温度成一一对应关系，所以知道平衡温度值后就相当于测量出露点温度。

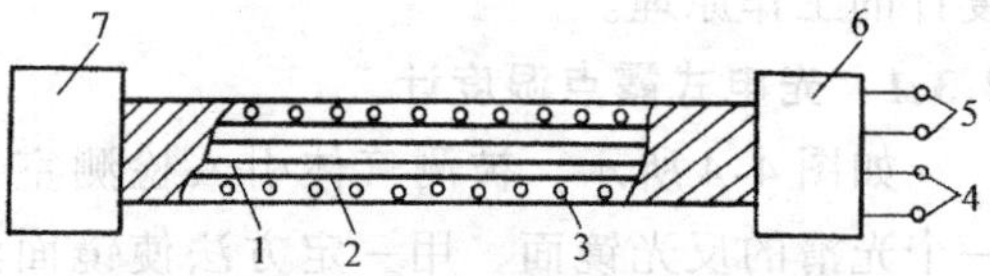

图 4-6 氯化锂露点测量元件结构示意图

1—铂电阻温度计 2—玻璃丝套 3—加热铂丝 4—温度计电源 5—加热电源 6、7—胶木圆

也可以同时用另一支铂电阻测量被测气体的温度。将测得的露点温度和被测气体的温度的信号，输入一个双电桥电路中，用适当的指示记录仪表，就可以直接指示出相对湿度。

本章要点

1. 湿度及其测量方法。
2. 各种测湿仪表的特点及其使用方法、注意事项。

思考题与习题

4-1 简述湿度测量的特点。

4-2 常用的湿度测量有哪些方法？

4-3 干湿球温度计如何使用？

4-4 露点温度计如何使用？

4-5 根据前面所学温度计的选用要求，结合湿度测量的有关要求及仪表特点，试说明如何选用湿度测量仪表。

实训2　相对湿度的测量

1. 实训目的

1）掌握测量湿度的方法。

2）掌握常用测湿仪表的特点、选用、使用要求与注意事项。

3）熟悉测量误差的分析与处理方法。

2. 仪表与设备

1）空调设备（空调器、空气处理机组或空调风口等）。

2）各种湿度测量仪表或传感器。

3. 操作步骤与要求

1）熟悉设备，拟定测量方法，选用测量仪表，并记入报告单。

2）按被测对象的特点布置测点（进、出口均有），在报告单中画出测点布置示意图。

3）起动设备运行，准备进行测量。

4）待设备运行稳定后，用所选仪表按要求进行测量。

5）多测几次，将结果记入相应的数据测量表（自制表格）。

6）所有数据测量完毕，关闭设备电源，收好仪表并清理现场。

7）分析和处理测量数据，完成实训报告。思考并回答问题：

①　试对每一测量过程进行误差分析，找出产生误差的原因，并提出减小误差的措施。

②　结合测量过程，说明不同仪表的特点、使用范围、使用注意事项。在提供的仪表中，你更喜欢哪种仪表？为什么？

第 5 章

压力、压差测量及其仪表

5

5.1　概述

压力是制冷空调系统的重要参数之一，如可以利用压力和温度的关系，以控制蒸发压力的方法来控制蒸发温度。在生产中，往往要控制压力容器和制冷机器在一定的压力范围内工作，所以对压力的检测和控制非常重要。

压力，就是物理学中常称的压强。压强在物理学中已经给出严格的定义。习惯上，将单位面积上所承受的垂直作用力称为压力，用符号 p 表示，即

$$p = \frac{F}{A} \tag{5-1}$$

式中　F——表示垂直作用力，单位为 N；

A——表示受力面积，单位为 m^2。

根据国际单位制（SI）规定，压力的单位为帕斯卡，简称帕（Pa）。1 帕为 1 牛顿每平方米，即

$$1Pa = 1N/m^2 \tag{5-2}$$

为了表示方便，压力单位还常用 MPa（兆帕）、kPa（千帕）、mPa（毫帕）等。它们的换算关系为

$$1MPa = 10^3 kPa = 10^6 Pa = 10^9 mPa$$

由于目前一些工厂还习惯用其他压力单位表示压力的大小，故要熟悉它们之间的换算：

1at（工程大气压）$= 1kgf/cm^2 = 10^4 kgf/m^2 = 10^4 mmH_2O = 735.6mmHg = 98066Pa$

1atm（物理大气压）$= 1.0332at = 760mmHg = 10332mmH_2O = 101325Pa$

1bar（巴）$= 10^5 Pa$

工程上测量压力的大小都用压力表，当压力不高时，也可以用 U 形管压力计来测定。因为压力表本身都处在大气压力的作用下，因此所测得的压力值都是工质的真实压力与大气压力之间的差值。

工质的真实压力称为“绝对压力”，用 p 表示。大气压力用 p_{amb} 表示，当绝对压力大于大气压力时，压力表指示的压力值称为表压力，用 p_e 表示。当绝对压力小于大气压力时，用真空表测得的数值，就是绝对压力低于大气压力的数值，称为“真空度”或负压，用 p_v 表示。则可得到

$$p = p_{amb} + p_e$$

$$p = p_{amb} - p_v$$

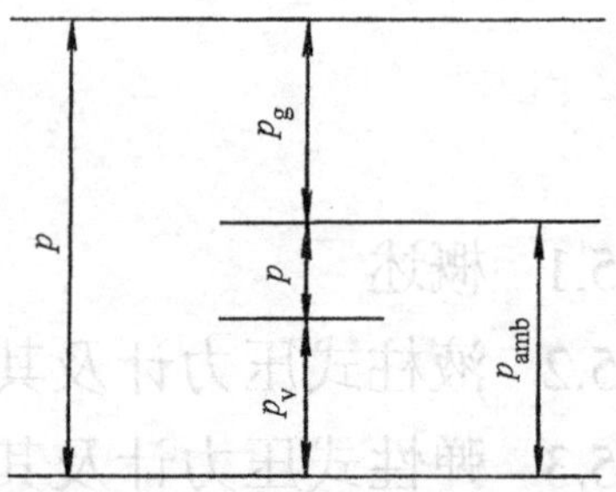

图 5-1　绝对压力、大气压力、表压和真空度的关系

绝对压力 p、大气压力 p_{amb}、表压力 p_e 和真空度 p_v 之间的关系如图 5-1 所示。大气压力的数值随所在地的纬度、高度和气候等条件的不同而不同（在当时当地测得的大气压力称为“当地大气压”），大气压力的数值可以用气压计测得。

测量压力的仪表种类很多，按其转换原理的不同，大致可分为四大类。

1. 液柱式压力计

它是根据流体静力学原理，将被测压力转换成位移来测量的。利用这种方法测量压力的仪表有U形管压力计、单管压力计及斜管压力计等。

2. 弹性式压力表

它是根据弹性元件受力变形的原理，将被测压力转换成位移来测量的。如弹簧管式、膜片式（或膜盒式）以及波纹管式等压力表。

3. 电气式压力表

它是将被测压力转换成各种电量如电势、电阻等，再根据这些电量的变化来间接测量压力的。例如霍尔片式压力计、应变式压力计等就属这类仪表。

4. 活塞式压力计

它是根据液压机传递压力的原理，将被测压力转换成活塞上所加平衡砝码的质量进行测量的。它被普遍用作标准仪器来对弹性压力表进行校验和刻度。

5.2 液柱式压力计及其使用

1. U形管液柱压力计

U形管液柱压力计由一“U”字形玻璃管和设置在其中间的刻度标尺构成。读数的零点刻在标尺中央，管内的工作液充到刻度标尺的零点处。

将压力计的一端接被测压力，另一端与大气相通，此时，可由管内工作液左右两边液面的垂直高度差 h 测知被测压力的表压力 p_{ex}，如图5-2所示。

若被测介质为气体，根据静压平衡原理可知，在U形管2-2截面上，右边被测压力 p 作用在液面上的力，被左边一段高度为 h 的液柱和 p_{amb} 共同作用在截面2-2上的力所平衡，即

$$pA = (\rho gh + p_{amb})A \tag{5-3}$$

式中 A——U形管内的截面积，单位为 m^2；

h——左右两边液面高度差，单位为m；

ρ——U形管内所充工作液的密度。

由式（5-3）可得

$$h = \frac{p_{ex}}{\rho g} \tag{5-4}$$

式中 p_{ex}——被测压力的表压力，单位为Pa。

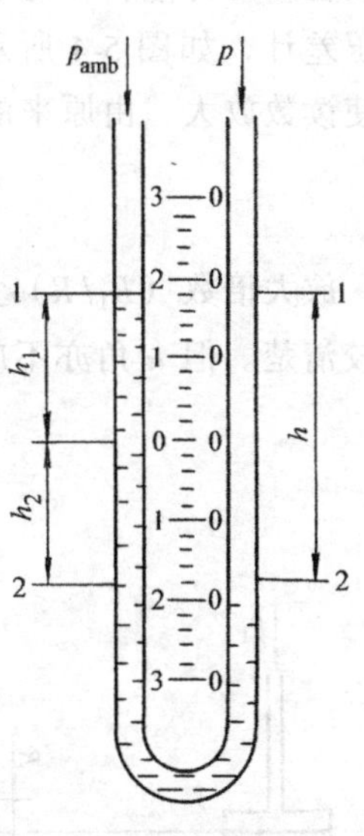

图5-2 U形压差计（测量压差）

由式（5-4）可知，U形管内两边液面高度差 h 与被测压力的表压力 p_{ex} 成正比，且与U形管内孔截面积 A 无关。因此，被测压力的表压力 p_{ex} 可用已知工作液柱高度 h 的毫米数来表示。h 的值可由左右两边液面高度的变化量 h_1 与 h_2 之和求得。式（5-4）中比例系数 $1/(\rho g)$ 取决于工作液的密度，它反映了仪表的灵敏度。

如果被测介质是液体，平衡时还应考虑被测介质密度的影响，否则将造成很大的误

差。

U形管液柱压力计的测量准确度受读数精度和工作液体毛细管作用的影响，因此，一般应以弯月面的顶为读数基准读数。如果读数时估计误差能小于0.5mm，则U形压力计测量的绝对误差可小于1mm。

U形管液柱压力计的特点是：构造简单，测压准确（较弹簧管压力表而言），价格便宜。但玻璃管容易破碎，不能承受较高的工作压力，测量范围狭小，读数不便（要同时读取两支管中指示液液面），通常用于测量较低的表压力、真空度或压强差，在实验室、科学试验或工厂临时测定中运用较多。

2. 单管压力计（又名杯形压力计）

如图5-3所示，是U形压力计的一种变形。一支玻璃管用一个大截面的杯形容器代替，杯的截面积远远大于玻璃管的。当压力计两端与测压口连通时，杯端所连接的为较高压力流体，指示液在玻璃管中上升高度 R，而杯内液面高度的变化极小，所以，在读取读数 R 时只需观察一次，读数误差比U形的减少一半。使用时较高压力必须与杯形端相接，才能使压力差在玻璃管上反映出来。

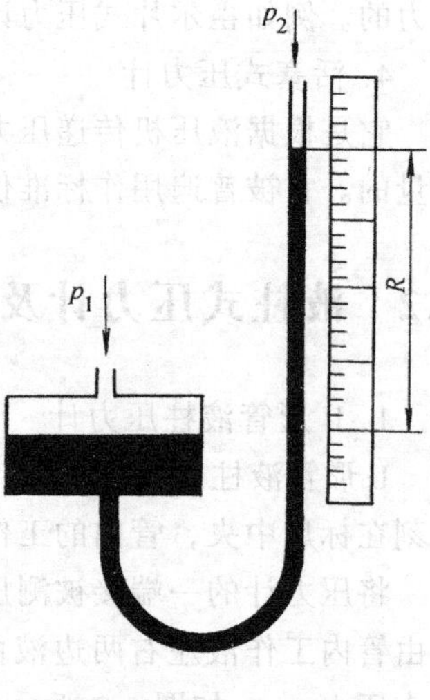

图5-3 单管压力计示意

3. 斜管压差计（又名倾斜液柱压差计）

当被测系统压力差很小时，为了提高读数的精度，可将液柱压力计倾斜，与水平面成 α 角，即成倾斜液柱或斜管压差计，如图5-4所示。可以看出，玻璃管经斜放后，可使读数放大，由原来的 R 变为 R_1，即

$$R_1 = \frac{R}{\sin\alpha} \tag{5-5}$$

放大倍数（R_1/R）为 $1/\sin\alpha$，若 α 角愈小，放大倍数愈大，能使微小的压力差可以看得较清楚。但 α 角亦不应过小，过小则无法读取读数，一般应保证 $\alpha \geqslant 15°$。

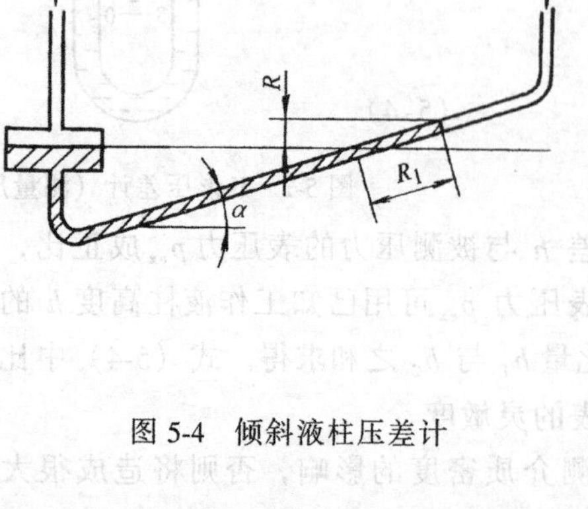

图5-4 倾斜液柱压差计

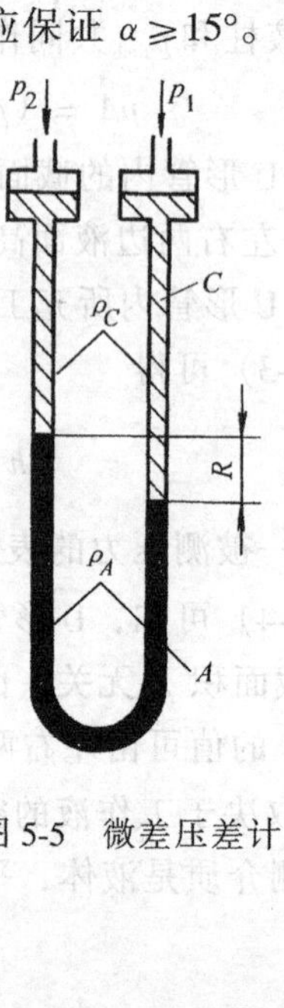

图5-5 微差压差计

斜管压差计的测量范围为 15 ~ 150mm 液柱，当压力差低于 10 ~ 15mm 液柱时，斜管压差计则不能使用。在装置此种压差计时，底座应保持水平，才能量得正确的角度 α，这种压差计通常用在测量微小的表压、真空度或压力差，如空气调节、通风管道中的压力测量等。

4．微差压差计

当压差很小，即使利用倾斜液柱压差计测量，所显示的读数也仍然很小时，可采用图 5-5 所示的微差压差计。其结构如下：

1）在 U 形管两侧壁的上端装有扩张室，其直径与 U 形管直径之比大于 10，这样，即使测量时读数 R 值很大，两扩张室内指示液液面高度的变化也很小，可近似认为仍维持在同一水平面上。

2）扩张室及 U 形管内装有互不相溶的两种指示液 A 和 C，为了将读数放大，应尽可能使两种指示液的密度相接近。若 $\rho_A > \rho_C$，则还应使所选择的指示液 C 与被测液体不互溶。于是，所测的压差就可用下式计算

$$\Delta p = p_1 - p_2 = (\rho_A - \rho_C)gR \tag{5-6}$$

可见，当 Δp 一定时，R 与（$\rho_A - \rho_C$）成反比，ρ_A 与 ρ_C 愈接近，则读数 R 愈大。

微差压差计主要用于测量气体的微小压力差，在相同的压力差时，它的读数 R 比一般 U 形压力计上的可放大数十倍。

5.3　弹性式压力计及其使用

弹性式压力表是利用各种形式的弹性元件作为压力传感元件的一类仪表。它根据弹性元件在被测介质压力的作用下受压而产生弹性变形的原理制成。

1．弹性元件

弹性元件是一种简单可靠的测压传感元件。由胡克定律可知，弹性元件受压后所产生的位移与加在其上的力成正比，即

$$\Delta L = k\Delta p \tag{5-7}$$

式中　ΔL——弹性元件受压后所产生的位移，单位为 m；

Δp——加在弹性元件上的压力变化量，单位为 Pa；

k——弹性系数，单位为 m^3/N。

由于采用不同材料或是制成不同形状的弹性元件，其弹性系数的值也不同，因此，常采用不同的弹性元件来适应不同的测压范围。弹性元件一般是由磷青铜、黄铜、合金钢或不锈钢等材料制成的。常用的几种弹性元件的结构形状如图 5-6 所示。

（1）弹簧管式弹性元件　弹簧管式弹性元件的测压范围较宽，可测量高达 1000MPa 压力。单圈弹簧管是弯成圆弧形金属管子，它的截面做成扁圆形或椭圆形，如图 5-6a 所示。当通入压力 p 后，它的自由端就会产生位移。这种单圈弹簧管的自由端位移较小，故能测量较高的压力。为了增加自由端的位移，可以制成多圈弹簧管，如图 5-6b 所示。

（2）薄膜式弹性元件　薄膜式弹性元件根据其结构的不同还可以分为膜片式与膜盒式等。它的测压范围较弹簧管式的低。图 5-6c 为膜片式弹性元件，它是由金属或非金属材料

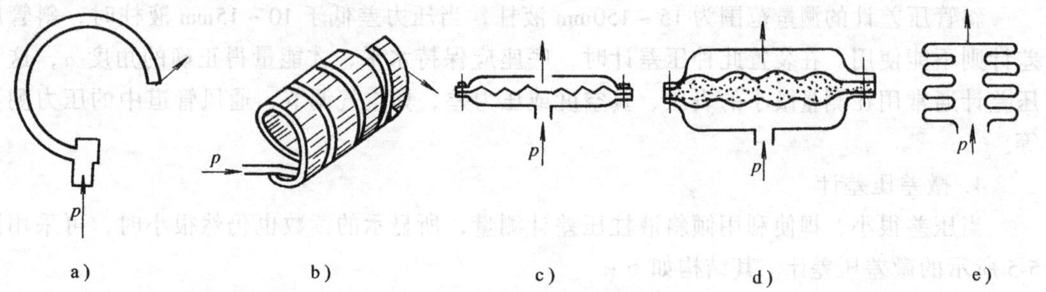

图 5-6 弹性元件示意图

做成的，有平膜片和波纹膜片两种形状，其受压后可产生变形，从而引起位移。若是由两张金属膜片沿周口对焊成一薄壁盒子，内充液体（通常是硅油），则成膜盒，如图 5-6d 所示。采用膜盒可以比膜片有更大的测压范围。

(3) 波纹管式弹性元件　波纹管式弹性元件是一个周围制成波纹状的薄壁金属筒体，如图 5-6e 所示。这种弹性元件易于变形，可产生较大位移，故常用于微压和低压的测量（一般不超过 1MPa）。

2. 弹簧管压力表

弹簧管压力表的测量范围极广，品种规格很多。按精度等级来分，有精密压力表、标准压力表、普通压力表；按信号显示来分，有双面压力表、电接点压力表、远传压力表、数字式压力表等；按现场条件分，有防爆压力表、耐震压力表、耐酸压力表等等。上述压力表都是以普通弹簧管压力表为基础，只需在结构上或是在材料上稍加改变，就能满足各种各样的测压需要。

普通单圈弹簧管压力表的结构示意图如图 5-7a 所示，其结构原理如图 5-7b 所示。

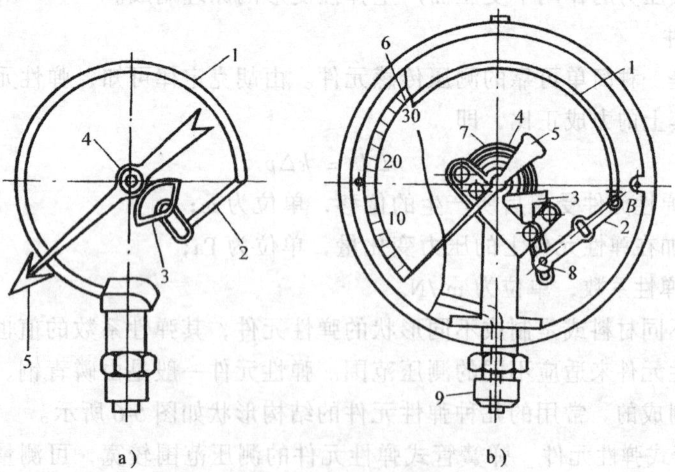

图 5-7 弹簧管压力表

1—弹簧管 2—拉杆 3—扇形齿轮 4—中心齿轮 5—指针 6—面板

7—游丝 8—调整螺钉 9—接头

压力表的检测元件为单圈弹簧管 1，它是一根弯成 270°圆弧且截面为椭圆形的空心金属管。其一端固定在表座上，并与接头9连接；另一端封闭，可自由移动，称为自由端，如图5-7b中 B 端。经接头9通入被测压力 p 后，由于椭圆截面的空心管在压力 p 的作用下将趋于圆形，弯成圆弧形的弹簧管便随之产生向外挺直的扩张变形，从而使弹簧管的自由端 B 产生微小位移。这一微小的变形位移通过拉杆2使扇形齿轮3作逆时针方向偏转，于是带动与指针同轴的中心齿轮4作顺时针方向偏转。这一传动过程，使得自由端的微小位移得以放大，从而使指针5在面板6的刻度标尺上显示出被测压力值。

通过合理的设计，可使弹簧管工作在弹性特性的线性范围内，弹簧管自由端的位移与被测压力之间成正比关系，因此弹簧管压力表的标尺刻度是线性的。

在图5-7b中，游丝7用来克服因扇形齿轮和中心齿轮间的传动间隙而产生的仪表变差。调整螺钉8用于改变机械传动的放大倍数，改变其位置，可以调整压力表的量程。

此外，工业上还常常采用如图5-8所示的带电触点信号的压力表，用于将被测压力控制在某一范围内。有许多场合当压力高于（低于）给定范围的上（下）限时，就会破坏正常工艺条件，甚至可能发生危险。这时就应该采用带有报警或控制触点的压力表，即电触点信号压力表。

电触点信号压力表是在普通弹簧管压力表的基础上，加装简单的开关线路所构成的。它能在压力偏离给定范围时，通过电路的开合及时发出预警信号，以提醒操作人员注意；或者通过中间继电器实现压力的自动调节。

其工作原理是，压力表指针上有动触点2，表盘上另有两根可调节的指针，分别接有静触点1和4，当压力超过上限给定数值（由静触点4的指针位置确定）时，动触点2和静触点4接触，红色信号灯5的电路被接通，使红灯亮。若压力低至下限给定数值时，动触点2与静触点1接触，便接通绿色信号灯3的电路。静触点指针1、4的位置可根据需要灵活调节。

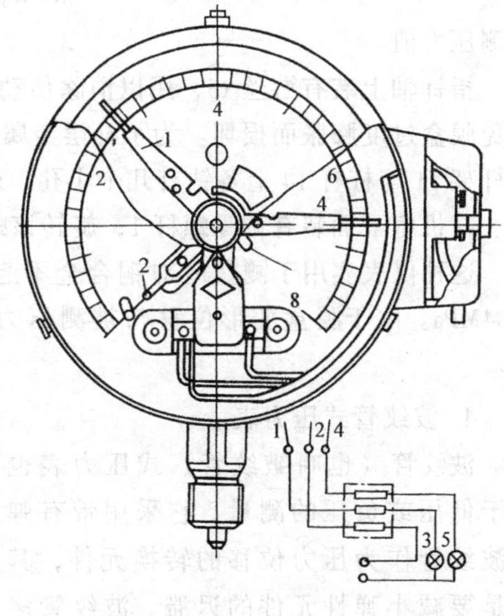

图5-8　电触点信号压力表

1、4—静触点　2—动触点　3—绿灯　5—红灯

3. 膜式压力表

膜式压力表以膜片或膜盒为感测元件。通常有膜片式压力表和膜盒式微压计两类。膜片式压力表的传动和指示机构与弹簧管压力表相同，故此从略。现仅介绍膜盒式微压计的原理和结构。

图5-9所示为膜盒式压力计的结构示意图。它的测压弹性元件为锡磷青铜制成的波纹膜盒4，并固定在机座2上。

当被测压力从管接头16经导压管17引入波纹膜盒4时，被测压力对膜盒的作用力被膜盒弹性变形的反力所平衡。膜盒4在压力作用下所产生的弹性变形位移由弧形连杆8输出，弧形连杆8再带动杠杆架11，使固定在调零板6上的转轴10转动。由于指针轴13借杠杆14和连杆12与杠杆架11相连，因此推动指针轴偏转，使指针5在刻度板3上指示出

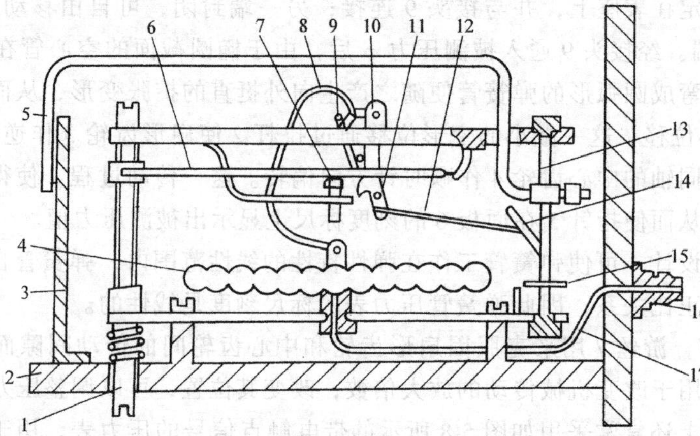

图5-9 膜盒式压力计

1—调零螺杆 2—机座 3—刻度板 4—膜盒 5—指针 6—调零板 7—限位螺钉 8—弧形连杆 9—双金属片 10—轴 11—杠杆架 12—连杆 13—指针轴 14—杠杆 15—游丝 16—管接头 17—导压管

被测压力值。

指针轴上装有游丝15，用以消除传动机构的间隙。在调零板6的背面固有限位螺钉7，以免膜盒过度膨胀而损坏。为了补偿金属膜盒受温度的影响，在杠杆架上连着双金属片9。杠杆架11与杠杆14上各钻有几个小孔，改变连杆与小孔的连接位置，可改变传动比的大小。在机座下面装有调零螺杆1，旋转该螺杆可将指针调到初始零位。

这种仪表实用于测量时对铜合金不起腐蚀作用的气体微压和负压。最大测量上限为0.04MPa。由于膜盒变形位移与被测压力成正比，故仪表具有线性刻度。精度多为2.5级。

4. 波纹管式压力表

波纹管（也叫皱纹管）式压力表也可用于低压或负压的测量。它采用带有弹簧的波纹管作为压力位移的转换元件，其目的是要减小弹性元件的迟滞。波纹管多用磷青铜、铍青铜制成。由铍青铜制成的波纹管弹性性能好，弹性滞后很小，特性稳定，工作温度可达150℃。此外，还可用含钛的铍青铜或不锈钢制作波纹管，后者的温度可达400℃。

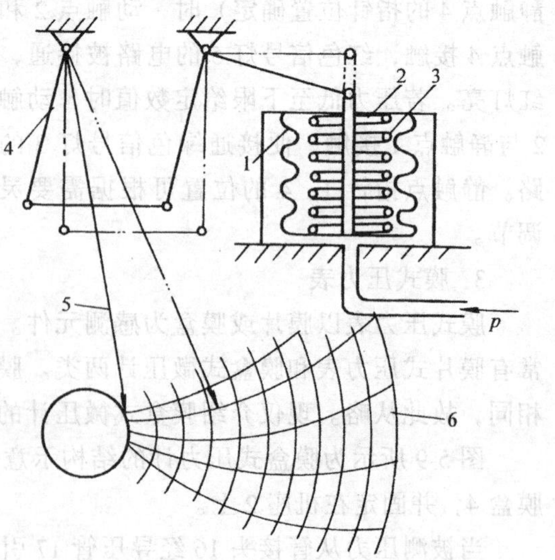

图5-10 波纹管式压力记录仪示意图

1—波纹管 2—弹簧 3—推杆 4—连杆机构 5—记录笔 6—记录纸

图5-10所示为一波纹管式压力记录仪示意图。波纹管1本身起着对被测介质隔离和压力推力的转换作用。压力 p 即作用于波纹管底部的力与弹簧2所产生的弹性反力平衡。弹簧受压变形位移与被测压力成正

比，并由推杆 3 输出，经连杆机构 4 的传动和放大，使记录笔 5 在记录纸 6 上记下被测压力的数值。这种压力记录仪的精度也多为 2.5 级。

5.4　电气式压力计及其使用

为了适应生产过程中压力信号远传和显示的需要，在弹性式压力表的基础上，加上各种电的转换器，把弹性元件受压变形时的位移量转换为电信号，便构成各种电气式压力表。

1. 霍尔片式远传压力表

霍尔片式弹簧管远传压力表的核心部件是霍尔片式压力变送器，它利用霍尔元件，将由压力引起的位移转换为电势，从而实现对压力的间接测量。

霍尔元件通常是一块半导体锗薄片（称霍尔片），如图 5-11 所示。现在假定霍尔片是 *n* 形材料，在它的 z 轴方向加一磁感应强度为 $\boldsymbol{B}$ 的磁场，而沿其 y 轴方向通以一恒定电流 I。当载流子（电子）在霍尔片中运动时，由于电磁力 $\boldsymbol{F}$ 的作用而使其运动轨道发生偏离，便造成霍尔片的一个端面上有电子积累，另一端面上正电荷过剩，于是在它的 x 轴方向上出现了电位差，这一电位差称为霍尔电势 U_H，这种物理现象称为**霍尔效应**。

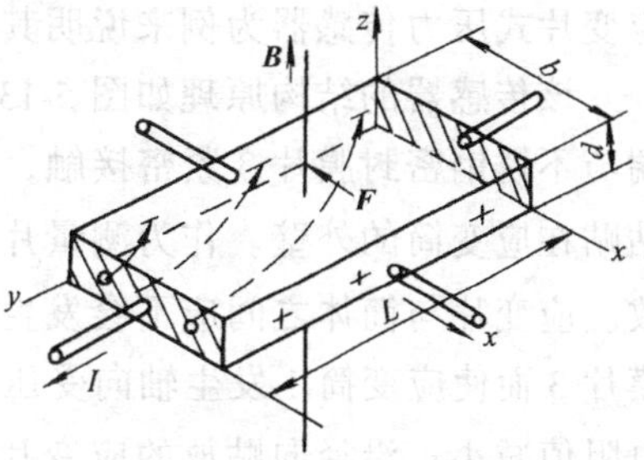

图 5-11　霍尔效应示意图

霍尔电势 U_H 正比于输入电流 I 和磁感应强度 B，并与霍尔元件的材料和几何尺寸等因素有关，它们的关系可用下式表示

$$U_H = K_H BI \tag{5-8}$$

式中　U_H——霍尔电势；

K_H——霍尔常数；

B——磁感应强度；

I——控制电流。

如果选定霍尔片，并输入一个恒定的控制电流 I，则霍尔电势 U_H 就随磁感应强度 $\boldsymbol{B}$ 的强弱而变化。若将霍尔元件放在一个磁感应强度 $\boldsymbol{B}$ 在磁极间成线性分布的非均匀磁场中移动，由于磁感应强度与位移成线性关系，所以霍尔电势就随位移的不同而成线性变化。

将霍尔元件和弹簧管相配合，就构成了霍尔片式弹簧管压力变送器，如图 5-12 所示。被测压力由弹簧管的固定端引入，弹簧管的自由端与霍尔片相连接。在霍尔片的上下方垂直安放两对磁

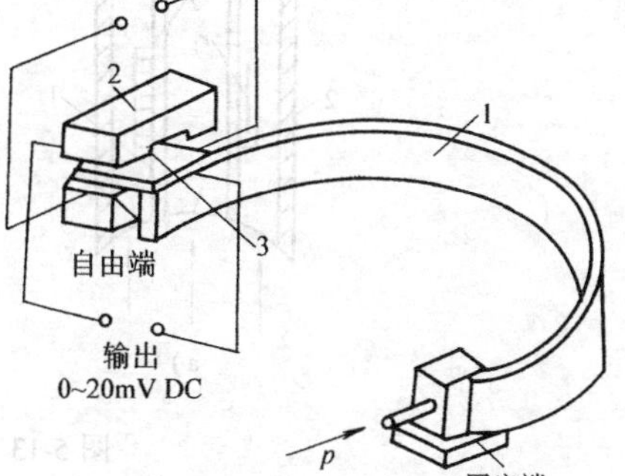

图 5-12　霍尔片式弹簧管压力变送器示意图

1—弹簧管　2—磁钢　3—霍尔片

钢，使霍尔片处于由两对磁极形成的非均匀磁场中。霍尔片的4个端面引出4根导线，其中与磁钢相平行的两根导线同直流稳压电源相连接，另两根则用来输出电势信号 U_H。

当弹簧管自由端在被测压力作用下产生了位移时，就改变了霍尔片在非均匀磁场中的位置，霍尔电势 U_H 便随磁场强度的变化作相应变化，从而实现压力→位移→电势的转换。通过电路可以远距离传送电势 U_H，使用显示仪表可测定该电势的大小，这样就实现了压力的远传和显示。

2. 应变片式压力变送器

应变片式压力变送器是利用应变片作为转换元件，将被测压力的变化转换成应变片的电阻值变化，然后经过桥式电路得到相应的输出电位差（毫伏级）信号。

应变片是由金属丝或半导体材料制成的电阻体，其电阻值 r 随被测压力 p 的变化而改变。当其产生抗压应变时，阻值减小；当其产生抗拉应变时，阻值增加。现以BPR—2型应变片式压力传感器为例来说明其工作原理。

该传感器的结构原理如图5-13a所示。应变筒1的上端与外壳2固定在一起，它的下端与不锈钢密封膜片3紧密接触，两片用康铜丝绕制的应变片 r_1 和 r_2 用特殊胶合剂紧密粘贴在应变筒的外壁。作为测量片 r_1 沿应变筒的轴向贴放；作为温度补偿片 r_2 沿径向贴放。应变片与筒体之间应不会发生相对滑动现象，并保持电气绝缘。当被测压力 p 作用于膜片3而使应变筒1发生轴向受压变形时，也使得沿轴向贴放的应变片 r_1 产生抗压应变，电阻值减小；沿径向贴放的应变片 r_2 产生抗拉应变，电阻值变大。将它们分别作为测量桥路的两个相邻桥臂电阻 r_1、r_2，如图5-13b所示，合理选择 r_3 和 r_4。使得当 $r_1=r_2$ 时，电桥平衡。当压力 p 变化使得 r_1 和 r_2 分别发生相应变化时，测量桥路便失去平衡，输出相应的不平衡电压 ΔU。可以证明，在适当范围内该电压的变化与压力 p 变化之间的关系是线性的，因此可以通过线性刻度的仪表进行显示和记录。必须指出，由于 r_1 被压缩时所产生的变化要比 r_2 被拉伸时产生的变化量大，故实际上 r_1 的减少量将比 r_2 的增大量大，所以主要是由 r_1 的变化来反映压力的变化，而 r_2 主要是在环境温度变化时，对维持测量桥路的平衡起到温度补偿的作用。

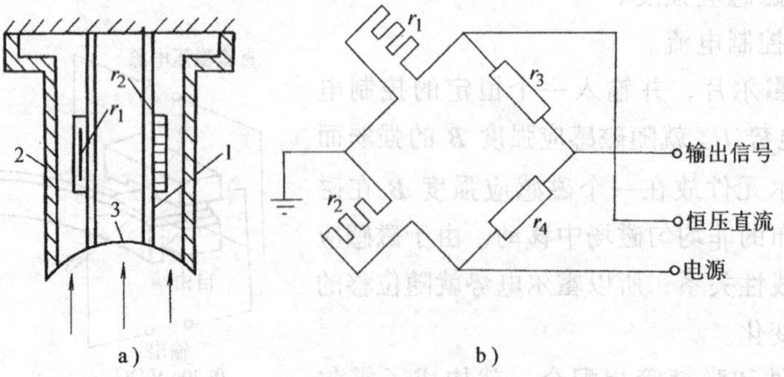

图5-13 应变片压力传感器示意图

a）传感筒 b）测量桥路

1—应变筒 2—外壳 3—密封膜片

5.5　常用压力表的选择与安装

在许多行业的生产过程中，广泛使用各种各样的压力表。根据各种具体情况正确选择和安装压力表是搞好压力测量和控制的一个重要环节。

5.5.1　压力表的选用

压力表的选用应根据工艺生产过程对压力测量的要求，按经济原则，合理地对仪表种类、型号、量程、精度等级等方面进行选择。选择时主要应从以下三方面进行考虑。

1. 仪表类型的选用

对仪表类型的选用主要应从能满足工艺生产的要求和价格两方面来考虑。例如，是需要就地指示还是需要远传、自动记录或报警；被测介质的理化性能（如腐蚀性、温度高低、粘度大小、脏污程度、易燃易爆性等等）是否对测量仪表有特殊要求；现场环境条件（如高温、电磁场、振动等现场安装条件）对仪表类型是否有特殊要求等等。

2. 仪表测量范围的确定

仪表的测量范围是指仪表刻度上下限值的范围。它表明仪表可按规定精度对被测参数进行测量的范围。在测量压力时，为避免压力表的传感元件超负荷而遭到破坏，压力表的上限值应该高于工艺生产中可能的最大压力值。此外，为使仪表可靠的工作，在选择仪表量程时，还必须考虑留有足够的余地。根据规定，在被测压力比较平稳的情况下，其最大值不应超过压力表量程的 2/3；在测量脉动压力时，最大工作压力不应超过量程的 1/2；测量高压、波动较大的压力时，最大工作压力不应超过量程的 3/5。

按上述算法算得的仪表上限值一般不能直接作为仪表的量程，还应根据国家标准系列产品来最后确定。目前国产各种类型压力表的标尺刻度上限值都已标准化，其系列为 1MPa、1.5MPa、2.5MPa、6×10^nMPa，其中，指数 n 为整数或零。

3. 仪表精度等级的选取

仪表的精度等级是根据工艺生产中所允许的最大绝对误差来确定的。一般来说，仪表精度等级越高，价格就越贵、操作维护要求也越高。因此，选择时应在满足要求的前提下，尽可能选用精度较低、结构简单、价廉且耐用的压力表。

以下通过一个实例来说明压力表的选用。

例 5-1　某台空压机的缓冲器，其最大工作压力 1.8MPa，工艺要求就地观察罐内压力，并要求测量结果的误差不大于罐内压力的 ±5%，试选择一只合适的压力计（类型、测量范围、精度等级）。

解　1）选择仪表类型：根据工艺要求和经济原则，选用一只就地指示型的普通弹簧管压力表即可满足要求。

2）确定测量范围：缓冲器内压力可按波动较大的压力考虑，故仪表的上限值应为

$$p_{up} = p_{max}\times\frac{5}{3} = 3.0\text{MPa}$$

可选用 Y—150 型弹簧管压力表，测量范围为 0～4MPa。

3）选取精度等级：题中测量值的最大绝对误差为

$$\Delta = p_{max}\times5\% = 1.8\text{MPa}\times0.05 = 0.09\text{MPa}$$

由此可算出最大百分比误差为

$$\delta = \frac{0.09}{4} \times 100\% = 2.25\%$$

所对应精度等级低于1.5级，所以选取精度等级1.5级的压力表是正确的。

5.5.2 压力表的安装

1. 测压点的选择

所选择的测压点应能反映被测压力的真实情况。因此，应考虑以下三个问题。

1）测压点要选在被测介质呈直线流动的管段上，不可选在管路拐弯、分岔、死角或其他容易形成漩涡的部分。

2）测量流动介质的压力时，应使取压点与流动方向垂直，并保证管内端面与生产设备连接处的内壁光滑。

3）测量液体压力时，取压点应选在管道下部，使导压管内不存积气体；测量气体压力时，取压点应在管道上方，使导压管内不积存液体。

2. 导压管的铺设

1）导压管粗细要合适，一般内径为6～10mm。长度应尽可能短，最长不宜超过50m，以减少指示的延迟。如超过50m，应选用能远传的压力变送器。

2）导压管作水平安装时有必要应保证有1∶10～1∶20的倾斜度，以利于积存液体（或气体）的排出。

3）当被测介质易冷凝或冻结时，必须加设保温伴热管线。

4）取压口到压力计之间应装有切断阀，以备检修压力计时使用。切断阀的位置应靠近取压口。

3. 压力表的安装

1）压力表应垂直安装在易观察和检修的地方。

2）安装地点应力求避免振动和高温的影响。

3）测量蒸气压力时，应加装冷凝管，以防止高温蒸气直接与测压元件接触，参见图5-14a；对于有腐蚀介质的测压，应加装有中性介质的隔离罐。图5-14b表示了被测介质密度 ρ_2 大于和小于中性隔离液密度 ρ_1 的两种情况。总之，针对被测介质的不同性质（如高

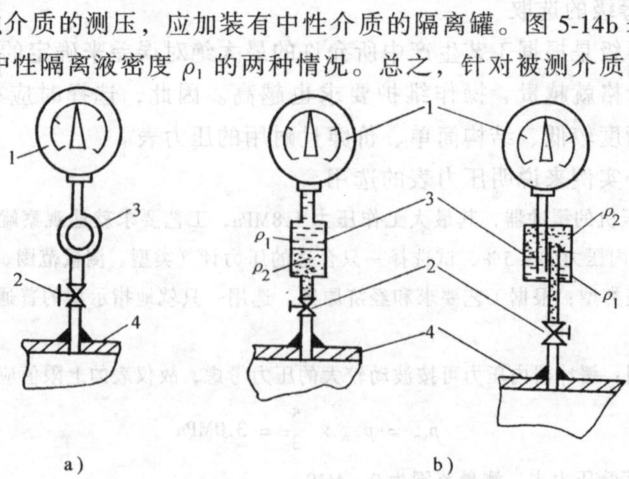

图5-14 压力表安装示意图

a）测量蒸气 b）测量腐蚀性介质

1—压力表 2—切断阀 3—冷凝管或隔离罐 4—生产设备

温、低温、腐蚀、脏污、结晶、沉淀、粘稠等)，要采取相应的防热、防冻、防腐、防堵等措施。

4) 压力表与导压管的连接处应加装合适的密封垫片。一般可用石棉板或铝片；温度及压力较高时可用退火紫铜或铅垫片。另外，要考虑介质的影响。例如，测量氧压的仪表不能用带油的垫片，测量乙炔压力时禁用铜垫片等等。

本章要点

1. 压力的测量方法。

2. 各种测压仪表的特点及其使用要求。

3. 测压仪表的选用与安装要求。

思考题与习题

5-1 什么叫压力？表压力、绝对压力、负压（真空度）之间有何关系？

5-2 为什么一般工业上的压力表做成测表压或真空度，而不做成测绝对压力的形式？

5-3 测压仪表有哪几类？各基于什么原理？

5-4 作为感受压力的弹性元件有哪几种？各有何特点？

5-5 弹簧管压力表的测量原理是什么？试述弹簧管压力表的主要组成及测量过程。

5-6 现有一压缩机所鼓压力需要用电触点信号压力表控制在一定范围内，试画出控制的原理线路图。

5-7 什么叫“霍尔效应”？什么叫“应变效应”？

5-8 为什么测量仪表的量程要根据测量值的大小来选取？若选一个量程很大的表来测量较小的参数值时，可能会发生什么问题？

5-9 现有测量范围为0～6MPa，1.5级的压力表一只，用它来测量锅炉的蒸汽压力，若工艺要求测量误差不许超过0.07MPa，试问此压力表能否适用？如不适用，请合理选用一只表。

5-10 某日化厂合成塔压力控制指标为14MPa，要求误差不超过0.4MPa，试选用一只就地指示的压力表（给出型号、测量范围、精度等级）。

5-11 现有一只测量范围为0～1.6MPa，精度为1.5级的普通弹簧管压力表，校验结果为

	上行程					下行程				
被校表读数/MPa	0.0	0.4	0.8	1.2	1.6	1.6	1.2	0.8	0.4	0.0
标准表读数/MPa	0.000	0.385	0.790	1.210	1.595	1.595	1.215	0.810	0.405	0.000

试问这只表是否不合格？它能否用于压力为0.8～1.0MPa，测量的绝对误差不得大于0.05MPa的测量场合？

5-12 压力表在安装时要注意哪些问题。

实训3 制冷空调系统的压力、压差测量

1. 实训目的

1) 掌握制冷空调系统中压力、压差测量的基本方法。

2) 熟悉并掌握常用测压仪表的特点、选用与使用注意事项。

3) 熟悉制冷空调系统中水、气流压力传感器的特点与应用。

4）掌握通过压差测量求流动阻力的方法。

2. 仪表与设备

1）设备：制冷设备、空调设备（具有水系统、风系统管道、空调送回风口等方便测量压力或压差的条件）。

2）仪表：弹性压力计、斜管式压力计（可配毕托管）、其他压力传感器。

3. 操作步骤与要求

1）根据各测量对象的特点，拟定相应的测量方法，并选择合适的测量仪表（记录下来）。

2）检查测量对象中所涉及的有关设备起动条件是否满足。

3）起动设备。

4）选定测压点，用所选仪表进行测量（斜管式微压计使用前先要调好水平；注意压力传感器的安装要符合要求），将所得数据记入相应表格（表格自制），重复测量数次，并将几次测量的平均值记入表格中。

5）改变系统的流量或其他工况条件，重复第4步。

6）所有数据测量完毕后，按要求关闭运行设备电源，停止运行。

7）收好仪表，并做好现场清洁工作。

8）分析与处理测量数据，按要求完成实训报告并回答思考题：

① 对以上测量数据分别求出平均值，进行误差分析，写出最后测量结果；

② 用进、出口或上、下游压力求出各设备或管段的压差、阻力损失；

③ 把不同流量下的压力、压差变化用图线表示出来。

④ 你认为测量过程中使用的几种测压仪表各有何特点？分别适用什么情形的压力测量？

⑤ 测量过程中，可能有哪些原因会引起误差？你在实训过程中采取何种措施减小误差？

⑥ 你认为对于各种测压仪表而言，在选择测压点时应分别注意哪些问题？

第6章

流速测量及其仪表

6

6.1 概述

流体流动速度是制冷空调中流体运动状态的重要参数之一。特别是在空调系统中，常常需要直接测定空调房间或风管中的风速，根据测定值的分析，及时对系统的运行加以调整，以便提高空调系统的运转质量，保证良好的空调工作状况。

随着现代科学技术的发展，各种测量流体速度的方法也越来越多，从测量原理的角度可以将其分为以下3种：

(1) 气压法 利用流体的压力或压力差获得相应的流速信号，典型仪表如毕托管。

(2) 机械法 利用流体对叶轮或叶片等的冲击作用获取流速信号，如机械式风速仪(杯式风速仪、翼式风速仪、自记式风速仪、手持数字式风速仪等)。

(3) 散热率法 利用发热元件的散热率与流体速度的关系获取流速信号，如热球风速仪、热线风速仪等。

目前还出现了能同时测量气流压力、温度、湿度和流速的多功能仪表，其中测风速的探头采用的就是热电式探头。本章主要介绍制冷与空调中常用的毕托管和热球风速仪。

6.2 毕托管

常用于测量气流速度的测压管叫**动压管**。最常见的动压管就是**毕托管**，其中有L形动压管或标准动压管、S形毕托管、动压平均管等。

为了测量方便，毕托管把静压管和总压管同心地套在一起，如图6-1所示。下面介绍它的工作原理。

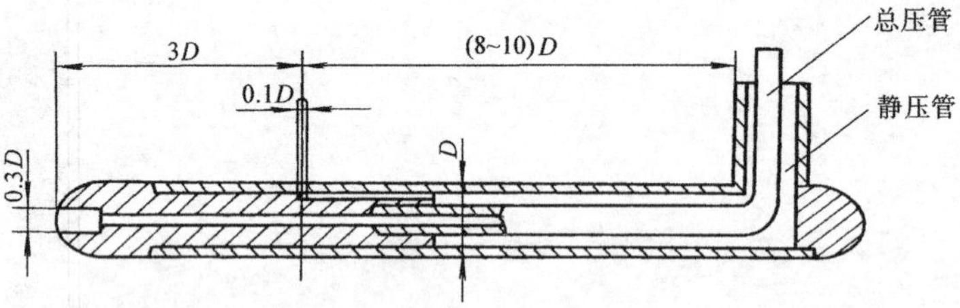

图6-1 带有半球形头部的毕托管

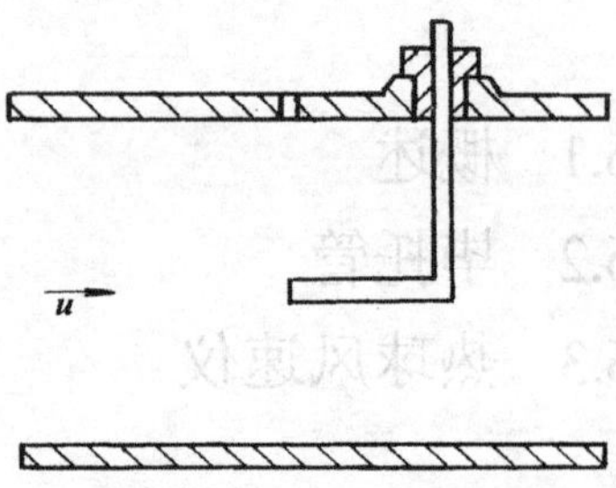

图6-2 应用毕托管测量流量示意图

假如在一根流体以流速 $\boldsymbol{u}$ 均匀流动的管子里，安置一个弯成90°的细管（见图6-2)，可以发现，紧靠管端前缘的流体因受到阻挡而向各个方向分散，以绕过此障碍物；而处于管端中心处的流体就完全变成静止状态。假设管端中心的压力为 p_0，而 p 是同一深度未受扰动流体的压力，并且那里的流速为 $\boldsymbol{u}$、密度为 ρ，则由伯努利方程可得

$$\frac{p}{\rho}+\frac{u^2}{2}=\frac{p_0}{\rho} \tag{6-1}$$

或

$$\frac{\rho u^2}{2}=p_0-p \tag{6-2}$$

p_0 称为总压。由于动压 $\rho u^2/2$ 为总压 p_0 与静压 p 的差值，所以毕托管是动压管，并由上式可导出流速与压力之间的关系

$$u=\sqrt{\frac{2}{\rho}(p_0-p)} \tag{6-3}$$

通过上式的关系可以求出流速，首先要准确测出总压 p_0 和静压 p。而测定静压 p 要比测定总压困难得多，因为当把测量静压的敏感元件放到要测量的点时，那点的静压就受到了扰动。实际上用来测量流速的总压和静压的开孔不可能合于一点，因此测量的结果不能完全符合式（6-3）关系。毕托管的形状和结构尺寸不同，对测量结果也有一定的影响，所以要乘以修正系数 ξ 对式（6-3）进行修正，即

$$u=\xi\sqrt{\frac{2}{\rho}(p_0-p)} \tag{6-4}$$

式（6-4）为应用毕托管测量不可压缩性流体的基本方程式。

对于可压缩性流体，如果流速的马赫数 $Ma=u/c<0.3$（c 为该流体的声速）时，仍可采用上式；当 $Ma>0.3$，但流速不大于声速时，基本方程为

$$u=\xi\sqrt{\frac{2\kappa}{\rho(\kappa-1)}RT_1\left(\frac{p_0}{p}\right)^{\frac{\kappa}{\kappa-1}}} \tag{6-5}$$

式中 R——气体常数；

T_1——气体的热力学温度；

κ——气体的等熵指数。

由于等熵指数与气体的种类有关，所以应用毕托管测量气体流速时，不仅与总压、静压有关，并且与气体的种类及温度条件有关。

修正系数 ξ 由实验取得，对于各种不同形式的毕托管，它的数值也是不同的（具体数值可由各仪表厂商所提供说明书中的参数确定）。

图6-1为毕托管的几何尺寸。它测量的动压和真实的动压值较接近，ξ 可保持在1.02～1.04之间，而且在较大的马赫数 Ma 和雷诺数 Re 范围内为定值。毕托管中心孔用于测量流体的总压，侧面的孔用于测量静压，如果将它们连接在同一个U形管上，便能得到流体速度的总压和静压之差。

用毕托管只能测量某一点的流速，而流体在管道中流动时，同一截面上的各点流速并不相同，所以为了求出流量，必须知道流体的平均流速。因此需要用毕托管在流道中同一截面上选取数个测点进行测量，将这些测量值的平均值作为所测流体在相应管段内的平均流速。但这样要进行多点、多次测量，颇不方便，为此人们常利用均速管（或称笛形管）来测圆形管内的流速。其结构如图6-3所示。由图可见，均速管是一根横越被测管道截面的管子，在迎气流方向在按网格法确定的测点上开设全压测量孔，静压孔开设在同一截面

的管道侧壁上。

均速管由铜或不锈钢管制成，其外径愈小则对气流干扰愈少，可提高测量准确度，为了保证均速管具有足够的刚度，一般其外径 d 与管道内径 D 之比保持为 $d/D=0.04\sim0.09$，均速管上全压感压孔的直径 d_1 应是均速管内径的 0.2～0.3 倍，且应在 0.5～1.5mm 之间。

均速管测出的全压为管道截面上气流全压的平均值，因而测得的为平均流速，以平均流速与管道流通截面积相乘，即可得出流过该截面的体积流量。

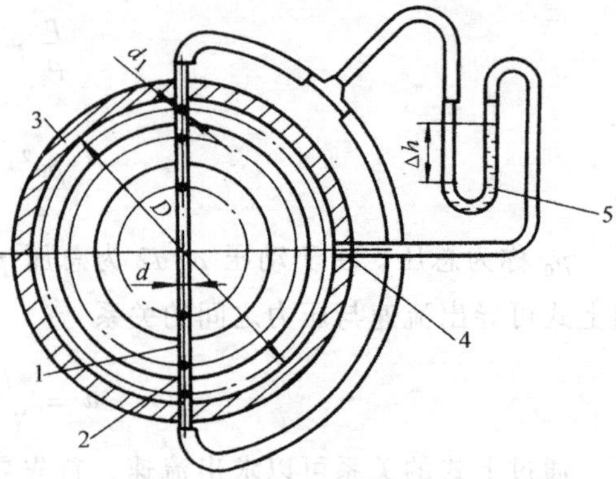

图 6-3 均速管结构简图

1—全压取压孔 2—全压平均管 3—管道

4—静压取压孔 5—差压计

用毕托管测量流速时，测点的选择与布置对测量精度的影响较大。选择与布置测点时，通常采用等面积分区法：将待测管截面按面积相等的原则分成若干部分，然后取每个部分的中心（对矩形或方形管）或圆环面积中心线（对圆形管道）上的点作为测点。测点的数量越多，测量的精度越高。但实际所需的测点数应根据测量所需的精度要求及流体的流动状况（如是否稳定、是否充分发展的紊流等）来确定。有关测点选择的详细内容可参考《热工测量与自动控制》[1]。

使用毕托管时，还应注意以下问题：

1）被测流体的流速不能太小，因为流速太小会使动压太小，二次仪表的指示不准确，因此一般要求其总压孔上的雷诺数 $Re>200$。

2）为了避免毕托管对被测流体的干扰过大，应保证毕托管的直径与被测管道的直径之比小于 0.02～0.04。

3）被测管道的相对粗糙度（绝对粗糙度与管内径之比）应不大于 0.01。

4）测量时应确保总压孔迎着流体的流动方向，并使其轴线与流体流动的方向一致。

5）应防止静压孔堵塞，否则将引起很大的测量误差。

6.3 热球风速仪

用毕托管测量气流速度，由于滞后大，不适合测量不稳定流动中的气流速度，所以工程上也常采用热电风速仪来测量流速。热电风速仪根据测头的结构不同分为热球式和热线式两种。制冷与空调系统中常用的是热球式热电风速仪。

热球式热电风速仪由热球式测头和测量仪表两部分组成。测头是将镍铬线圈和测量热球温度的热电偶一同置于玻璃球内（玻璃球的直径约为 0.8mm）。当通过镍铬线圈的加热电流一定时，玻璃热球测头的温度将随风速的大小而变化，风速越大，球体散热越快，其温升越小，玻璃热球测头的热电偶产生的热电势也越小；反之，风速越小，球体散热越慢，其温升越大，测头内热电偶的热电势也就越大。热电偶、热电势的大小，通过测量仪表转换成相应的电流，由表头指示出来。在表盘上可直接读出风速值。仪表原理如图 6-4

所示。

热球式热电风速仪常用于采暖、通风、空气调节、气象、冷藏等方面的气流速度测量，是一种可以测量低风速的基本仪表。

热球式热电风速仪使用方便，反应快，灵敏度高，测速范围为 0.05～30m/s，对空调恒温、恒湿房间等低风速场合测量尤为优越。仪器在正常使用条件下，测头的反映时间不大于 1～3s。

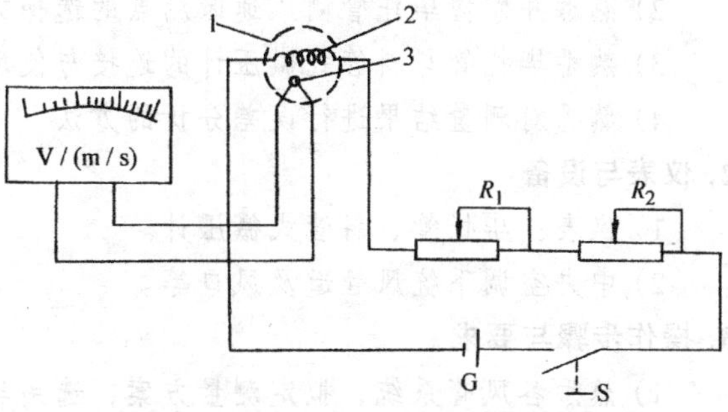

图 6-4　热球式热电风速仪原理图
1—玻璃球　2—电热线圈　3—热电偶
R_1—粗调电阻　R_2—细调电阻

但这种测头结构易损，测头一旦受污，将影响其散热性能，从而使标示的风速值发生变化。且测温时测头放置有方向性。测头互换性差也是这种仪表的严重缺陷。

使用热球式热电风速仪时，应注意以下几点：

1）使用前应检查指针是否指在零点，如有偏移，应进行机械调零。

2）使用前应利用面板上的粗调和细调旋钮进行满度调节和零位调节，确保电表能指到满刻度和零刻度。

3）测量过程中，应将测杆中的测头轻轻拉出，且将测头上的红点对准风向。

4）测量结果应利用仪表所附的校正曲线进行对电表读数校正后获得。

5）仪器应放在通风、干燥、没有腐蚀性气体及强烈振动和强磁场影响的地方。

6）长期不用的仪器，应把其中的电池取出以免仪器受腐蚀。

本章要点

1. 测量流速的常用方法及其特点。
2. 毕托管的特点及使用要求。
3. 热球风速仪的特点及使用要求。

思考题与习题

6-1　什么是液体的静压力、动压力和总压力？

6-2　试述毕托管测量流速的工作原理？

6-3　毕托管如何使用？使用中应特别注意哪些方面的问题？

6-4　试述热球风速仪的工作原理。

6-5　热球风速仪如何使用？使用中应注意哪些问题？

实训 4　用毕托管测空调风管内的气流速度

1. 实训目的

1）掌握毕托管的测量原理和使用方法、注意事项。

2）熟悉并掌握毕托管测风速时测点的选择方法。

3）熟悉毕托管与斜管式微压计的连接与使用。

4）熟悉对测量结果进行误差分析的方法。

2. 仪表与设备

1）仪表：毕托管、斜管式微压计。

2）中央空调系统风管道及风口等。

3. 操作步骤与要求

1）熟悉各风管系统，拟定测量方案，选用毕托管。

2）根据风管的特点，在不同流通截面的管道上选择并布置各测点。

3）起动设备投入运行。

4）做好使用斜管式微压计的准备工作（加酒精、调水平、确定倾斜角度、调零等）。

5）开始测量，在同一流量下对选定的截面进行多次测量，将数据记入自制的表格中。

6）同流量下所有截面测量完毕后，改变流量大小（4~5种不同大小的流量），重复第3步并记录所有数据。

7）所有数据测量完毕后，关闭运行设备的电源，收好仪表，做好清洁工作。

8）按要求完成实训报告，回答思考题：

① 对各截面的测量数据进行整理，求出各截面的平均流速、流量。

② 对同一管路系统，根据测量结果画出同一流量下各截面（管径）处的流速-流通截面（或管径）的关系曲线。

③ 对同一管路系统，根据测量结果画出各截面（管径）在不同流量下的流速-流量的关系曲线。

④ 试简要说明毕托管使用中的注意事项。

⑤ 简要分析测量过程中产生误差的原因。

⑥ 流通截面的流速与哪些因素有关？

实训5 用热球风速仪等测空调送、回风口的风速

1. 实训目的

1）掌握热球风速仪的测速原理和使用方法和注意事项。

2）熟悉并掌握热球风速仪测风速时测点的选择方法。

3）能正确地对测量结果进行整理与分析。

4）熟悉通过测量流速计算流量的方法。

2. 仪表与设备

热球风速仪、窗式或分体式空调器、中央空调系统、卷尺等。

3. 操作步骤与要求

1）熟悉各被测对象（如空调器、风管系统等），拟定测量方案。

2）根据被测对象的特点，选择并布置各测点。

3）起动设备投入运行。

4）做好热球风速仪等的使用准备工作（装电池、调零等）。

5）在同一流量下对被测对象按测点进行测量，并记录数据（自己设计表格，将测量结果记录下来，并求出各风口的平均流速、流量），同时测量相应流通截面的尺寸以求得其面积。

6）同一流量下所有截面测量完毕后，改变流量大小（4~5种不同大小的流量），重复第4步并记录所有数据。

7）所有数据测量完毕后，关闭运行设备的电源，收好仪表，做好清洁工作。

8）按要求回答问题并完成实训报告：

① 简要说明使用热球风速仪时的注意事项。

② 简要分析风口的风速与哪些因素有关？

③ 试将由各风口测得的风速、风量与用毕托管所测得的相应的流速、流量作一比较，二者有无差异？试简要分析其原因。

④ 将同一风口在不同流量下的平均流速与流量的关系绘制成曲线图（所有被测风口都要绘出）。

⑤ 简要地对测量结果进行误差分析（误差的计算、误差的来源分析、提出处理方法等）。

第7章

流量测量及其仪表

7

7.1 概述

流量通常是指单位时间内流过管道某截面的流体的数量，即指瞬时流量。流量的表示方法有体积流量 q_V（m^3/h，m^3/s），质量流量 q_m（kg/h，kg/s），总流量（即瞬时流量的累计值）。

质量流量 q_m 与体积流量 q_V 的关系为

$$q_m = \rho q_V \tag{7-1}$$

式中 ρ——流体密度，单位为 kg/m^3。

由于 ρ 随流体的状态参数变化，因此，得到的体积流量是流体在某一特定状态参数下的流量。特别对于气体，常需将工作条件下的体积流量换为标准状态下的体积，即标准体积流量 q_{Vn}，以便比较。

1. 流量测量的方法

流量测量的方法有直接测量法和间接测量法。直接测量方法是利用标准体积（或标准质量如砝码）和标准时间，准确地测量出某一时间间隔内流过流体的总量，推算出单位时间内的平均流量。常见的直接测量有体积法与质量法，这种方法一般用于校验其他形式的流量计及精确的流量测量。间接测量是通过测量与流量（或流速）有对应关系的物理量而间接得出流量的方法。目前，工程上和科学实验中多采用间接测量方法。通常的间接流量测量仪表有差压式、涡轮式、超声波式、电磁式等。

2. 流量测量仪表

表 7-1 流量计分类表

名称		测量范围	精度	适用场合	相对价格	特点
差压式	节流装置流量计	6×10^2 ~ 2.5×10^5Pa	1	非强腐蚀的单向流体流量测量，允许有一定的压力损失	较便宜	1. 使用广泛 2. 结构简单 3. 对标准节流装置不必标定
差压式	均速管流量计			大口径大流量的各种气体，液体的流量测量	便宜	1. 结构简单，安装、拆卸、维修方便，压损小，能耗小 2. 输出压差较低
容积式	椭圆齿轮流量计	0.05 ~ $120m^3/h$	0.2 ~ 0.5	适用于高粘度介质的测量	较贵	1. 精度高 2. 计量稳定 3. 不适用于含有固体颗粒的流体
面积式	玻璃管转子流量计	1.6×10^{-2} ~ $10^3m^3/h$（气） 1×10^{-3} ~ $40m^3/h$（液）	2.5	空气、氮气、水及与水相似的其他安全流体的小流量测量	较便宜	1. 结构简单，维修方便 2. 精度低 3. 不适用有毒性介质及不透明介质
面积式	金属管转子流量计	0.4 ~ 3×10^3 m^3/h（气） 1.2×10^{-2} ~ $10^2m^3/h$（液）	1.5 ~ 2.5	1. 流量大幅度变化场合 2. 高粘性腐蚀性流体 3. 差压式导压管容易汽化的场合	贵	1. 具有玻璃管转子流量计的主要特点 2. 可远传 3. 防腐性可用于酸、碱、盐等腐蚀介质

（续）

名称		测量范围	精度	适用场合	相对价格	特点
面积式	冲塞式流量计	4～60m^3/h	3.5	无渣滓，无结焦介质的就地表示，积算	便宜	1. 结构简单、安装使用方便 2. 精度低，不能用于脉冲流量测量
流速式	旋翼式水表	0.045～2.8×$10^3m^3/h$	2	主要用于水的计量	便宜	1. 结构简单，表型小，灵敏度高 2. 安装使用方便
	涡轮流量计	0.04～6×$10^3m^3/h$（液） 2.5～350m^3/h（气）	0.5～1	适用于粘度较小的洁净流体，在宽测量范围内的高精度测量	较贵	1. 精度高，适用计量 2. 耐温耐压范围广 3. 变送器体积小，维护容易 4. 轴承易磨损，连续使用周期短
	旋涡流量计	0～3m^3/h（气） 0～30m^3/h（液）	1.5	适用于各种气体和低粘度液体测量	贵	1. 量程变化范围宽 2. 测量部分无可动件，结构简单，维修方便 3. 压损较小
	电磁流量计	2～5×$10^3m^3/h$	1	适用于电导率 >> 10^{-4}S/cm的导电液体的流量测量	贵	1. 只能测导电液体 2. 测量精度不受介质粘度、密度、温度、电导率变化的影响 3. 几乎没有压力损失 4. 不适合测量铁磁性物质
	分流旋翼式蒸气流量计	0.05×10^3～12×10^3kg/h	2.5	精确计量饱和水蒸气的质量流量	便宜	1. 安装方便 2. 直读式，使用方便 3. 可对饱和水蒸气的流量进行压力校正补偿

7.2 差压流量计

7.2.1 差压流量计的组成

差压流量计主要由三部分组成，如图7-1所示。

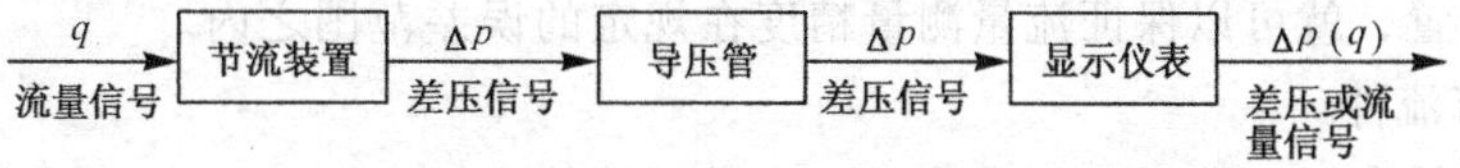

图7-1 差压流量计示意图

(1) 节流装置 包括节流件和取压装置。其功能是将流量信号变换成差压信号。

(2) 导压管 其功能是将节流装置前后的压力信号送至显示仪表。

(3) 显示仪表 显示压差信号或直接显示被测流量。也可以将导压管输出的差压信号经差压变送器变换成标准电信号或气压信号，再由显示仪表指示差压值或直接指示被测流量，或将变送器输出信号送到控制仪表。

7.2.2 节流件的工作原理

流体流经节流装置—孔板时的节流现象如图7-2所示。连续流动的流体，当遇到安插在管道内的节流装置时，由于节流装置的流通截面积比管道的截面积小，形成流体流通面积的突然缩小，在压头（能量）作用下流体的流速增大，挤过节流孔，形成流束收缩。在挤过节流孔之后，流速又由于流通面积的变大和流束的扩大而降低，与此同时，在节流装置前后的管壁处的流体静压力产生差异，形成压差 Δp，$\Delta p = p_1 - p_2$，并且 $p_1 > p_2$，此现象称**节流现象**，p_1、p_2 分别为孔板入口侧和出口侧流体的绝对压力。显然，节流装置的作用在于造成流束的局部收缩，从而产生压差。并且，流过的流量愈大，在节流装置前后所产生的压差也就愈大，因此，可通过测量压差来测量流体的流量。

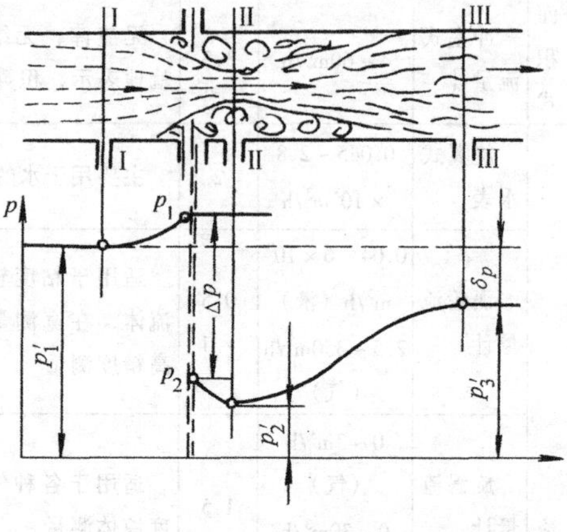

图 7-2 孔板附近流束及压力分布

从图 7-2 的压力分布图上可以看到，流体通过节流件后，静压力降低，而且永远不能恢复。其降低值 δ_p 就是压力损失，实质上就是能量损失。在设计节流元件时应对压力损失有限制，不能超过允许范围。δ_p 可以按照经验公式近似计算，公式如下：

$$\delta_p \approx \frac{1 - \dfrac{C}{\sqrt{1-\beta^4}} m^2}{1 + \dfrac{C}{\sqrt{1-\beta^4}} m^2} \Delta p \tag{7-2}$$

式中 C——出流因数；

m——孔板开孔面积 A_0 与管道内截面积 A 之比，即 $m = A_0 / A$；

Δp——孔板前后压差；

β——直径比，$\beta = d/D$。

δ_p 也可以查表获得，孔板的压力损失较大，这是一大缺点。

7.2.3 标准节流装置

标准节流装置已经标准化，不必再个别标定。只要严格按照标准规定设计、安装、使用标准节流装置，就可以保证流量测量精度在规定的误差范围之内。

1. 标准节流件

标准节流件有标准孔板、标准喷嘴、文丘里管等。

(1) 标准孔板　标准孔板的结构形状如图 7-3a 所示，是一块中部具有圆形开孔的薄板，圆孔与管道轴线同心。标准孔板旋转对称，其入口边缘成非常尖锐的直角，出口处有一个向下游侧扩散的光滑锥面。标准孔板是严格按照标准规定设计和加工的。

(2) 标准喷嘴　标准喷嘴的结构形状如图 7-3b、c 所示，是一个以管道轴线为中心线的旋转对称体，其型线主要由进口端面 A，入口收缩面 C_2，圆筒形喉部及喉部出口边缘保护槽 H 组成。标准喷嘴也是严格按照标准规定设计和加工的。

(3) 椭圆喷嘴　在强制流动空气的冷凝器、蒸发器、房间空调器、风机盘管性能试验方法中，美国供暖制冷空调工程师学会、我国的有关国标、部标均规定用椭圆形喷嘴测定

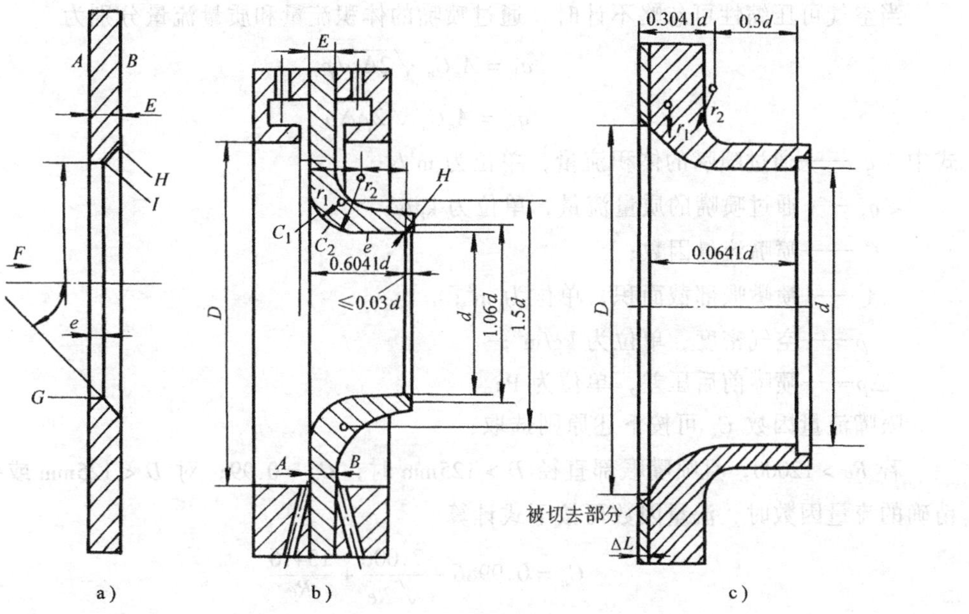

图 7-3　标准节流装置

a）标准孔板　b）标准喷嘴（$\beta \leqslant 2/3$）　c）标准喷嘴（$\beta > 2/3$）

空气流量。

椭圆喷嘴的几何结构如图 7-4a 所示，椭圆喷嘴空气流量测量装置如图 7-4b 所示。该装置主要由接收室和排出室两部分组成，在两室中间有一隔板，隔板上安装有一个或多个喷嘴，喷嘴前后一定位置装有穿孔率 40% 的扩散导流板、取压口，接收室排出室断面形状可方可圆。在测量空气流量时，空气由风管引入接收室，流过喷嘴或喷嘴组，经排出室排出。在试验中，要保证喷嘴喉部流速在 15 ~ 35m/s 之间，接收室、排出室断面流速小于 1.0m/s 喷嘴按图 7-4a 制造，按图 7-4b 安装，可不加校正就可使用。

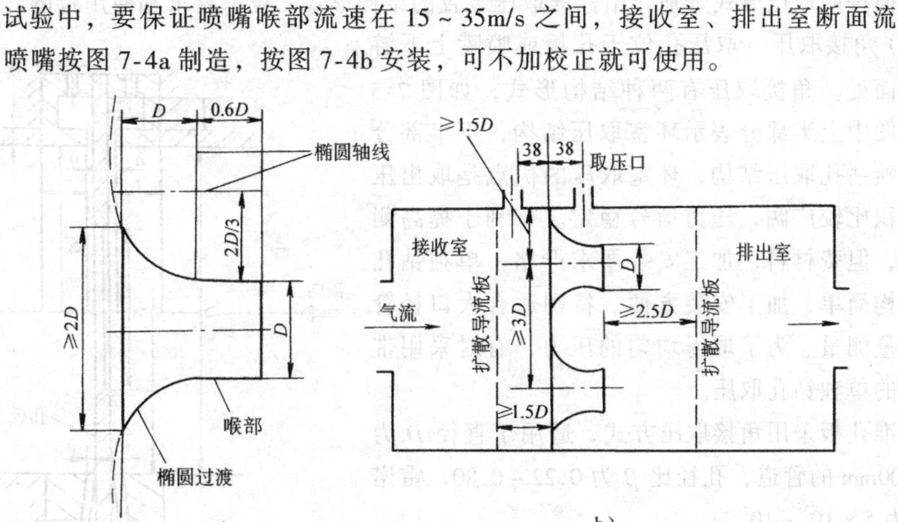

图 7-4　椭圆喷嘴

a）空气流量测量喷嘴　b）空气流量测量装置

当空气可压缩性可忽略不计时，通过喷嘴的体积流量和质量流量分别为

$$q_V = A_n C_n \sqrt{2\Delta p/\rho} \tag{7-3}$$

$$q_m = A_n C_n \sqrt{2\rho\Delta p} \tag{7-4}$$

式中 q_V——通过喷嘴的体积流量，单位为 m^3/s；

q_m——通过喷嘴的质量流量，单位为 kg/s；

C_n——喷嘴流量因数；

A_n——喷嘴喉部截面积，单位为 m^2；

ρ——空气密度，单位为 kg/m^3；

Δp——喷嘴前后压差，单位为 Pa。

喷嘴流量因数 C_n 可按下述原则选取：

若 $Re > 12000$，且喷嘴喉部直径 $D > 125$mm 时，$C_n = 0.99$；对 $D < 125$mm 或要求更为精确的流量因数时，流量因数可按下式计算

$$C_n = 0.9986 - \frac{7.006}{\sqrt{Re}} + \frac{134.6}{Re} \tag{7-5}$$

式中 Re——雷诺数。

$$Re = 353 \times 10^{-3} \frac{q_m}{D\mu} \tag{7-6}$$

式中 D——喷嘴喉部直径，单位为 mm；

μ——喷嘴喉部空气的动力粘度，单位为 Pa·s。

当采用多个喷嘴时，总的空气流量等于各喷嘴流量之和。

2. 标准取压装置

下面按照取压方式分别介绍标准取压装置的结构形式，技术要求和使用范围。

(1) 角接取压　取压孔位于孔板或喷嘴上下游两侧端面处。角接取压有两种结构形式，如图 7-5 所示，图中上半部分表示环室取压结构，下半部分表示单独钻孔取压结构，环室取压的优点是取出压力口面积比较广阔，压力信号稳定。有利于提高测量精度，但费材料，加工安装要求严格。单独钻孔取压结构简单，加工安装方便。特别适合大口径管道的流量测量、为了取得均匀的压力，有时采用带均压管的单独钻孔取压。

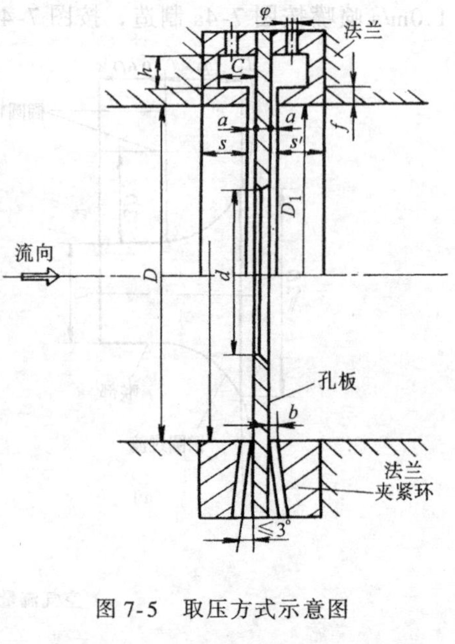

图 7-5 取压方式示意图

标准孔板采用角接取压方式，适用于直径 D 为 50～1000mm 的管道，孔径比 β 为 0.22～0.80，雷诺数 Re 为 $5 \times 10^3 \sim 10^7$。

标准喷嘴采用角接取压方式，适用于直径 D 为 50～500mm 的管道，孔径比 β 为 0.32～0.80，雷诺数 Re 为 $2 \times 10^4 \sim 2 \times 10^6$。

(2) 法兰取压　取压孔轴线与孔板上、下游两侧端面的距离各为25.4±0.8mm。法兰取压装置的结构如图7-6所示。标准孔板的法兰取压方式，适用于直径 D 为50~750mm管道，孔径比 β 为0.10~0.75，雷诺数 Re 为 $2\times10^3\sim10^7$。

3. 管道内壁粗糙度

表7-2为管道内壁粗糙度 K 值参考值，表7-3为标准节流件管壁相对粗糙度限制条件。

表7-2　管道内壁粗糙度 K 值参考值

材　质	管内壁的状况	K/mm
黄铜、铜、铝塑料、玻璃	无附着物、光滑管	<0.03
铸铁	新铸铁管	0.25
	锈蚀铸铁管	1.0~1.5
	起皮铸铁管	>1.5
	涂沥青的新铸铁管	0.10~0.15
钢	新冷拔无缝钢管	<0.03
	新热拉、新轧制无缝钢管、新纵缝焊接管	0.05~0.10
	螺旋焊接管	0.10
	轻微锈蚀钢管	0.10~0.20
	锈蚀钢管	0.20~0.30
	硬皮锈蚀钢管	0.50~2
	严重起皮钢管	>2
	涂沥青的新钢管	0.03~0.05
	一般涂沥青钢管	0.10~0.20
	镀锌钢管	0.13

表7-3　标准节流件管壁相对粗糙度限制条件

节流件名称	标准孔板	标准喷嘴	经典文丘里管
相对粗糙度 K/D	$K/D\leqslant(0.26\sim15)\times10^{-4}$	$K/D\leqslant(1.2\sim8)\times10^{-4}$	$K/D\leqslant3.2\times10^{-4}$

7.2.4　差压式流量计的使用

标准节流装置的出流因数，是在一定的条件下通过实验取得的，因此，除对节流件、取压装置有严格的规定外，对使用的流体条件和管道条件也有严格的规定，否则，会引起难以估计的流量测量误差。标准节流装置的流体条件和管道条件必须符合标准的规定。

1. 流体条件

1) 流体充满圆管并连续地流动。

2) 管道内流体流动是稳定的，流量不随时间变化，或变化缓慢。

3) 流体必须是牛顿流体，在物理上和热力学上是单相的、均匀的，或者可以认为是单相的，且流体经节流时不发生相变。

4) 流体流动在受到节流件影响前，已达到充分发展的紊流，流线与管道轴线平行，不得有旋转流。

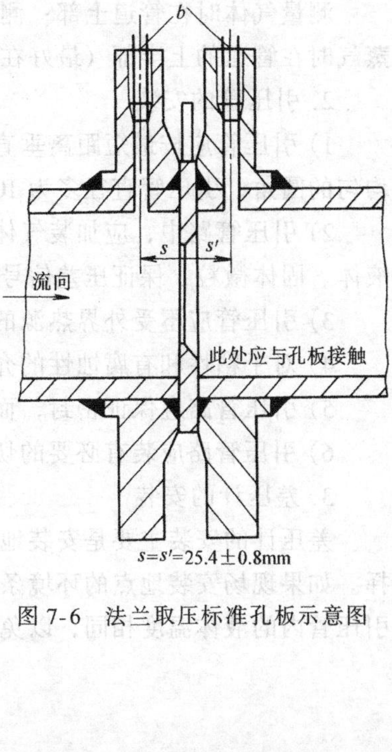

图7-6　法兰取压标准孔板示意图

标准节流装置对脉动流和临界流的流量测量不适用。

2. 管道条件

1）安装节流件用的管道必须是直的、圆形管道，管道直度可以目测，管道圆度要按“流量测量装置国家标准”的规定进行检验。

2）管道内壁应洁净。

3）节流件前后要有足够的直管段长度（见图7-7）。节流件上游、不同局部阻力件所需要的最小直管段长度如表7-4所示。在保证有表中括号外数值的直管段时，不必再附加误差。若实际的直管段长度只能满足表中括号内数值时，按“附加极限相对误差为±0.5%”处理。l_0的确定可按照第二个局部阻力件形式和$\beta=0.7$（不论实际β值为多少）由表7-4查出（用表中括号中的数值）。其他管件，如进口骤缩、温度计套管等局部阻力件情况下直管段可根据国家标准有关规定确定。

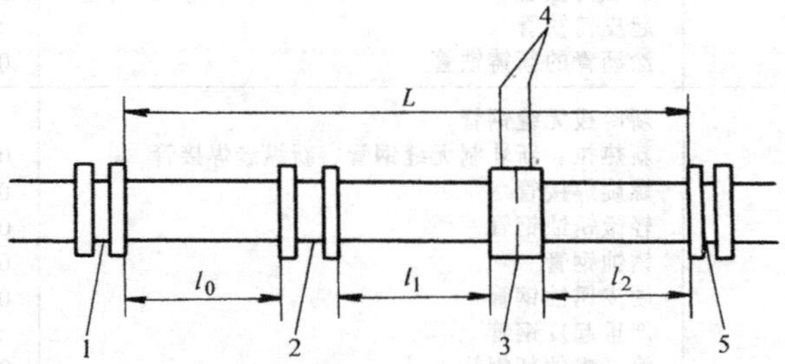

图7-7 节流件上、下游的直管段

1—节流件上游侧第二个局部阻力件 2—节流件上游侧第一个局部阻力件

3—节流装置 4—压差信号管 5—节流件下游侧第一个局部阻力件

7.2.5 差压式流量计的安装

1. 节流装置的安装

1）节流装置中心应与管道中心重合，端面应与管道中心线垂直，不得装反。

2）节流装置取压口方位的确定应按下列规定进行：

测量气体时在管道上部；测量液体时在管道的下半部（最好在水平中心线上）；测量蒸气时在管道的上半部（最好在水平中心线上）。

2. 引压管的安装

1）引压管应按最短距离垂直或倾斜（倾斜度不得小于1:10）安装，管线弯曲处应是均匀的圆角，引压管直径多为10~12mm，其总长度不应大于50m，但不得小于3m。

2）引压管路中，应加装气体、凝液、微粒的收集器和沉降器，以便排除贮积的气体、液体、固体微粒，保证压差信号精确可靠地传送。

3）引压管应不受外界热源的影响，应防止可能发生的冻结。

4）对于粘性和有腐蚀性的介质，为了防堵、防腐，应加装隔离罐。

5）引压管路应保证密封，而无渗漏现象。

6）引压管路应装有必要的切断、冲洗、灌封液、排污等所需要的阀门。

3. 差压计的安装

差压计的安装主要是安装地点的环境条件（例如温度、湿度、腐蚀性、振动等）的选择。如果现场安装地点的环境条件与规定的条件有明显差别时，应采取相应的措施使两根引压管内的液体温度相同，以免因其密度发生差别而引起附加的测量误差。

表 7-4 节流件上、下游直管段的长度

	上游侧第一个局部阻力件形式						下游侧阻力件形式
序号	1	2	3	4	5	6	
阻力件	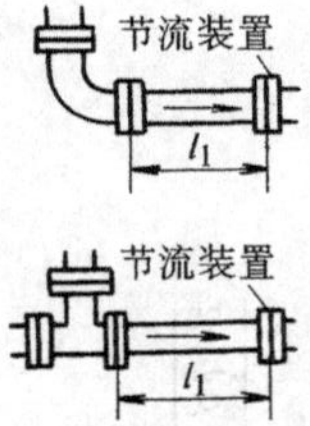 一个90°弯头或三通	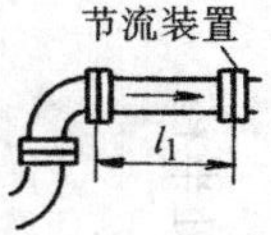 在同一平面内有多个90°弯头	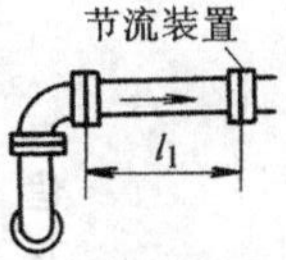 在不同平面内有多个90°弯头	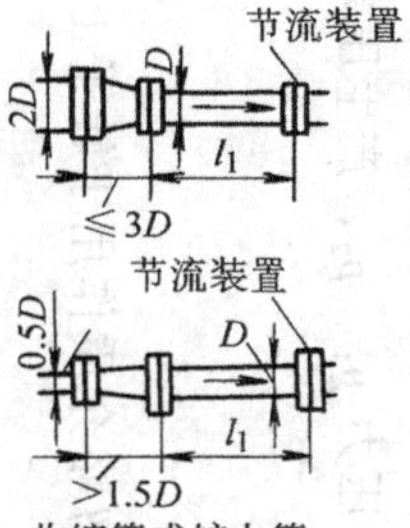 收缩管或扩大管	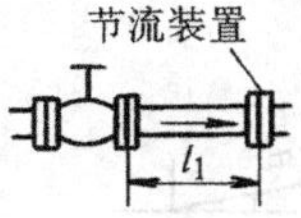 球阀(全开)	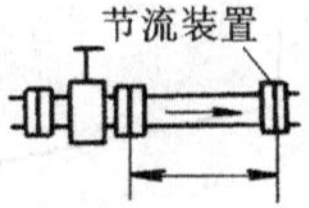 闸阀(全开)	左面所有局部阻力件形式
β	最小直管段长度 l_1/D						最小直管段长度 l_2/D
≤0.2	10(6)	14(7)	34(17)	16(8)	18(9)	12(7)	4(2)
0.25	10(6)	14(7)	34(17)	16(8)	18(9)	12(7)	4(2)
0.30	10(6)	16(8)	34(17)	16(8)	18(9)	12(7)	5(2.5)
0.35	10(6)	16(8)	36(18)	16(8)	18(9)	12(7)	5(2.5)
0.40	14(7)	18(9)	36(18)	16(8)	20(10)	12(7)	6(3)
0.45	14(7)	18(9)	38(19)	18(9)	20(10)	12(7)	6(3)
0.50	14(7)	20(10)	40(20)	20(10)	22(11)	12(7)	6(3)
0.55	16(8)	22(11)	44(22)	20(10)	24(12)	14(7)	6(3)
0.60	18(9)	26(13)	48(24)	22(11)	26(13)	14(7)	7(3.5)
0.65	22(11)	32(16)	54(27)	24(12)	28(14)	16(7)	7(3.5)
0.70	28(14)	36(18)	62(31)	26(13)	32(16)	20(8)	7(3.5)
0.75	36(18)	42(21)	70(35)	28(14)	36(18)	24(10)	8(4)
0.80	46(23)	50(25)	80(40)	30(15)	44(22)	30(12)	8(4)

7.3 转子流量计

7.3.1 转子流量计的工作原理

转子流量计又称面积式流量计，转子流量计工作时，当转子处于平衡位置时，两端压差为定值，其工作原理及几何关系如图7-8所示。

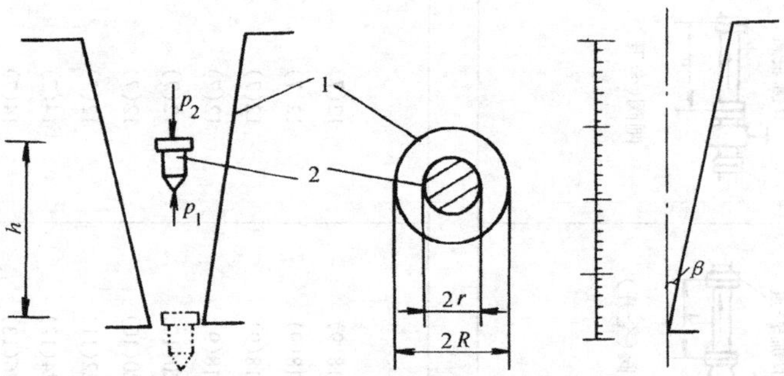

图7-8 转子流量计示意图

1—锥形管 2—转子

转子2在锥形管1中起节流作用，转子感受上下的压力 p_1、p_2，产生压差 $\Delta p = p_1 - p_2$，使转子向上的压差力为

$$A_f \Delta p = A_f (p_1 - p_2) \tag{7-7}$$

转子在被测介质中的浮力为 $V_f(\rho_f g - \rho g)$。平衡时，忽略介质作用于转子上的摩擦力及动压力，转子的浮力=作用转子向上的压差力，即有

$$V_f (\rho_f g - \rho g) = A_f \Delta p \tag{7-8}$$

式中 V_f、A_f——分别为转子的体积和最大截面积；

ρ_f、ρ——分别为转子和被测介质的密度。

转子与锥形管间的通道面积与平衡位置高度 h 之间的关系由下式确定：

$$A_0 = A - A_f;\ A = \pi R^2;\ A_f = \pi r^2;\ R = r + h\tan\beta$$

$$A_0 = \pi R^2 - \pi r^2 = \pi h(R + r)\tan\beta = kh \tag{7-9}$$

式中 R、r——分别为锥形管 h 处的截面半径和转子最大截面处半径；

h——转子平衡时高度；

β——锥形管的夹角；

A_0——转子与锥形管壁之间环形通道面积。

流体经节流件前后所产生的压差与体积流量之间的关系

$$q_V = \alpha A_0 \sqrt{\Delta p / \rho} = \alpha A_0 \sqrt{\frac{V_f (\rho_f - \rho) g}{A_f \rho}} \tag{7-10}$$

由式(7-9)得

$$q_V = \alpha k h \sqrt{\frac{V_f (\rho_f - \rho) g}{A_f \rho}} = K_h h \tag{7-11}$$

其中

$$K_h = \alpha k\sqrt{\frac{V_f\ (\rho_f - \rho)\ g}{A_f \rho}} \tag{7-12}$$

式中 k——与锥形管锥度有关的系数；

α——节流式流量计的流量因数；

h——平衡时高度。

当转子流量计制造完毕，K_h 为常数，即通过转子流量计的介质流量 q_V 与转子平衡位置高度 h 近似成正比。在出厂时已由生产厂用水或空气给予标定，使用时被测流量在规定范围内可直接从刻度 h 读出，测量非水、非空气介质时可按说明书予以换算。从式（7-12）可知，转子材料的密度和流体密度都能影响流量的示值，因此，当转子材料确定以后，在流量计使用时，若被测流体的密度和标定流体的密度不同时，流量计的指示值必须进行修正。

7.3.2 流量指示值的修正

转子流量计是一种非标准化仪表，在大多数情况下，可按照实际被测介质进行刻度。但仪表厂为了便于成批生产，在工业基准状态（20°C，0.10133MPa）下用水或空气进行刻度，即转子流量计的流量标尺上的刻度值，对用于测量液体的刻度值代表的是 20°C 时水的流量值，而对用于测量气体的刻度值代表的是温度为 20°C，压力为 0.10133MPa 状态下空气的流量值。所以，在实际使用时，如果被测介质的密度和工作状态不同，必须对流量指示值按照实际被测介质的密度、温度、压力等参数的具体情况进行修正。

在使用测液体的转子流量计时，如果被测介质不是水或密度不同，必须对流量计刻度进行修正或重新标定。对一般介质来说，当温度和压力改变时，流体的粘度变化甚小(0.03Pa·s)，从式（7-11）式可推导出体积流量的修正公式为

$$q_V = q_{V0}\sqrt{\frac{(\rho_f - \rho)\ \rho_0}{(\rho_f - \rho_0)\ \rho}} \tag{7-13}$$

式中 q_V——被测介质实际流量；

q_{V0}——标定时的刻度流量；

ρ_f——转子材料的密度；

ρ——被测流体的密度；

ρ_0——标定条件下（20°C）水的密度。

如果已知被测介质流量、密度参数，就可根据上式选择仪表，也就是选择标定流量满足上述关系的流量计。

转子流量计用来测量气体时，对于非空气介质或在不同于工业基准状态下测量时，要进行修正。气体流量计用来测定时，对于气体介质流量值的修正，除了被测介质的密度不同以外，被测介质的压力和温度的影响也较显著，因此对密度、压力和温度均需进行修正。

当已知仪表显示刻度 q_{V0}，要计算实际的工作介质流量时，由于被测气体的密度与空气的密度远小于浮子的密度，由式（7-13）及气体状态方程，得

$$q_V = q_{V0}\sqrt{\frac{\rho_0}{\rho}} = q_{V0}\sqrt{\frac{\rho_0}{\rho_j}\frac{p_0}{p}\frac{T}{T_0}} = K_\rho K_p K_T q_{V0} \tag{7-14}$$

式中 q_V——被测介质在工业基准状态下的体积流量，单位为标 m^3㊀/h；

ρ_j——被测介质在工业基准状态下的密度，单位为 kg/标 m^3；

ρ_0——校验用介质即空气在工业基准状态下的密度，单位为 1.293kg/标 m^3；

p——被测介质的绝对压力，单位为 MPa；

p_0——工业基准状态时的绝对压力，单位为 0.10133MPa；

T_0——工业基准状态时的热力学温度，单位为 293K；

T——被测介质热力学温度，单位为 K；

q_{V0}——空气在工业基准状态刻度的显示流量值，单位为标 m^3/h；

K_ρ——密度修正系数，$K_\rho=\sqrt{\frac{\rho_0}{\rho_j}}$；

K_p—压力修正系数，$K_p=\sqrt{\frac{p_0}{p}}$；

K_T——温度修正系数，$K_T=\sqrt{\frac{T}{T_0}}$。

值得注意的是，由式（7-14）计算得到的 q_V 是被测介质在单位时间（h）内流过转子流量计在工业基准状态下的体积数（标 m^3），而不是被测介质在实际工作状态下的体积流量，这是因为气体计量时，一般用标准立方米计，而不用实际工作状态下的体积数来计。

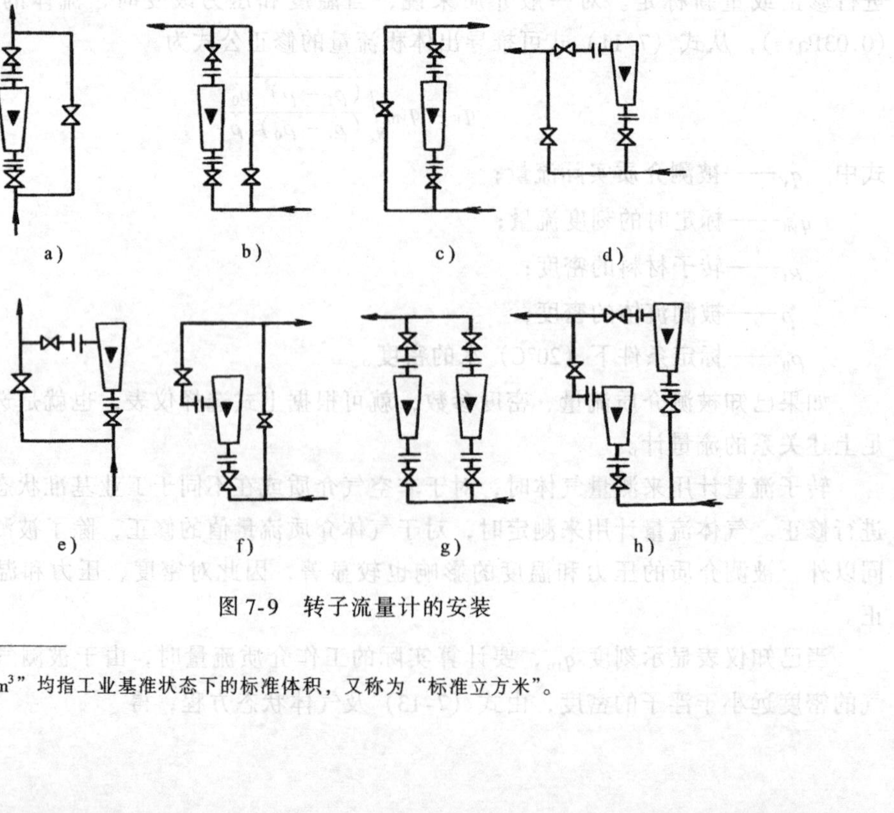

图 7-9 转子流量计的安装

㊀ 这里“标 m^3”均指工业基准状态下的标准体积，又称为“标准立方米”。

7.3.3　转子流量计的使用方法

转子流量计可用来测量各种气体、液体或蒸气的流量，尤其适合小流量的测量。它的测量基本误差约为刻度最大值的±2%左右，其有效测量范围，即量程比为10:1，压力损失也较小。

转子流量计在管路中应垂直安装，不允许有倾斜，被测介质的流向应由下而上，不可接反。转子流量计的安装如图7-9所示，转子流量计的转子应保持清洁，避免介质对其沾污，以免造成较大的测量误差。

转子流量计的正常流量最好选在仪表上限刻度的1/3~2/3范围内；开启仪表前的阀门时，不宜一下用力过猛、过急，以免损坏仪表。

7.4　流速式流量计

流速式流量计主要利用管内流体的速度来推动叶轮旋转，叶轮的转速和流体的流速成正比。属于这类流量计的有叶轮式水表和涡轮流量计等，本节主要介绍涡轮流量计。

涡轮流量计的主要特点是：

1）体积小，重量轻。

2）精度高，基本误差在±0.25%~±1.5%之间。

3）量程比大，一般为10:1。

4）惯性小，反应快，时间常数为ms级（其时间常数为1~50ms）。

5）耐压高，被测介质的静压可高达10MPa，最高可达40MPa。

6）使用温度范围广，有的型号可测-200°C的低温介质的流量，有的可测400°C温度的介质的流量。

7）压力损失小，一般为0.02MPa。

8）输出是频率信号，容易实现流量积算和定量控制，并且抗干扰，可远传，并便于数据处理。

9）宜测量粘度不大的轻质油类和腐蚀性不大的酸碱溶液的流量，并且有线性刻度，还可同时显示累积流量和瞬时流量。

10）流体中不能含有夹杂物，否则误差较大，轴承较易磨损。

7.4.1　涡轮流量计的工作原理

涡轮流量计由变送器和显示仪表两部分组成，其系统框图如图7-10所示。

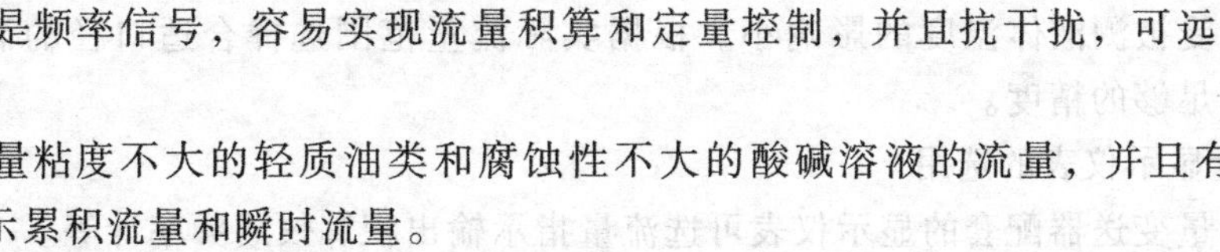

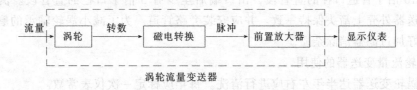

图7-10　涡轮流量计系统框图

当流体流经安装在管道内的涡轮，即流经涡轮叶片与管道之间的间隙时，由于流体的冲击作用，将使涡轮发生旋转。实验表明，涡轮旋转的转数 n 与流体的体积流量 q_V 呈近似线性的关系。再将涡轮的旋转通过磁电转换器变换成电脉冲 f，此脉冲信号经前置放大器放大后即送显示仪表进行流量显示。根据单位时间内的脉冲数和累计脉冲数就能反映出单位时间流量和累积流量。除显示仪表外，系统的其余部分都集中装在一起，称为涡轮流量变送器。

由前可知，在测量范围内，涡轮的转速与流量成正比，而信号的脉冲数则与涡轮的转速成正比，即 $f = Kq_V$，$N = fT$，即 $q_V = N/KT$。其中，仪表常数 K 与仪表结构等有关，由仪表厂给出。例如，涡轮流量计变送器的 K 为 150×10^3 次/m^3，显示仪表在 10min 内积算得的脉冲数为 6000 次，则流体的体积流量 $q_V = 6000/(150 \times 10^3 \times 10) = 4 \times 10^{-3}\ m^3/min$，则 10min 内流体流过的总量 $= 0.04m^3$。

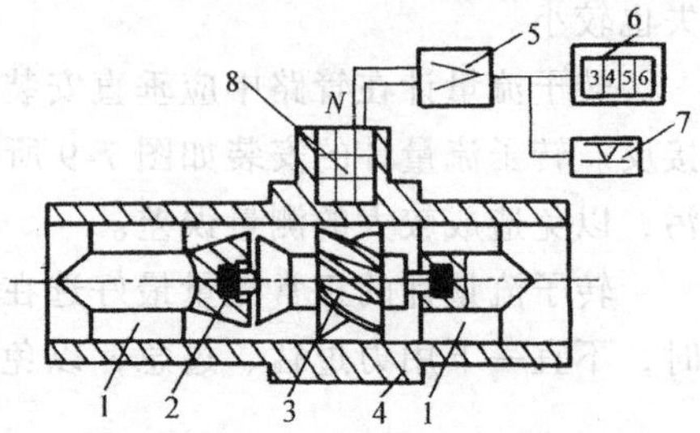

图 7-11 涡轮流量计结构示意图

1—导流器 2—轴承 3—涡轮 4—壳体
5—电磁转换器 6—累积流量计算器
7—瞬时流量指示仪表 8—感应线圈

7.4.2 涡轮流量计的结构

涡轮流量计由变送器和显示仪表两部分组成，如图 7-11 所示。在一个非铁磁材料外壳 4 的前部，装有前导流器 1，用以去掉来流中的旋涡，使之成为平行于轴线流动的流线；在后部安装的后导流器的作用与前导流器相似。5 是带前置放大器的电磁转换器。被测流体流入仪表后，经前导流器整理成平行于轴线流动的流线，推动叶轮转动。涡轮为导磁材料做成。

7.4.3 涡轮流量计的使用方法

1. 涡轮流量变送器的选用

在规定流量范围内，测量精度要求在 ±0.5% ~ ±1.0%时可选用普通涡轮流量变送器，要求在 ±0.1% ~ ±0.2%时可选用精密涡轮流量变送器。被测液体温度为 −20 ~ 80°C 时，可选用普通型，−20 ~ 150°C 可选用高温型，这种涡轮变送器的前置放大器离磁电转换器较远，受被测液体温度的影响小。根据实际流量范围选择合适口径的涡轮流量变送器，以保证足够的精度。

2. 流量显示仪表的选用

涡轮流量变送器配套的显示仪表可选流量指示输出积算仪或频率计等。

3. 涡轮流量变送器的安装

涡轮流量变送器在管道中，一般均应水平安装，应尽量避免垂直安装，并应使安装方式与校验方式相同，以免引起仪表系数 K 的变化。为使流速分布稳定，变送器入口端前部至少有 10 倍于管道口径的直管段，出口端后至少有 5 倍于口径的直管段。流体的流向必须与变送器外壳上箭头保持一致。并应安装旁路管道。为了减小涡轮轴承的磨损，变送器前面最好加过滤器消除杂质。

4. 涡轮流量变送器的使用

使用涡轮变送器达半年左右应进行清洗。每年应标定一次仪表常数。

当外界磁场强度超过 400A/m 时，显示仪表工作不稳或不对，可对变送器采取磁屏蔽措施。当被测液体里含有气体或变送器未被液体充满时，要排除里面的气体，否则会引起测量误差。

介质的密度、粘度发生变化时，对测量结果有影响。由于变送器的仪表系数是在常温下（20℃）用水标定的，所以密度改变时应重新标定。对于同一液体介质，密度受温度、压力变化的影响不大，故可忽略其变化的影响。对于气体来说，压力和温度的变化除影响仪表系数外，还将直接影响仪表的灵敏限。涡轮流量变送器的时间常数很小，适合于测量脉动流量。但用它来测量气体流量时，必须对密度进行补偿与修正。

7.5　超声波流量计

超声波流量计是以声波在静止流体和流动流体中的传播速度不同，通过测量声波在流动介质中的传播速度等方法来求出流速和流量。

超声波流量计的主要特点是，流体内可不插入任何元件，对流束无影响，也没有压力损失。与其他流量计不同，超声波流量计对管道尺寸及流量测量范围的变化有很大的适应能力。其结构形式与造价同被测管道的口径关系不大，且口径越大经济优势越显著。超声波流量计的口径可以达到2m以上。适用于各种介质的流量测量，并具有较高的测量精度。由于可以做到非接触测量，所以，可对强腐蚀介质、有毒、易爆和放射性介质进行流量测量。特别是超声波多普勒流量计在多相流测量中显示出的优越性是其他类型流量计所不具备的。

测量的流量量程比宽，可达5:1。精度一般可在±2%以内，输出与流量之间的关系近似线性。使用方便，运行费用低。安装时不需要阀门、法兰、旁通管路等附件。维修时，不需要切断流体，不影响管道内流体的正常流动。

其缺点是，当液体含有气泡或有杂音出现时，会影响声传播。

7.5.1　超声波流量计的测量原理

超声波速度传播法按其工作方式可分为传播时间法（时差法、相差法、频差法）和多普勒法。

1. 时差法

在图7-12所示的时差法测量示意图中，直径为 D 的管道两侧安装了压电晶体超声波换能器 A 和 B，设 α 为发射角，主控振荡器以一定频率控制切换电路，使换能器 A 和 B 以一定频率交替发射和接收脉冲超声信号。设脉冲超声波传播时间顺流时为 t_1，逆流时为 t_2，A、B 为换能器，则有

$$t_1 = \frac{D}{\sin\alpha\ (c + v\cos\alpha)} \tag{7-15}$$

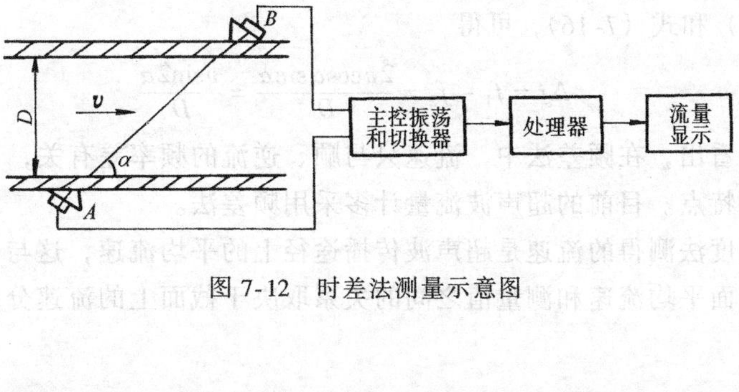

图7-12　时差法测量示意图

$$t_2 = \frac{D}{\sin\alpha\ (c - v\cos\alpha)} \tag{7-16}$$

如果忽略超声波在管壁、探头的传播时间及线路的延迟时间，并考虑到多数工业管道流速不超过10m/s，即有 $c^2 >> v^2$，则可得出时间差为

$$\Delta t = t_2 - t_1 = \frac{2D\cot\alpha}{c^2}v \tag{7-17}$$

$$v = \frac{c^2\tan\alpha}{2D}\Delta t \tag{7-18}$$

即流速正比于时间差 Δt。Δt 由仪器测出并进行处理，最后显示被测流体的流量。时间差 Δt 的数量级很小，例如 $D = 300\text{mm}$，$v = 1.33\text{m/s}$，$c = 1500\text{m/s}$，$\alpha = 20°$时，Δt 为 10^{-6}s。如果保证1%的精度，则要求测量时差精度为 10^{-8}s。因此，对电气线路要求较高，并要限制测量流速的下限。此外，声速 c 受温度影响较大，流体的组成或密度的变化也将引起声速的变化，因此，声速变化造成测量误差是时差法的主要缺点。

2. 相差法

既然顺、逆流超声波传播存在着时差 Δt，显然，也存在相差 $\Delta\varphi$。如果超声波探头发射的是连续超声脉冲或长周期的脉冲列，则在顺流和逆流发射时所接收到的信号之间产生相位差 $\Delta\varphi = 2\pi f\Delta t$，$f$ 为超声波的频率。由式（7-17）、式（7-18）可得

$$\Delta\varphi = \frac{4\pi fD\cot\alpha}{c^2}v \tag{7-19}$$

$$v = \frac{c^2\tan\alpha}{4\pi fD}\Delta\varphi \tag{7-20}$$

相差法避免测量微小的时差，而测量相位差，有利于提高测量精度。但求流速的公式中仍含有声速 c，与时差法一样，声速的变化引起流量测量的误差。

3. 频差法

频差法是通过测量顺流和逆流时超声波脉冲的重复频率差来确定流速的。当发射器向被测流体发射声脉冲，经一段时间后，接收器收到声脉冲并转换成电信号，经放大后再用此信号去触发发射电路发射下一个声脉冲，即其中任一个发射声脉冲都是由前一个接收信号脉冲所触发，形成“回鸣”。由于脉冲信号是在发射器→流体→接收器→放大电路→发射器系统内循环，所以又称为**声环法**。脉冲在声环系统中的一个来回所需时间的倒数称**声环频率**（即重复频率），它的周期主要由流体中传播声脉冲的时间来决定。

假设顺流时的声环频率为 $f_1 = 1/t_1$，逆流时为 $f_2 = 1/t_2$，测出两个频率差便可求出流速。

由式（7-15）和式（7-16），可得

$$\Delta f = f_1 - f_2 = \frac{2v\cos\alpha\sin\alpha}{D} = \frac{v\sin2\alpha}{D} \tag{7-21}$$

从上式可以看出，在频差法中，流速只与顺、逆流的频率差有关，与声速 c 无关，这是频差法的显著特点。目前的超声波流量计多采用频差法。

由于传播速度法测得的流速是超声波传播途径上的平均流速，这与一般的截面平均流速是不同的，截面平均流速和测量值之间的关系取决于截面上的流速分布是层流流态还是

紊流流态。我国生产的超声波流量计，例如 LEFM—801B 型，可以自动校正温度和流速的变化的影响，使得流量计在很宽的流速范围内（$Re = 5 \times 10^4 \sim 10^8$）都保持一个通用的仪表系数。仪器的基本误差，单声道为 ±1.5%，四声道为 ±0.5%。

4. 多普勒法

多普勒法利用了在固定点检测从移动源发射声波所产生的多普勒频移现象。

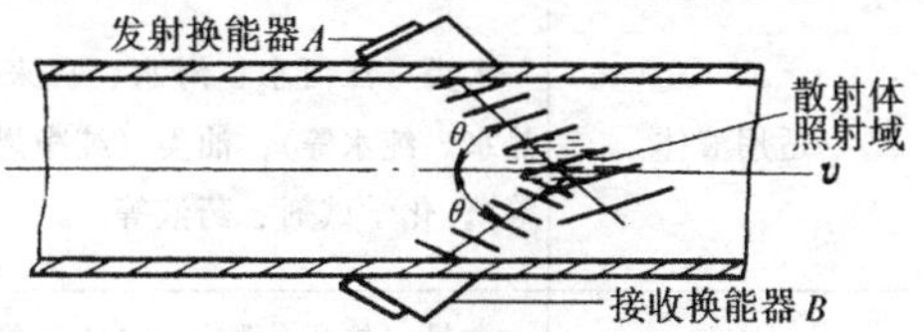

图 7-13 多普勒法超声波流量计原理图

如图 7-13 所示，超声换能器 A 向流体发出频率为 f_A 的连续超声波，经照射域内液体中散射体悬浮颗粒或气泡散射，散射的超声波产生多普勒频移 f_d。接收换能器 B 收到频率为 f_B 的超声波，其值为

$$f_B = f_A \frac{c + v\cos\theta}{c - v\cos\theta} \tag{7-22}$$

式中 v——散射体运动速度。

多普勒频移 f_d 正比于散射体流动速度

$$f_d = f_B - f_A \approx f_A \frac{2v\cos\theta}{c} \tag{7-23}$$

$$v = \frac{c}{2\cos\theta}\frac{f_d}{f_A} \tag{7-24}$$

体积流量为

$$q_V = \frac{\bar{v}}{4}\pi D^2 \tag{7-25}$$

式中 $\bar{v}$——平均速度；

c——声速。

实际上多普勒频移信号来自速度参差不一的散射体，而所测得各散射体速度和载体液体平均流速间的关系也有差别。其他参量如散射体粒度大小组合与流动时分布状况、散射体流速非轴向分量、声波被散射体衰减程度等均影响频移信号。因此，多普勒超声波测量精度不高。

7.5.2 超声波流量计的选用

超声波流量计适用于大型的圆形管道和矩形管道，且原则上不受管径限制，超声波流量计选用的原则主要从以下几点考虑：

1) 液体超声波流量计。

适用条件见表 7-5。

2) 气体超声波流量计。

气体用超声波流量计适用于超声波换能器固定安装，其流量传感器较多为两声道以上的多声道仪表，具有较高测量精度。

7.5.3 超声波流量计的使用方法

超声波流量计有非接触式、插入式。非接触式又有便携式（外缚式）、固定式，便携式内置可充电电池，一次充电可连续工作 8 小时，方便野外及恶劣的工业环境使用。使用方法按仪表说明书安装使用，安装超声波流量计时应注意下列问题：

表7-5 液体超声波流量计的适用条件

条件	时差法		多普勒法
适用液体	水类（江河水、海水、自来水、集中供热循环热水、纯水等），油类（纯净燃油、润滑油、食油等），化学试剂、药液等		含杂质多的水（污水，农业用水等），浆类（泥浆、纸浆、矿浆等），油类（非净燃油、重油、原油等）
适用悬浮颗粒含量	含量（体积分数）＜1%（包含气泡）时不影响测量精度		浊度＞（50～100）$\times 10^{-3}$kg/m^3
仪表基本误差	带测量管段式	±（0.5～1）%FS，R	±（3～10）%FS，R 固体颗粒含量基本不变时 ±（0.5～3）%
	湿式大口径多声道		
	湿式小口径多声道	±1.5%FS，R～ ±3%FS，R	
	夹装（量程比20:1）		
信号传输电缆长度	100～300m，在能保证信号质量的前提下，可以少于100m		＜30m
价格	较高		一般较低

1）换能器应水平安装，尽量减少声道中的气泡，应保证必要的直管段长度，换能器安装处的管道表面不能有凹凸和锈蚀较深的现象。

2）安装换能器的管段处的内径和壁厚必须测量准确，直径测量有0.1%的误差将给流量测量带来0.2%的误差。

3）换能器模块的安装至关重要，一定要严格按照仪表说明书规定的方法精心安装。

下面以MTPCL-5GO1插入式超声波流量计为例，介绍其使用方法。

设计插入式结构是为了解决大口径壁内结污太厚，用一般便携式测量误差较大的问题。传感器收发信号时不受粘附物、油渍、乳状物影响，低电压激发传感元件使用寿命长，可测双向流，最小流速≤0.05mm/s，测量液体可以是导电或非导电介质。

技术指标：

- 流速范围：0.05～20m/s。
- 管径：100～3000mm。
- 压力范围：≤2.0MPa。
- 仪表准确度：1%·FS（调校准后可达0.5级）。
- 供电方式：直流12V～36V DC或～220V/0.2A。
- 输出方式：（4～20）mA DC（1.2kΩ）　　脉冲：（可任意设置）。
- 测量介质：可测导电、非导电均流（液）体。如：去离子水、海水、酸碱液、食物油、汽油、煤油、柴油、机用油、酒精、啤酒等能传播超声波的均匀液体。
- 工作温度：≤130℃。

安装尺寸及钻孔定位说明：

插入式测量时，超声波流量计换能器的安装形式用“V”形，还是用“Z”形（见图7-14），主要不是取决于管径大小，最重要的是取决于安装条件。当管水平两侧空间均≥

0.5m，直径＞0.5m以上时应该用“Z”形法打孔安装。当不满足以上要求时，均可用“V”形方式打孔安装。

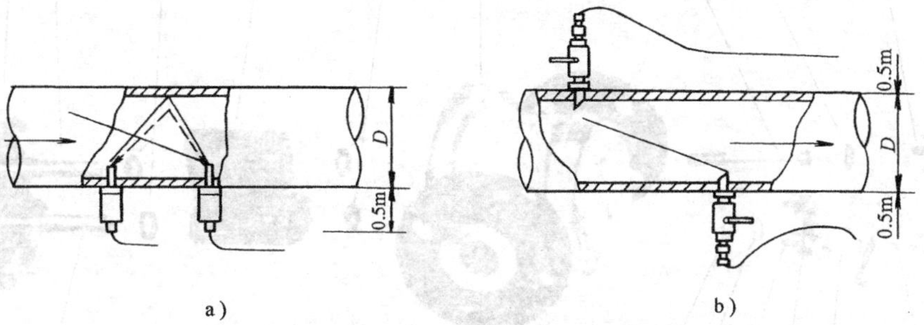

图7-14　换能器安装示意图
a）V形收发信号安装示意图　b）Z形收发信号安装示意图

当管道长度不能满足时，可根据实际情况选择不同角度的探头，以适应现场要求。

7.6　其他流量计

7.6.1　椭圆齿轮流量计

椭圆齿轮流量计是一种容积式流量计，它用一个精密的固定容积对被测流体进行连续计量，从而测得流量的流量计。主要用于直接测量流经管道内液体的瞬时流量和总量，具有测量精度高、仪表前后直管段要求不高、量程比大等特点。

1. 椭圆齿轮流量计工作原理

椭圆齿轮流量计的测量部分是由两个相互啮合的椭圆形齿轮、轴和壳体（与椭圆形齿轮构成计量室）构成。如图7-15所示，椭圆齿轮流量计本体示意图。

当被测流体流经椭圆齿轮流量计时，它将带动椭圆齿轮旋转，而椭圆齿轮每旋转一周就有一定数量的流体流过仪表。因此，用传动及累积机构记录椭圆齿轮的转数，就可知道被测流体流过的总量，椭圆齿轮流量计的工作原理如图7-16所示。

当流体流过椭圆齿轮流量计时，椭圆齿轮前后存在压力差 $\Delta p = p_1 - p_2$（p_1 为入口的压力，p_2 为出口的压力）。在此压差作用下，图7-16a中椭圆齿轮 A 将受到一个合力矩的作用，使其绕轴作顺时针转动；而椭圆齿轮 B 受到的合力矩为零。但是，由于两个椭圆齿轮是紧密啮合的，所以齿轮 A 将带动齿轮 B 绕轴作逆时针转动，并将 A 与壳体间半月形容积内的介质排至出口。

显然，这时 A 为主动轮，B 为从动轮。在图7-16b所示的中间位置，根据力的分析可知，此时椭圆齿轮 A、B 均为主动轮。当继续转至图7-16c所示位置时，p_1、p_2 作用在 A 轮上的合力矩为零，作用在 B 轮上的合力矩增至最大，使其继续向逆时针方向转动，从而开始将壳体与 B 轮间半月形容积内的介质排至出口。显然，这时 B 为主动轮，A 为从动轮，这与图7-16a所示的情况刚好相反。如此往复循环，轮 A 和轮 B 互相交替地由一个带动另一个转动，将被测介质以半月形容积为单位一次一次地由进口排至出口。显然，图7-16a、b、c所示的情形，仅仅表示椭圆齿轮转动了1/4周的情况，而其所排出的被测介

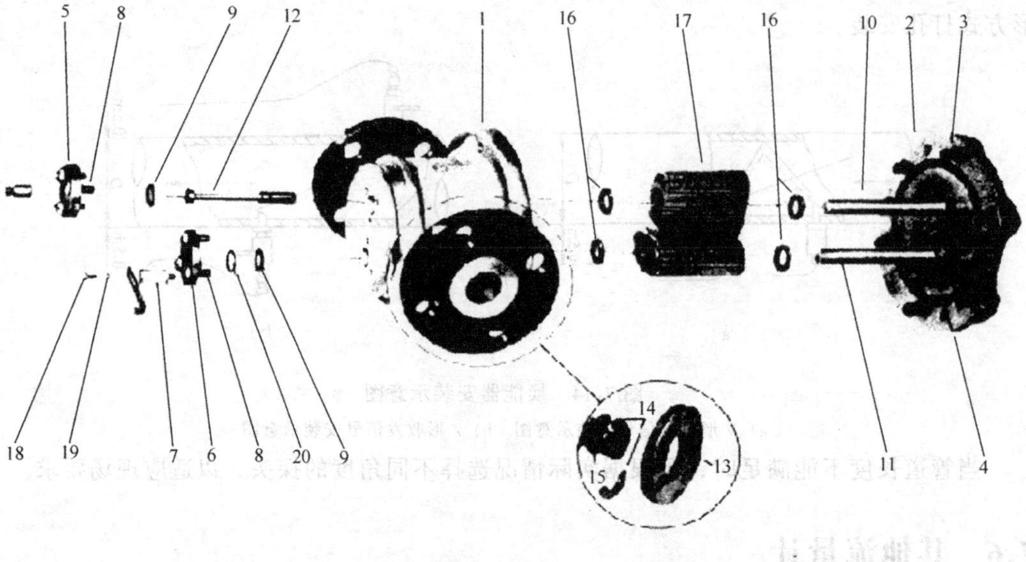

图7-15 椭圆齿轮流量计本体示意图

1—壳体 2—底法兰 3—螺栓 4—底密封圈 5—1＃齿轮法兰 6—2＃齿轮法兰 7—支座 8—螺钉 9—轴密封圈 10—空心轴部件 11—实心轴 12—随动磁轴部件 13—连接法兰 14—半环 15—O形密封圈 16—止推垫圈 17—椭圆齿轮部件 18—螺钉 19—垫圈 20—垫圈

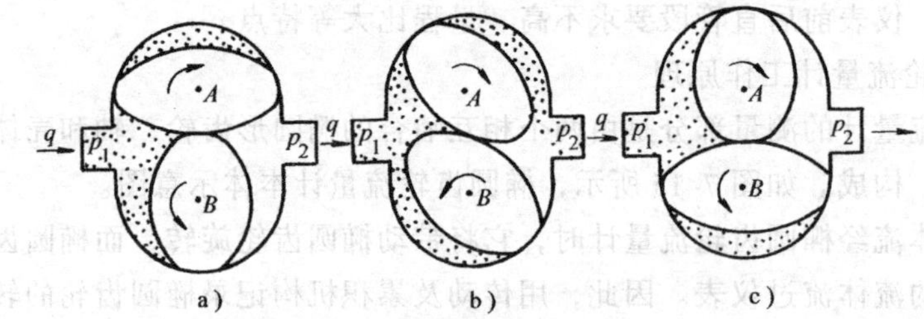

图7-16 椭圆齿轮流量计工作原理示意图

质量为一个半月形容积的量。所以椭圆齿轮每转一周所排出的被测介质数为半月形容积的4倍，故通过椭圆齿轮流量计的体积流量 q_V 为

$$q_V = 4nV_0 \tag{7-26}$$

式中 n——椭圆齿轮的转速；

V_0——半月形部分的容积。

由式（7-26）可知，在椭圆齿轮流量计的半月形容积 V_0 已知的条件下，只要测出椭圆齿轮的转速 n，便可知道被测介质的流量。

2. 椭圆齿轮流量计的显示原理

椭圆齿轮流量计对流量信号（即椭圆齿轮的转速 n）的显示方法有就地显示和远传显示两种。

（1）就地显示 就地显示的椭圆齿轮流量计是将流量信号经一系列齿轮的减速及调整

转速比机构之后，直接带动仪表指针和机械计数器，以实现流量和总量的显示，其原理如图7-17所示。

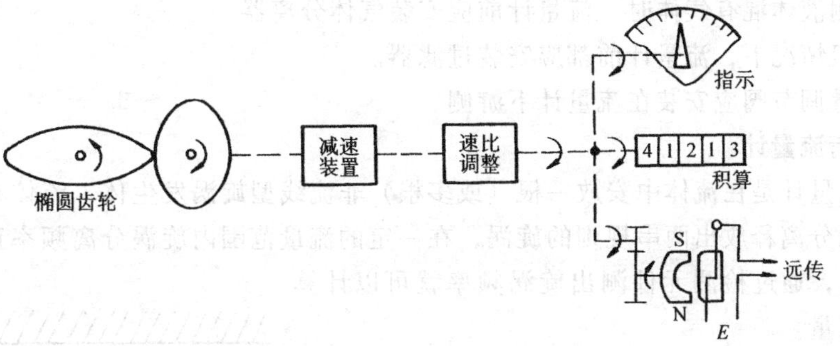

图7-17　椭圆齿轮流量计的显示原理

(2) 远传显示　椭圆齿轮流量计的远传显示主要是通过减速后的齿轮带动永久磁铁旋转，使得干簧继电器的触点与永久磁铁以相同的旋转频率同步地闭合或断开，从而发出一个个电脉冲远传给另一显示仪表。在远离安装现场的控制仪表屏上的电磁计数器或电子计数器上，进行流量的显示、积算等。

3. 椭圆齿轮流量计安装使用

1) 流量计的安装位置，应尽可能避开机械振动大、温度高、磁场干扰强的环境，而选择易于维修的位置安装。

2) 根据实际情况需要，流量计可在水平管道上安装，也可在垂直管道上安装。不论哪一种方式安装，椭圆齿轮轴必须处于水平状态，不能让椭圆齿轮一端朝上，另一端朝下。也不允许有明显的倾斜现象。

3) 流量计安装一般要设旁路管道。在水平管道上安装时，流量计要安装在主路管道中，见图7-18a，在垂直管道上安装时，流量计要安装在旁路管道中，以防止杂质排入流量计内，见图7-18b，设旁路的目的在于方便定期清洗和检修。

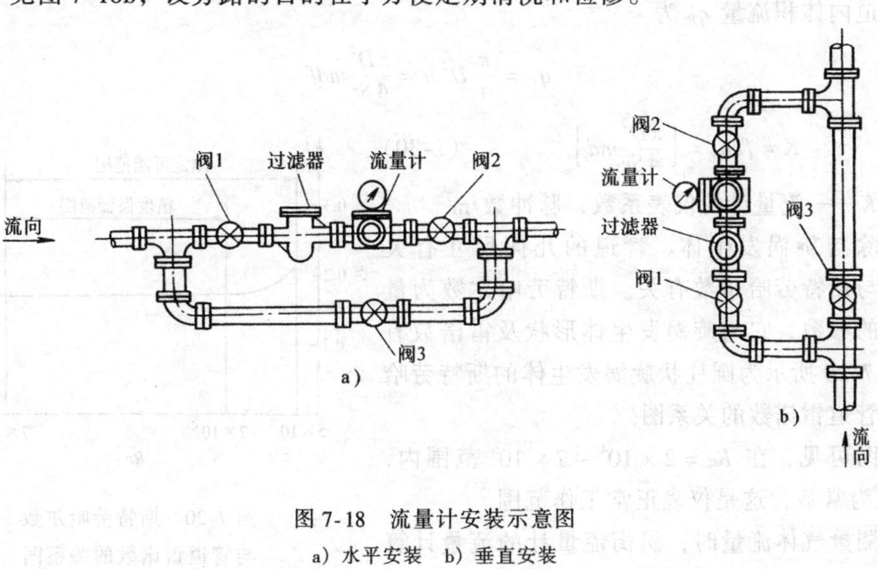

图7-18　流量计安装示意图

a) 水平安装　b) 垂直安装

4）安装时，流量计本体上的箭头方向应与液体流动方向一致。

5）流量计两端管道要同心，与流量计连接时，密封垫圈不能突入液体内。

6）被测液体混有气体时，流量计前应安装气体分离器。

7）一般情况下，流量计前都应安装过滤器。

8）流量调节阀应安装在流量计下游侧。

7.6.2 涡街流量计

涡街流量计是在流体中安放一根（或多根）非流线型旋涡发生体，流体在旋涡发生体两侧交替地分离释放出两串规则的旋涡，在一定的流量范围内旋涡分离频率正比于管道内的平均流速，通过检测元件测出旋涡频率就可以计算出流体的流量。

1. 工作原理

在流体中放置旋涡发生体（阻流体），从旋涡发生体两侧交替地产生有规则的旋涡，这种旋涡称为卡曼涡街，如图7-19所示。旋涡列在旋涡发生体下游非对称地排列。设旋涡的发生频率为 f，被测介质来流的平均流速为 u，旋涡发生体迎面宽度为 d，管道直径为 D，根据卡曼涡街原理，有如下关系式

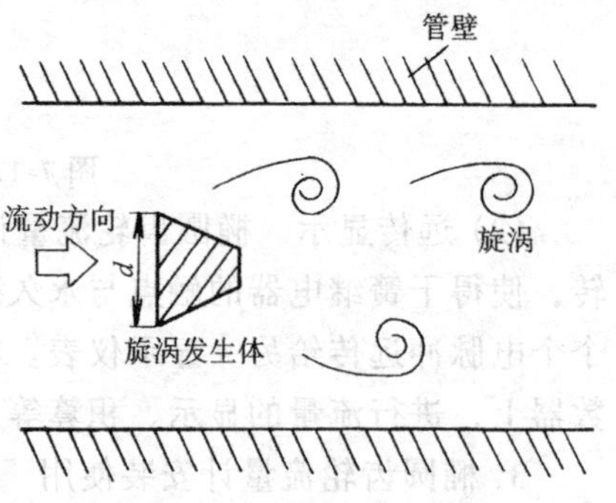

图7-19 旋涡发生示意图

$$f = Sr\frac{u_1}{d} = Sr\frac{u}{md} \tag{7-27}$$

式中 u_1——旋涡发生体两侧平均流速，单位为 m/s；

Sr——斯特劳哈尔数；

m——旋涡发生体两侧弓形面积与管道横截面面积之比，即

$$m = 1 - \frac{2}{\pi}\left[\frac{d}{D}\sqrt{1-\left(\frac{d}{D}\right)^2} + \arcsin\left(\frac{d}{D}\right)\right] \tag{7-28}$$

管道内体积流量 q_V 为

$$q_V = \frac{\pi}{4}D^2 u = \frac{\pi D^2}{4Sr}mdf \tag{7-29}$$

$$K = f/q_V = \left[\frac{\pi D^2}{4Sr}md\right]^{-1} \tag{7-30}$$

式中 K——流量计的仪表系数，脉冲数/m^3。

K 除与旋涡发生体、管道的几何尺寸有关外，还与斯特劳哈尔数有关。斯特劳哈尔数为量纲为一的参数，它与旋涡发生体形状及雷诺数有关，图7-20所示为圆柱状旋涡发生体的斯特劳哈尔数与管道雷诺数的关系图。

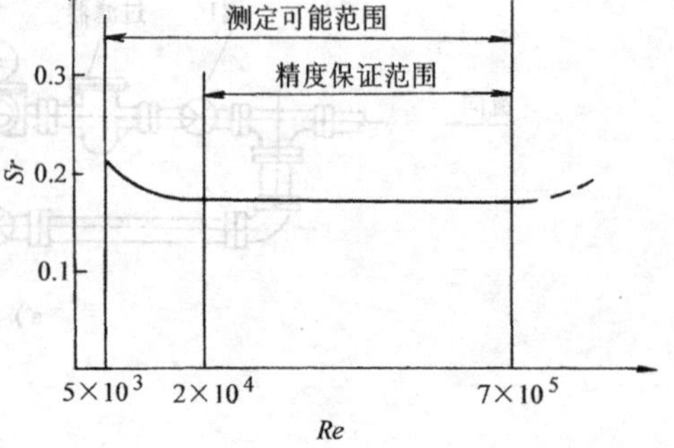

图7-20 斯特劳哈尔数与管道雷诺数的关系图

由图可见，在 $Re = 2\times10^4 \sim 7\times10^6$ 范围内，Sr 可视为常数，这是仪表正常工作范围。

当测量气体流量时，涡街流量计的流量计算

式为

$$q_{V\text{n}} = q_V \frac{pT_\text{n} Z_\text{n}}{p_\text{n} TZ} = \frac{f}{K} \frac{pT_\text{n} Z_\text{n}}{p_\text{n} TZ} \tag{7-31}$$

式中 $q_{V\text{n}}$，q_V——分别为标准状态下（20°C，101.325kPa）和该工况下的体积流量，单位为 m^3/h；

p_n，p——分别为标准状态下和该工况下的绝对压力，单位为 Pa；

T_n，T——分别为标准状态下和该工况下的热力学温度，单位为 K；

Z_n，Z——分别为标准状态下和该工况下气体压缩系数。

由上式可见，涡街流量计输出的脉冲频率信号不受流体物性和组分变化的影响，即仪表系数在一定雷诺数范围内仅与旋涡发生体及管道的形状尺寸等有关。

2. 旋涡数的检测原理

旋涡数的检测方法有多种，下面仅以热式检测为例。

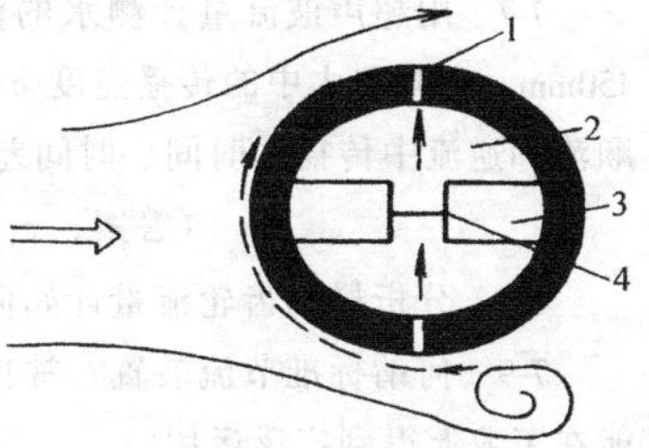

图 7-21 检测器原理图

1—导压孔 2—空腔

3—隔墙 4—电热丝

当旋涡发生在圆柱体右下侧时，由于旋涡的作用，在圆柱体周围形成一个环流，如图 7-21 中虚线箭头所示。环流与圆柱体下侧流体流动方向相反，有减小流速的作用；环流与圆柱体上侧流体流动方向相同，有增加流速的作用，其结果是有一个由下向上的升力作用在圆柱体周围，如图 7-21 所示，这种情况相当于流体作用在圆柱体下方导压孔上的压力高于流体作用在圆柱体上方导压孔上的压力，于是流体从下方导压孔吸入，从上方导压孔吹出。如果在隔墙中央的小孔中装一铂电阻丝，并在铂电阻丝中通电流，使其温度高于流体温度，则在流体通过铂电阻时带走热量，改变铂电阻的电阻值。当旋涡发生在圆柱体右上侧时，环流方向改变，流体作用在圆柱体上方导压孔上的压力高于流体作用在下方导压孔上的压力。流体由上方导压孔吸入，从下方导压孔排出，流体通过铂电阻时，改变其电阻值。铂电阻电阻值的变化与放出的旋涡频率相对应，即根据铂电阻值的变化检测出与流量变化成正比的频率。涡街流量计用铂电阻把与旋涡频率成比例变化的被测流量转换成电信号，再经变换后输出 0～10mA 或 4～20mA 的标准信号，供指示、记录、调节用。这种流量计还可以就地指示被测流量。

本章要点

1. 差压式流量计的工作原理、组成部分及其功能；应用差压式流量计时应注意其使用条件、测量范围等，否则会造成测量误差。

2. 转子流量计的特点、使用注意事项、刻度换算及量程调整方法。

3. 涡轮流量计、椭圆齿轮流量计、超声波流量计的特点及使用时应注意的问题。

思考题与习题

7-1 按流量所使用的单位不同，它可分为哪几种？为什么在流量计量中提出“标准体积流量”的概念？

7-2 已知管径 $D=120$mm，管道内水流动的平均速度 $v=1.8$m/s，这时水的密度 $\rho=990\text{kg/m}^3$ 确定该状态下水的体积流量和质量流量。

7-3 用毕托管测量管道内水的流量，已知水温 $t=50°\text{C}$，水的密度 $\rho=988\text{kg/m}^3$，运动粘度 $\nu=0.552\times10^{-5}\text{m}^2/\text{s}$，管道直径 $D=200$mm，毕托管全压口距管壁 $r=23.8$mm，测得压差 $p=0.7$kPa，试确定此时的体积流量。

7-4 转子流量计的测量准确度受哪些因素的影响？

7-5 用转子流量计测量水的流量，当流量为 $0.75\text{m}^3/\text{h}$ 时，标尺高度 $h=160$mm，如图7-8所示。转子有效面积 $A_3=82\text{mm}^2$，转子体积 $V_3=635\text{mm}^3$，转子材料密度 $\rho_3=8500\text{kg/m}^3$，转子流量计的流量系数 $\alpha=0.98$，水的密度 $\rho=998.2\text{kg/m}^3$，确定转子流量计的锥半角 β。

（答案：$\beta=1.33$）

7-6 试述涡轮流量计测量准确度受哪些因素的影响？

7-7 用超声波流量计测水的流量。已知管径 $D=150$mm，超声波发射与接收装置之间的距离 $L=450$mm，声波在水中的传播速度 $c=1500$m/s，超声波频率 $f=28$kHz。当流量为 $500\text{m}^3/\text{h}$ 时，确定超声波在顺流和逆流中传播的时间、时间差和相位差。

（答案：$\tau_1=2.984\times10^{-4}$s，$\tau_2=3.0158\times10^{-4}$s，$\Delta\tau=3.18\times10^{-6}$s，$\Delta\psi=0.559$rad）

7-8 分析椭圆齿轮流量计如何实现流量测量的，造成测量误差的因素有哪些？

7-9 何谓标准节流装置？常见的标准节流件有哪些？相应的取压方式是什么？为什么标准节流装置能在工业上得到广泛运用？

7-10 试分析为什么对标准节流装置前后的直管段长度提出要求？直管段长度应如何确定？

7-11 国际上目前使用的标准节流装置有哪几种？在使用标准节流装置时对流体，流动状态和管道都有哪些要求？

7-12 测腐蚀性介质流量时，为防止压差变送器被腐蚀，采用甘油水溶液（$\rho=1129.5\text{kg/m}^3$）充满正负压信号管道，已知变送器位于取压口下2m处，仪表测量范围0～40kPa，最大压差对应的流量 $q_m=40$t/h，负压管在运行中隔离液全部漏掉而错冲液体石蜡（$\rho=887\text{kg/m}^3$），求由负压管错冲隔离液而引起的测量误差。

（答案：34%）

7-13 如果节流式流量计的最大流量刻度为 q_m，为什么流量计允许的最小流量必须大于 $q_m/3$？若最小流量为 $q_m/10$，有什么问题？

7-14 用标准孔板测量某流体流量。所配压差变送器的测量范围为0～40kPa，显示仪表标尺长100mm，流量刻度对应为0～30t/h；运行中该流量始终在20～30t/h范围内变化，现想通过更换压差变送器和显示仪表的标尺，将初始流量设定为20t/h，试确定：

1）更换后的压差变送器的压差测量范围是多少？

2）对应流量22t/h，24t/h，26t/h，28t/h的刻度点距标尺起点的距离各为多少？

（答案：1）0～25kPa；2）$L_1=16.8$mm，$L_2=35.2$mm，$L_3=55.2$mm，$L_4=76.8$mm）

7-15 直径 $D=760$mm 的抽水管道，采用标准孔板测量抽出水的流量，孔板的开孔直径比 $\beta=0.4$，管道内压力 $P=0.7$MPa，设计时水温 $t=20°\text{C}$；孔板前后测得压差 $\Delta p=3$kPa。试确定：在冬天平均温度 $t_1=8°\text{C}$，在夏天平均温度 $t_2=28°\text{C}$ 时由温度偏离设计值引起的流量测量相对误差（已知8°C时水的密度为 $\rho=1000\text{kg/m}^3$，20°C时 $\rho=998.2\text{kg/m}^3$，28°C时 $\rho=996.64\text{kg/m}^3$）。

（答案：0.09%，-0.078%）

7-16 用角接取压标准孔板测量锅炉给水流量，管道直径 $D=220$mm，管道绝对平均粗糙度 $\kappa=0.1$mm，给水流量 $q_m=140$t/h，孔板的开孔面积比 $m=0.55$，给水压力 $p=10$MPa，温度 $t=210°\text{C}$，工作参

数下水的密度 $\rho = 900.9\text{kg/m}^3$，动力粘度 $\mu = 138.32 \times 10^{-5}\text{Pa·s}$，确定孔板前后产生的压力差及孔板的压力损失。

（答案：$\Delta p = 3.753\text{kPa}$，$\delta_p = 1.634\text{kPa}$）

实训6 用孔板流量计和转子流量计测量空调水、风管路的流量

1. 实验目的

1）了解空调系统的原理，观察空气的加热、加湿、冷却和除湿的处理过程。

2）掌握差压流量计测量空气的方法。

3）掌握转子流量计测量的方法。

4）了解风机转速与风机风量的关系。

5）自选仪表测量空调系统的水、风流量。

2. 实验装置及仪表

实验装置示意图如图7-22所示。

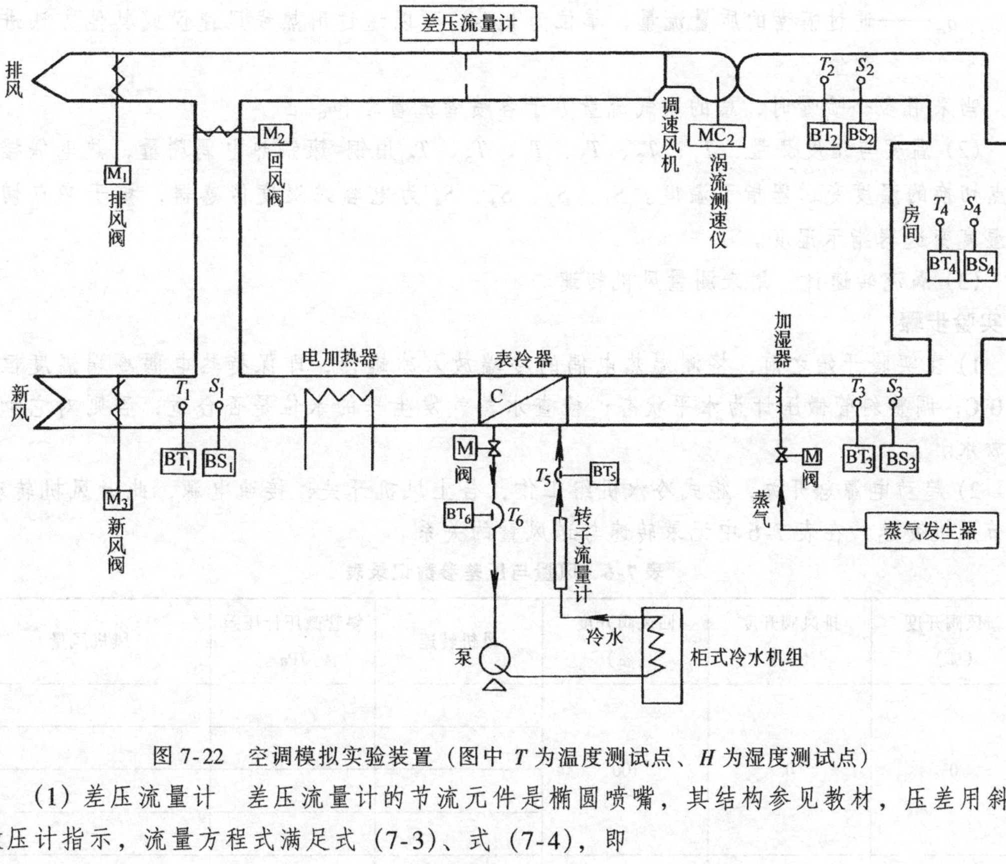

图7-22 空调模拟实验装置（图中 T 为温度测试点、H 为湿度测试点）

（1）差压流量计 差压流量计的节流元件是椭圆喷嘴，其结构参见教材，压差用斜管微压计指示，流量方程式满足式（7-3）、式（7-4），即

$$q_V = A_n C_n \sqrt{2\Delta p/\rho}；\quad q_m = A_n C_n \sqrt{2\rho\Delta p}$$

式中 q_V——通过喷嘴的体积流量，单位为 m^3/s；

q_m——通过喷嘴的质量流量，单位为 kg/s；

C_n——喷嘴流量因数；

A_n——嘴喉部截面积，单位为 m^2；

ρ——空气密度，单位为 kg/m^3；

Δp——喷嘴前后压差，单位为 Pa。

喷嘴流量因数 C_n 可按下述原则选取：

若 $Re > 12000$，且喷嘴喉部直径 $D > 125mm$ 时，$C_n = 0.99$；对 $D < 125mm$ 或要求更为精确的流量因数时，流量因数可按式（7-5）计算：

$$C_n = 0.9986 - \frac{7.006}{\sqrt{Re}} + \frac{134.6}{Re}$$

式中 Re——雷诺数，其值可按式（7-6）计算。

$$Re = 353 \times 10^{-3} \frac{q_m}{D\mu}$$

式中 D——喷嘴喉部直径，单位为 mm；

μ——喷嘴喉部空气的动力粘度，单位为 Pa·s；

q_m——通过喷嘴的质量流量，单位为 kg/s，可以通过用热线风速仪或其他方法进行测量。

当采用多个喷嘴时，总的空气流量等于各喷嘴流量之和。

(2) 温度与湿度测量　T_1、T_2、T_3、T_4、T_5、T_6 用铜-康铜热电偶测量，热电偶接于多点切换的温度变送器指示温度。S_1、S_2、S_3、S_4 为电容式湿度传感器，接于多点切换的湿度变送器指示湿度。

(3) 涡流转速计　用来测量风机转速。

3. 实验步骤

1) 在实验开始之前，将测温热电偶的冷端放入冰罐内，即保持热电偶冷端温度恒定在0℃；调整斜管微压计为水平状态；检查水蒸气发生器的水位是否合适，否则对它加水或放水。

2) 起动电源总开关，柜式冷水机组工作，合上风机开关，接通电源，此时风机转动，调节风机变速，在表 7-6 中记录转速与送风量的关系。

表 7-6　风量与压差参数记录表

新风阀开度（%）	排风阀开度（%）	回风阀开度（%）	风机转速	斜管微压计压差/Pa	风机风量
0	0	100			
0	0	80			

（续）

新风阀开度（%）	排风阀开度（%）	回风阀开度（%）	风机转速	斜管微压计压差/Pa	风机风量
0	0	50			

3）调节表冷器冷水量，在表7-7中记录转子流量计的流量、各点的温度、湿度值，此时恒定风量。

表7-7　温度、湿度记录表　（单位：温度℃，比焓值kJ/kg）

测点 / 实验号	转子流量计	温度 T_1	湿度 S_1	焓值 H_1	温度 T_2	湿度 S_2	焓值 H_2	温度 T_3	湿度 S_3	焓值 H_3	温度 T_4	湿度 S_4	焓值 H_4	温度 T_5	温度 T_6
1															
2															
3															

4）起动电加热器、加湿器，按不同工况的要求，调节热量、冷量、湿量，了解空调系统原理。

5）自选仪表替换系统中差压流量计和转子流量计，按步骤1）～4）进行测量。

实训7　自选仪表综合测量

1）自选仪表，设计测量方案并测量一台冷水机组或空调器的制冷量。

2）自选仪表，设计测量方案并测量一台中央空调系统的输出参数（测量相应部位的压力、温度流速流量等，计算出实际供冷或供热量），并据此判断其性能（另需对电压、电流、功耗等电参数的测量）。

1. 实训目的

1）了解冷水机组性能测定的原理及方法。

2）了解制冷循环的原理及制冷循环参数的测定并进行热力计算。

2. 实训装置

本实训装置的工作循环原理如图7-23所示，它采用开启式单级制冷压缩机，压缩机轴的带轮由电动机的V带驱动，电动机本身被装配在一个耳轴上，利用弹簧测力计可以测量转动力矩。

电压表与电流表可以指示电动机的电压与电流，结合功率因数曲线，可以测得输入电动机的功率或电动机的效率。

3. 需要测量的参数

1）冷却水的流量测量。

2）制冷剂的流量测量。

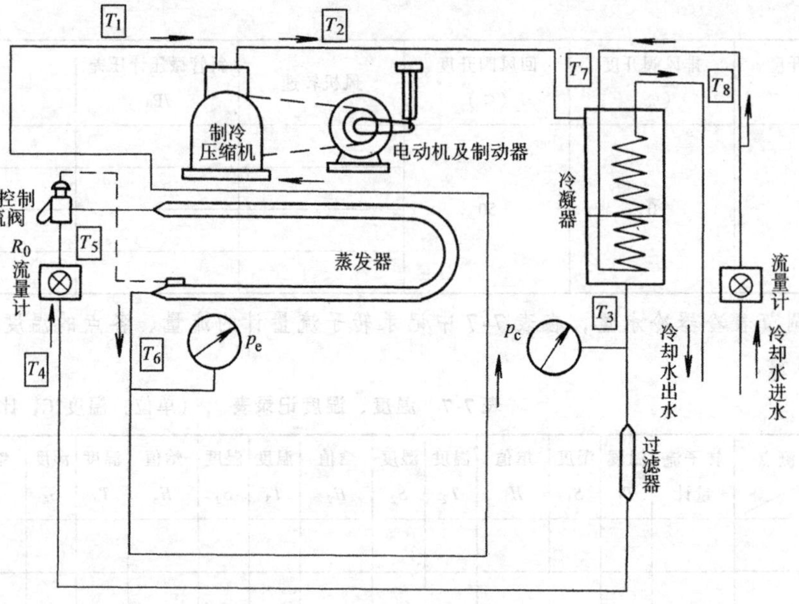

图 7-23　实验装置原理图

3）冷凝压力与蒸发压力的测量。

4）电动机的电压与电流的测量。

5）弹簧测力计测量压缩机的功率。

6）图中8个温度点温度的测量。

7）压缩机转速测量。

4. 计算公式

（1）制冷量计算

理论制冷量：$Q_0 = M_r(h_1 - h_5)$

（2）冷凝负荷计算

冷却水带走的热量：$Q_w = M_w c_{pw}(t_8 - t_7)$，$c_{pw} = 4.187\text{kJ}/(\text{kg}\cdot\text{K})$

理论冷凝热量：$Q_c = M_r(h_2 - h_4)$

（3）功率计算

轴功率：$P_s = 0.15F \times 2\pi N_m/60$

电动机输入功率：$P = V_m I_m \cos\psi$

摩擦功率：$P_f = 0.15F_f \times 2\pi N_m/60$

指示功率：$P_i = P_s - P_f$

理论功率：$P_t = M_r(h_2 - h_1)$

（4）容积效率：$\eta_V = M_r \cdot c_V / V_t$（其中，$V_t$ 为理论排气量；c_V 为吸气比热容）

（5）制冷系数：$\varepsilon = Q_0/P$

5. 记录实验数据

记录数据填入表 7-8。

表 7-8　实验数据记录表

项目	参数 \ 实验号		1	2	3	4	备注
排气温度	t_2	℃					
冷凝器出口温度	t_3	℃					
节流阀前温度	t_4	℃					
冷凝压力	p_c	MPa					
蒸发器进口温度	t_5	℃					
蒸发器出口温度	t_6	℃					
吸气温度	t_7	℃					
蒸发压力	p_e	MPa					
制冷剂 R12 流量	M_r	g/s					
电动机电压	V_m	V					
电动机电流	I_m	A					
弹簧力	F	N					
压缩机转速	N_e	r/min					
电动机转速	N_m	r/min					2840r/min
冷却水流量	M_w	L/h					
冷却水进口温度	t_7	℃					
冷却水出口温度	t_8	℃					
摩擦力（关闭吸气阀时的弹簧力）	F_1	N					

* p_e、p_c 应为绝对压力，即表压加上当地大气压。

第 2 篇

空调制冷自动控制原理与应用

第 8 章

空调制冷自动控制原理

8

8.1 概述

随着生产和科学技术的发展，提高生产率、最大限度节能、改善劳动条件以及人们对居住和工作环境的舒适度的要求使自动控制技术在空调制冷领域得到广泛应用。

本篇将叙述自动控制原理、自动控制仪表、自动控制系统及其应用。

8.1.1 自动控制的意义

恒温或冷库的冷间受室外空气温度变化、人员或冷藏物的进出等外界条件的影响，热负荷波动频繁，要使制冷装置的产冷量与恒温室或冷库的耗冷量不断趋于或达到平衡，保证各恒温室或冷库的冷间的温、湿度数值不超过工艺所允许的波动范围，就必须对整个空调制冷装置及时、准确地进行检测与调节。采用人工控制，存在需要较多的劳动力，操作人员的劳动强度大，劳动条件差，安全性差等缺点。

空调制冷系统的自动控制包括：空调制冷设备的自动控制、空气调节区域的工况自动调节、节约能源、制冷空调设备的安全保护等。空调制冷自动化最大的优点是：

1）保证设备的正常运行和操作人员的安全。如氨压缩机一般均设有高低压保护、油压差保护、断水保护、排气温度保护等，在低压循环桶和中间冷却器上设有高液位保护，一旦出现故障，保护装置能自动切断压缩机电源，保证安全生产。

2）改善了工人的劳动条件。空调制冷装置实现自动控制后，能代替工人许多复杂的手工操作，操作人员也无须在低温、高噪声条件下工作，这样就大大减轻了工人劳动强度和节约劳动力，同时提高了制冷效率，降低了水、电等消耗。

3）由于自动检测元件对温度、压力、液位等偏离希望值的偏差的检测速度远比人工来得灵敏而准确，所以自动控制的冷库的库房温度、湿度比较稳定，十分有利于保持食品的质量，减少食品的干耗，有利于提高空调环境的质量。

4）空调制冷系统采用计算机数据采集及控制，能使系统在安全生产的条件下最大限度地节能，经济合理地运行、提高劳动生产率。

此外，自控系统还具有很大的适应性，完成许多人工手动操作几乎难以达到的一些复杂而频繁的操作过程。

8.1.2 自动控制系统及其组成

1. 人工控制与自动控制

如图 8-1 所示，恒温室室温的人工控制示意图，控制过程是操作人员根据温度计的指示，不断地改变调节阀 3 的开度，控制进入风机盘管的冷水量，从而使室温维持在希望值上。如，某恒温室温度全年要求控制在 22°C ± 2°C 范围内，其中，22°C 为希望值，± 2°C 为控制的精度。当操作人员从温度计上读的温度值高于希望值，操作人员迅速开大调节阀，使冷水量增加，使室温下降到希望值。反之，当室温温度值低于希望值，操作人员迅速关小调节阀，使冷水量减少，使室温上升回到希望值。如此循环，直至温度指示值回到希望值上，这就是人工控制。操作人员进行的工作是：

1）观察温度计的数值。

2）计算恒温室的温度值与希望值的差值，这个差值称为偏差，然后，根据偏差的正负，控制调节阀的大小，从而调节冷水流量的大小，使室温回到希望值上。

图8-2为恒温室室温的自动控制示意图，从图中看出，温度变送器代替了温度计，控制器代替了人的大脑所进行的工作，自动调节阀代替了手及手动调节阀。

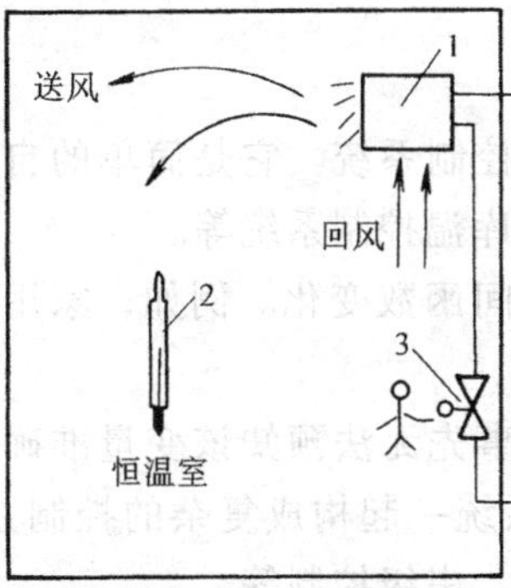

图8-1　恒温室室温的人工控制示意图

1—风机盘管　2—温度计　3—调节阀

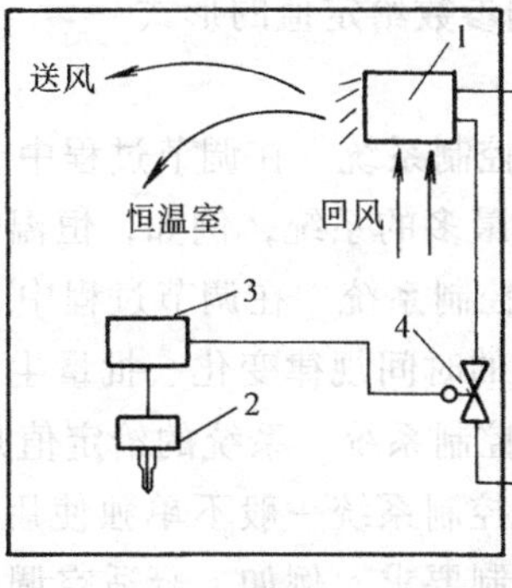

图8-2　恒温室室温的自动控制示意图

1—风机盘管　2—温度变送器　3—控制器　4—调节阀

2. 自动控制系统的组成

如图8-3所示，自动控制系统的框图，自动控制系统总是由调节对象、检测参数变送器、控制器（也称调节器）、执行器四个基本环节组成。被调参数是指调节对象中的某个受控工艺参数，如图8-2中的恒温室室温。检测参数变送器检测被调参数的变化，并向控制器输入测量信号。控制器执行把测量信号与给定值进行比较，并把比较的结果（偏差）进行数学运算后输出至执行器，即按一定的控制规律传递控制指令。执行器按控制指令完成调节动作，作用于调节对象。方框图表示了自动控制系统的各组成环节及环节间的相互作用和信号传递，图中各环节都有输入信号与输出信号，框图的连线和箭头表示环节间的信号联系和信号传递方向。

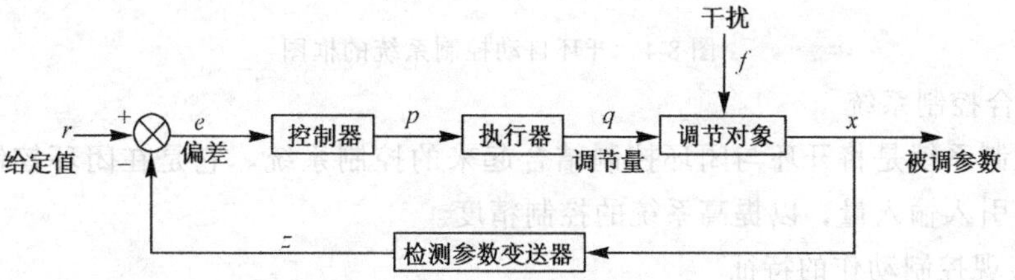

图8-3　自动控制系统的框图

在框图中，凡是引起被调参数波动的外来因素（除调节作用外），统称为干扰作用，如恒温室室温控制中室外温度变化、恒温室室内热负荷的波动，都是引起室温变化的干扰作用。调节作用是指执行器控制的参数，该参数直接影响被调参数，如恒温室室温控制中的送风温度。干扰作用和调节作用对被调参数影响的信号传递通道分别称为干扰通道和调节通道。它们均为调节对象的输入信号。干扰作用破坏控制系统的平衡状态，使被调节参数偏离给定值。而调节作用则力图消除干扰对被调参数的影响，使被调参数恢复到给定值。即调节量 q 对被调参数的作用与干扰作用对被调参数的作用方向是相反的。由框图看出，对被调参数的自动控制是一个负反馈系统，负反馈系统具有稳定作用，即如果控制系统构成负反馈，被调参数就能以一定的控制精度控制在希望值上。

8.1.3 自动控制系统的分类

自动控制系统通常按被调参数给定值的形式、控制系统结构、实现调节动作的特征等形式进行分类。

1. 按被调参数给定值的形式

可以分为：

(1) 定值控制系统　在调节过程中，给定值保持不变的控制系统。它是简单的自动控制系统中应用最多的系统，例如，恒温恒湿控制系统、冷库库温控制系统等。

(2) 程序控制系统　在调节过程中，给定值按已知的时间函数变化。例如，家用空调器温度按给定的时间规律变化、批量生产产品的生产过程等。

(3) 随动控制系统　系统的给定值是另一变量的函数，事先无法预知该变量准确的变化规律。随动控制系统一般不单独使用，而是与定值控制系统一起构成复杂的控制系统，达到良好的控制要求。例如，舒适空调的新风补偿控制系统、串级控制等。

2. 按控制系统结构

可以分为：

(1) 闭环控制系统　闭环控制系统框图如图8-3所示，它利用闭环负反馈具有自动修正被调参数偏离给定值的能力。具有控制精度高、适应性强的特点，是基本的控制系统。

(2) 开环控制系统　开环控制是一种简单的控制形式，其框图如图8-4所示，其特点是控制器与被控对象之间只有正向控制作用，而没有反馈作用。具有控制及时、结构简单、成本低、控制精度低等特点。

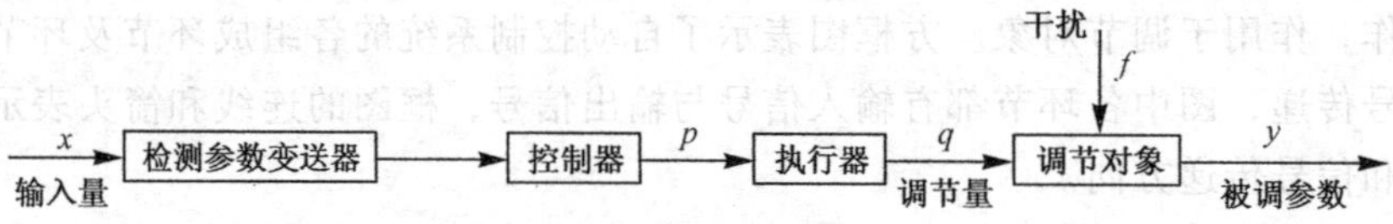

图8-4　开环自动控制系统的框图

(3) 复合控制系统

复合控制系统是将开环与闭环控制结合起来的控制系统。它是在闭环控制的基础上，用开环通道引入输入量，以提高系统的控制精度。

3. 按实现控制动作的特征

可以分为：

(1) 连续控制系统　系统所有参数在控制过程中连续变化。如比例调节、比例积分调节、连续的比例积分微分调节控制系统。

(2) 断续控制系统　在调节过程中，系统中有一个以上的断续变量。如位式调节系统。

还有一些其他分类法，如按调节规律、控制系统中有无非线性环节等分。

8.1.4 自动控制系统的过渡响应和调节品质指标

1. 过渡过程

自动控制系统的静态是指系统中各个环节输出都处于相对静止的状态（即输出信号不变）。假若一个系统原来处于静态，由于出现了干扰，系统的平衡受到破坏，自动控制系统的控制器、执行器就会动作，进行控制，以克服干扰的影响，力图使系统恢复平衡。从干扰发生经历调节再到新平衡这段过程中，系统的各个环节和各参数都在不断变化，这种状态称做**“动态”**。被调参数在动态过程中随时间的变化叫做**过渡过程**。过渡过程是指自动控制系统对干扰的动态响应，通过对动态响应的分析，可以得到控制系统的调节品质。如图 8-5 所示，控制系统在阶跃作用下典型的过渡过程。

如图 8-5a 所示，在阶跃作用下，被调参数偏离给定值经过几个周期的调节后很快趋于平衡值，这种过渡过程比较理想。

如图 8-5b 所示，在阶跃作用下，被调参数越来越偏离给定值，系统不能稳定，被调参数的调节无法实现，这是不希望在自动控制系统中获得的。

如图 8-5c 所示，在阶跃作用下，被调参数出现等幅振荡，是一个不稳定值。采用位式调节规律，其输出形式就是这种形式。

如图 8-5d 所示，在阶跃作用下，被调参数偏离给定值后，逐渐缓慢地趋近给定值。属于非周期性调节，能够回到给定值，但调节过程时间长，调节效果不理想。

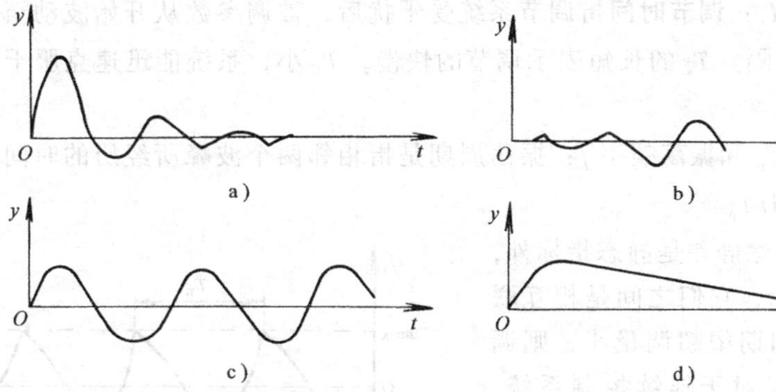

图 8-5　控制系统典型的过渡过程

a) 衰减振荡　b) 增幅振荡　c) 等幅振荡　d) 单调过程

2. 调节的品质指标

(1) 连续控制系统的调节品质指标　如图 8-6 所示，调节品质指标示意图，它能说明连续控制系统的调节品质指标。

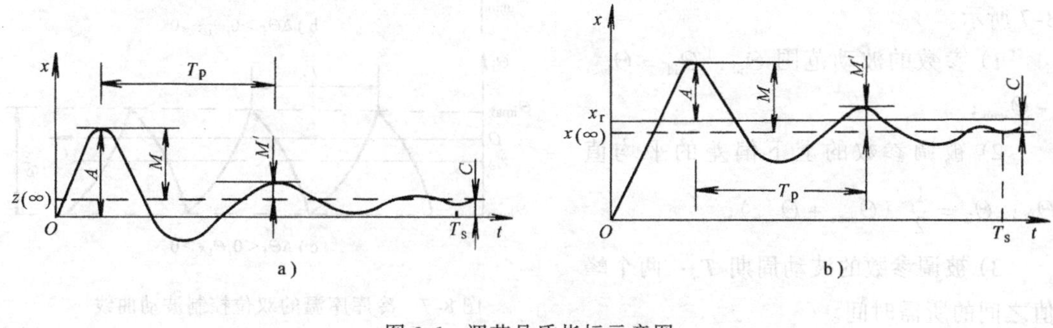

图 8-6　调节品质指标示意图

a) 阶跃干扰作用下的过渡过程　b) 阶跃给定作用下的过渡过程

1) 静差 C：过渡过程终了时，被调参数稳定在给定值附近，稳定值与给定值之差称作

为**静差**。它是静态品质指标。$|C|=0$ 时，该调节过程称做**无差调节过程**。$|C|\neq 0$ 时，该调节过程称做**有差调节过程**。静差反映调节精度，系统允许的静差与生产工艺要求有关。

2）衰减比 n：衰减比是反映被调参数振荡衰减程度的指标，它等于前后两个同侧波峰之比，即

$$n = M/M' \tag{8-1}$$

用**衰减比** n 判断控制系统是否稳定及克服干扰恢复平衡的快慢程度。$n>1$ 时，控制系统稳定；$n=4\sim10$ 时，控制系统很快就能克服干扰，被调参数调整到允许的波动范围内。因此，控制系统的控制器参数整定时，是以 $n=4\sim10$ 为期望的调节过程。衰减比是动态品质指标。

3）超调量 M：**超调量**是被调参数相对于新稳态值最大的偏离量。它是个动态品质指标。

4）最大偏差 A：**最大偏差**是指被调参数相对于给定值的最大的偏离量。在动态的调节过程，超调量与最大偏差对应的时间点相同。

5）调节时间 T_s：**调节时间**指调节系统受干扰后，被调参数从开始波动至达到新稳态值所经历的时间间隔。T_s 的长短表示调节的快慢，T_s 小，系统能迅速克服干扰恢复到新稳态状态。

6）振荡周期 T_p 和振荡频率 f：振荡周期是指相邻两个波峰所经历的时间。其倒数为振荡频率，即 $f=1/T_p$。

上述指标中，除静差是静态指标外，其余均为动态指标，它们之间是相互联系相互制约的。如期望超调量小，则调节时间可能变长。对于连续控制系统，系统的稳定性为首要。

(2) 不连续控制系统的调节品质

为了便于理解，以冷库库温的双位控制为例，库温 $\Theta_i(t)$ 作周期性的波动，不同的干扰变化量 $\Delta\Theta_f$，其波动曲线如图 8-7 所示。

1）参数的波动范围 Θ_{id}：$\Theta_{id}=\Theta_{imax}-\Theta_{imin}$；

2）被调参数的上下偏差的平均值 $\Theta_{i\delta}$：$\Theta_{i\delta}=\frac{1}{2}(\Theta_{imax}+\Theta_{imin})$；

3）被调参数的波动周期 T_n：两个峰值之间的所需时间。

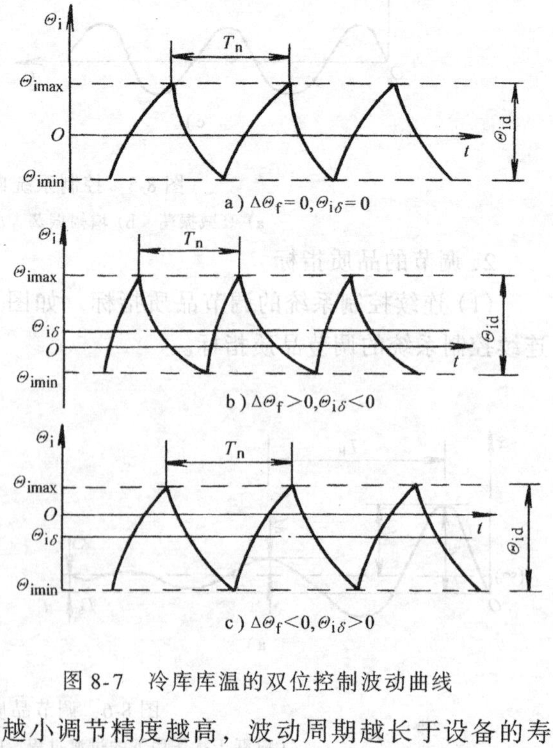

图 8-7 冷库库温的双位控制波动曲线

不连续控制系统的被调参数的波动范围越小调节精度越高，波动周期越长于设备的寿命越有利，它们是一对相互制约的矛盾，视控制系统的要求整定参数。

8.2 自动控制系统对象的特性

自动控制系统由调节对象、控制器、执行器及检测变送器四个基本环节组成，若希望获得好的调节精度，就需了解各个环节的特性，以通过选择合适的控制器、执行器及检测变送器，使控制系统获得好的过渡过程及调节精度。

在控制系统中，环节的特性是指该环节的输入输出之间相互的关系，它可以用微分方程法及实验法来获得。微分方程法是用能量平衡（或物料平衡）方程来建立环节特性的微分方程，并求解微分方程的方法。实验方法是向该环节输入某种特定信号（阶跃、脉冲、斜坡等）、记录输出的响应、分析其相互间的关系的方法。在讲述调节对象的特性参数之前，先介绍有关的基本术语。

8.2.1 对象的负荷

对象的负荷是指自动控制系统处于稳定状态时，单位时间内流入或流出调节对象的能量或物料量。例如，夏季室外向恒温室流入热量，冬季恒温室室内的热量流出，且这两个值是不等的，即夏季的负荷与冬季不同。由于干扰作用，即负荷变化，将破坏原平衡状态，自动控制系统就会开始调节。

8.2.2 对象的容量及容量系数

对象的容量是指当被调参数等于给定值时，在调节对象中所储蓄的能量或物料量。对象的容量与给定值的大小有关，对象中物料或能量的流出口必须存在阻力才能构成容量，否则容量为零。

对象的容量是有量纲的，温度控制系统被调参数的容量的量纲为焦耳，湿度控制系统被调参数的容量的量纲为克（毫克）。

对象的容量系数是指当被调参数改变一个单位时对象相应改变的物料量或能量，即对象的容量系数等于对象的容量除以被调参数的变化量。例如恒温室的被调参数是温度，那么它的容量系数是温度每升高 1°C 时所需要吸收的热量，即温度控制系统的容量系数是热容量。液位控制系统的容量系数是容器的截面积。

对象的容量系数与对象的惯性有关，容量系数大的，其惯性大，在同样干扰作用下，当平衡状态被破坏时，被调参数离开给定值的偏差愈小，因而自动控制系统容易保持平衡状态。如某截面积大的液位控制系统在受到其流入管道的压力波动干扰时，液位的波动小于截面积小的液位控制系统。围护结构良好的大型冷库停止供冷后库温不会迅速升高；而小型冷柜，停机后，箱内的温度很快会上升。

调节对象中，可能是只有一个容量系数，即单容对象。如空调系统中送风温度控制的一次、二次空气混合室，因为它们对被调参数送风温度的影响与混合室的热容量有关，一个混合室只有一个热阻、一个热容量，因此，它是单容对象。也可能是有多个容量系数，即多容对象。多容对象是指两个或两个以上容量彼此间隔有阻力联系着的对象，如热阻力、水阻力等。热交换设备（热水加热器，表面冷却器）属于多容对象，这是因为用热水或冷水与空气热交换，必须先与热交换器热交换，然后再通过热交换器本身与空气热交换，传热过程存在两个热阻、两个热容量，因此，它们是多容对象。

8.2.3 对象的自平衡性

自平衡是对象的一个重要特征，对象的自平衡是指当干扰不大或负荷变化不大时，即使没有调节作用，被调参数变化到某个新的稳定值，从而使对象的流入量与流出量之间自动恢复平衡关系的性质。对象达到自平衡所经历的过程叫做**自平衡过程**。自平衡过程可以用对象的反应曲线描述，反应曲线是对象受阶跃干扰后被调参数随时间的变化曲线。如图8-8所示，被调对象的阶跃响应曲线。图中 Δx 为对象的输入量，Δy 为对象的响应量，在幅值不大的干扰（Δx）或调节作用下，有自平衡能力的被调对象输出重新稳定，而无自平衡能力的被调对象输出一直增加，无法稳定下来，这就是两者的区别。

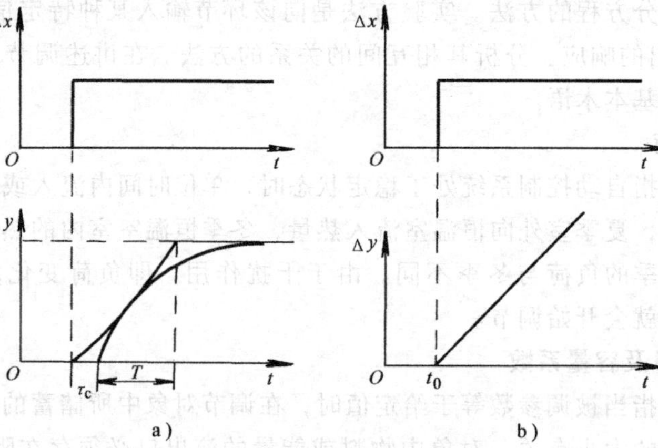

图 8-8 被调对象的阶跃响应曲线

a) 有自平衡能力的被调对象 b) 无自平衡能力的被调对象

8.2.4 对象的动态特性及特征参数

下面分别以建立对象的数学模型及实验法来研究对象的动态特性。

1. 有自平衡能力对象的数学模型的建立

如图8-9所示，以恒温室为例，把恒温室看做一个单容对象，在建立数学模型时，暂且不考虑它的滞后时间。根据能量守恒定律，单位时间内进入恒温室的能量减去单位时间内由恒温室流出的能量等于恒温室内能量蓄存量的变化率。即

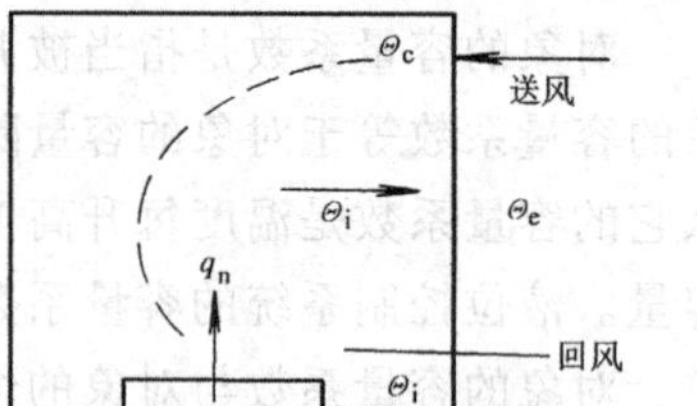

图 8-9 恒温室对象

$$\begin{pmatrix}\text{恒温室内能量}\\\text{蓄存量的变化率}\end{pmatrix}=\begin{pmatrix}\text{每小时进入室内}\\\text{的空气的热量}\end{pmatrix}+\begin{pmatrix}\text{每小时室内设备、}\\\text{照明和人体的散热量}\end{pmatrix}-\begin{pmatrix}\text{每小时从室内排}\\\text{出的空气的热量}\end{pmatrix}-\begin{pmatrix}\text{每小时室内向}\\\text{室外的传热量}\end{pmatrix}$$

数学表达式为

$$C_1\frac{\mathrm{d}\Theta_i}{\mathrm{d}t}=(Gc_1\Theta_c+q_n)-\left(Gc_1\Theta_i+\frac{\Theta_i-\Theta_e}{r}\right) \tag{8-2}$$

式中 C_1——恒温室的容量系数(包括室内空气、设备、围护结构表层的蓄热)，单位为kJ/K；

Θ_i——室内空气稳定时的回风温度，单位为K；

G——送风量，单位为kg/s；

c_1——空气的比热容，单位为kJ/（kg·K）；

Θ_c——送风温度，单位为K；

q_n——室内产热量，单位为kJ/s；

Θ_e——室外空气温度，单位为K；

r——恒温室围护结构的热阻，K/kW。

将式（8-2）整理成

$$\frac{C_1}{Gc_1+\frac{1}{r}}\frac{\mathrm{d}\Theta_i}{\mathrm{d}t}+\Theta_i=\frac{Gc_1}{Gc_1+\frac{1}{r}}\left(\Theta_c+\frac{q_n+\frac{1}{r}\Theta_e}{Gc_1}\right) \tag{8-3}$$

或

$$T_1\frac{\mathrm{d}\Theta_i}{\mathrm{d}t}+\Theta_i=K_1\ (\Theta_c+\Theta_f) \tag{8-4}$$

式中 $T_1=R_1C_1$——恒温室的时间常数，单位为s。其中，$R_1=\dfrac{1}{Gc_1+\frac{1}{r}}$为恒温室的热阻，单位为K/kW，与恒温室围护结构的热阻成正比。

$K_1=\dfrac{Gc_1}{Gc_1+\frac{1}{r}}$——恒温室的放大因数；

$\Theta_f=\dfrac{q_n+\frac{1}{r}\Theta_e}{Gc_1}$——室内外干扰量换算成送风温度的变化，单位为K；

式（8-4）为恒温室的数学模型，式中Θ_c、Θ_f是恒温室的对象的输入量，其中Θ_c为调节量，Θ_f为干扰量，Θ_i为恒温室对象的输出量，输入量至输出量的信号联系称为通道。干扰量至被调量的信号联系称为干扰通道，调节量至被调量的信号联系称为调节通道。在自动控制系统中，因主要考虑被调量偏离给定值的过渡过程，所以通常是求出被调量增量的微分方程。

将$\Theta_i=\Theta_{i0}+\Delta\Theta_i$，$\Theta_c=\Theta_{c0}+\Delta\Theta_c$，$\Theta_f=\Theta_{f0}+\Delta\Theta_f$代入式（8-4）。式中有脚标“0”的项表示稳态值，带Δ项的为增量项，稳态时有$\Theta_{i0}=K_1\ (\Theta_{c0}+\Theta_{f0})$，得

$$T_1\frac{\mathrm{d}\Delta\Theta_i}{\mathrm{d}t}+\Delta\Theta_i=K_1\ (\Delta\Theta_c+\Delta\Theta_f) \tag{8-5}$$

干扰通道的增量微分方程式为

$$T_1\frac{\mathrm{d}\Delta\Theta_i}{\mathrm{d}t}+\Delta\Theta_i=K_1\Delta\Theta_f \qquad \Delta\Theta_c=0 \tag{8-6}$$

调节通道的增量微分方程式为

$$T_1\frac{\mathrm{d}\Delta\Theta_i}{\mathrm{d}t}+\Delta\Theta_i=K_1\Delta\Theta_c \qquad \Delta\Theta_f=0 \tag{8-7}$$

假定送风温度稳定，即$\Delta\Theta_c=0$，$\Delta\Theta_f$为阶跃信号，即$\Delta\Theta_f=M$，如图8-10所示。则

式（8-6）的解为

$$\Delta\Theta_i(t) = K_1 M\left(1 - e^{-\frac{t}{T_1}}\right) \tag{8-8}$$

这就是单容对象的阶跃响应，当 $t = T_1$ 时，$\Delta\Theta_i(T_1) = 0.632K_1M$；当 $t = \infty$ 时，$\Delta\Theta_i(\infty) = K_1M$；显然对象的特性与放大因数 K_1 和时间常数 T_1 有关。由式（8-8）可知，放大因数是指对象输出量的增量的稳态值与输入量的增量的比值，即

$$K_1 = \frac{\Delta\Theta_i(\infty)}{\Delta\Theta_f} \tag{8-9}$$

上式表明，放大因数与被调量的变化过程无关，只与被调量的变化终点与起点相关，它是对象的静态特性常数。当对象的输出量与输入量的量纲相同时，K_1 量纲为一，否则有单位。严格地来说，放大因数 K_1 随负荷的大小而有变化，但在扰动量较小的情况下，可把放大因数看作常数。

时间常数是指对象在阶跃扰动作用下，被调量以最大的速度变化到新稳态值所需的时间。如图 8-10 中的 T_1 所示。反映了对象在阶跃扰动作用下被调量变化的快慢程度，即表示对象惯性大小的常数，时间常数大，惯性大，反之则小。

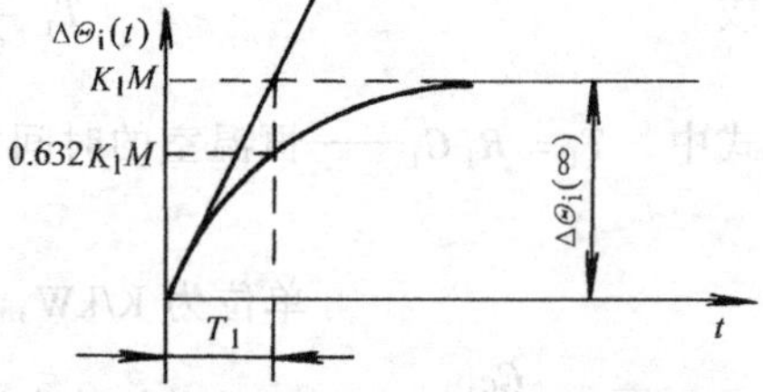

图 8-10 单容对象的阶跃响应曲线

数学模型建立时，没有考虑调节、干扰信号对被调参数作用的滞后，但它对调节的影响又是不可忽略的。

对象的滞后有两种：纯滞后和容量滞后。纯滞后也称传递滞后，它是由于进入容量的物质或能量不能立即布满全部对象之中而产生的，如图 8-9 中所示的恒温室对象。当送风温度改变时，由于从送风口进来的空气不能在瞬间布满整个恒温室，空气从送风口传送到测温点的这段时间就是恒温室对象的纯滞后时间，如图 8-11a 所示 τ_1。容量滞后是发生在多容对象中的滞后，它是由于物质或能量从流入侧的容量过渡到流出侧的容量时，在容量之间存在阻力而产生的。由于要克服容量间的阻力，流出侧容量中被调参数的变化不能马上跟随流入侧输入参数的变化。如图 8-11b 所示 τ_c。

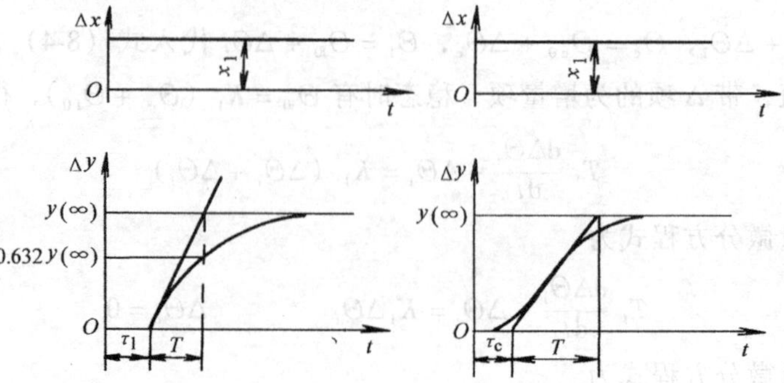

图 8-11 对象阶跃响应曲线

当考虑恒温室滞后 τ_c 影响时，有

$$\Delta\Theta_i(t)=\begin{cases}0 & (t<\tau_c)\\ K_1M\left(1-e^{-\frac{t-\tau_c}{T_1}}\right) & (t\geqslant\tau_c)\end{cases} \tag{8-10}$$

带滞后环节的恒温室的阶跃响应曲线如图 8-11b 所示。

时间常数 T_1、放大因数 K_1、滞后时间 τ（$\tau=\tau_1+\tau_c$）通常称为对象的三大特征参数。

2. 无自平衡能力对象的数学模型的建立

无自平衡能力对象，如图 8-12 所示。

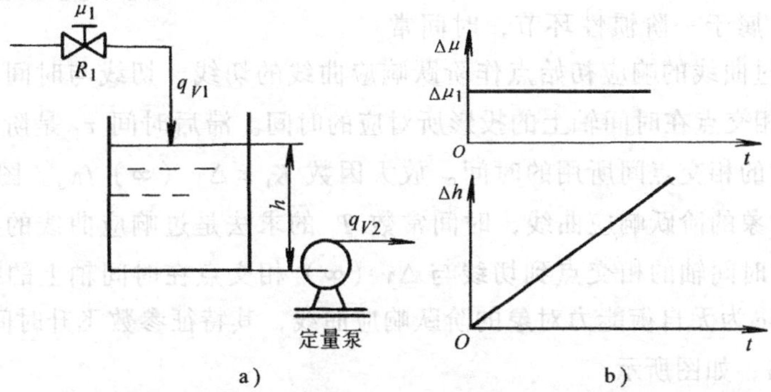

图 8-12　无自平衡能力单容对象及阶跃响应曲线

当进水阀的开度发生阶跃变化时，液位 h 发生变化，由于流出量不变（定量泵），故液位会一直逐渐上升（或减少）直至液体溢出（或流干）为止。

其对象的微分方程式为

$$C_1\frac{d\Delta h}{dt}=K_1\Delta\mu_1 \tag{8-11a}$$

或

$$T_a\frac{d\Delta h}{dt}=\Delta\mu_1 \tag{8-11b}$$

式中　$T_a=C_1/K_1$——无自平衡能力对象的时间常数。

式（8-11）的阶跃响应为

$$\Delta h=\frac{1}{T_a}\Delta\mu_1 t \tag{8-12}$$

其阶跃响应曲线如图 8-12b 所示。从图上可知，无自平衡能力对象具有积分特性，积分快慢由其时间常数 T_a 决定。容量系数小的，时间常数 T_a 值小，响应曲线的斜率大，偏离液位设定值的偏离速度大。无自衡能力对象是中性稳定对象，因为输出值偏离设定值需要较长的时间。

3. 对象特性参数求取的实验方法

对象特性参数求取的实验方法是指当对象处于平衡状态时，向对象输入信号（阶跃、正弦波、脉冲、斜坡等），分析其响应曲线，得到其特性参数的方法。下面仅介绍阶跃响应法。

(1) 阶跃响应曲线的测定　实验方法如图 8-13 所示。方法如下，当对象处于平衡状态时，在对象输入之前快速输入一个阶跃信号。具体做法是，利用调节阀快速输入阶跃信

号，并保持不变。对象的输入与输出信号经变送器后由快速记录仪记录下来，实测时应注意选择阶跃信号的大小，一般取调节阀最大值的5%～20%为宜。试验之前，被调对象应处于某选定工况，试验期间，应设法避免其他偶然的扰动。同时还应考虑到被调对象的非线性，应取不同的负荷，在被调量设定值不同的情况下，多次测试，以求全面掌握对象的动态特性。

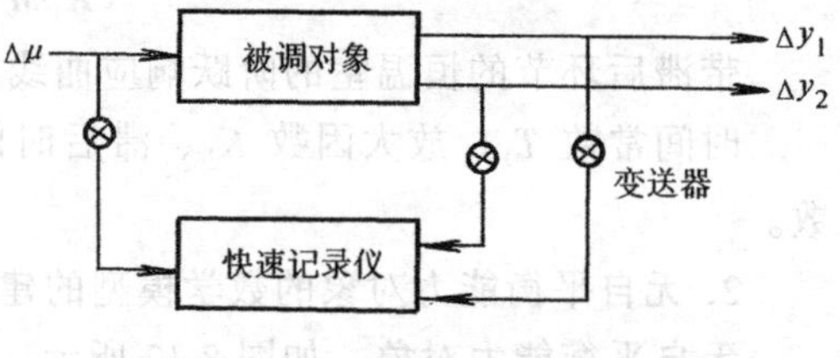

图 8-13 测定对象阶跃响应示意图

(2) 数据处理及对象特征参数的求取 图8-14为阶跃响应曲线的三种形式，需要确定的特性参数是 K_1、T_1、τ_1。如图8-14a所示为飞升曲线，属于一阶惯性环节，时间常数 T_1 的求法是过曲线的响应初始点作阶跃响应曲线的切线，切线与时间轴的相交点到切线与 Δy（∞）相交点在时间轴上的投影所对应的时间。滞后时间 τ_1 是阶跃信号产生时刻到切线与时间轴的相交点间所用的时间。放大因数 $K_1=\Delta y(\infty)/x_0$。图8-14b为S形曲线，它是多容对象的阶跃响应曲线，时间常数 T_1 的求法是过响应曲线的拐点作阶跃响应的切线，切线与时间轴的相交点到切线与 Δy（∞）相交点在时间轴上的投影的点间所用的时间。图8-14c为无自衡能力对象的阶跃响应曲线，其特征参数飞升时间 T_a 是直线的斜率，$T_a=x_0/\tan\alpha$，如图所示。

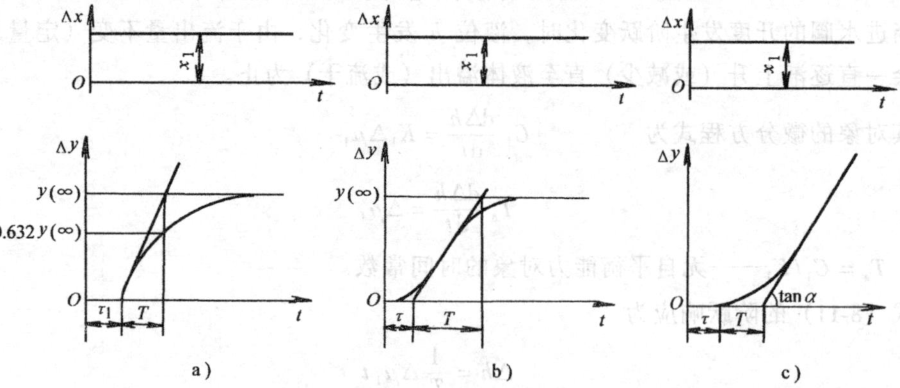

图 8-14 阶跃响应曲线的三种形式

8.3 自动控制系统各环节的特性

8.3.1 传感器和变送器的特性

1. 传感器的特性

热工参数的测量使用的传感器很多，下面以热电阻温度传感器为例。热电阻温度传感器是由金属丝、骨架和金属保护套管组成，而温包温度传感器是由金属管，内装的气体或液体组成。它们都具有热容量和热阻力。在阶跃温度（升温）作用下，热电阻温度的变化表现如图8-15所示。

根据热平衡原理，热电阻在单位时间内，由周围介质吸收的热量与周围介质传入的热量相等，故无套管热电阻的热量平衡方程式为（暂不考虑传递及容量滞后）

$$C_2\frac{d\Theta_z}{dt}=\alpha A\ (\Theta_a-\Theta_z) \tag{8-13}$$

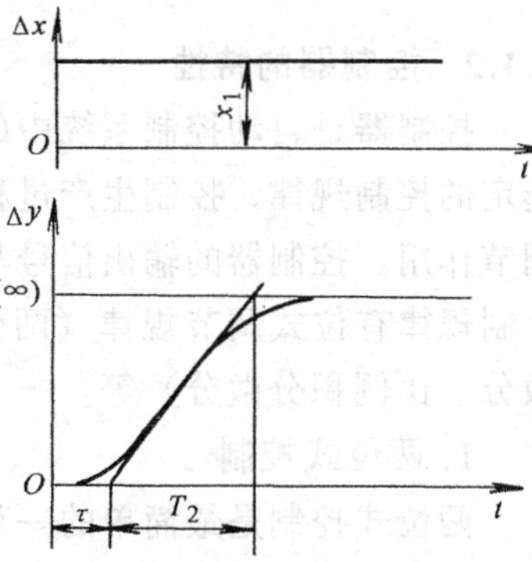

图 8-15　传感器阶跃响应曲线

式中　C_2——热电阻热容量，单位为 kJ/K；

Θ_z——热电阻温度，单位为 K；

Θ_a——介质温度，单位为 K；

α——介质对热电阻的表面传热系数，单位为 kW/（$m^2\cdot K$）；

A——热电阻的表面积，单位为 m^2。

把式（8-13）写成

$$T_2\frac{d\Theta_z}{dt}+\Theta_z=\Theta_a \tag{8-14}$$

如令敏感元件的放大因数 $K_2=1$，则上式可写成

$$T_2\frac{d\Theta_z}{dt}+\Theta_z=K_2\Theta_a \tag{8-15}$$

式中　$T_2=R_2C_2$——敏感元件的时间常数，单位为 s；

$R_2=1/(\alpha A)$——敏感元件的热阻力系数，单位为 K/kJ。

图 8-15 中的时间常数 T_2 与热电阻的体积成正比，与热电阻的表面传热系数、表面积成反比。T_2 的大小反映热电阻对被调参数变化的敏感程度，T_2 小，被调参数变化能迅速地被检测出来。

由式（8-15）传感器特性为一阶惯性环节。其时间常数 T_2 与对象的时间常数 T_1 相比较，一般都较小。当 $T_1\gg T_2$ 时，式（8-15）可以简化成

$$\Theta_z=K_2\Theta_a \tag{8-16}$$

当考虑有保护套管的热电阻时，因为存在着两个容量（传感器容量和套管容量），因此它是个二阶惯性环节，需用二阶微分方程式描述，也可用一阶微分方程加纯滞后环节表示，特性曲线如图 8-14 所示。

2. 变送器特性

变送器是将传感器的输出信号转换成统一的标准信号，如 0～10V DC、0～10mA DC、4～20mA DC 等。由于采用电子线路进行变换，时间常数和滞后时间都很小，因此，可以把变送器看成是比例环节，即

$$B_z=K_z\Theta_z \tag{8-17}$$

式中　B_z——变送器输出的标准信号；

Θ_z——传感器测量信号；

K_z——变送器放大因数。

3. 传感器加变送器的特性

将式（8-17）代入式（8-15）则有

$$T_2\frac{dB_z}{dt}+B_z=K_2K_B\Theta_a \tag{8-18}$$

其增量方程为

$$T_2 \frac{\mathrm{d}\Delta B_z}{\mathrm{d}t} + \Delta B_z = K_2 K_B \Delta\Theta_a \tag{8-19}$$

8.3.2 控制器的特性

控制器是自动控制系统中的 CPU，它将被调量与给定值进行比较，得到的偏差按预先选定的控制规律，控制生产过程，使被调量等于或接近给定值。控制器输出信号的作用叫调节作用。控制器的输出信号与输入信号（偏差）的关系称为控制规律。常用的控制器的控制规律有位式调节规律（两位式、三位式）、连续性控制规律（比例、比例积分、比例微分、比例积分微分）等。

1. 两位式控制

两位式控制是最简单的一种控制规律，构成的控制系统价格最便宜，其特性曲线如图 8-16所示。图 8-16a 为理想特性，图 8-16b 为实用特性。实用特性存在呆滞区 $[-\varepsilon, \varepsilon]$，偏差在呆滞区内不引起控制器的状态变化，即如果偏差不超出呆滞区，控制器的输出保持不变。ε 的大小可以调整，ε 大，被调参数的波动范围 Θ_{ad} 大，波动周期 T_n 大，被调参数控制精度低；反之亦然。因此，调整 ε 时，以 Θ_{ad} 为指标，只要能达到控制精度就行，不要过分追求精度高。呆滞区 $[-\varepsilon, \varepsilon]$ 的存在，可使执行器动作频率降低，延长执行器的寿命。

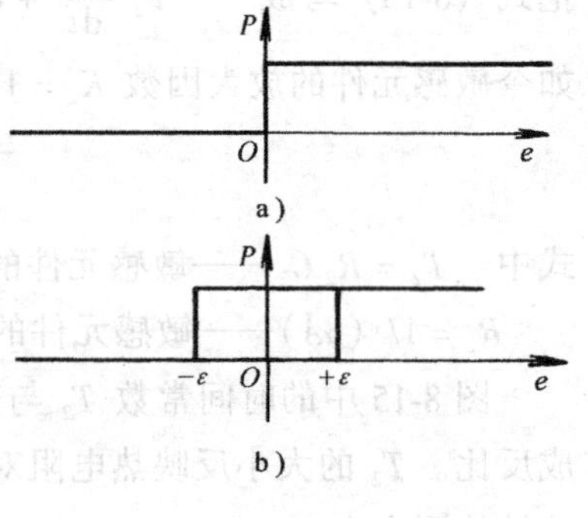

图 8-16 双位控制器的特性

两位式控制在空调制冷系统中应用最广泛，如电冰箱、空调蒸发器蒸发温度的控制就是通过控制压缩机的起停来达到目的的。两位式控制构成的控制系统，结构最简单，价格便宜，但调节精度不高。

2. 三位式控制

三位式控制如图 8-17 所示，图 8-17a 为无呆滞区，图 8-17b 为有呆滞区。$2\varepsilon_0$ 为控制器的不灵敏区。

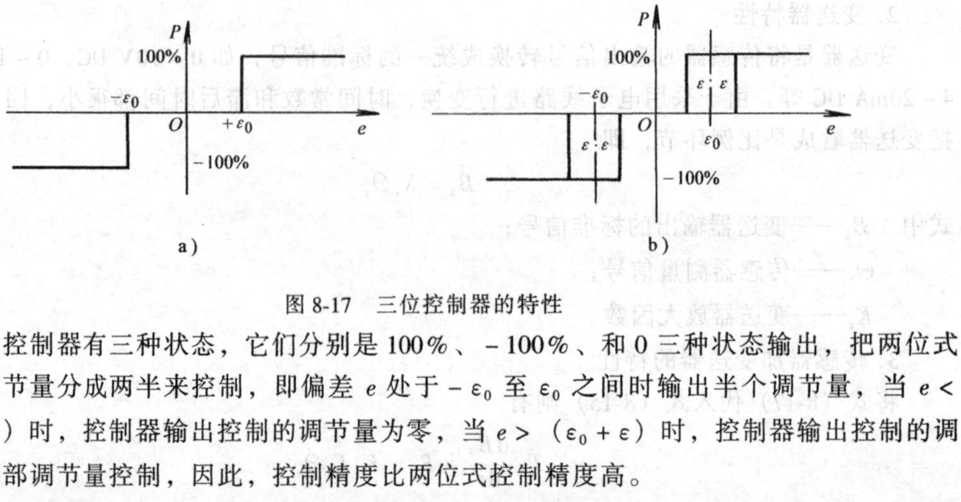

图 8-17 三位控制器的特性

三位控制器有三种状态，它们分别是 100%、−100%、和 0 三种状态输出，把两位式输出的调节量分成两半来控制，即偏差 e 处于 $-\varepsilon_0$ 至 ε_0 之间时输出半个调节量，当 $e<(-\varepsilon_0-\varepsilon)$ 时，控制器输出控制的调节量为零，当 $e>(\varepsilon_0+\varepsilon)$ 时，控制器输出控制的调节量为全部调节量控制，因此，控制精度比两位式控制精度高。

图 8-18 是室温三位控制系统示意图。图中 2、2′为两水银电接点温度计，分别控制功率均为 1kW 的电加热器 1、1′，如其中一支（2′）的设定温度为 20.5°C，而另一支（2）的设定温度为 19.5 °C，当室温指示值高于 20.5°C 时，2，2′的触点都接通，两组电加热器都断开，停止供热；当室温指示值低于19.5°C时，2、2′的触点都断开，两组电加热器都通电并以 2kW 的电功率供热，当室温指示值高于19.5°C而又低于 20.5°C 时，2 的触点闭合而 2′的触点断开，只有电加热器 1 以 1kW 的电功率供热。这样，两支电接点水银温度计触点的通断组成三种状态。

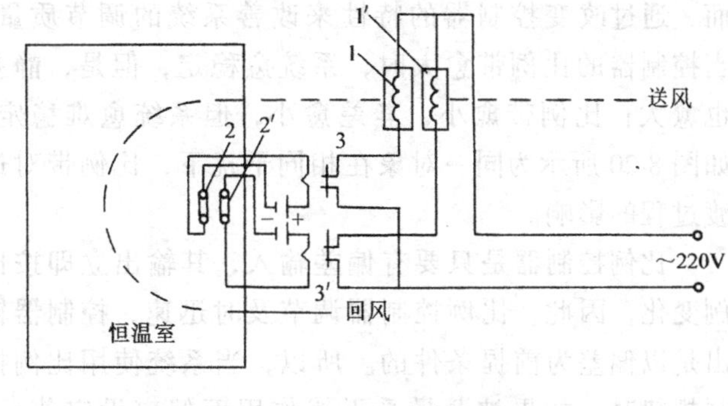

图 8-18 三位控制系统示意图

1、1′—电加热器 2、2′—电接点水银温度计 3、3′—继电器

3. 比例（P）[⊖]控制

比例控制器的输出与偏差成正比，即

$$P = K_c e \tag{8-20}$$

式中 K_c——比例控制器的放大因数；

P——比例控制器的输出；

e——偏差；

图 8-19 为比例控制器的阶跃响应曲线。

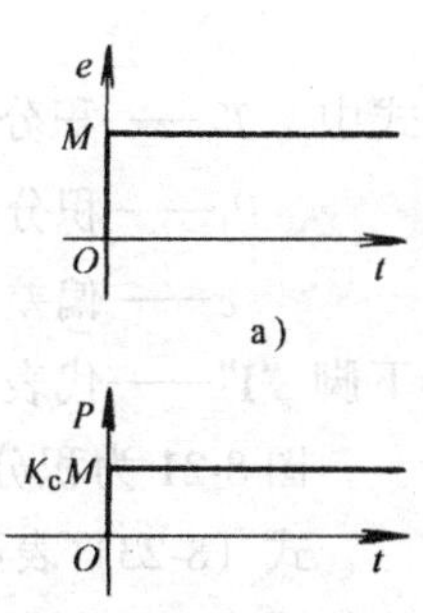

图 8-19 比例控制器的阶跃响应曲线

在实际应用中，控制器的比例作用的强弱通常是用比例带（比例度）来表示的，比例带的数学表达式为

$$\delta = \left[\left(\frac{e}{X_{max} - X_{min}}\right)\bigg/\left(\frac{P}{Y_{max} - Y_{min}}\right)\right] \times 100\% \tag{8-21}$$

式中 $X_{max} - X_{min}$——控制器输入信号的变化范围（仪表量程）；

$Y_{max} - Y_{min}$——控制器输出信号的变化范围。

比例带不仅能表示比例作用的强弱，而且能表示作用存在的范围。例如 $\delta = 40\%$，表示偏差在全量程的 40% 内，才有比例特性，超出这个比例带以外，调节间处于全开或全关状态。若 $\delta = 200\%$，表示偏差在全量程的 100% 内变化时，调节器的输出只变化了 50%。对于一个具体的控制器，（$Y_{max} - Y_{min}$）/（$X_{max} - X_{min}$）为常数，即 K =（$Y_{max} - Y_{min}$）/（$X_{max} - X_{min}$），由式（8-20）、式（8-21）得，

$$\delta = \frac{K}{K_c} \times 100\% \tag{8-22}$$

对于单元组合仪表 $K = 1$，控制器的比例带 δ 与放大因数 K_c 互为倒数关系。

⊖ P 为英文 Proportional（比例）的缩写。

在一个控制系统中，对象的滞后愈小、时间常数愈大或放大因数愈小，则系统愈稳定。但是，对象的滞后时间、时间常数及放大因数是它内在的特性，不能轻易改变，因而，通过改变控制器的特性来改善系统的调节质量。当控制器的比例带愈大时，系统愈稳定，但是，静差也愈大；比例带愈小，静差愈小，但系统愈难稳定。如图8-20所示为同一对象在相同干扰下，比例带对过渡过程的影响。

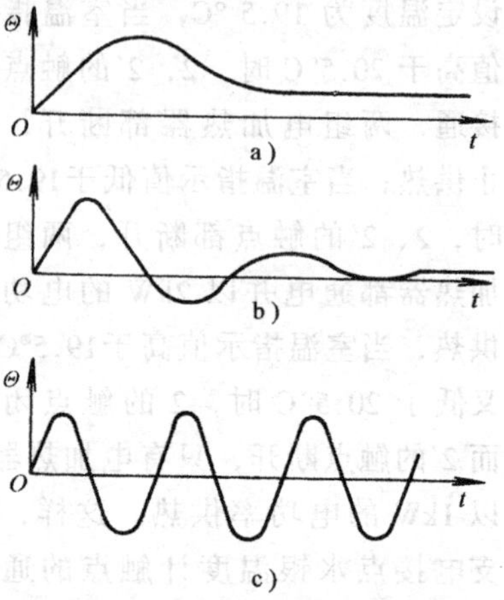

图8-20 比例带对控制过程的影响

a) δ 太大 b) δ 合适 c) 临界比例带 δ_K

比例控制器是只要有偏差输入，其输出立即按比例变化，因此，比例控制器调节及时迅速，控制器输出是以偏差为前提条件的。所以，当系统使用比例控制规律时，如果被调量受干扰作用而偏离设定值后，被调量不可能再恢复到设定值，即存在静差，这是比例控制的显著特点。通常，比例控制器适用于干扰较小，滞后较小、而时间常数并不太小的对象，一般情况下，温度控制对象的比例带设置为20%～60%，压力控制对象为30%～70%，流量控制对象为40%～100%，液位控制对象为20%～80%。

4. 比例积分（PI）㊀控制

要消除静差，采用对偏差信号具有积分作用的数学规律，积分控制器正是这种特性，即

$$P_{\mathrm{I}} = \frac{1}{T_{\mathrm{I}}}\int_0^t e\mathrm{d}t \tag{8-23}$$

式中 T_{I}——积分控制器的积分时间；

P_{I}——积分控制器的输出；

e——偏差；

下脚“I”——代表英文 Intergrated（积分）。

图8-21为积分控制器的阶跃响应曲线。

式（8-23）表明，只要偏差存在，积分控制器的输出就会随时间不断变化，直到残余偏差消除，控制器的输出才稳定不变。积分时间 T_{I} 越大，积分响应速度越慢，积分作用越弱，反之亦然。由于积分控制器的输出是从零开始，因此它存在着调节速度慢和不及时的特点，工业生产中，积分控制规律一般不单独使用，常与比例作用一起使用，组成比例积分控制规律。比例积分控制表达式为

$$P = K_{\mathrm{c}}\left(e + \frac{1}{T_{\mathrm{I}}}\int_0^t e\mathrm{d}t\right) \tag{8-24}$$

图8-22为比例积分控制器的阶跃响应曲线，它是比例作用与积分作用的叠加，通过选择适当的比例带 δ、积分时间 T_{I}，具有调节迅速与消除静差的特点。

㊀ PI 为英文 Proportional－Intergrated（比例－积分）的缩写。

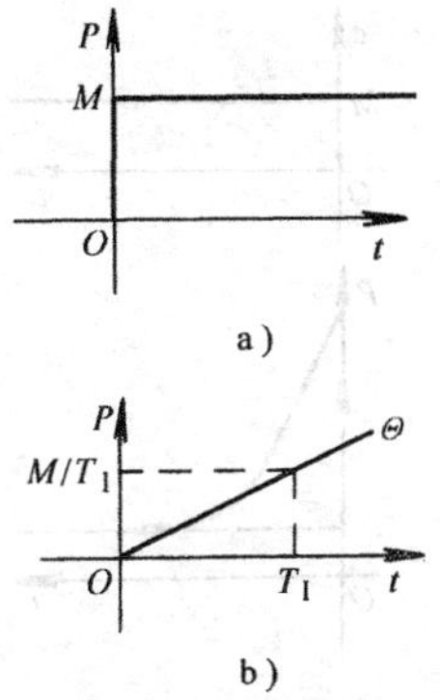

图 8-21　积分控制器的阶跃响应曲线

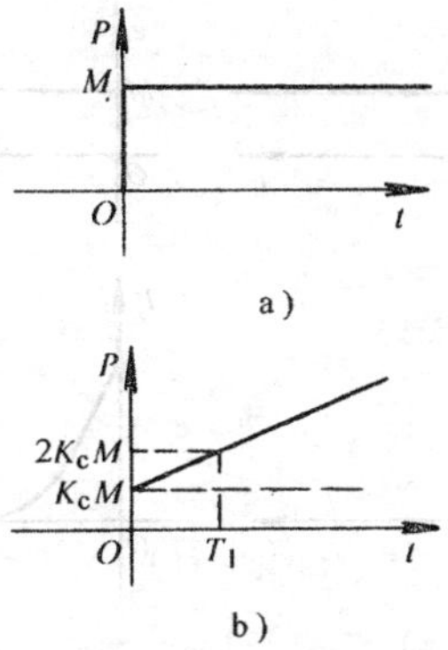

图 8-22　比例积分控制器的阶跃响应曲线

5. 比例微分（PD）[1]控制

微分控制规律的理想微分方程为

$$P_{\mathrm{D}} = T_{\mathrm{D}} \frac{\mathrm{d}e}{\mathrm{d}t} \tag{8-25}$$

式中　T_{D}——微分时间；

下脚“D”——代表英文 Derivative（微分）。

式（8-25）表明，微分作用与偏差变化的速度成正比，它能防止被调量产生更大的偏差，尽快地将偏差消除于萌芽之中，即具有超前调节作用，抑制被调量的振荡，提高系统稳定性。T_{D} 过大，微分作用过强，会引起被调参数大幅度波动；T_{D} 过小，微分作用弱，超前调节作用不够显著，对改善调节质量的作用不大，因此，要合理的选取 T_{D}。

如图 8-23 所示为微分控制器阶跃响应曲线，图 8-23a 为微分控制器的理想特性，从响应曲线看出，调节作用没有面积，因此不能满足调节过程的需要。图 8-23b 为微分控制器的实际特性，实际微分控制器的表达式为

$$P_{\mathrm{D}} = e\ (K_{\mathrm{D}} - 1)\ \exp\left(-\frac{K_{\mathrm{D}}}{T_{\mathrm{D}}} t\right) \tag{8-26}$$

式中　K_{D}——微分的放大因数。

微分作用也不单独使用。理想的比例微分方程式为

$$P = K_{\mathrm{c}}\left(e + T_{\mathrm{D}} \frac{\mathrm{d}e}{\mathrm{d}t}\right) \tag{8-27}$$

实际的比例微分方程式为

$$P = K_{\mathrm{c}}\left[e + e\ (K_{\mathrm{D}} - 1)\ \exp\left(-\frac{K_{\mathrm{D}}}{T_{\mathrm{D}}} t\right)\right] \tag{8-28}$$

图 8-24 为比例微分控制器的阶跃响应曲线，它是比例作用与微分作用的叠加，因此它具有调节迅速与调节超前的特点。

6. 比例积分微分（PID）[2]控制

---

[1] PD 为英文 Proportional-Derivative（比例 - 微分）的缩写。

[2] PID 为英文 Proportional-Intergrated-Derivative（比例 - 积分 - 微分）的缩写。

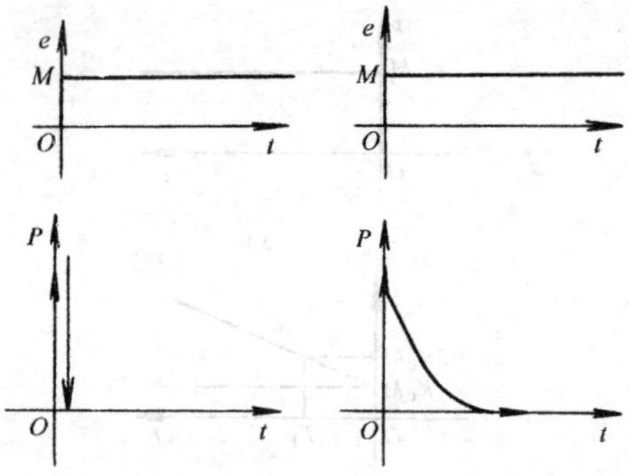

a) b)

图 8-23 微分控制器阶跃响应曲线

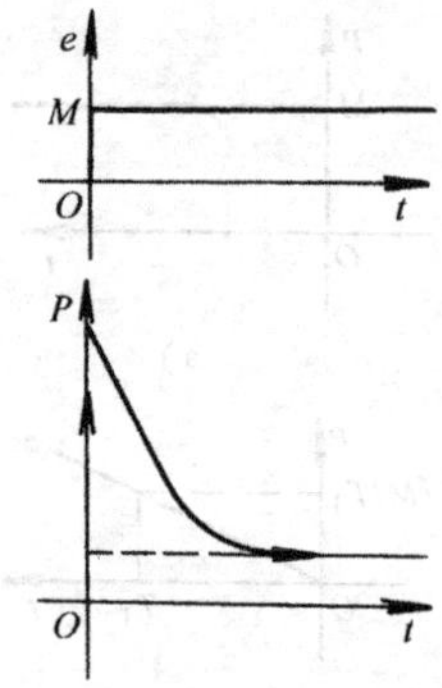

图 8-24 比例微分控制器的阶跃响应曲线

由比例、微分、积分控制的特点，形成比例积分微分控制规律，如果合理的选配比例、微分、积分控制作用，它具有调节迅速与调节超前、无静差调节的特点。理想的比例微分积分方程式为

$$P = K_c\left(e + T_D \frac{de}{dt} + \frac{1}{T_1}\int_0^t e dt \right) \tag{8-29}$$

实际的比例微分积分方程式为

$$P = K_c\left[e + \frac{1}{T_1}\int_0^t e dt + e(K_D - 1)\exp\left(\frac{-K_D}{T_D}t\right)\right] \tag{8-30}$$

通过适当选配比例放大因数、积分时间、微分时间的比例微分积分三作用控制器，可以得到较为满意的调节质量。

8.3.3 执行器的特性

执行器是控制系统中的一个重要的组成部分，是将控制器的输出信号转换成调节量(操作量)，作用于被调对象。它的特性直接影响控制系统的调节质量。

常用的执行器有电动执行器、气动执行器、电动调节风门、电压调节装置、电加热器等，执行器是由执行机构和调节机构组成。电动、气动执行机构的微分方程为

$$T_3 \frac{d\Delta u}{dt} + \Delta u = K_3'\Delta P \tag{8-31}$$

式中 Δu——执行机构的输出信号；

ΔP——控制器的输出信号；

T_3——执行机构的时间常数；

K_3'——执行机构的放大因数。

当执行机构的时间常数 T_3 与对象的时间常数 T_1 相比较小时，则可把执行机构视作为比例环节，即

$$\Delta u = K_3'\Delta P \tag{8-32}$$

当调节机构为调节阀时，假定调节阀是直线流量特性，则它的表达式为

$$\Delta q = K_3''\Delta u \tag{8-33}$$

式中 Δq——调节机构的输出信号；

K_3''——调节机构的放大因数。

因此，当执行器的执行机构及调节机构的时间常数 T_3 与对象的时间常数 T_1 相比较小时，执行器的表达式为

$$\Delta q = K_3 \Delta P \tag{8-34}$$

式中　K_3——执行器的放大因数，$K_3 = K_3' K_3''$。

调节阀的流量特性有直线、对数、抛物线、快开流量特性，根据对象特性及控制精度要求，合理选取执行和调节机构的特性。详细内容在下一章讲述。

本章要点

1. 自动控制系统的组成、各个环节的特性。

2. 控制对象特征参数的求取。

3. 自动控制系统的过渡响应及品质指标。

4. 初步了解被控参数的控制要求，合理的选择控制器的控制规律及控制器的参数，以达到较好的过渡过程及品质指标的方法。

思考题与习题

8-1　供热通风与空调生产过程的自动控制系统由哪几部分组成？画一个自动控制系统组成的框图，并说明各部分的意义和相互关系。

8-2　什么叫被调对象、被调量、测量值、设定值、偏差值、操作量、调节量？

8-3　什么叫开环系统与闭环系统？各有何特点？

8-4　什么叫正反馈，什么叫负反馈？要保证系统稳定，应采用何种反馈？

8-5　自动控制系统按结构可分成几类？各有何特点？

8-6　自动控制系统按设定值的形式不同，可分为哪几类，各有何特点？

8-7　在阶跃干扰作用下，控制系统的过渡过程有哪几种基本形式？

8-8　什么叫控制系统的静态特性和动态特性？

8-9　控制系统的过渡过程用哪几项主要的性能指标来衡量？

8-10　什么是调节对象的特性？如何用分析法求取？

8-11　如何用实验的方法来测取对象特性？

8-12　为什么要推导调节通道及干扰通道的微分方程式？

8-13　什么是对象的自平衡能力和无自平衡能力？

8-14　什么是单容对象与多容对象？

8-15　比例、积分、微分控制器的特性分别是什么？放大因数、积分时间、微分时间对调节过程的影响如何？

8-16　为什么一般不单独采用微分或积分控制规律？

8-17　一个管壳换热器（见图 8-25）管程通冷水，壳程通蒸气，生产工艺要求热水温度控制在 70±1°C，试设计一个单回路反馈控制系统？

8-18　下表为某空调房间的室温调节对象特性测定结果，试画出该室温的阶跃反应（即电加热器瞬间接通工作）曲线，并用作图法求出对象的特征参数，已知电加热器功率为 50kW，送风量为 30000m³/h。

时间/s	0	30	60	120	240	360	480	600	720	840	960	1080
温度/°C	20.0	20.01	20.05	21.0	22.0	26.2	27.4	28.5	29.0	29.5	29.9	30.0

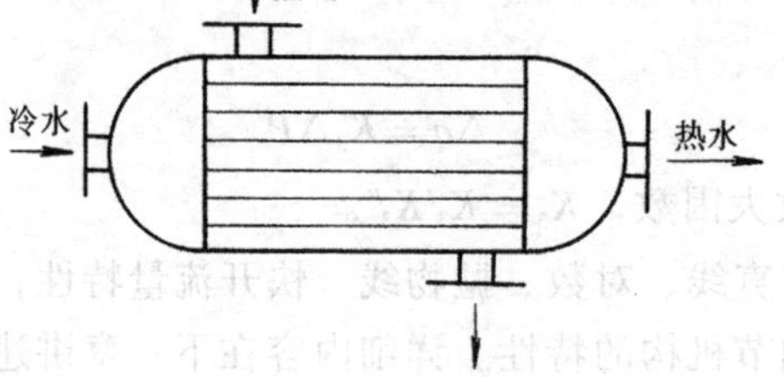

图 8-25 管壳换热器

8-19 图 8-26 为温度自动控制系统在单位阶跃干扰下的过渡过程曲线，试求出调节过程的性能指标？

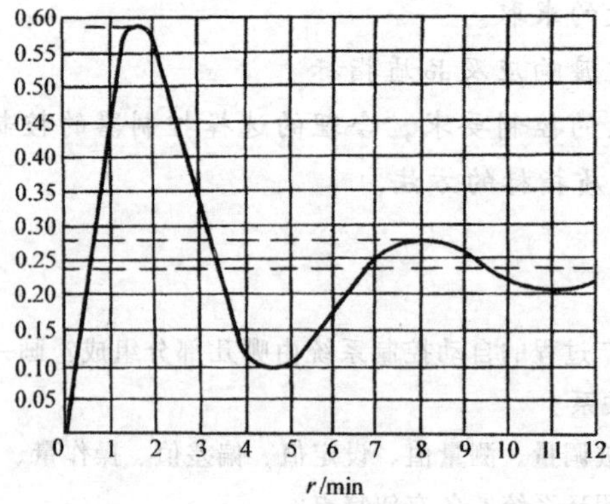

图 8-26 室温过渡过程曲线

第 9 章 自动控制仪表

9

9.1 概述

对热工参数进行检测、显示、控制和执行等的仪表总称为**自动控制仪表**，又称**自动化仪表**。自动化仪表的作用是代替人对生产过程进行测量、控制、监督和保护，因而是自动控制系统的必要组成部分，是实现自动控制必不可少的技术工具，各种各样的控制规律和自动控制方案也都要通过它们才能实现。因此，应在了解控制原理的同时，还要认识自动化仪表的重要作用，理解自动化仪表的工作原理和性能特点，以便合理地选择和正确地使用。前面已经讲述了检测、显示仪表，在这一章中首先介绍自动控制仪表分类，然后重点讲授控制器和执行器的分类、结构和应用。

自动控制仪表可以从不同的角度分类，下面仅从使用能源种类和结构形式来分类。

1. 按能源分类

按能源可分为：

(1) 电动仪表　以电作为能源及传送信号的仪表，传送距离远，便于与计算机配合，在生产自动化中被广泛应用。电动仪表又分为电气（又称电动机械）式和电子式两大类。前者不使用电子元器件，依靠传感器从被测介质中取得能量，从而推动电触点或电位器动作。它的结构简单、价格便宜。后一种采用电子元器件组成，由于采用放大器等电子器件，不但可提高测量精度，还可以利用反馈电路，对输入信号进行各种控制规律的运算，从而实现多种控制规律，提高控制品质。

(2) 气动仪表　以压缩空气为能源及传递信号的仪表，其传送距离受到限制，具有本质安全防爆特点，气动执行器作用力大、工作平稳可靠。

(3) 自力式自动控制仪表　这种仪表不需要辅加能源，只是传感器从被控介质中取得能量，就足以推动执行器动作。常见的有浮球式液位调节阀、热力膨胀阀和燃气压力自力调节阀等。它们将传感器、控制器、及执行器等组合在一起。结构简单，不产生火花，使用安全、维修方便，适用于控制精度要求不高的场合。图9-1为压力控制的自力式水量调节阀。引压管1引入压力信号至引压室，当压力信号 > 弹簧设定值时，波纹管受压缩，推动调节螺杆11下移，推动阀心12，使阀开大；反之，阀关小。旋转调节螺杆的弹簧座3升降，可调节弹簧设定值。

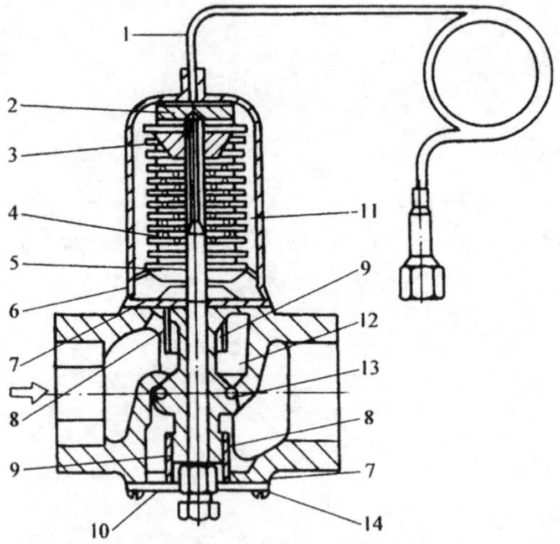

图 9-1　压力控制的自力式水量调节阀

1—引压管　2—波纹管承压板　3—可调弹簧座　4—波纹管　5—调节弹簧　6—气箱　7—弹簧下座　8—防漏小活塞　9—导向套　10—底板　11—调节螺杆　12—阀心　13—阀盘密封橡胶圈　14—螺钉

2. 按结构形式分类

按结构形式可分为：

(1) 基地式仪表　以指示、记录仪表为主体，附加调节装置而组成，即把变送、控制、显示等部分装在一个壳内形成整体。利用一台仪表就能完成一个简单控制系统的测量、记录及控制等全部功能。

(2) 单元式组合仪表　根据自动检测与控制的要求，将整套仪表划分为能独立实现一定功能的若干单元，单元之间采用统一的标准信号联系。由这些单元经过不同的组合，就可构成多种多样、复杂程度不一的自动检测与控制系统。如美国江森（JOHNSON）E3000系列电子式暖通空调仪表、柏斯顿 BS 系列自控仪表等都属于单元组合仪表，使用 0~10V DC的信号进行单元间信号联系。单元组合仪表常用的单元有：

1) 变送单元：将各种热工参数转换成 0~10V DC、0~10mA DC 或 4~20mA DC 的统一信号，传送到计算、显示、调节单元。

2) 转换单元：进行电-气、气-电转换或把直流毫伏信号、交流毫伏信号等转换成统一的标准信号。

3) 计算单元：进行加、减、乘、除、平方、开方等多种数学运算。

4) 显示单元：与变送单元、转换单元或计算单元配合，对各种参数进行指示、记录、报警或积算。

5) 给定单元：它在定值调节系统中，用以产生调节单元所需的给定值；在时间程序控制系统中，给定单元的输出就按预先设计好的时间程序变化。

6) 控制单元：将变送单元、转换单元、计算单元等来的信号与给定单元输出的给定信号进行比较，并输出一个相应的调节信号，以供执行机构去操纵调节阀。

7) 执行单元：接受控制器或其他仪表来的统一标准信号，输出与输入信号成正比的转角力矩（角行程执行器）或位移推力（直行程执行器）操作各种调节机构以完成自动控制任务。

(3) 组装电子式调节仪表　单元组合仪表的基础上发展起来的成套仪表装置，它的基本组件是具有不同功能的功能模件。所谓**功能模件**是指各种典型线路构成的标准电路板，每种电路板具有一种或数种功能，并有同一规格尺寸、输入输出端子、电源和信号制。这种仪表又称功能模件式仪表或插入式仪表。

现代化的大型建筑物节能及环境控制，需要组成各种复杂控制系统及集中的显示操作设计人员只要根据工程要求，选用相应的功能模件，配上标准化的机箱和外部设备，就可灵活地组成各种专用的控制装置、组装电子式调节仪表。组装电子式调节仪表具有以下优点：

1) 功能齐全、组装灵活，由于组件系列化、标准化、功能独立、插接件和输入输出信号统一，因此可以合理地组成各种不同装置，以满足不同对象的要求。

2) 安全可靠、维修方便。可以根据每个组件的特点，确定合理的例行试验条件，有利于提高整机的可靠性。当某一组件有故障时，可以迅速更换备用组件，保证系统正常运行。由于组件标准化，检查和维修也容易。

3) 操作方便，便于集中监督管理。组件采用集成电路和小型元器件，装置小，控制盘（板）面小，操作方便。

4) 成套性，便于选型设计。由于采用通用接线，以通用成套装置的形式提供给用户，方便了设计，缩短安装调校时间。

现在，我国生产的暖通空调专用仪表是属于组装电子式仪表，满足了暖通空调控制上的特殊功能要求，为暖通空调自控的应用和发展提供了设备条件。

9.2 电气控制器与电子控制器

按结构形式的不同，控制器可以分为电气控制器和电子式控制器。电气控制器的信号传输是电信号、操作的动力是电源，但调节机构中不包含电子放大器。电子控制器的信号传输是电信号、操作的动力是电源，调节机构包含电子放大器。

9.2.1 电气控制器

电气控制器具有以下特点：

1）电气控制器输出的接通或断开的信号，属于位式控制器。

2）操作能源是电源，极易获得。

3）电气控制器构造简单、使用方便，价格便宜、安装方便。

4）电信号能远距离传输、远距离操作。

缺点是不适合高精度控制和复杂的控制，它适用于精度要求不高的场合，如温度控制要求精度为（±2℃）的场合。下面介绍各种参数电气控制器的应用。

1. 电气式压力控制器

如图9-2所示，波纹管压力控制器，被控压力作用在波纹管5端面上，产生足够大的作用力，作用于杠杆4，其力与弹簧1的反力相平衡。弹簧反力由给定螺钉7确定。当被控压力大于给定压力时，杠杆4绕支点6逆时针方向偏转，微动开关2触点状态改变；当被控压力小于给定值时，杠杆顺时针偏转。制冷压缩机高、低压压力保护使用这种结构形式的压力控制器。

2. 空气系统微压差控制器

空气处理机的新风经过空气过滤器时会产生一定的压力损失。这种损失的数值随着过滤器吸附尘量的程度而变化。吸附尘量越多，压力损失越大。当进、出空气压差大到一定程度时，就应报警换新滤材或通过自动卷绕装置自动换新材，当新材出现时，压差变小，自动卷绕装置停止动作，实现自动更换新材。

微压差控制器如图9-3所示。橡胶膜片6和硬芯7将控制器分为互相密闭的前、后压力室。当前压力室5接高压信号 p_1，后压力室4接低压信号 p_2 时，则在膜片7上产生了一个压差，因而，硬芯7对杠杆8端部产生一个作用力 $\boldsymbol{F}_1$。$\boldsymbol{F}_1$ 通过杠杆8作用到微动开关1的按棒9上，在按棒9上产生作用力 $\boldsymbol{F}_2$。当 $\boldsymbol{F}_2$ 大于按棒9上反力（由微动开关中弹簧片2产生的反力）时，开关的常开触点CK接通，而常闭触点CB断开；而当 $\boldsymbol{F}_2$ 小于按棒9反力时，CB闭合而CK断开。通过微动开关可控制相应执行器。控制器的给定值可用调节螺钉3进行调整。

3. 电气式湿度控制器

图9-4为毛发（尼龙）式湿度控制器，用它来测量空气中的相对湿度。当相对湿度增大时，尼龙带或毛发束1吸湿使其伸长，在反力弹簧5的作用下，使杠杆4绕支点逆时针偏转一个角度，带动杠杆压下微动开关2上的压杆，改变触点状态。相对湿度的给定值通

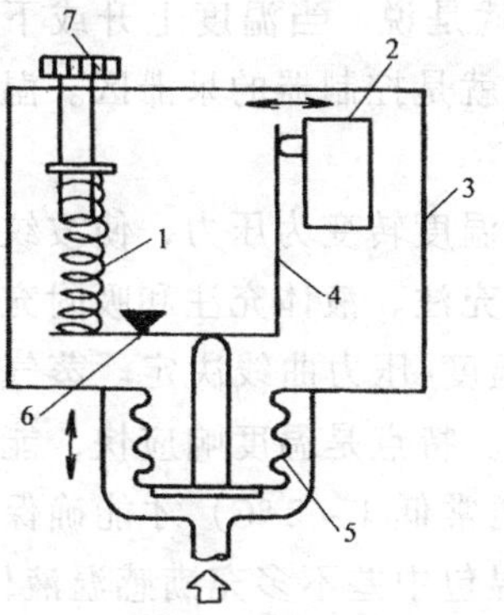

图 9-2 波纹管式压力控制器

1—给定弹簧 2—微动开关 3—表壳 4—杠杆 5—波纹管 6—支点 7—给定螺钉

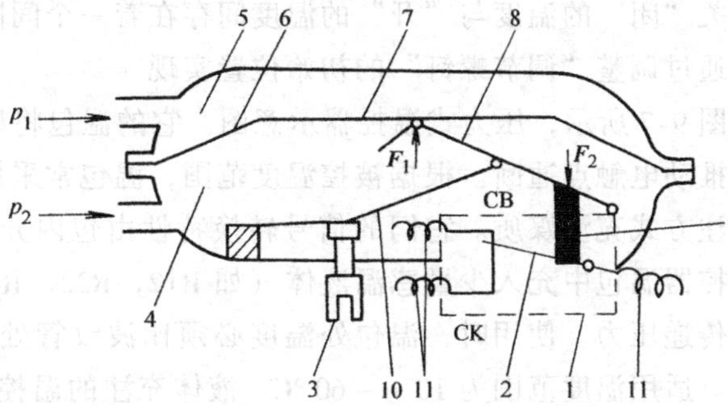

图 9-3 微压差控制器

1—微动开关 2—弹簧片 3—调节螺钉 4—后压力室 5—前压力室 6—橡胶膜片 7—膜片硬芯 8—杠杆 9—开关按棒 10—簧片 11—引线

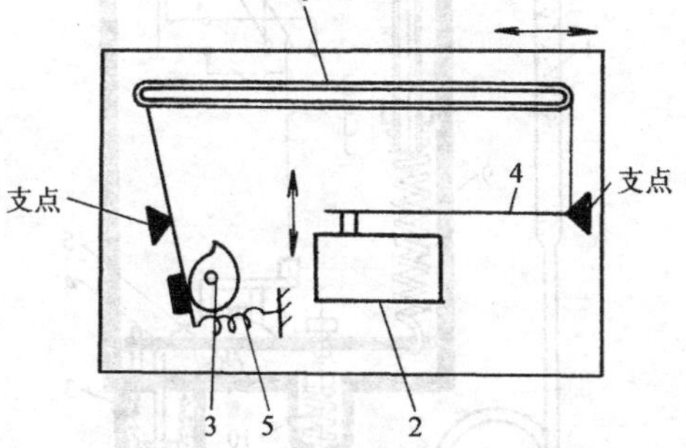

图 9-4 毛发（尼龙）式湿度控制器

1—湿度传感器 2—微动开关 3—给定偏心轮 4—杠杆 5—反力弹簧

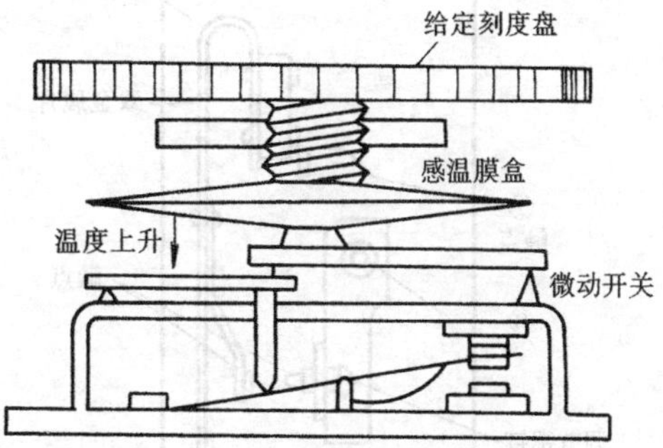

图 9-5 风机盘管温控器

过给定偏心轮 3 来调整。

4. 电气式温度控制器

如图 9-5 所示，风机盘管温控器，其传感器是由弹性材料制成的感温膜盒，其内充有气、液混合物质。它置于被测介质中感受温度变化，并从介质中取得能量，使膜盒内物质压力发生变化，膜盒产生形变。当温度上升时，膜盒产生的形变力克服微动开关的反力，可使微动开关触点动作。通过“给定刻度盘”调整膜合的预紧力来调整给定温度值。

如图 9-6 所示，双金属片温控制器，它利用双金属片受温度变化时产生形变的原理制成。当被测温度变化超出设定变化范围时，电触点进行开、关动作。为了使开关动作迅速以防止火花产生，在固定触点处设有永久磁铁。当双金属片上的可动触点接近到某一范围时，就进入了磁铁的磁场内，可动触点被迅速地吸引，使开关快速关闭；相反，当触点打开时，双金属片反转力必须克服磁力，才能使触点打开。也就是说。当温度上升或下降时，开关“闭”的温度与“开”的温度间存在着一个间隙，这就是控制器的呆滞区。温度设定值通过调整“调节螺钉”的初始位置实现。

如图9-7所示，压力式温控器示意图。它的温包将感受的温度转变为压力，使波纹管伸缩，推动电触点通断。根据被控温度范围，温包常采用蒸气充注、液体充注和吸附充注三种充注方式充注媒质。它们的信号转换特性由包内介质的温度-压力曲线决定。蒸气充注的温控器温包中充入少量感温液体（如R12，R22，R40等）。特点是温度响应快，能够敏感地传递压力。使用时，温包处温度必须比波纹管处低（通常低1～2 °C）才能确保正确反应。适用温度范围为10～－60 °C。液体充注的温控器，温包中差不多充满感温液体，靠液体膨胀使波纹管动作，使用时应保证温包处温度始终高于波纹管处的环境温度，适用温度范围40～190 °C。吸附充注的温度控制器温包中充入吸附剂（活性炭或硅胶）和被吸附气体（CO_2）。吸附剂保持在温包内，温控器的工作不受环境温度影响，适用温度范围－50～100°C，应用范围宽，但温度反应较慢。

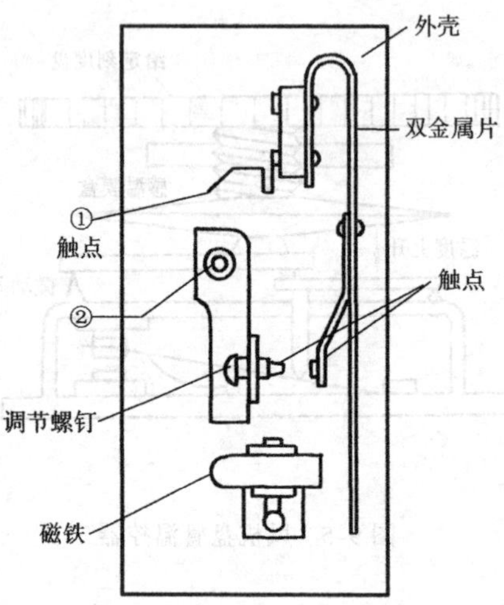

图9-6 双金属片温控制器

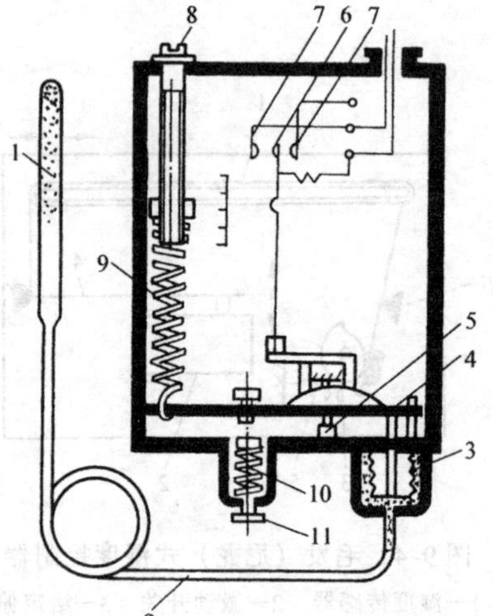

图9-7 压力式温度控制器示意图

1—感温包 2—毛细管 3—波纹管 4—杠杆 5—刀口支点 6—动触头 7—静触头 8—调节螺钉 9—定值弹簧 10—幅差弹簧 11—幅差旋钮

9.2.2 电子式控制器

电子式控制器是由电子元器件、电子放大器等组成的。不但测量精度高，还因采用了电子反馈放大器，可以对输入信号进行多种运算，因而可实现多种调节规律，提高控制系统的控制品质。

电子式控制器接入的输入参数的数量可分单参数式、多参数式控制器。单参数式控制器只需通过传感器（或变送器）给控制器输入一个信号；多参数则需要通过多个传感器（或变送器）给控制器输入多个信号，例如，补偿式控制器、串级控制器等。按照控制器输出信号的形式可分为断续式和连续式两类。下面以E3000系列仪表为例，介绍几种常用的控制器的组成及基本工作原理。在介绍控制器之前先介绍 E3000 系列仪表的主要参数、主要特殊功能、命名方法。E3000 系列是美国江森公司生产的系列完整、功能齐全的空调自控专用仪表。

1. 概述

(1) 主要参数　电源电压：$24^{+2.4}_{-3.6}$V AC；

联络信号：0 ~ 10V DC；

断续式控制器输出触点总量：250V AC、1A；

变送器负载电流：最大 20mA DC、具有短路保护；

控制器 PI 参数：

纯比例作用时，比例带 $\delta = 2\% \sim 40\%$

比例积分作用时，比例带 $\delta = 5\% \sim 100\%$

断续控制器积分时间 T_I 为 2.5min、5min、10min 三档。

连续控制器积分时间 T_I 为 2 ~ 5min 连续可调。

(2) 主要特殊功能

E3000 系列仪表的标准接线端子示意如表 9-1。

表 9-1　E3000 系列仪表的标准接线端子

电源 24V AC 6V A			最小值选择	P/PI 转换	0 ~ +10V		F_1/F_2 变送器输出		主控信号输入		补偿信号输入		0 ~ +10V				+10V 输出
B	O		M	P/PI	A	O	X_1	X_2	F_1	F_1	F_2	F_2	−E	$-E_1$	+E	$+E_2$	+G
1	2	3	4	5	6	7	8	9	10	11	12	13	14	15	16	17	18

1) 变送器功能　E3000 系列的温度控制器内的变送器将半导体热敏电阻信号转换为 0 ~ 10V DC 信号，此信号除参加调节作用外，尚可直接输出供温度显示、记录仪表或作为其他用途使用。

2) 最小信号选择　对于连续式控制器均有最小信号选择输入端。欲选择两台控制器的最小输出信号。可将控制器Ⅰ的输出直接接到控制器Ⅱ的最小信号选择端子“4”上。如此，第二个控制器的输出即为这两台控制器的最小信号。

3) 控制器给定值的外部再整定　可以在控制器 − E 或 $-E_1$ 端加一个电压，使调节器的给定值降低。在 + E 或 $+E_1$ 端加一个电压使控制器的给定值增加。由于 E3000 系列采用 0 ~ 10V DC 联络信号，故对于不同的结定值范用，则其电压与给定值之间的关系不同，见表 9-2。

表 9-2　E3000 系列电压与给定值之间的关系

定值范围/°C	给定值灵敏度/（V/°C）
−20 ~ 40	0.167
+20 ~ 120	0.1
0 ~ 100%（标准信号）	0.1V/1%

例如，对于给定值范围为 -20~40 ℃的控制器，要想使给定值增加 10 ℃，则在 +E 端加 1.67V DC，若使给定值降低 10 ℃，则将 1.67V DC 信号加在 -E 端。这一电压可以通过本控制器的 10V 稳压电源，通过外接电位器分压取得，也可直接将 10V DC 电压加在 -E 或 +E 端，然后通过控制器面板上的电位器 E_1 或 E_2 进行调整。

4) P/PI 规律的外部切换或按偏差自动进行 P/PI 切换。

该系列控制器除在内部具有 P/PI 手动切换开关外，当控制器内部开关置于 PI 状态时，尚可通过外部外加的转换开关切换。对于连续式控制器转换开关接于端子“2”和端子“5”之间，对于断续控制器开关则接于端子“2”和“6”之间。开关闭合时为 P 状态。开关打开时为 PI 状态。

另外，对于连续式控制器，可在模件板上增加一块 P/PI 自动转换模块 ESU。ESU 接受控制器的偏差信号。当偏差信号 > ESU 的给定值时，自动转换到 P 状态，可消除通常控制器存在的积分饱和现象。当偏差信号小时、又自动转换到 PI 状态、又可发挥积分控制作用。

(3) E3000 系列控制器的命名

E3000 仪表命名

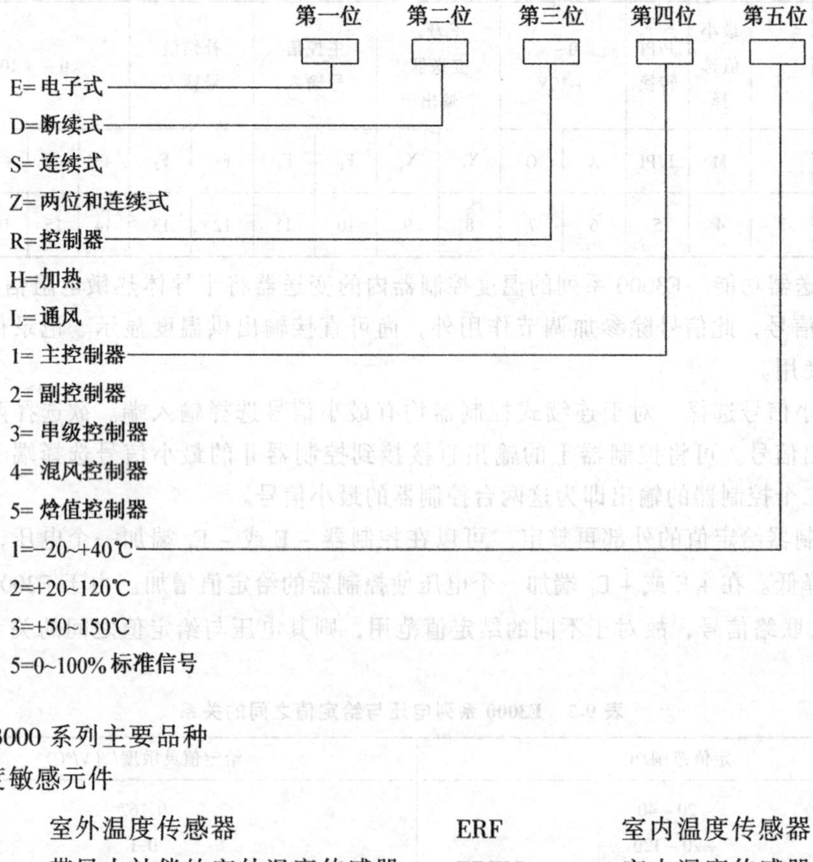

(4) E3000 系列主要品种

温湿度敏感元件

EAF	室外温度传感器	ERF	室内温度传感器
EAWF	带风力补偿的室外温度传感器	ERFM	室内湿度传感器

EKF	风道温度传感器	ERFM20/40	室内温湿度传感器
EKFM	风道湿度传感器	EVF	水温传感器
EKFM20/40	风道温湿度传感器		
控制器			
ESRL11	单输入控制器	ESRH22	采暖控制器
ESRL12	单输入控制器	EDRL11	断续式单输入控制器
ESRL13	单输入控制器	EDRL12	断续式单输入控制器
ESRL15	单输入控制器	EDRL13	断续式单输入控制器
ESRL21	带补偿的控制器	EDRL15	断续式单输入控制器
ESRL31	双输入串级控制器	EDRL21	断续式带补偿的控制器
ESRL35	双输入串级控制器	EDRL31	断续式串级控制器
ESRL41	混风控制器	EDRL35	断续式串级控制器
ESRL51	焓值控制器	EDRH22	断续式采暖控制器
ERR	室内温度控制器		
辅助仪表			
EAE0/100	模拟显示器	EMW	电子变送器
EAT	温度模拟显示器	ESUD1	数字时钟
EAKD	数字显示器	DAK	诊断接长卡
ESTS	电压给定器	BGT01	19 框架
ESR	电子步进继电器	ESBT	标准外壳
调节阀			
EGSVD	电动调节阀	ERKV	电动阀
风阀			
D8110	单叶片风阀（<105 °C）	D8230	多叶片风阀（<205 °C）
D8130	多叶片风阀（<105 °C）	D8310	舒型单叶片风阀
D8210	单叶片风阀（<205 °C）	D8330	舒型多叶片风阀
执行器			
ELVA	电动执行器	EPOS4	电子定位器
ESL	电动执行器		

2．断续输出的电子控制器

断续输出的电子控制器两位式、三位式、三位比例积分式控制器。

(1) 两位式电子控制器　如图 9-8 所示，两位式电子控制器原理框图 9-8a 及特性图 9-8b。热工参数通过传感器转换成电量后与仪表给定值在测量、给定电路中进行比较、其偏差经放大后推动开关电路控制 1K 继电器，实现对执行器的两位控制。当 $e(I) \geqslant \varepsilon$ 时，控制器输出 $P=1$；$e(I) \leqslant -\varepsilon$，$P=0$；$2\varepsilon$ 为两位式控制器的呆滞区，即 $-\varepsilon < e(I) < \varepsilon$ 时，P 值不变。

(2) 三位式电子控制器　如图 9-9 所示，三位式电子控制器原理框图 9-9a 及特性图 9-

9b。三位式电子控制器输出有三种状态（1，0，-1），即1K继电器工作、2K继电器不工作；1K、2K继电器都不工作；1K继电器不工作、2K继电器工作。每组继电器都有2ε范围宽的呆滞区，$2\varepsilon_0$范围宽的呆滞区为三位控制器的不灵敏区。

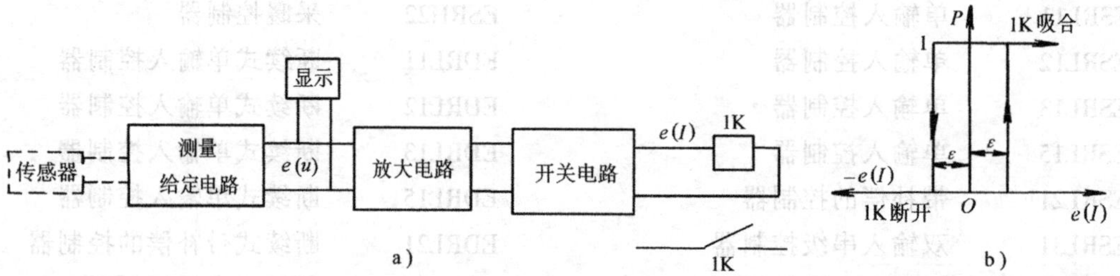

图 9-8 两位式电子控制器原理框图及特性图

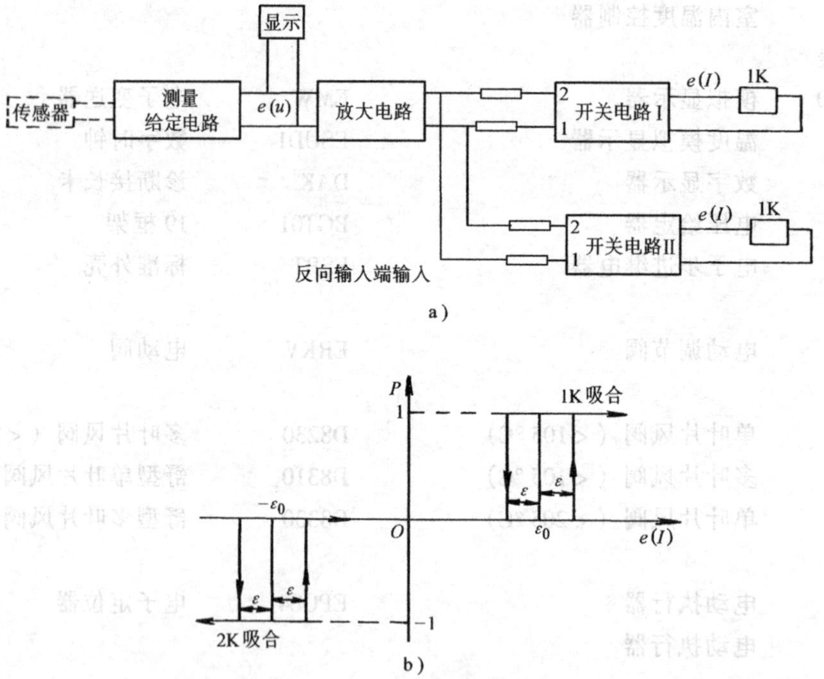

图 9-9 三位式电子控制器原理框图及特性

（3）三位式比例积分电子控制器（三位PI控制器） 三位式比例积分控制器其控制动作是断续的，一般是用来控制电动调节阀或电动风门等。当继电器接通电动机时，执行器恒速移动阀门。当继电器断开时，执行器停在原位置。其控制规律的比例积分作用是指阀门位移的平均值正比于偏差和偏差对时间的积分，因此严格地说，这是一种断续作用的PI控制装置。同理这种装置也只在输入信号超出不灵敏区时才动作，在不灵敏区内它将不动作。

三位式 PI 控制装置框图如图 9-10 所示。它是在三位式控制器基础上，加入 RC 反馈电路构成的。

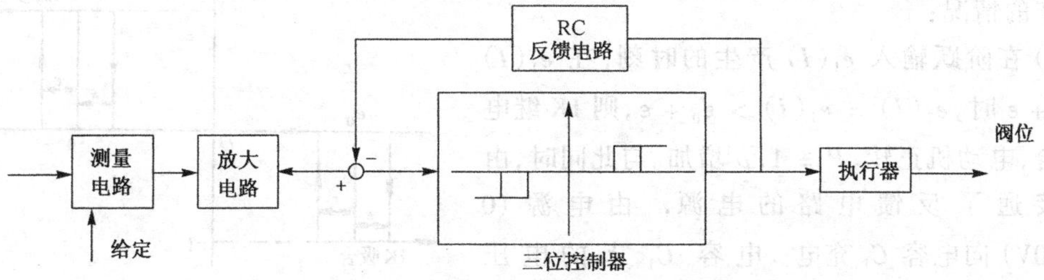

图 9-10　三位式 PI 控制装置框图

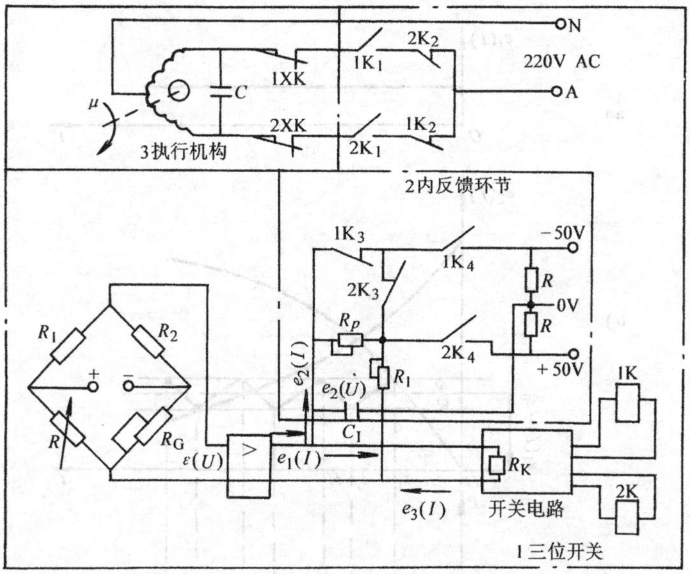

图 9-11　三位比例积分控制装置原理电路图

如图 9-11 所示，三位 PI 控制装置原理电路图。图中虚线框 1 部分是三位开关，点划线框 2 是内反馈环节部分，虚线框 3 是执行器部分，μ 是阀门开度。下面分析位式 PI 的产生，图中所使用的符号意义如下：

$e_1(I)$—— 偏差量，用电流表示；

$e_2(I)$、$e_2(U)$—— 控制器的内反馈参数，用电流或电压表示；

$e_3(I) = e_1(I) - e_2(I)$——三位开关的输入信号，用电流表示；

$1K_1$、$1K_2$、$1K_3$、$1K_4$——1K 继电器的触头；

$2K_1$、$2K_2$、$2K_3$、$2K_4$——2K 继电器的触头。

如图 9-12 所示为三位开关特性，如图 9-13 所示为三位 PI 控制装置各环节的输出曲线。若 1K 继电器吸合，则 $1K_1$ 触头闭合，使电动机正转，开大阀门；若 2K 继电器吸合，

则 $2K_1$ 触头闭合，使电动机反转，关小阀门。从下面分析中可知，在阶跃输入 $e_1(I)$ 的作用下，阀门按近似 PI 规律动作。

下面分析在阶跃信号作用时，控制装置控制阀动作的情况：

1) 在阶跃输入 $e_1(I)$ 产生的时刻，在 $e_1(I) > \varepsilon_0 + \varepsilon$ 时，$e_3(I) = e_1(I) > \varepsilon_0 + \varepsilon$，则 1K 继电器吸合，电动机正转，$P = 1$，$\mu$ 增加。与此同时，由 $1K_4$ 接通了反馈电路的电源，由电源（0 ~ −50V）向电容 C_1 充电。电容 C_1 上的电压 $e_2(U)$，此电压在开关电路输入电阻 R_K 上产生电流 $e_2(I)$，$e_2(I)$ 按指数规律增加见图 9-13b，$e_3(I)$

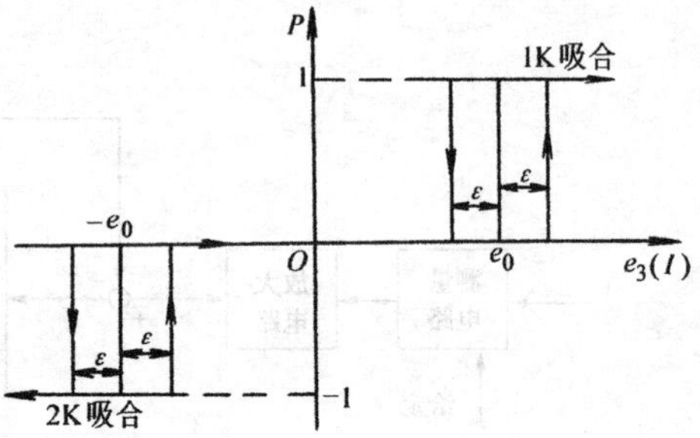

图 9-12 三位开关特性

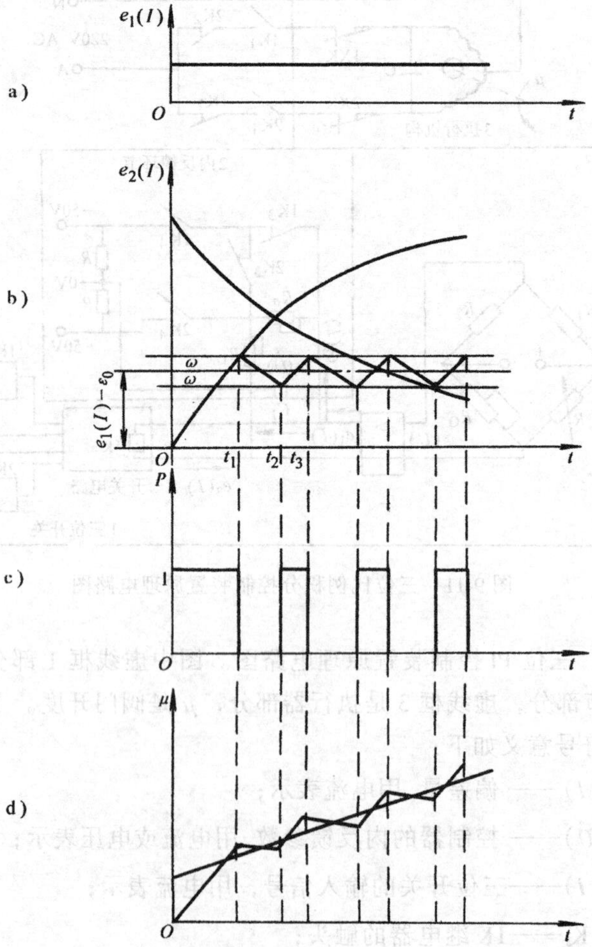

图 9-13 三位比例积分控制装置各环节输出曲线

a) 阶跃输入 b) 调节器内反馈输出 c) 三位开关的输出 d) 控制装置输出

$= e_1(I) - e_2(I)$，故随着 $e_2(I)$ 的增加，$e_3(I)$ 将下降。

2）当 $e_2(I)$ 增加到 $e_2(I) = e_1(I) - \varepsilon_0 + \varepsilon$，$e_3(I) = e_1(I) - e_2(I) = \varepsilon_0 - \varepsilon$。由图9-13b可知1K继电器释放，$P = 0$，$\mu$ 不变，阀门停在某一中间位置上。

3）当 $P = 0$，μ 不变时，反馈回路中的电容 C_1 经可变电阻 R_1 放电。由于放电使 $e_2(U)$ 下降，当 $e_2(I)$ 下降到 $e_2(I) = e_1(I) - \varepsilon_0 - \varepsilon$ 时，即 $e_3(I) = e_1(I) - e_2(I) = \varepsilon_0 + \varepsilon$，由图9-13b可知 $1K_1$ 又接通，$P = 1$，μ 增加（阀门打开）电容 C_1 又充电，$e_2(I)$ 又开始增加重复上述过程、各环节的输出见图9-13。虽然控制器输出 P 是断续信号，但控制器与执行机构组成的控制装置的输出 μ 是近似的连续，并且按比例积分规律变化，所以称比例积分控制装置。这里需要注意的是，第一次充电的时间 $0 \sim t_1$ 比较长，后面各次充电时间内 $t_2 = t_3$ 则比较短，而各次放电的时间都是一样的。如果 $e_1(I)$ 为负的阶跃函数，则 $2K_1$ 接通和断开，执行器电动机反转，控制规律与上述相同。

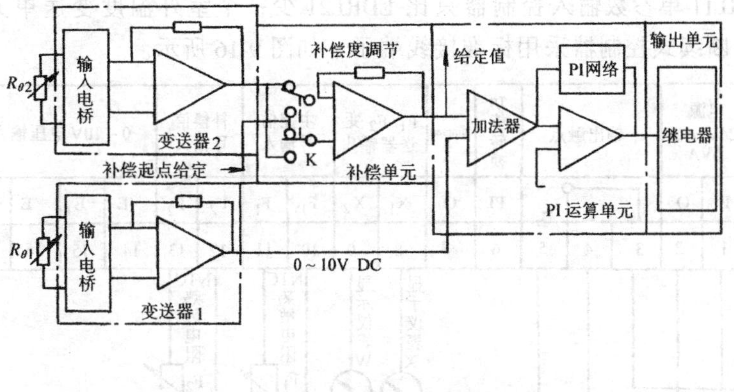

图9-14 EDRL21控制器的原理框图

(4) 断续式比例积分控制器应用举例（EDRL21） 如图9-14所示，EDRL21控制器的原理框图，它带有室外温度补偿的双参数输入的控制器。$R_{\theta 1}$ 为室内温度传感器，$R_{\theta 2}$ 为室外温度传感器。它由变送器1、变送器2、补偿单元、PI运算单元、输出单元组成。变送器单元把接受到的温度信号转换成0～10V DC的标准电压。补偿单元接受室外温度变送器的输出信号并与补偿起点给定信号进行比较，差值经补偿单元运算，其输出值作为PI运算单元的给定值。其补偿特性见图9-15，夏季时当室外温度高于夏季补偿起点 θ_{2A}（20～25℃可调）时，室温给定值 θ_{1G} 将随室外温度 θ_2 的上升而增加直到补偿极限 θ_{1Gmax} 为止。即

$$\theta_{1G} = \theta_{1G0} + K_s \Delta\theta_2 \tag{9-1}$$

式中 θ_{1G0}——室温初始给定值（基准值），单位为℃；

$\Delta\theta_1$——室温变化值，$\Delta\theta_1 = \theta_{1G} - \theta_{1G0}$，单位为℃；

$\Delta\theta_2$——室外温度变化值，$\Delta\theta_2 = \theta_2 - \theta_{2A}$，单位为℃；

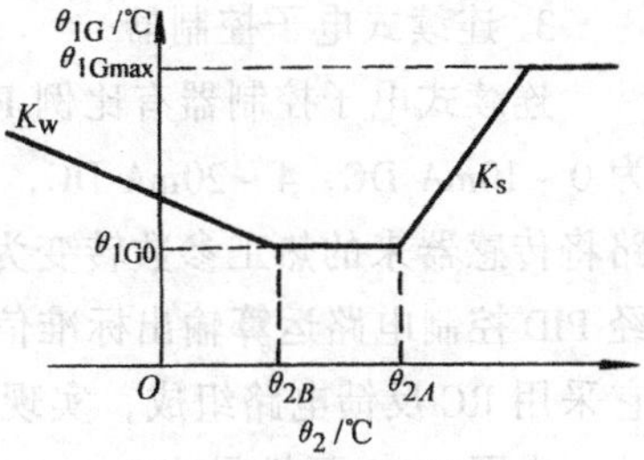

图9-15 室外温度补偿特性

K_s——夏季补偿度，$K_s = \Delta\theta_1/\Delta\theta_2$。

在冬季，当室外温度 θ_2 低于冬季补偿起点 θ_{2B} 时，室温给定值将随室外温度的降低而增高，即

$$\theta_{1G} = \theta_{1G0} - K_w\Delta\theta_2 \tag{9-2}$$

式中 $\Delta\theta_2$——室外温度变化值，$\Delta\theta_2 = \theta_2 - \theta_{2B}$，单位为℃；

K_w——冬季补偿度，$K_w = \Delta\theta_1/\Delta\theta_2$。

在过渡季节，即当室外温度在 $\theta_{2B} \sim \theta_{2A}$ 之间时，补偿单元输出为零，室温给定值保持不变。冬夏季的补偿度在控制器上是可调的，冬夏补偿的切换由补偿单元的输入 极性转换开关 K 来完成。加法器的输出为控制器的输入的偏差信号经 PI 运算单元运算后，再经功率放大器放大，最后驱动继电器。继电器的吸合、释放时间与偏差值的大小以及 PI 参数有关。EDRL21 的比例带在 5% ~ 100% 范围内可调，积分时间用选择开关选择 2.5min/5min/10min 档。

对于 EDRL11 单参数输入控制器只比 EDRL21 少一个室外温度变送单元和补偿单元，其他则相同。断续式控制器采用标准接线端子，如图 9-16 所示。

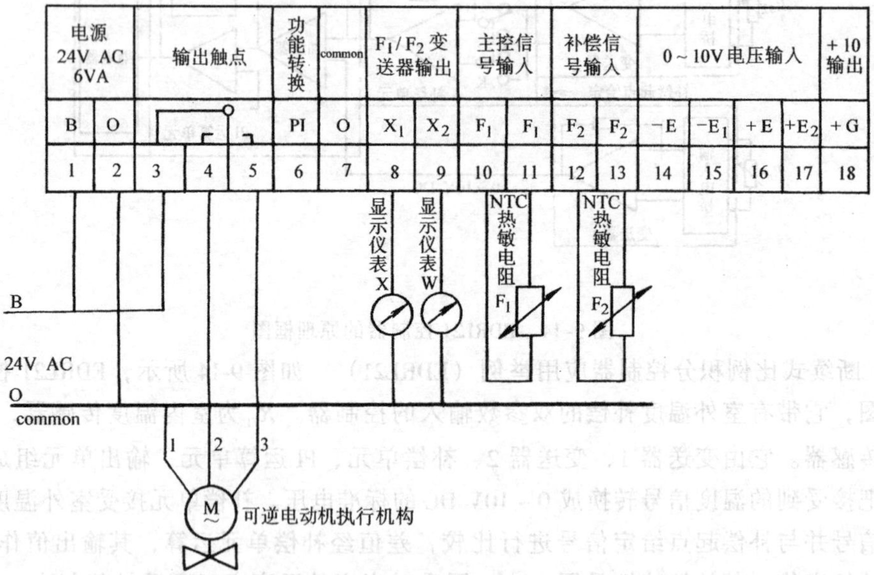

图 9-16 EDRL21 断续式控制器接线图

3. 连续式电子控制器

连续式电子控制器有比例 P、比例积分 PI、比例积分微分 PID 等控制规律，输出信号为 0 ~ 10mA DC，4 ~ 20mA DC，0 ~ 10V DC。连续式电子控制器组成框图如图 9-17，测量电路将传感器来的热工参数转变为电量，与给定值进行比较，经放大后与反馈量进行比较后经 PID 控制电路运算输出标准信号至执行器。图 9-18 为带理想的 PID 反馈电路的放大器，它采用 RC 反馈电路组成，实现 PID 控制运算。

由图 9-18 可推导出 u_C 与 u_R 的关系，推导过程如下：根据 $u_C = Ku_1$，由于 K 很大，所以 $u_1 \approx 0$，即 $u_R \approx u_f$，则

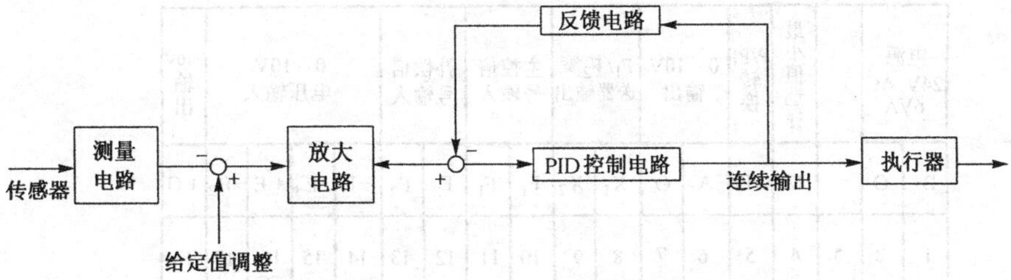

图 9-17 连续式电子控制器组成框图

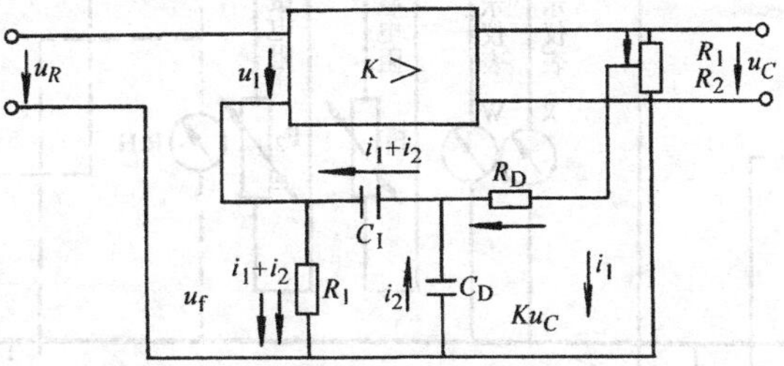

图 9-18 带理想的 PID 反馈电路的放大器

$$u_C \frac{R_2}{R_1 + R_2} = i_1 R_D - \frac{1}{C_D}\int i_2 \mathrm{d}t \tag{9-3}$$

$$\frac{1}{C_D}\int i_2 \mathrm{d}t + \frac{1}{C_I}\int (i_1 + i_2)\mathrm{d}t + u_f = 0 \tag{9-4}$$

$$u_f = (i_1 + i_2)R_I \tag{9-5}$$

联立上述三个方程，消掉中间变量可得

$$u_C = K_c f\left(u_R + \frac{1}{fT_I}\int u_R \mathrm{d}t + \frac{T_D}{f}\frac{\mathrm{d}u_R}{\mathrm{d}t}\right) \tag{9-6}$$

式中 K_c——PID 控制器的放大因数，$K_c = \frac{1}{k} = \frac{R_2}{R_1 + R_2}$；

f——相互干扰因数，$f = \frac{T_1}{T_f} = \frac{R_D C_D + R_D C_I + R_I C_I}{R_I C_I} = 1 + \frac{R_D}{R_I} + \frac{R_D C_D}{R_I C_I}$；

T_I——积分时间，$T_I = T_f = R_I C_I$；

T_D——微分时间，$T_D = R_D C_D$。

通常，$C_I = C_D$，$f = 1 + 2R_D/R_I$；f 说明积分时间与微分时间是相互干涉的。这一点在控制器的工程整定表 8-1、表 8-2 中能看出，如果减少或增加某种调节规律，比例带、积分时间、微分时间都会改变。

连续式控制器 ESRL21 具有新风补偿作用，采用冬季/夏季补偿用内部开关转换；采用 NTC 热敏电阻传感温度，是连续式比例积分控制器，比例带 2%～40%（纯比例控制）、比例带 5%～100%（PI 控制）内可调；积分时间 2～15min 可调；输出 0～10V DC 标准信号，端子接线图如图 9-19 所示。

ESRL31 是连续式串级控制器，它的线路框图如图 9-20 所示，端子接线图如图 9-19 所示。从图中可看出，它由主变送器、主控制器、副变送器、副控制器、信号选择、和输出

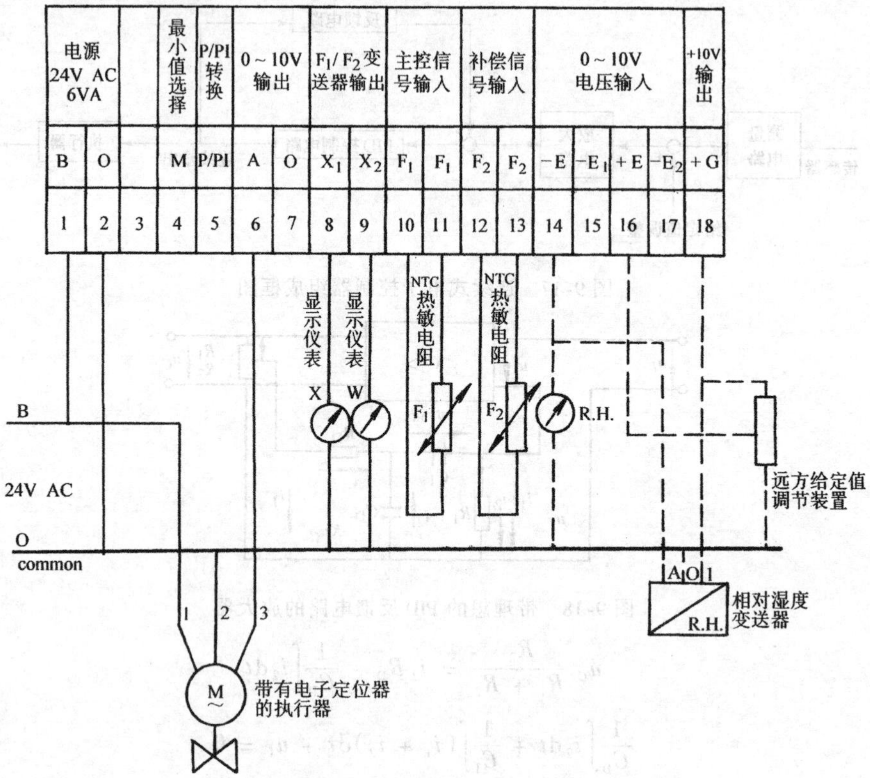

图 9-19 ESRL21 端子接线示意图

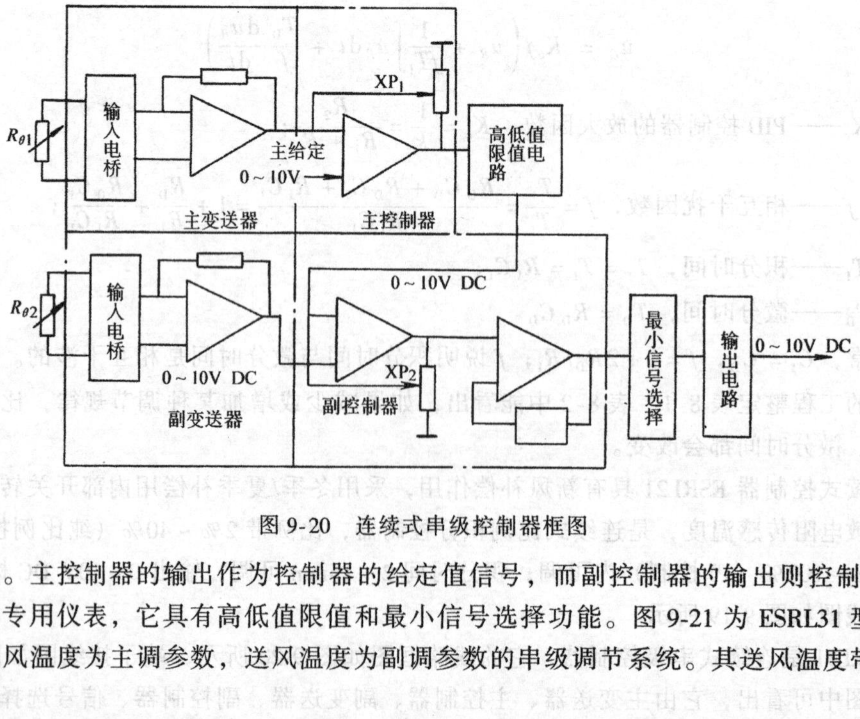

图 9-20 连续式串级控制器框图

电路组成。主控制器的输出作为控制器的给定值信号，而副控制器的输出则控制执行器。作为空调专用仪表，它具有高低值限值和最小信号选择功能。图 9-21 为 ESRL31 型串级调节器以回风温度为主调参数，送风温度为副调参数的串级调节系统。其送风温度带有高低限控制。

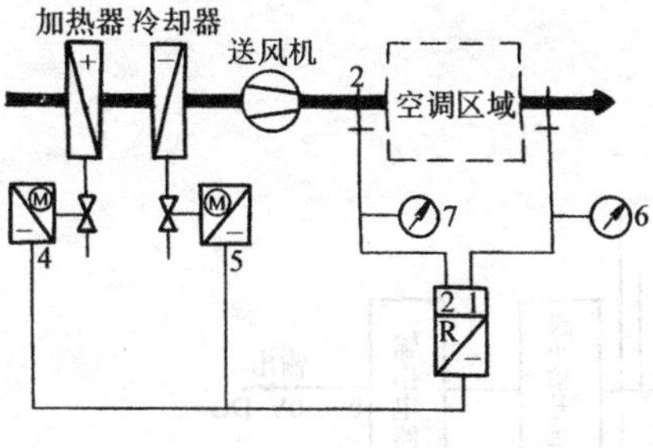

系统中仪表组成如下：

1、2—为 EKF020/40 型风道温度传感器

3—ESRL31 型串级调节器

4—用于加热的带 EPOS-4 定位器的电动调节阀

5—用于冷却的带 EPOS-4 定位器的电动调节阀

6、7—为 EAKT020/40 温度指示器

该系统的工作特性如图所示：

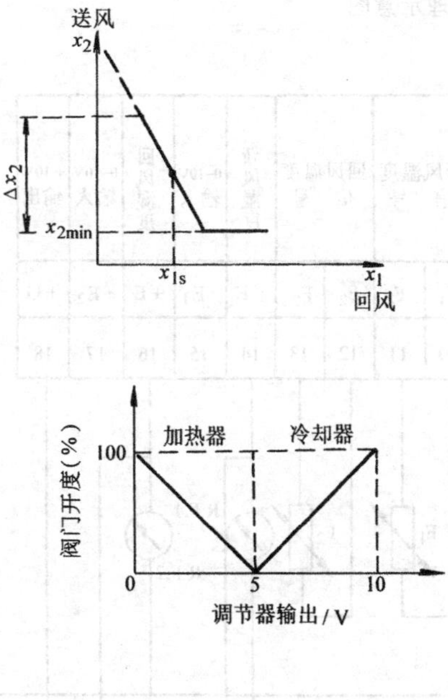

系统配线图：

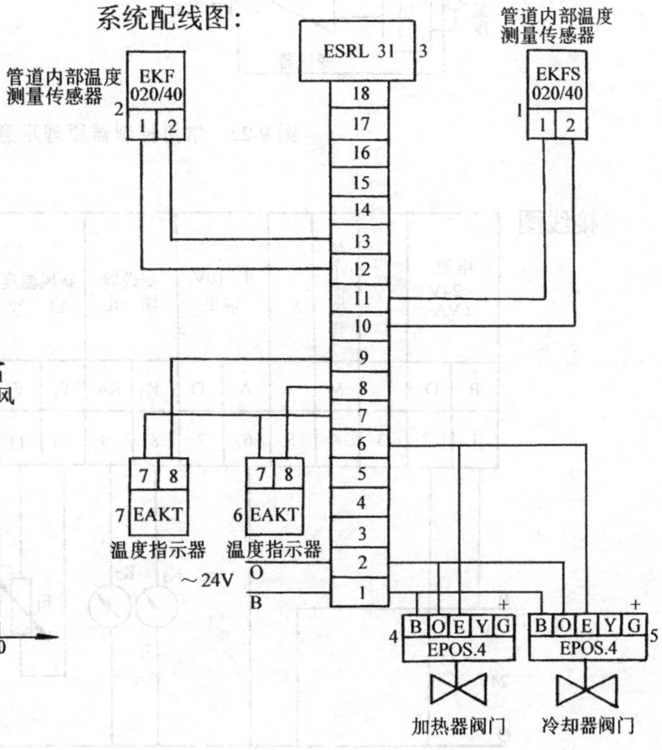

图 9-21 ESRL31 型串级调节器应用举例

焓值控制器 ESRL51 是空调节能专用仪表，是多参数输入仪表。图 9-22 为焓值控制原理示意图，从图中看出，它有四个输入信号：室内温度、湿度，室外温度、湿度。利用温度、湿度计算出焓值，进行室内外焓值的比较，进行比例运算后与选择信号进行比较，然后输出 0~10V DC 信号控制执行器。图 9-23 为焓值控制器接线图。图 9-24 为焓值控制器应用举例及系统配线图。

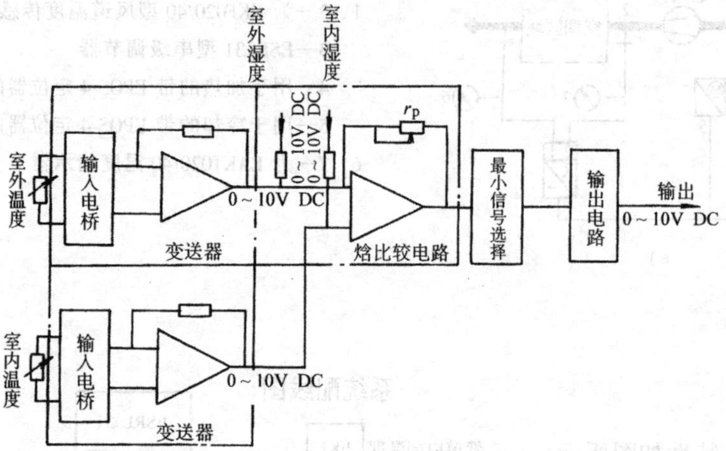

图 9-22　焓值控制器原理示意图

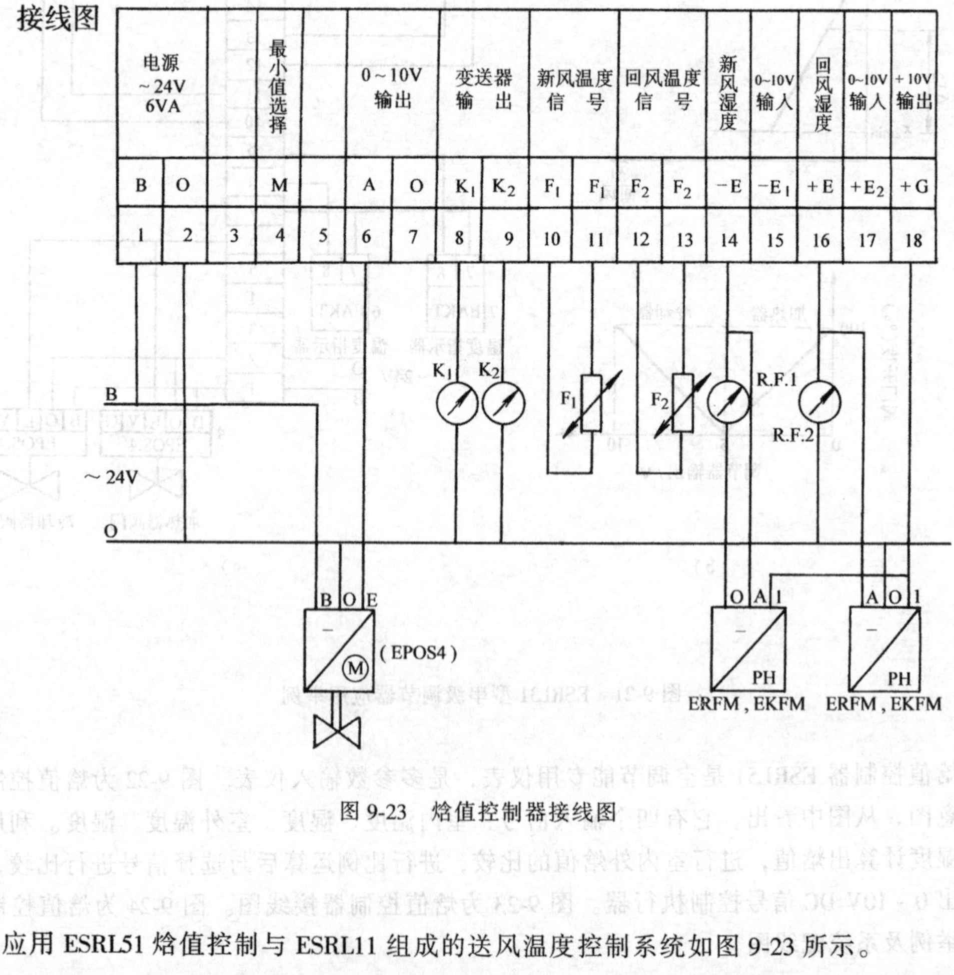

图 9-23　焓值控制器接线图

应用 ESRL51 焓值控制与 ESRL11 组成的送风温度控制系统如图 9-23 所示。

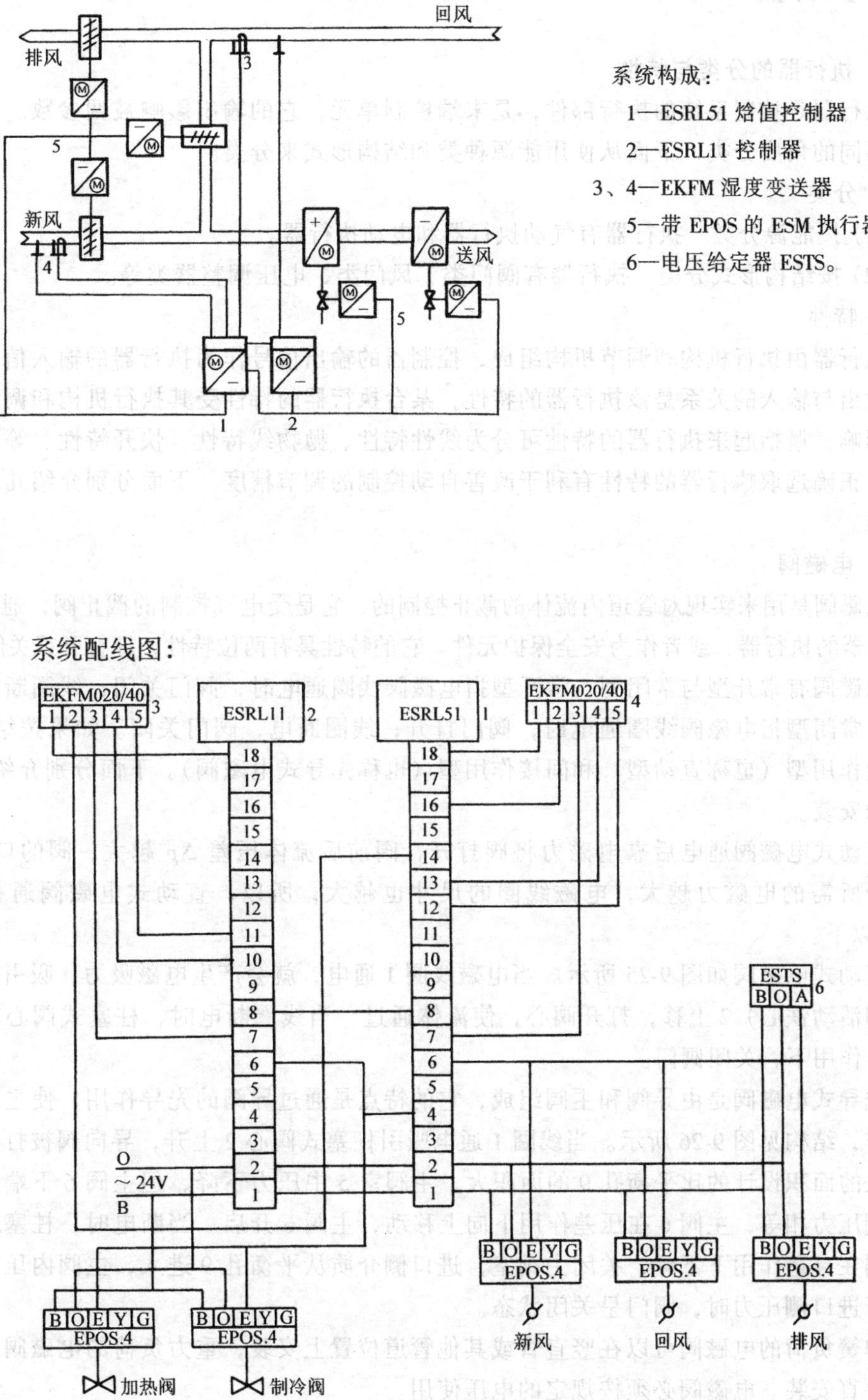

图 9-24 焓值控制器应用举例及系统配线图

9.3 执行器

9.3.1 执行器的分类与特性

执行器是控制系统的执行部件，是末端控制单元，它的输出影响被调参数。执行器可以从不同的角度分类，下面从使用能源种类和结构形式来分类。

1. 分类

(1) 按能源分类 执行器有气动执行器和电动执行器。

(2) 按结构形式分类 执行器有阀门类、风门类、电压调整器类等。

2. 特性

执行器由执行机构和调节机构组成，控制器的输出信号作为执行器的输入信号，执行器的输出与输入的关系是该执行器的特性，某台执行器的特性受其执行机构和调节机构的结构影响，概括起来执行器的特性可分为线性特性、抛物线特性、快开特性、等百分比特性等，正确选取执行器的特性有利于改善自动控制的调节精度。下面分别介绍几种常用的执行器。

9.3.2 电磁阀

电磁阀是用来实现对管道内流体的截止控制的，它是受电气控制的截止阀，通常用作两位控制器的执行器，或者作为安全保护元件。它的特性具有两位特性，即打开或关闭阀门。

电磁阀有常开型与常闭型。常开型指电磁阀线圈通电时，阀门关闭；线圈断电，阀门打开。常闭型指电磁阀线圈通电时，阀门打开；线圈断电，阀门关闭。如果按结构来分，有直接作用型（也称直动型）和间接作用型（也称先导式电磁阀）。下面分别介绍其结构、使用和安装。

直动式电磁阀通电后靠电磁力将阀打开，阀前后流体压差 Δp 越大、阀的口径越大，阀打开所需的电磁力越大，电磁线圈的尺寸也越大，所以，直动式电磁阀通径一般在13mm以下。

直动式电磁阀如图9-25所示。当电磁线圈1通电，就会产生电磁吸力，吸引柱塞式阀心（即活动铁心）2上移，打开阀心，使流体通过。当线圈断电时，柱塞式阀心在自重和弹簧3作用下，关闭阀门。

先导式电磁阀是由导阀和主阀组成，它的特点是通过导阀的先导作用，使主阀发生开闭动作，结构见图9-26所示。当线圈1通电吸引柱塞式阀心2上升，导向阀被打开。由于导阀孔的面积设计的比平衡孔9的面积大，主阀室5中压力下降，但主阀6下端压力仍与进口侧压力相等，主阀6在压差作用下向上移动，主阀6开启。当断电时，柱塞式阀心与导向阀在自重作用下下降，关闭主阀室，进口侧介质从平衡孔9进入，主阀内压力上升至约等于进口侧压力时，阀门呈关闭状态。

弹簧负荷的电磁阀可以在竖直管或其他管道位置上安装，重力负荷的电磁阀必须在水平管垂直安装。电磁阀必须按规定的电压使用。

9.3.3 电动调节阀

1. 结构

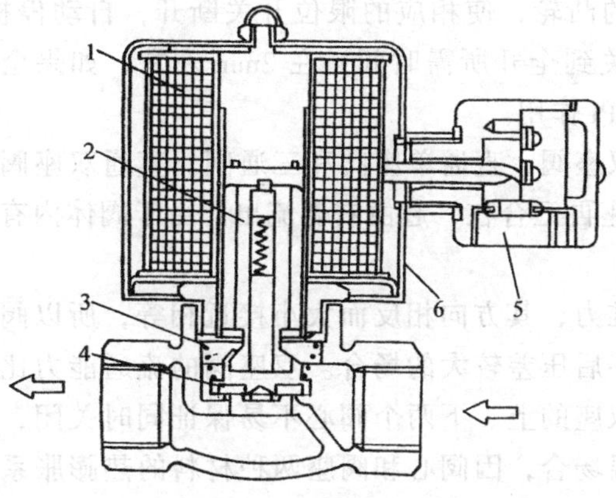

图 9-25 直动式电磁阀

1—线圈 2—柱塞阀心 3—弹簧 4—圆盘 5—接线盒 6—外罩

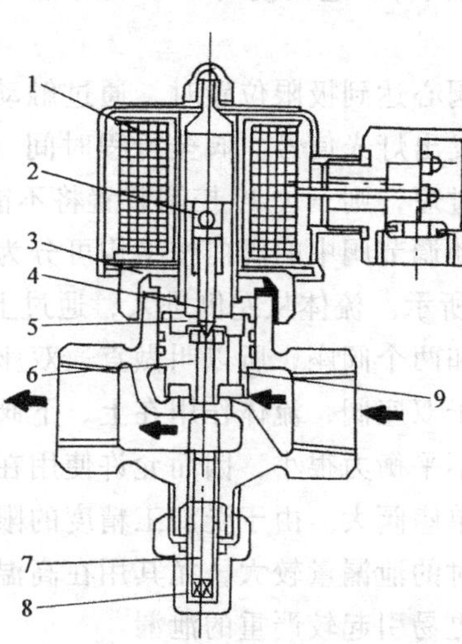

图 9-26 先导阀

1—线圈 2—柱塞阀心 3—罩子 4—导阀 5—主阀室 6—主阀 7—手动开闭棒 8—盖 9—平衡孔

电动调节阀由电动执行机构和调节阀组成，如图 9-27 所示。当电动机 3 通电旋转，带动机械减速器使丝杠6转动，丝杠上的导板7将电动机转动变成上下移动，由弹性联轴器

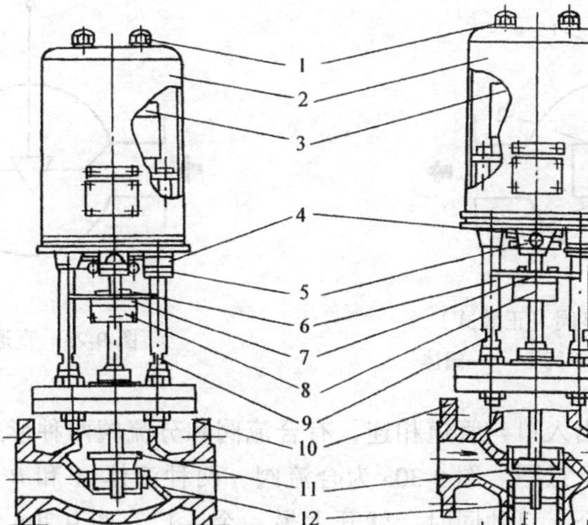

a） b）

图 9-27 电动调节阀

a）直通电动调节阀 b）三通电动调节阀

1—螺母 2—外罩 3—两相可逆电动机 4—引线套筒 5—油罩 6—丝杠 7—导板 8—弹性联轴器 9—支架 10—阀体 11—阀心 12—阀座

8去带动阀杆，进而使阀心11上下移动。随着电动机转向不同使阀心朝着打开或关闭方向移动。

当阀心达到极限位置时，通过触动轴上的凸轮，使相应的限位开关断开，自动停机，同时可发出灯光信号。阀全行程时间（由全关到全开所需时间）在2min左右，如果全行程时间过短，则三位PI控制装置将不能发挥PI作用。

电动调节阀中的阀门按结构可分为直通双座阀、直通单座阀和三通阀。直通双座阀如图9-28所示。流体从左侧进入，通过上下阀座再汇合在一起由右侧流出。由于阀体内有两个阀心和两个阀座，所以叫做直通双座阀。

对于双座阀，流体作用在上、下阀心的推力，其方向相反而大小接近相等，所以阀心所受的不平衡力很小，因而允许使用在阀前、后压差较大的场合。双座阀的流通能力比同口径的单座阀大。由于受加工精度的限制，双座的上、下两个阀心不易保证同时关闭，所以关闭时的泄漏量较大，尤其用在高温或低温场合，因阀心和阀座两种材料的热膨胀系数不同，更易引起较严重的泄漏。

双座阀有正装和反装两种：当阀心向下移动时，阀心与阀座间流通面积减少者称为正装；反之，称为反装。对于双座阀只要把图9-28中的阀心倒过来装，就可以方便地将正装改为反装。

直通单座阀如图9-29所示，阀体内只有一个阀心和一个阀座。单座阀的特点是单阀心结构，容易达到密封，泄漏量小；流体对阀心推力是单向作用，不平衡力大，所以单座阀仅适用阀前后低压差的场合。

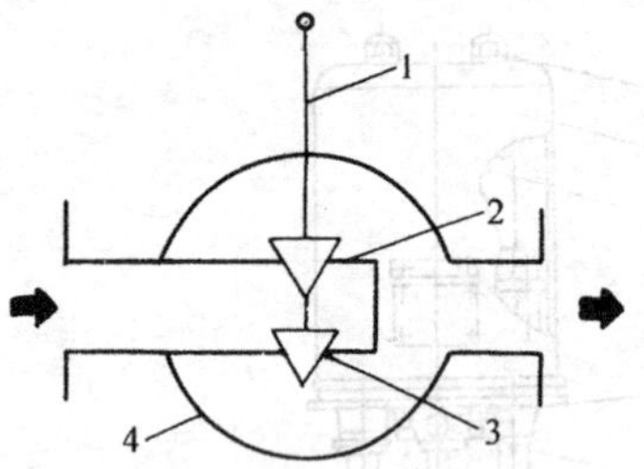

图9-28 直通双座阀（正装式）

1—阀杆 2—阀座 3—阀心 4—阀体

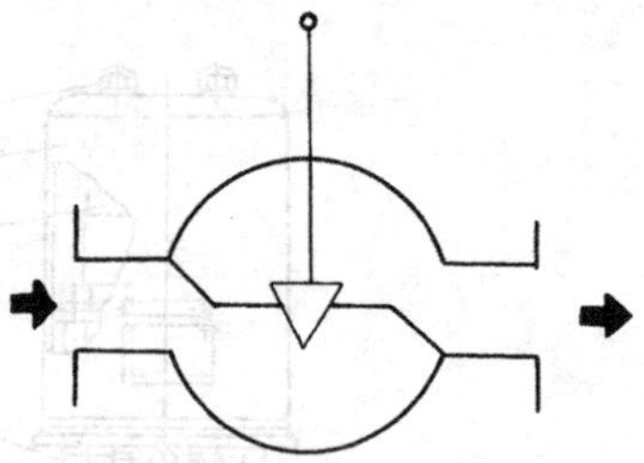

图9-29 直通单座阀

三通调节阀有三个出入口与管道相连，有合流阀和分流阀两种形式。图9-30为三通调节阀阀体与阀心的结构示意图。图9-30a为合流阀，两种流体 A 和 B 流入混合为 $A+B$ 流体流出，当阀混关小一个入口的同时，就开大另一个入口。图9-30b为分流阀，它有一个入口，两个出口，即流体由一路进来然后分为两路流出。

2. 调节阀的流量特性

调节阀的流量特性指流过调节阀介质的相对流量与调节阀相对开度之间的关系，即 $\frac{q_V}{q_{V\max}}=f\left(\frac{L}{L_{\max}}\right)$，其中 $q_V/q_{V\max}$ 为相对流量，即调节阀某一开度下的流量与全开流量之比；$L/L_{\max}$ 为相对开度，即调节阀某一开度下的行程与全开时行程之比。

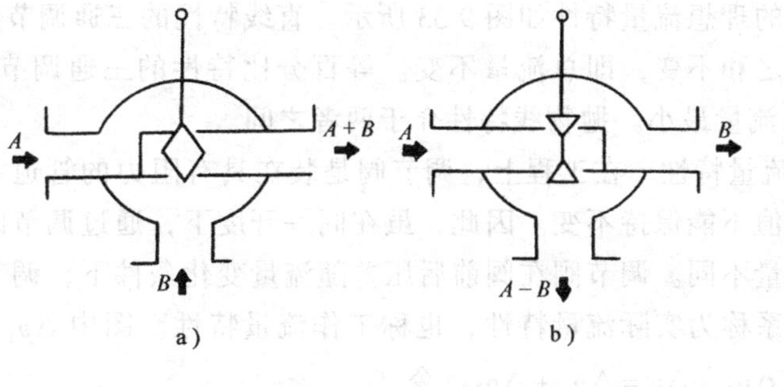

图 9-30　三通阀
a) 合流阀　b) 分流阀

调节阀流量特性是由调节阀阀心形状决定的，阀心形状有柱塞阀和开口形阀两类，如图 9-31 所示。

(1) 理想流量特性　理想流量特性是指阀前后压差保持不变、而流过阀的流量变化的相对流量与相对开度的关系。如图 9-32 所示，各流量特性线，当相对开度为零时，相对流量为 3.3%，可知在相对开度为零时，流量为最小，且此最小流量与最大流量之比为 0.033，或者说最大流量与最小流量之比为 30。

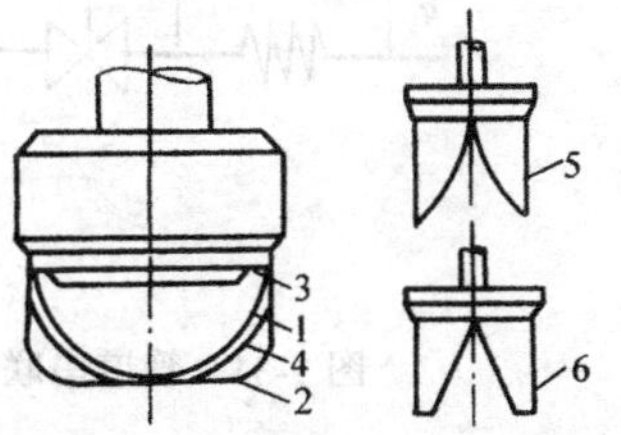

图 9-31　阀心形状
1—直线特性阀心（柱塞）　2—等百分比特性阀心（柱塞）　3—快开特性阀心（柱塞）　4—抛物线特性阀心（柱塞）　5—等百分比特性阀心（开口形）　6—直线特性阀心（开口形）

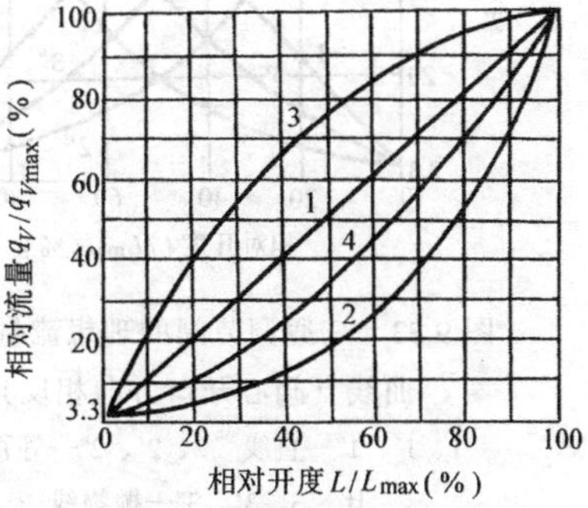

图 9-32　理想流量特性
1—直线特性　2—等百分比特性　3—快开特性　4—抛物线特性

从图 9-32 可知，直线流量特性，即

$$\mathrm{d}\left(\frac{q_V}{q_{V\max}}\right)\bigg/\mathrm{d}\left(\frac{L}{L_{\max}}\right)=K \tag{9-7}$$

式中　K——调节阀特性曲线斜率，等于常数。

等百分比流量特性

$$\mathrm{d}\left(\frac{q_V}{q_{V\max}}\right)\bigg/\mathrm{d}\left(\frac{L}{L_{\max}}\right)=K\frac{q_V}{q_{V\max}} \tag{9-8}$$

即曲线斜率与相对流量成正比，即随着相对流量的增加，曲线的放大因数是变大的。

抛物线特性介于直线和等百分比特性之间。

三通调节阀的理想流量特性如图 9-33 所示。直线特性的三通调节阀在任何开度时，流过两个阀心流量之和不变，即总流量不变。等百分比特性的三通调节阀总流量是变化的，在 50%开度处总流量最小。抛物线特性介于两者之间。

(2) 实际的流量特性 在工程上，调节阀是装在具有阻力的管道系统上如图 9-34，调节阀前后的压差值不能保持不变。因此，虽在同一开度下，通过调节阀的流量将与理想特性时所对应的流量不同。调节阀在阀前后压差随流量变化条件下，调节阀的相对流量与相对开度之间的关系称为实际流量特性，也称工作流量特性。图中 Δp_1 为调节阀上的压降，管道上的压降为 Δp_2，$\Delta p = \Delta p_1 + \Delta p_2$，令

$$S = \Delta p_{1m}/\Delta p = \Delta p_{1m}/(\Delta p_{1m} + \Delta p_2) \tag{9-9}$$

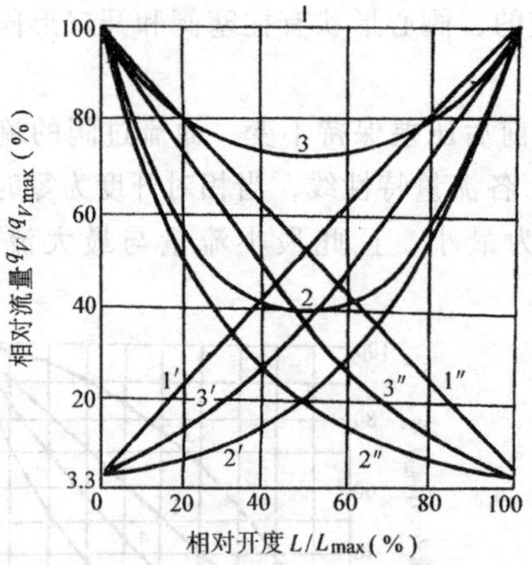

图 9-33 三通调节阀的理想流量特性曲线（阀心开口方向相反）
1、1′、1″—直线 2、2′、2″—等百分比 3、3′、3″—抛物线

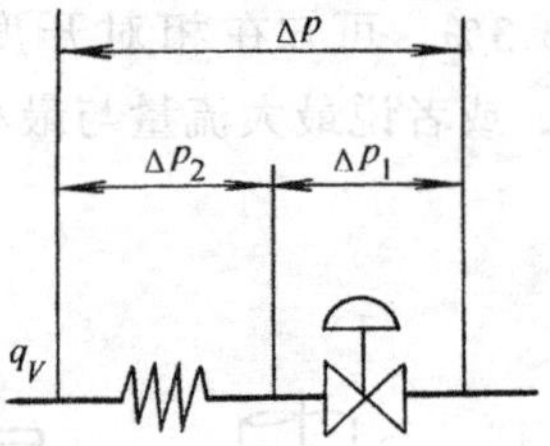

图 9-34 管道串联

上式中，Δp_{1m} 为调节阀全开时阀上的压降，S 称为阀权度，又称阀门能力。S 表示在管道系统压力分配上阀门所占有的权度。当阀门不变，而改变不同的管道阻力时，其 S 值不同，随着管道阻力的增大，S 值递减。如果以 q_{V100} 表示管道有阻力时，调节阀全开时的流量。$q_{V100} < q_{V\max}$，则 q_V/q_{V100} 称作以 q_{V100} 为参比的调节阀的相对流量，调节阀的实际流量特性见图 9-35。由图可知，当 $S=1$ 时，系统加在调节阀两端压差恒定，则为理想流量特性。随着 S 值减少（即除调节阀以外的管道及设备阻力增加），调节阀全开的流量递减，但在某一相对开度下的相对流量 q_V/q_{V100} 随着 S 的减少而增大。因此使工作流量特性发生畸变，成为一组向上拱起的曲线族。理想的直线特性趋向快开特性，理想等百分比特性趋向于直线特性。这一点在调节阀特性的选择很重要，要充分考虑阀权度的影响，在实际过程中，$S \geqslant 0.3$。

对于并联管道时的工作流量特性，如图 9-36 所示。

由于调节阀一般都装有旁路，若用 x 来衡量旁路的程度，则

$$x = q_{V100}/q_{V\max} \tag{9-10}$$

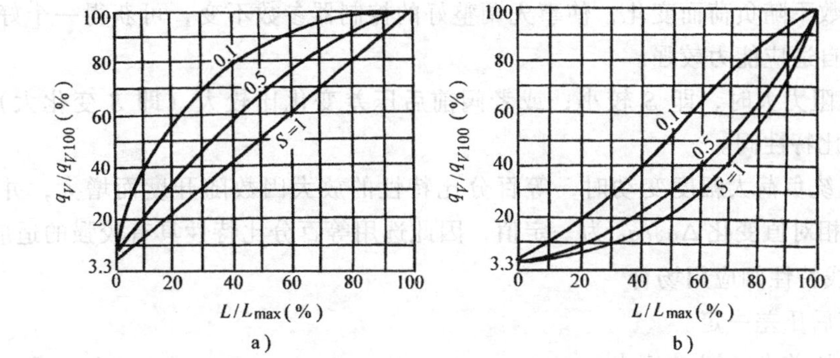

图 9-35 串联管道调节阀的工作流量特性

a) 直线流量特性 b) 等百分比流量特性

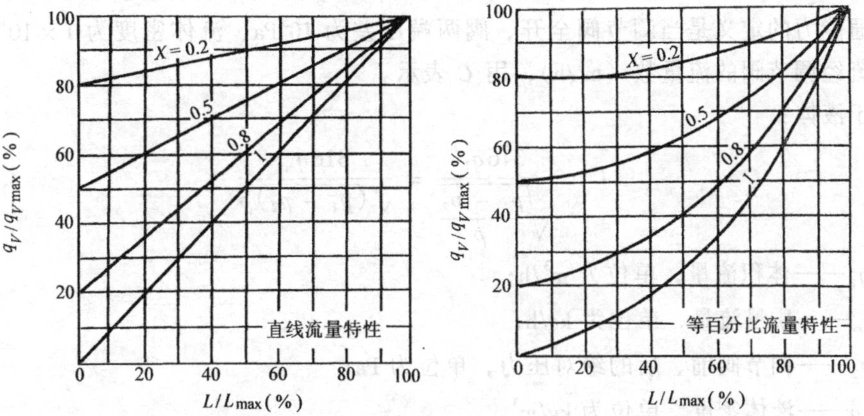

图 9-36 并联管道直通调节阀的工作特性（以 $q_{V\max}$ 为参比值）

式中 q_{V100}——调节阀全开时，通过调节阀的流量；

$q_{V\max}$——总管最大流量，$q_{V\max} = q_{V100} + q_{Vby}$（$q_{Vby}$ 为旁通流量）。

从图 9-36 可知，当 $x = 1$ 时，调节阀的工作特性与理想特性一致，随着 x 的减少，系统的流量可调比大大下降。一般情况下，旁通流量最多只能是总流量的百分之十几，即 x 值不能低于 0.8。

3. 调节阀流量特性的选择

调节阀的特性有等百分比特性、直线特性、抛物线特性、快开特性。对于直通调节阀可用等百分比特性阀代替抛物线特性阀，而快开特性阀只应用于双位控制和程序控制中。因此，在选择阀门特性时，更多的是指如何选择等百分比特性阀和直线特性阀。

(1) 等百分比（对数）特性阀应用场合

1) 控制热水加热器

应用等百分比调节阀的放大因数 K_v 随负荷增加而递增的特性来补偿加热器的放大因

数 K_0 随负荷增加而递减的特性，即所谓补偿加热器的非线性，使 $K_v K_0$ = 常数，保证系统开环放大因数不随负荷而变化，使事先调整好的控制器参数不变，可获得一个好的调节品质，使系统自适应能力较强。

2）管道阻力大时，即 S 较小；或者阀前后压差变化比较大（即 S 变化大）的情况，使用等百分比特性阀。

3）当系统负荷大幅度变动时，等百分比特性的放大因数随开度而增大，并且在各开度处的流量相对值变化 $\Delta q_V/q_V$ 为一定值，因此选用等百分比特性具有较强的适应性。

（2）直线特性阀应用场合

1）阀前后压差一定。

2）阀上压差大，即 S 值大。

3）负荷变化小。因为直线特性阀，在小流量时 $\Delta q_V/q_V$ 很大，系统不稳定。

4. 调节阀的流通能力及其口径的选择

调节阀的流通能力直接反映调节阀的容量，是设计、使用部门选用调节阀的主要参数。流通能力的定义是当调节阀全开、阀两端压差为 10^5Pa、流体密度为 1×10^3kg/m^3 时，每小时流经调节阀的流量数（m^3/h），用 C 表示。

对于液体：

$$C = \frac{316 q_V}{\sqrt{\dfrac{p_1 - p_2}{\rho}}} = \frac{316 q_m}{\sqrt{(p_1 - p_2)\rho}} \tag{9-11}$$

式中 q_V——体积流量，单位为 m^3/h；

q_m——质量流量，单位为 kg/h；

p_1，p_2——调节阀前、后的绝对压力，单位为 Pa；

ρ——液体密度，单位为 kg/m^3。

对于蒸气：当 $p_2 > 0.5p_1$ 时，蒸气处于亚临界状态

$$C = \frac{10 q_m}{\sqrt{(p_1 - p_2)\rho_2}} = \frac{10 q_m}{\sqrt{\rho_2 \Delta p}} \tag{9-12}$$

式中 q_m——蒸气质量流量，单位为 kg/h；

p_1，p_2——调节阀前、后的绝对压力，单位为 Pa；

ρ_2——调节阀后出口断面上蒸气密度，单位为 kg/m^3。

当 $p_2 < 0.5p_1$ 时，蒸气处于超临界状态，不管阀后压力 p_2 多少，阀出口截面的蒸气压力 p_2 保持不变，即 $p_2 = p_{2KP} = 0.5p_1$，阀后出口断面上蒸气密度 $\rho_2 = \rho_{2KP}$ 也保持不变，p_{2KP}，ρ_{2KP} 均为临界状态下的参数。

$$C = \frac{10 q_m}{\sqrt{(p_1 - p_{2KP})\rho_{2KP}}} = \frac{10 q_m}{\sqrt{\rho_{2KP}\left(p_1 - \dfrac{p_1}{2}\right)}} = \frac{14.14 q_m}{\sqrt{\rho_{2KP} p_1}} \tag{9-13}$$

调节阀的口径是根据工艺要求的流通能力来确定的，先计算出 C 值后，查调节阀的产品规格说明书，确定调节阀的公称直径（口径）、阀心直径。

9.3.4　电动调节风门

在空调系统中为了控制风量采用电动调节风门，它由电动执行机构和风门组成。风门有多叶风门和单叶风门两类，多叶风门又分为平行叶片风门和对开叶片风门两种，图 9-37 所示为单叶片风门，图 9-38 所示为多叶片风门，对开叶片风门相间的两叶片平行，而相邻的两叶片以相反方向转动。

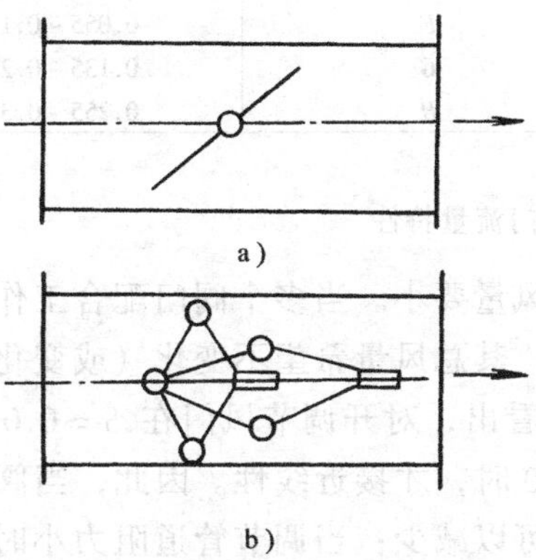

图 9-37　单叶风门示意图

a) 蝶式风门　b) 菱形风门

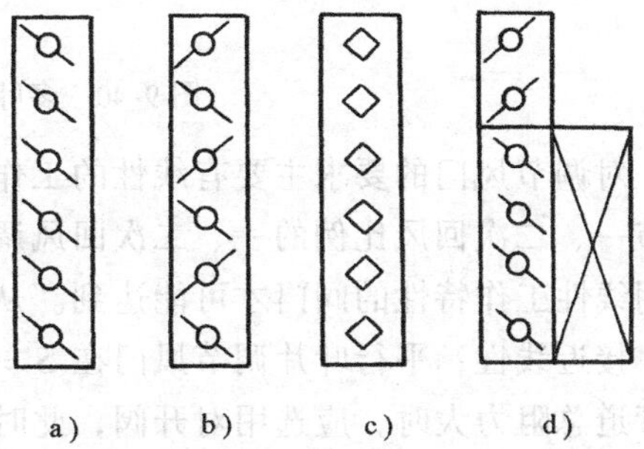

图 9-38　多叶风门示意图

a) 平行叶片风门　b) 对开叶片风门

c) 菱形风门　d) 复式风门

复式风门用来控制加热风与旁通风的比例，阀的加热部分与旁通部分叶片的动作方向相反。多叶菱形风门是一种较新型的风门，它利用改变菱形叶片的张角来改变风量（工作中菱形叶片的轴线始终处在水平位置上）。

调节风门的流量特性是指空气流过调节风门的相对流量与风门转角的关系。与调节阀一样，风门的工作流量特性与压降比 S 值有关，图 9-39 和图 9-40 为平行叶片风门和对开叶片风门的工作流量特性。平行叶片风门和对开叶片风门，它们的特性都是随着 S 值的减少而畸变愈严重。

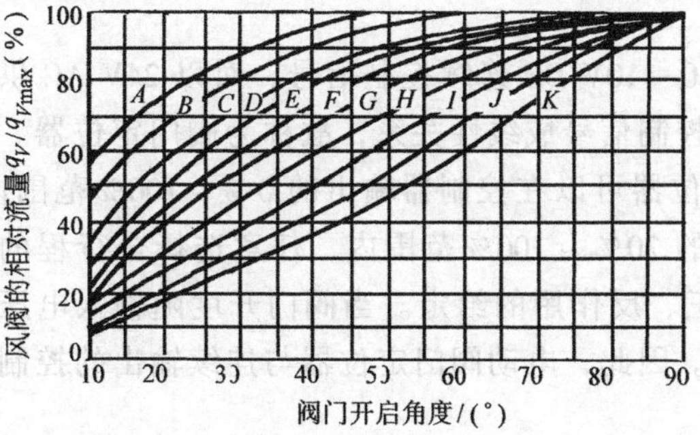

曲线序号	S 值
A	0.005 ~ 0.01
B	0.01 ~ 0.015
C	0.015 ~ 0.025
D	0.025 ~ 0.035
E	0.035 ~ 0.055
F	0.055 ~ 0.09
G	0.09 ~ 0.15
H	0.15 ~ 0.20
J	0.20 ~ 0.30
K	0.30 ~ 0.50

图 9-39　多叶平行调节风门流量特性

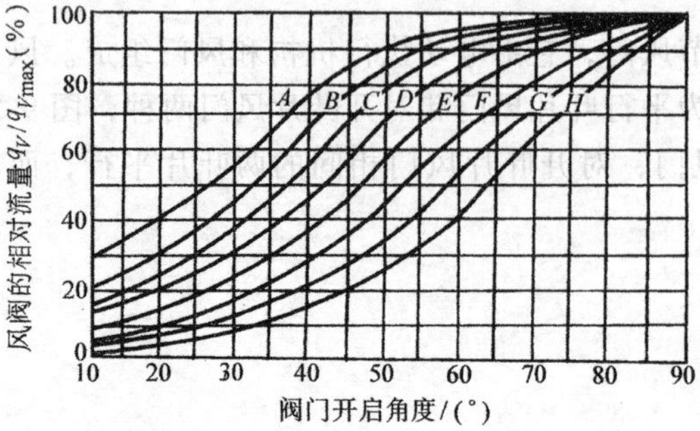

曲线序号	S 值
A	0.0025 ~ 0.005
B	0.005 ~ 0.0075
C	0.0075 ~ 0.015
D	0.015 ~ 0.025
E	0.025 ~ 0.055
F	0.055 ~ 0.135
G	0.135 ~ 0.255
H	0.255 ~ 0.375

图 9-40 多叶对开调节风门流量特性

对调节风门的要求主要有线性的工作特性和漏风量要小。当多个阀门配合工作（例如调节一、二次回风比例的一、二次回风调节阀）时，其总风量希望不变化（或变化不大），采用线性工作特性的阀门才可能达到。从图中可以看出，对开调节风门在 $S=0.03\sim0.05$ 时，接近线性；平行叶片调节风门在 $S=0.08\sim0.20$ 时，才接近线性。因此，当阀门的调节管道总阻力大时，应选用对开阀，此时阀上压降可以减少；当调节管道阻力小时，可选平行阀。从减少漏风量来看，对开阀比平行阀好。

漏风量是风阀的一个主要技术指标，它由风阀尺寸、关闭后静压决定。作为一个例子，介绍 FDF 系列风阀最大泄漏量的求法，见图 9-41。例如，当已知比例式风阀宽度 800mm、高 900mm，关闭后承受静压力为 1000Pa，求解步骤如下：

1）从关闭后静压值 1000Pa 出发，向左水平移动到曲线 1，得到一个交点；再从此交点出发向上，垂直引出一条线，与给定风阀高度 900mm 的斜线相交；再从此点出发向右，划一条水平线与线 *A* 相交。

2）从关闭后的静压值 1000Pa 出发，向右水平移动到曲线 2，得到一个交点；再从该点向上，引垂直线，与给定风阀宽度 800mm 的斜线相交；再从此点出发向左，划一条水平线与线 *B* 相交。

3）连接 *A* 线与 *B* 线上已求得的两点，此连线与 *C* 线的交点即为风阀最大泄漏量，本例为 $135m^3/m$。

9.3.5 电动阀门定位器（EPOS）

电动阀门定位器接受控制器传输过来的 0 ~ 10V DC 连续控制信号，对以 24V AC 供电的执行机构的位置进行控制，使阀门位置与控制信号成线性关系，故称为阀门定位器。电动阀门定位器装在执行器壳内，电动阀门定位器可以在控制器输出的 0% ~ 100% 范围内，任意选择执行器的起始点㊀；在控制器输出的 20% ~ 100% 范围内，任意选择全行程的间隔，又称工作范围㊁。电动阀门定位器具有正、反作用的给定。当阀门开度随输入电压增加而加大时称为正作用，反之则称为反作用。因此，电动阀门定位器与连续输出的控制器配套可实现分程控制。

㊀ 执行器开始动作时，所对应的控制器输出电压值。

㊁ 执行器从全开到全关，或从全关到全开所对应的控制器输出电压值。

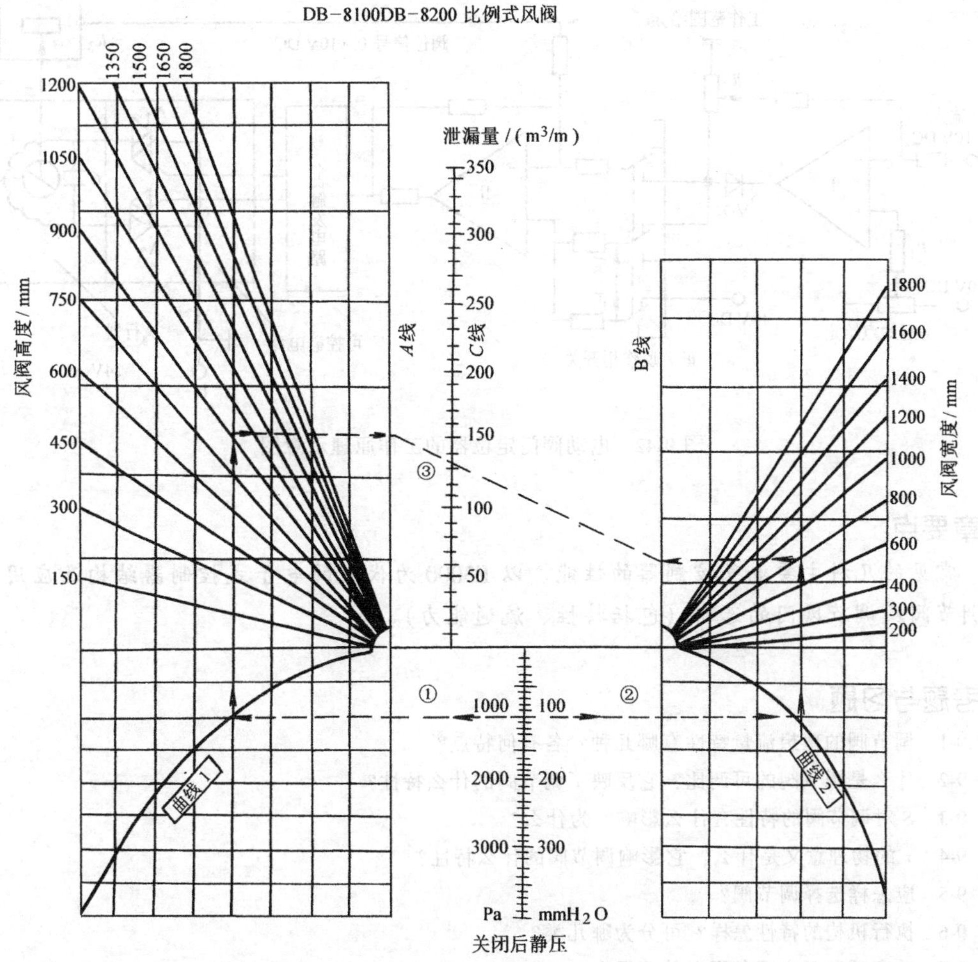

图 9-41 FDF 系列风阀最大泄漏量

电动阀门定位器的工作原理示意图如图 9-42 所示，它由前置放大器（Ⅰ和Ⅱ）、触发器、双向可控硅电路和位置发送器等部分组成、电动阀门定位器与以往使用的伺服放大器都属于无触点电动执行器、图中 R_1 是起始点调整电位器，R_2 是全行程间隔调整电位器，R_3 是阀门位置反馈电位器。

为了使阀门位置与输入信号一一对应，在放大器Ⅱ输入端引入阀位负反馈信号，0～10V DC 是由位置发送器送过来的信号，在阀门转动的同时，通过减速器带动反馈电位器 R_3，转换为 0～10V DC。依靠反馈信号，准确地转换阀门的行程。图中二极管 VD 的主要作用是保证在输入信号小于起始点给定值时，放大器Ⅰ的正向输出不能通过，保证下级电路不动作。

正、反作用开关置于“反”作用时，10V DC 与前级的输出同时加到放大器Ⅱ的正向输入端，从而保证输入为 10V 时，阀开度为零，输入为 0V 时，阀开度为 100%，且输入与阀开度成线性关系。

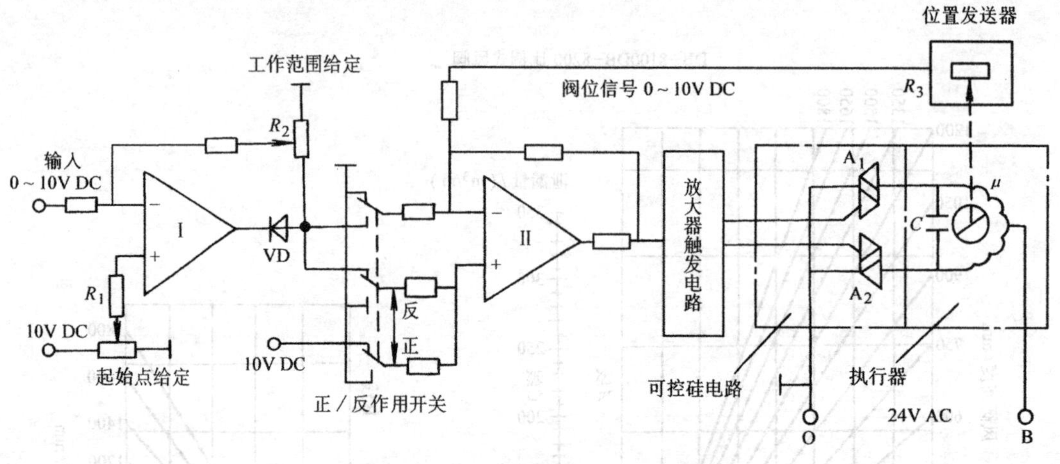

图 9-42 电动阀门定位器的工作原理示意图

本章要点

常见的几种主要电气控制器的性能、以 E3000 为代表的电子式控制器结构及应用、电动调节阀及调节风门的选取（包括特性、流通能力）。

思考题与习题

9-1 调节阀的理想流量特性有哪几种？各有何特点？

9-2 什么是调节阀的可调比？它反映了调节阀的什么特性？

9-3 S 对调节阀的特性有什么影响？为什么？

9-4 x 的物理意义是什么？它影响调节阀的什么特性？

9-5 应怎样选择调节阀？

9-6 执行机构的特性怎样？可分为哪几类？

9-7 单座阀和双座阀各用在什么场合？

9-8 调节风门可分为几类？选择风门时应考虑哪些因素？

9-9 用图 9-11 分析三位式 PI 控制器电路实现三位 PI 控制规律的工作过程。

9-10 如表 9-3 所示。有一台直通双座调节阀，操作量为水，最大流量 $q_{V\max} = 100\text{m}^3/\text{h}$，其最小压差为 $\Delta p_{\min} = 0.05\text{MPa}$，最小流量 $q_{V\min} = 20\text{m}^3/\text{h}$，其最大压差 $\Delta p_{\max} = 0.5\text{MPa}$，$S = 0.5$，试计算调节阀的流通能力、确定调节阀的公称直径和阀座直径。

9-11 如图 9-43 所示，流过加热盘管的水流量为 $q_V = 31\text{m}^3/\text{h}$，热水温度为 80 °C，$p_m - p_r = 1.7 \times 10^5\text{Pa}$，求 C 值是多少？

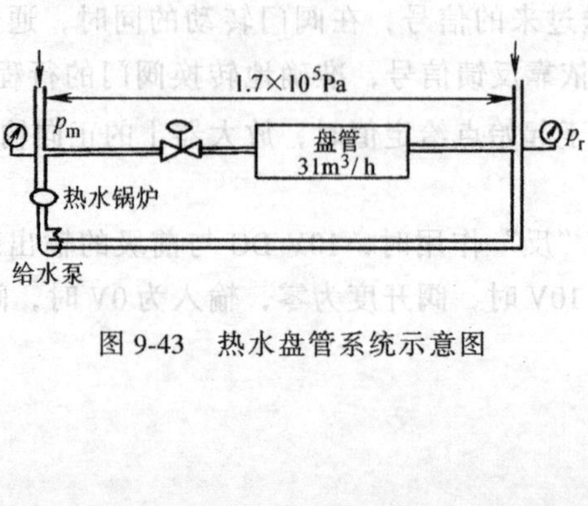

图 9-43 热水盘管系统示意图

9-12 某比例式风阀（长×宽为700×900），关闭后承受静压力1400Pa，求该风阀关闭的漏风量。

表 9-3 调节阀技术数据

型号	公称压力/（$\times10^5$Pa）	允许压差/（$\times10^5$Pa）	公称通径/mm	阀心直径/mm	流通能力/（$\times10^3$kg/h）	流量特性	配用执行机构型号	出轴推力/（$\times10^5$Pa）	阀心行程/mm	作用方式	信号/mA
ZAZN ZAN	16 40 64		25	26 24	10	线性等百分比	DKZ-310	400	16	电开式	DDZ-Ⅱ型0～10或DDZ-Ⅲ型4～20
			32	30 30	16						
			40	40 38	25				25		
			50	50 48	40						
			65	66 64	63		DKZ 410	640	40		
			80	80 78	100						
			100	100 98	160				60		
			125	126 124	250						
			150	150 148	400						
			200	200 187	630						

实训8 各种控制器与执行器的安装、调试

1.YWK-22型压力控制器的安装与调整

YWK-22型压力控制器的结构示意图如图9-44。

(1) 安装 高压气箱的信号必须从高压排气阀前（即阀与机器之间）接出；低压气箱的信号必须从低压进气阀前（即不在机器一侧）接出，如图9-45所示。有的机器低压气箱信号接口已设在进气阀后（阀与机器之间），抽空时需将控制器顶部“抽空-运转”旋钮往抽空方向旋转90°角。若按图9-45取压，抽空时可不用抽气旋钮。

(2) 压力调整 YWK-22型主刻度调整须转动大弹簧上端的调节花盘，调节调节螺杆。自动停车的一根红色指示针可随调节上下移动，指出停车压力。低压部分幅差刻度调整，须转动幅差调节花盘。YWK系列主刻度和幅差刻度都有防松锁紧装置，调整前松动锁紧装置，调整完后应记住锁紧锁紧装置。

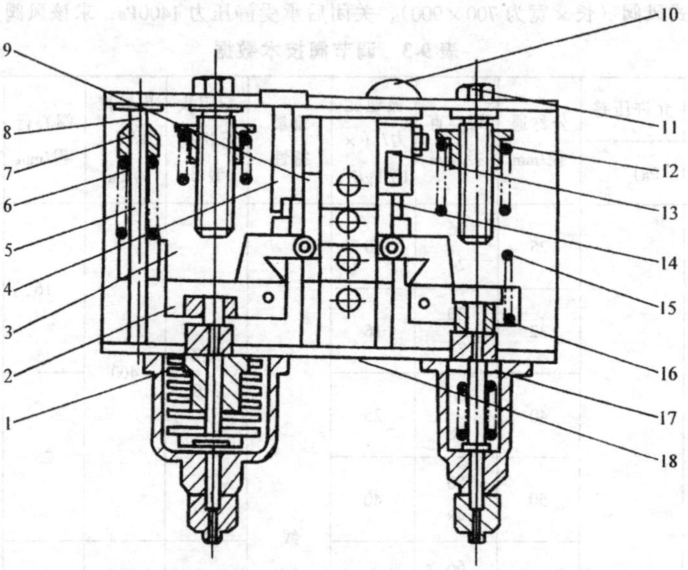

图 9-44 YWK-22 型压力控制器结构示意图

1—低压气箱 2—低压跳脚 3—低压调节弹簧 4—抽空拨杆 5—差动轮 6—差值弹簧 7—六角螺母 8—差值调节杆 9—双微动开关 10—复位按钮 11—调节螺杆 12—调节螺母 13—跳板 14—高压跳板 15—高压调节弹簧 16—高压跳脚 17—高压气箱 18—法线橡胶圈

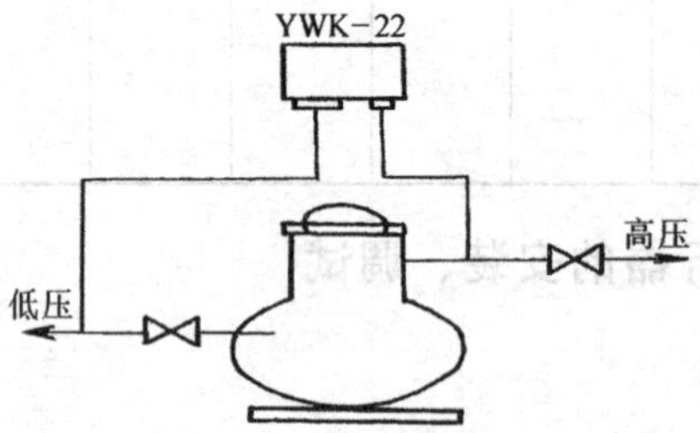

图 9-45 安装示意图

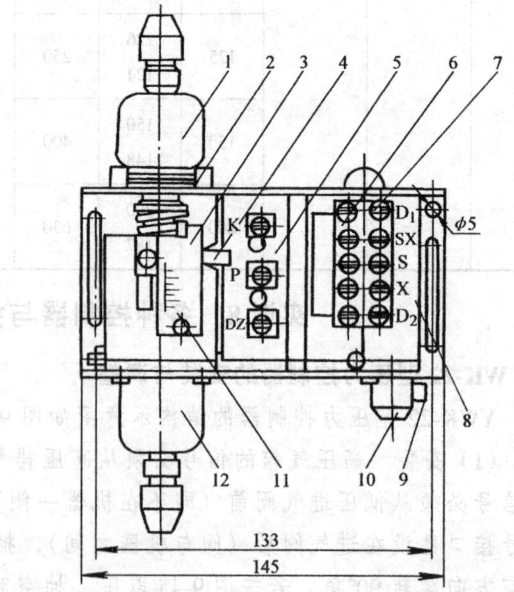

图 9-46 JC-3.5 油压差控制器结构图

1—低压气箱 2—定位柱 3—刻度牌 4—跳板 5—压力开关 6—复位按钮 7—复位表 8—延时结构 9—外壳 10—进线夹头 11—指针 12—高压气箱

2.JC-3.5 油压差控制器使用和调整

JC-3.5 油压差控制器结构如图 9-46 所示，技术数据见表 9-4。

表 9-4 JC-3.5 型压差控制器技术数据

压力差调节范围/Pa	不可调差值/Pa	波纹管最大承受压力/Pa	额定工作电压/V	延时时间/s	主触点容量	适用工质
500～3500	500	1.6×10^4	交流 220/380 直流 220	60 ±20	交流 1A 直流 50W	NH_3 R 12 R 22

JC-3.5 油压差控制器的使用和调整：

1）压力差的调整：JC-3.5 油压差控制器压力差可调范围为 0.25～0.35MPa。调整时，根据压缩机的要求确定压差值。在低压气箱处有一压差调节齿轮，转动此轮即可改变压差值，压差值的大小由指针指出。

2）控制器前盖正面有试验按钮，供随时测试延时机构的可靠性。当压缩机正常工作时，将按钮依箭头方向推动，当推动时间超过调定的延时时间时，如能切断电机电路，则说明延时机构正常。

3）延时机构每动作一次，需过一定时间（5min）待双金属片冷却后，压缩机才能重新工作。

4）JC-3.5 控制器可用 380V 和 220V 两种电源，如用 220V 电源时 $X—D_1$ 之间虚线不接；当用 380V 电源时，$X—D_2$ 之间虚线不接。

3. 电磁阀的安装与调试

（1）安装

1）（水）电磁阀必须垂直安装在水平管路上，阀体上箭头与工质流动方向应一致。焊接时应先点焊定位后拆下阀体再继续烧焊，以防止内部零件因受热损坏。焊好以后要立即清除焊渣、氧化皮等杂物，防止通道阻塞及损坏密封面。焊接时两端导管要对准，法兰端面要平行，否则难以密封。

2）（水）电磁阀零件组装时要注意不能漏装或错装，否则阀门会失灵或损坏，如漏装上下隔磁套管，则线包温度增高，吸力降低，漏装弹簧片，工作时将发生机械振动发出嗡嗡声，这些都将缩短线包寿命。

3）ZCL—3 型阀针升高度只有 1.5mm，在换配隔磁套管法兰盘与导阀阀座的密封垫片时，应与原垫片厚度相同，否则将影响阀针升高度。上面的压紧螺钉要均匀拧紧，稍有偏压，将影响密封性能。

4）电磁导阀与主阀连接处，中间夹五孔软铝垫付，拧时只要感觉已压住，再稍微加力拧紧即可密封，不要用大扳手强行加力，否则较周片被压启，使通孔变小或封死。甚至造成公扣滑丝。

5）对（水）电磁阀来说，由于制冷系统用水一般均有脏污，所以阀前应加装过滤器，以免水中杂物影响阀心密闭。

6）ZCS—50W和ZCS—100W型（水）电磁阀活塞上积水不能自行流出，冬天应注意防冻。

（2）调试 电磁阀出厂前均按技术条件规定做过性能鉴定，使用单位不必重作水压强度和气压密封试验等。但需作性能试验，以确定电磁阀能否灵活开启，能否关严，有无异声等。具体步骤如下：

1）将电磁阀的一端，用管道经一个手动关闭阀通以压缩空气，并在电磁阀入口处装1只压力表，电磁阀的另一端用管道通入水池中。用手动关闭阀调节空气压力，当压力达到1.6MPa，电磁阀通以交流220V电源时电磁阀能正常开启，则水池中大量气泡冒出。

2）将电磁阀断电，这时电磁阀关闭，水池中无气泡冒出，按设计要求，当压力减少至0.007MPa时，持续3min水池中气泡冒出，则电磁阀关闭严密。

3）电磁阀线包用500V兆欧表测其对地绝缘电阻值，若绝缘电阻值≥0.22MΩ，则可通电试验，若其绝缘电阻值<0.22MΩ，说明线包受潮，需烘干后再作通电试验。

4）电磁阀线包接通交流220V电源后，有动铁心撞击的“嗒”声，断电后有较轻的“扑”声，即为正常。

5）当电压为额定电压的1.05倍时，线圈连续通电，温升不超过60℃（可用手背试一下不觉烫手）即为合格。

4.ESRL21电子控制器的调校

图9-47为E3000系列控制器的面板图，表9-5为控制器旋钮代号与功能对照表，表9-6为F_1、F_2温度与电阻的关系表，图9-48为ESRL21的调校接线图。

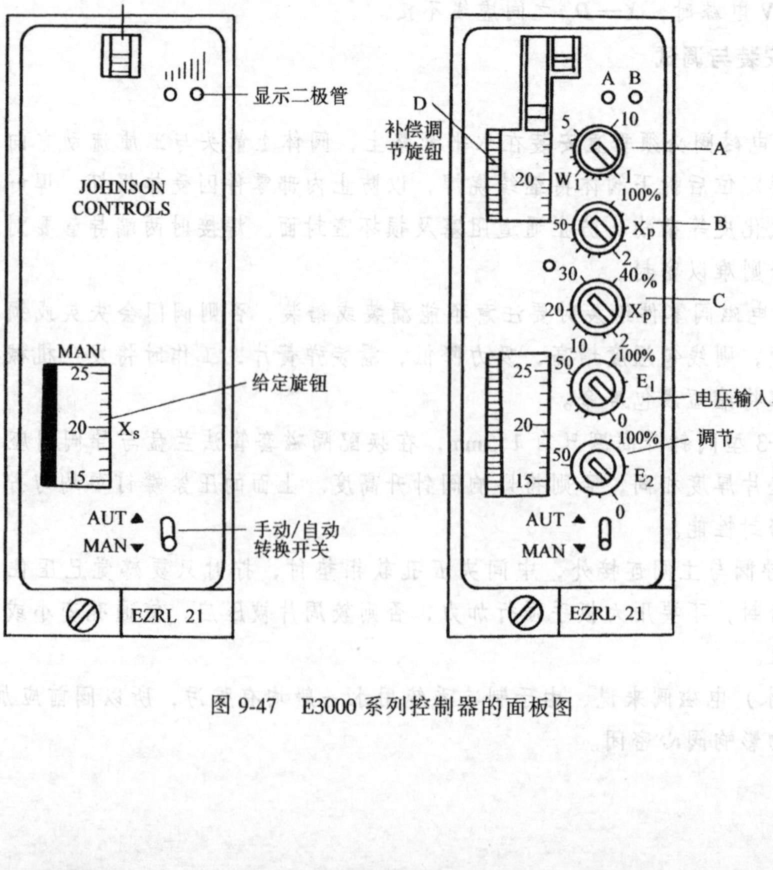

图9-47 E3000系列控制器的面板图

表 9-5 控制器旋钮代号与功能对照表

	A	B	C	D
ESRL11 EDRL11	无	无	比例带	无
ESRL15 EDRL15	无	无	比例带	无
ESRL13 EDRL13	无	无	比例带	无
ESRL21 EDRL21	补偿调整旋钮	无	比例带	补偿起点调整
ESRL31、35 EDRL31、35	副调节器 工作范围	副调节器 比例带	主调节器 比例带	副调节器给定值下限
ESRH22 EDRH22	高低限选择	无	比例带	加热曲线选择
ESRL41	新风最小位置选择	比例带 2	比例带 1	新风温度设定
ESRL51	无	无	比例带	无

表 9-6 变送器 F_1、F_2 温度与电阻的关系表

温度/°C	电阻/Ω	温度/°C	电阻/Ω	温度/°C	电阻/Ω	温度/°C	电阻/Ω
-20	21860	-4	9044.1	+12	4073.9	+28	1976.6
-19	20631	-3	8582.4	+13	3884.7	+29	1893.3
-18	19478	-2	8150.0	+14	3706.8	+30	1814.4
-17	18397	-1	7740.1	+15	3537.9	+31	1739.2
-16	17381	0	7352.8	+16	3378.0	+32	1667.2
-15	16428	+1	6988.0	+17	3224.9	+33	1598.2
-14	15534	+2	6643.4	+18	3080.7	+34	1532.9
-13	14692	+3	6316.9	+19	2943.4	+35	1470.6
-12	13902	+4	6010.6	+20	2812.8	+36	1411.3
-11	13158	+5	5717.6	+21	2668.9	+37	1355.0
-10	12460	+6	5443.1	+22	2571.8	+38	1301.0
-9	11800	+7	5181.9	+23	2458.2	+39	1249.2
-8	11181	+8	4936.4	+24	2353.3	+40	1199.6
-7	10598	+9	4702.2	+25	2252.0		
-6	10048	+10	4481.5	+26	2155.8		
-5	9532.7	+11	4272.1	+27	2064.4		

(1) 输入变换校验　变送器 F_1、F_2 输入标准电阻值，记录 X、W 显示表的显示值，计算相对误差，如果最大的相对误差超过 0.5%，则反复调整输入变换电路中的零点、量程电位器，使其达到要求。达不到要求的，变换电路出现故障。记录数据填入下表。

温度/°C	阻值/Ω	X显示表			W显示表		
		理论值	测量值	误差	理论值	测量值	误差
-20	21850	0			0		
-5	9532.7	2.5			2.5		
+10	4481.5	5			5		
+25	2252.0	7.5			7.5		
+40	1199.6	10.0			10.0		

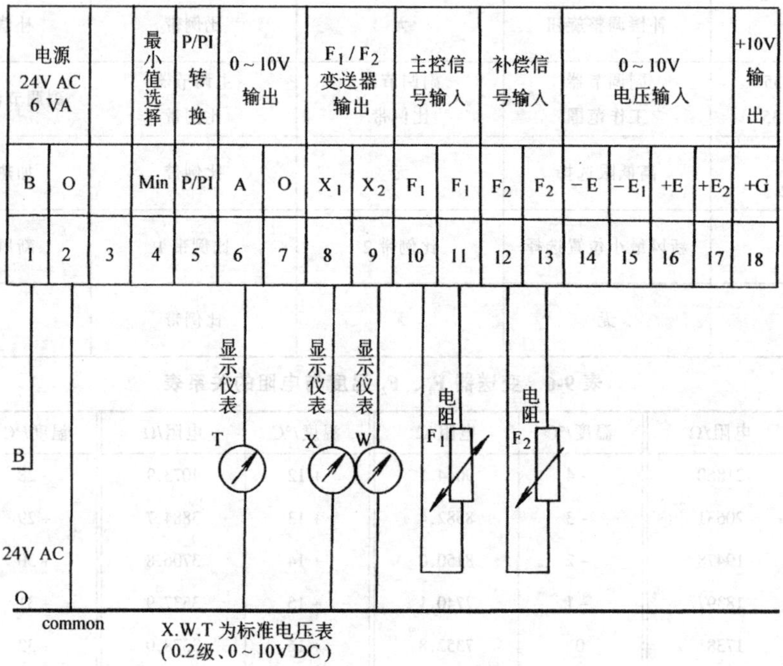

图9-48 ESRL21调校接线图

(2) 比例带刻度校验 把积分时间置于最大，比例带置于某一定值，把面板上的手动/自动转换开关置于手动，调整控制器输出，使其输出为5V。F_1输入4481.5Ω阻值，F_2输入2812.8Ω阻值，旋动给定旋钮使给定值为5V，把面板上的手动/自动转换开关置于自动，快速旋动给定旋钮至4V，记录T显示表的显示值U_T，计算实测的比例带，按下式计算比例带

$$\delta=\left|\frac{1}{(U_T-5)}\right|\times 100\%$$

(3) 积分时间刻度校验 把比例带置于真正的100%，然后把积分时间置于某一定值，把面板上的手动/自动转换开关置于手动，调整控制器输出，使其输出为5V。F_1输入4481.5Ω阻值，F_2输入2812.8Ω阻值，旋动给定旋钮使给定值为5V，把面板上的手动/自动转换开关置于自动，快速旋动给定旋钮至4V时按下计时的秒表，直至T显示表的显示值U_T下降（或上升）了2V时，停止计时，记录的时间就是积分时间。

第10章
自动控制系统简介

10

10.1 自动控制系统流程图与符号

自动控制系统按结构形式可分为单回路控制系统和多回路控制系统，在结构上，前者简单，后者复杂。无论是简单的自动控制系统，还是复杂的自动控制系统，都可以用自动控制流程图来反映其自动控制的实施方案。自动控制流程图又称自动控制原理图，它是用规定的文字、图形符号在工艺流程图上绘出的，是自控人员和工艺人员设计思想的集中表现和共同的“工程语言”。

自动控制流程图主要反映每个控制系统中的被控变量及其测点位置、执行器种类及其安装位置、控制器的安装（集中控制盘或就地安装）以及各控制系统之间的关系等。在控制流程图中，一般用圆表示某些自动控制装置，圆内写有两位或三位字母，第一个字母表示被控变量，后续字母表示仪表的功能。常用被控变量和仪表功能的字母代号见表10-1，图形符号见表10-2。

表10-1 字母代号

字母	第一位字母		后续字母
	被测变量或初始变量	修饰词	功能
A	分析		报警
B	喷嘴火焰		供选用
C	电导率		控制
D	密度	差	
E	电压		传感器
F	流量	比（分数）	
G	长度		玻璃
H	湿度		
I	电流		指示
J	功率	扫描	
K	时间与时间程序		自动手动操作
L	物位		指示灯
M	电动机		
O	供选用		节流孔
P	压力或真空		试验点（触头）
Q	数量或件数	积分、积算	积分、积算
R	辐射		记录或打印
S	速度或频率	安全	开关或联锁
T	温度		传送
V	粘度		阀、挡板、百叶窗

表10-2 图形符号

序号	图形符号	名　称	序号	图形符号	名　称
1		室内型传感器一般形式	16	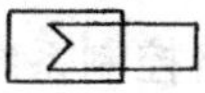	电加热器
2		管道型传感器一般形式	17	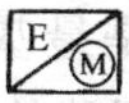	带电动定位器的电动执行机构
3		热电阻	18		电磁阀
4		热电偶	19	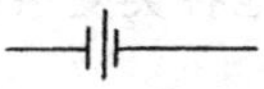	孔板
5		盘面安装控制器或指示器	20		连续开关
6		就地安装控制器或指示器	21	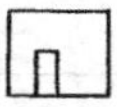	转换开关
7		直通阀	22		风管、供水、供气干管
8		三通阀	23		气动执行机构
9		风门	24		膨胀阀
10		水泵	25		止回阀
11		风机	26		空调房间
12		压缩机	27		信号线
13		冷却塔	28		电动执行机构
14	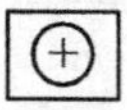	空气加热器	29		过滤器
15		空气冷却器	30		变送器

10.2 单回路控制系统

如图10-1所示为单回路控制系统的框图。它是由测量元件、控制器、执行器和调节对象组成的单一反馈回路的控制系统。这种系统结构简单，投资少，易于调整、投运，又能满足一般过程控制的要求，是最基本的过程控制系统。即使在高水平的自动化控制方案中，这类系统目前仍占控制回路的绝大多数（约占工业控制系统的80%以上）。而且，复杂控制系统也是在简单控制系统基础上构成的，一些高级过程控制系统往往是将这类系统作为最低层的控制系统。因此，学习和掌握简单控制系统的分析设计方法既具有广泛的实用价值，又是学习掌握其他各类复杂控制系统的基础。

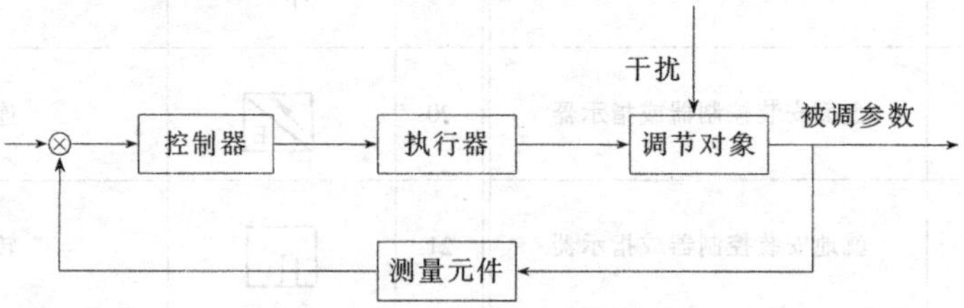

图10-1 单回路控制系统框图

1. 单回路控制系统设计的一般要求

实际的控制系统多种多样，具有不同的特点和目标，要求也不尽一致，但是稳、准、快是任何一类系统都应具备的基本品质。所谓“**稳**”，是指控制系统首先必须是稳定的，并具有一定的稳定裕量。如果系统不能保证稳定运行，谈论别的性能都毫无意义。所谓“**准**”，是指系统被控变量的实际运行状况与希望状况之间的偏差应尽量的小，使系统具有足够的控制精度。所谓“**快**”，是指系统从一种工作状态向另一种工作状态过渡的时间应尽量的短。在实际工程上这三者要求往往是相互矛盾的。例如，为了使系统的控制精度较高，系统的平稳性就可能受到不利影响。为了保证系统平稳运行，系统的快速性就可能受到削弱。因此，在设计过程控制系统时，应根据工程实际情况，分清主次矛盾，满足最重要的控制要求。

2. 单回路控制系统设计的内容

（1）被控变量的选取　根据工艺要求选择被控变量是控制系统设计的重要内容，它对于保证工艺要求、安全生产和经济运行都有重要意义。选择被控变量可按以下原则进行：

1）选择对产品产量、质量、安全生产、经济运行和环境保护等具有决定作用的、可直接测量的工艺参数作为被控变量。

2）当不能用直接参数作为被控变量时，应选择与直接参数有单值函数关系的间接参数作为被控变量。

3）被控变量必须具有足够大的灵敏度。

4）被控变量的选取，必须考虑工艺过程的合理性和所采用的测量仪表的性能。

（2）操作量的选取　当生产工艺上有几种操作量可供选择时，应分析对象干扰通道与控制通道特性对控制质量的影响，然后作出合理选择。在选择操作量时，一般考虑如下问题：

1）对象静态特性对控制质量的影响。对象静态特性对控制质量的影响是指对象控制通道或干扰通道的静态放大因数对控制质量的影响。干扰通道的静态放大因数越大，干扰引起的输出越大，这就使被控参数偏离给定值越多。从控制角度来看，这是所不希望的。因此，从设计角度应设法减小干扰通道的静态放大因数，以便减小干扰对被控参数的影响。当干扰通道的静态放大因数无法改变时，减小干扰引起偏差的办法之一就是增强控制作用，以抵消干扰的影响，或者采用干扰补偿，将干扰引起的被控参数的变化补偿掉。

控制通道的静态放大因数越大，则控制作用越强，克服干扰的能力也越强，系统的稳态误差就越小，同时，控制通道的静态放大因数越大，被控参数对控制作用的反应就越灵敏，响应就越迅速。所以，在系统设计时，选择控制通道的静态放大因数要适当大一些。

2）对象动态特性对控制质量的影响。干扰通道时间常数的影响：干扰通道时间常数越大，干扰对被控变量影响越缓慢，控制系统可以及时发挥作用，减小系统过渡响应的动态偏差。

干扰通道延时时间的影响：干扰通道延时时间的存在，仅仅使干扰引起的输出推迟了一段时间，相当于干扰隔了一段时间后才影响被控参数，而干扰在何时进入系统本来就是无法预知的，因此，干扰通道延时时间的存在并不影响系统的控制质量。

干扰进入系统的位置对控制质量的影响：干扰进入系统的位置不同，则对被控变量的影响也不同。干扰作用点离被控变量越远，对被控变量的影响就越小，反之，则越大。

控制通道时间常数的影响：调节器的调节控制作用是通过控制通道去影响被控参数的，如果控制通道的时间常数较大，调节器对被控参数变化的调节就不够及时，系统的过渡过程就会拖长，导致控制质量下降。但控制通道的时间常数过小，控制作用过于灵敏，也容易引起系统振荡，从而难以保证控制质量。因此，在系统设计时，应使控制通道的时间常数适当小一些。在无法减小的情况下，可以考虑在控制通道中增加微分作用进行补偿。

控制通道延时时间的影响：控制通道延时时间的存在使系统的动态偏差增大，超调增加，从而导致控制质量下降。因此，设法减小控制通道的延时时间，有利于提高系统的控制质量。

综上所述，单回路控制系统选择控制参数的一般原则为：

1）选择控制通道的静态放大因数适当大一些，时间常数适当小一些，延时时间则越小越好。

2）选择干扰通道的静态放大因数应尽可能小，时间常数尽可能大，干扰引入系统的位置离被控变量尽可能的远。

3）当广义被控过程（包括被控过程、调节阀和测量变送环节）由几个一阶惯性环节串联组成时，应尽量设法把几个时间常数错开，使这几个时间常数中的最大和最小的比值尽量大一些，这对提高系统的控制质量有利。

4）选择确定控制参数时，还应注意工艺操作的合理性能可行性以及经济性等因素。

3．控制规律的选择

选择控制规律的目的，是使控制器与被控对象能很好的配合，使构成的控制系统满足控制品质的要求。几种常见的控制规律的特点参见8.3.2节内容。在制冷与空调系统中，应根据不同对象及其参数的特点进行选择使用。

(1) 比例控制（P） 一般适用于对象特征比 τ/T 小，负荷变化不显著，精度要求不高的系统。例如，制冷与空调系统中的温度、湿度、液位及流量等热工参数的自动控制。

(2) 比例积分控制（PI） PI控制一般适用于惯性不大，负荷变化不大的系统。例如，精度要求较高的温度控制，流量控制等。

(3) 比例微分控制（PD） 比例微分控制一般适用于时间常数较大或多容过程，不适用于流量、压力等一些变化剧烈的过程。

(4) 比例积分微分控制（PID） 比例积分微分控制一般用于对象时间常数大、容积迟延大、负荷变化又大又快的场合。在制冷与空调系统中，PID较少使用。

4. 调节器参数的整定

调节器参数的整定是过程控制系统设计的核心内容之一。它的任务是根据被控过程的特性确定PID调节器的比例带、积分时间以及微分时间的大小。下面介绍几种常用的调节器参数的整定方法。

(1) 经验试凑法 步骤如下：

1) 将 T_I 放在最大位置上，T_D 放在最小位置上（即 $T_D=0$），从大到小改变比例带直至得到较好的调节过程曲线。

2) 将上述比例带放大到1.2倍，从大到小改变积分时间，以求得较好的控制过程曲线。

3) 积分时间 T_I 保持不变，改变比例带，观察控制过程曲线是否改善，则继续调整比例带；若没有改善，则将原定的比例带减小一些，再改变积分时间，以改善调节过程曲线。如此反复多次，直至找到合适的比例带和积分时间。

4) 初步整定比例带和积分时间后，引入微分时间 T_D，引入微分后可适当减小比例带和积分时间，设置微分时间为积分时间的1/6~1/4。观察控制过程曲线是否理想，若不理想再适当调整比例带、积分时间和微分时间。

(2) 临界比例带法 当控制系统在纯比例控制作用下，开始作周期性的等幅振荡时，称调节系统处于“临界振荡”状态。此时，控制器的比例带称“临界比例带”，以 δ_K 表示，此时的振荡周期为“临界周期”，以 T_{KP} 表示。

整定步骤如下：

1) 将 T_I 放在最大位置，T_D 放在最小位置，即 $T_D=0$，δ 取最大值，逐步减小 δ，直至被调量的记录曲线出现等幅振荡为止，这时得到临界比例带 δ_K 和临界周期 T_{KP}。

2) 根据得到的临界比例带和临界周期按表10-3给出的经验公式计算出调节器的 δ、T_I 及 T_D 参数。

这是一种闭环整定方法。由于该方法直接在闭环系统中进行，不需要测试过程的动态特性，因而方法简单，使用方便，获得了广泛的应用。但当生产过程不允许进行反复振荡实验时，就不能应用此法。

表 10-3 用临界比例带法求控制器参数

控制品质要求	控制规律	控制器参数		
		δ	T_I	T_D
振幅衰减比为 4:1	P	$2\delta_K$	—	—
	PI	$2.2\delta_K$	$0.85T_{KP}$	—
	PID	$1.7\delta_K$	$0.5T_{KP}$	$0.125T_{KP}$

(3) 响应曲线法 响应曲线法是根据对象阶跃反应曲线进行的，不需要反复试凑，整定时间短，尤其适用于对象特性已经掌握的情况。对于相当数量的控制系统，其广义对象的阶跃反应曲线通常可近似看成带有纯滞后的一阶惯性环节，通过实验测得反应曲线，并求出滞后时间 τ，放大系数 K 和时间常数 T。再按表 10-4 的公式计算出相应衰减比为 4:1 时的比例带 δ、积分时间 T_I 和微分时间 T_D。

表 10-4 响应曲线法求调节器参数

控制品质要求	控制规律	控制器参数		
		δ	T_I	T_D
振幅衰减比 4:1	P	K/T	—	—
	PI	$1.1K/T$	3.33τ	—
	PID	$0.85K/T$	2τ	0.5τ

10.3 多回路控制系统

随着生产过程向着大型、连续和强化方向发展，操作条件要求越来越严格，对控制质量要求也越来越高，各变量间的关系更为复杂，节能要求更为突出。单回路控制系统已不能满足要求，因此在此基础上发展了多回路控制系统。本节将介绍如下几种多回路控制系统的构成原理。

1. 串级控制系统

(1) 串级控制系统的基本概念 串级控制系统的框图如图 10-2 所示，它由主回路和副回路组成。主回路包括主测量变送器、主控制器、副回路等效环节和主对象；副回路包括副测量变送器、副控制器、执行器和副对象。其中主控制器与副控制器是串联的，故而得名。主控制器所控制的参数称为**主参数**，即生产工艺过程中主对象所要求的被调参数；副控制器所检测和控制的参数称为**副参数**，它是为了稳定主参数而引入的辅助参数。

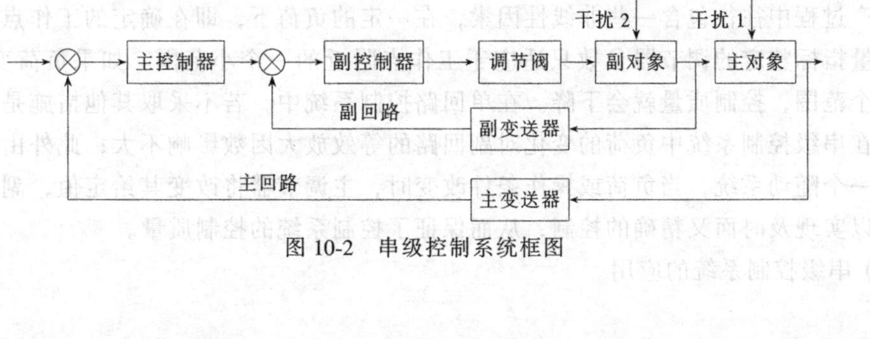

图 10-2 串级控制系统框图

下面以直接蒸发式制冷系统的冷库库温调节为例来说明串级调节系统的构成原理。如图10-3所示，冷库为直接蒸发式冷风机，库房温度是主要控制参数。在本例中影响库温的主要扰动因素有冷风机蒸发压力或蒸发温度的波动，冷库外部及内部热负荷的变化等。作为调节对象的冷库，热容量很大且有较大的热惯性，加上从冷风机到冷库又有一定的纯迟延，若采用前述的单回路控制系统，当发生制冷系统侧的干扰如蒸发压力的扰动时，则反应迟钝，要经过冷风机及大容量的冷库对象环节，经过较长的一段时间后，才反应到库温变化。然后由温度发信器发信号，调节器才开始动作，去控制执行阀门。当制冷剂流量改变后，又要经过一段较长的时间后，才能影响到库温。这样既不能及早发现并平息扰动，又不能及时反映调节效果，使得冷库库温波动很大。对于要求较高精度控制的冷库，其库温控制精度是很难达到要求的。

若采用图10-3中的串级控制系统，则可大大提高库温的控制精度。在图10-3中的库温调节器1的输出信号，不是用来直接控制调节阀，而是用来改变调节器2的给定值。调节器2将测得的蒸发压力实际值与调节器1确定的蒸发压力给定值作比较后控制阀门的开度，相应改变冷风机的制冷剂流量。此例中的阀门开度受库温和蒸发压力两个信号的控制，大大减小了蒸发压力扰动所带来的库温波动，从而提高了库温控制精度。

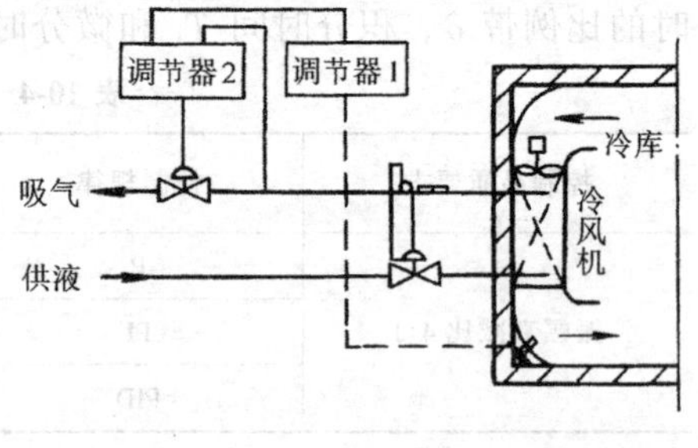

图10-3 冷库库温的串级自动控制系统

(2) 串级控制系统的特点 与单回路控制系统相比，串级控制系统由于结构上增加了一个副回路，所以具有以下几个特点：

1) 能迅速克服进入副回路的干扰，抗干扰的能力强，控制质量高。

作用于副回路的干扰通常称为二次干扰，它在影响主参数之前，即可由副控制器及时校正，减小了进入副回路的干扰对主参数的影响。

2) 改善了过程的动态特性。

如果是单回路控制系统，则被控对象包括主对象和副对象两部分，假如每个对象都是一阶惯性环节，则对象容量滞后大，反应慢，干扰不能立即克服。串级控制系统用一个副回路代替了原来的单回路控制系统中的一部分过程，因此可把副回路看作主回路的一个等效环节，该等效环节的时间常数大大减小，从而加快了副回路的响应速度，提高了整个系统的控制质量。

3) 对负荷和操作条件的变化适应性强。

生产过程中往往包含一些非线性因素，在一定的负荷下，即在确定的工作点，按一定控制质量指标整定的调节器参数只适应于工作点附近的一个小范围。如果负荷变化过大，超出这个范围，控制质量就会下降。在单回路控制系统中，若不采取其他措施是难以解决的。但在串级控制系统中负荷的变化对副回路的等效放大因数影响不大；此外由于副回路通常是一个随动系统，当负荷或操作条件改变时，主调节器将改变其给定值，副回路能快速跟踪以实现及时而又精确的控制，从而保证了控制系统的控制质量。

(3) 串级控制系统的应用

1）克服被控对象中变化较剧烈、幅值较大的局部干扰。在这种场合采用单回路控制不易得到好的控制质量，系统不易稳定。如果将局部干扰纳入副回路，实现串级控制，则可大大地增强系统的抗干扰能力，提高控制质量。

2）适用于滞后大、时间常数大的对象。当对象滞后较大时，采用单回路控制系统控制质量差。如果采用串级控制系统并合理地选择副回路可使滞后时间缩短，这对减小超调量，提高控制质量很有利。

2. 前馈-反馈控制系统

前面所讨论的调节系统，是按偏差进行调节的反馈系统。不论是什么干扰引起被调参数的变化，调节器均可根据偏差来进行调节，这是反馈调节系统的优点。但这种系统的固有缺点是对象受到干扰后，必须在被控变量出现偏差时，控制器才发出控制命令，来补偿干扰对被控变量的影响。因此，在这种控制系统中，控制作用总是落后于干扰作用，因而必然会造成控制过程中的动态偏差增大，不能得到完美的控制效果。

前馈调节又叫补偿调节，它与反馈控制不同，是按照引起被调参数变化的干扰大小进行调节的。当干扰刚刚出现且能测出时，调节器就能发出信号，使调节量作相应变化，使两者抵消于被调参数发生偏差之前。因此，与反馈控制相比，前馈控制能更快地克服干扰对被调参数的影响，它实际上是一种按干扰进行控制的开环控制系统。

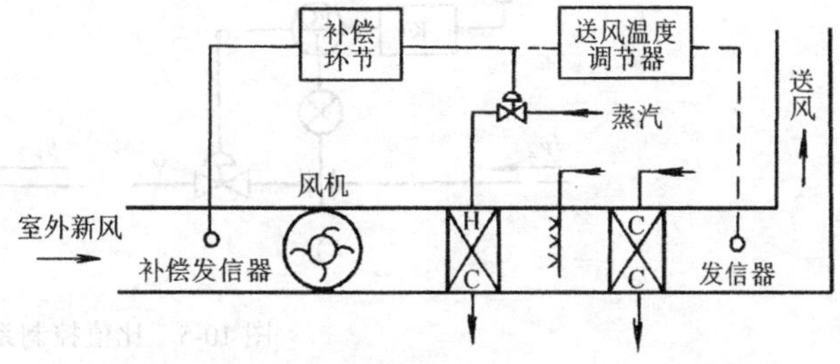

图 10-4 室外新风温度前馈-反馈控制系统原理图

如图 10-4 所示，为空调系统应用前馈-反馈控制的例子。室外新风经过风机、蒸汽盘管送风进入房间，送风温度用蒸汽管路上的调节阀来调节。引起室内温度改变的因素有很多，主要的干扰是室外新风温度的变化。当室外新风温度变化时，给系统带来干扰，送风温度就会出现偏差。如果采用一般的反馈控制，调节器要待送风温度与给定值产生偏差时才开始动作。而调节器在控制调节阀动作，改变加热蒸汽流量后，又要经过热交换过程的惯性，才对送风温度起到调节作用。这就使送风温度产生较大的动态偏差。如果直接根据新风温度的变化来控制调节阀的开度，那么当新风温度变化时，就不必等到新风温度变化反映到送风温度变化后再去控制，而是根据新风温度的变化立即对调节阀进行控制。这样大大减小了送风温度的动态误差，甚至在送风温度还没变化前就及时将新风温度变化带来的干扰补偿了。

但是，在实际应用中，工业对象的干扰因素很多，有些是已知的，有些是未知的，不可能对每一干扰加前馈装置去补偿，这是不经济的，也是不可能的。只能择其中一两个主要的干扰进行补偿，而其余干扰仍会使被调参数发生偏差。所以前馈控制系统通常与反馈控制系统相结合，取长补短，这就构成了前馈-反馈控制系统。在前馈-反馈控制系统中，通常选择对象中最重要的、反馈控制又不易克服的干扰进行前馈控制，其他干扰则进行反馈控制。这样既发挥了前馈控制校正及时的优点，又保持了反馈控制能克服多种干扰的长处。

3. 比值控制系统

在现代工业生产过程中，经常要求两种或两种以上的物料流量成一定比例。如果比例失调，就会影响生产的正常进行，影响产品的质量，浪费材料，造成环境污染，甚至会发生生产事故。例如，在工业锅炉燃烧过程中，需要自动保持燃料量与空气量按一定比例混合后送入炉膛；又如，在制药生产过程中，要求将药物和注入剂按规定比例混合。凡是用来实现两个或两个以上参数保持一定的比值关系的过程控制系统，称为**比值控制系统**。绝大多数属流量比值控制。

常用比值控制系统类型如下：

(1) 单闭环比值控制系统　单闭环比值控制系统如图 10-5a 所示，变量 q_{V2} 随另一变量 q_{V1} 的某一倍数值 Kq_{V1} 而变化。为了稳定流量 q_{V2}，不受其管路压力的影响，设置控制器 FC-1，其给定值由流量 q_{V1} 通过比值器 K 给定，FC-1 可选比例或比例积分规律。这种比值控制系统结构简单，调整方便，两个流量间的比值较精确，所以得到广泛应用。

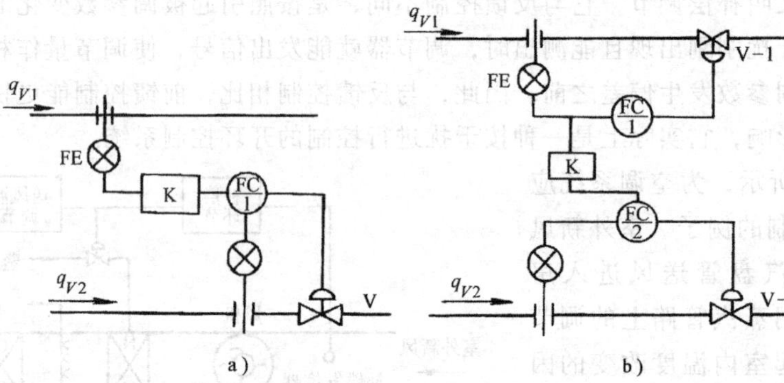

图 10-5　比值控制系统

a) 单闭环比值控制系统　b) 双闭环比值控制系统

(2) 双闭环比值控制系统　双闭环比值控制系统如图 10-5b 所示，当系统不仅要求维持 q_{V1}、q_{V2} 间比值关系，而且 q_{V1}、q_{V2} 的流量也要求维持稳定时采用此种控制系统，此时 q_{V1}、q_{V2} 变量有各自的控制回路，回路间可用比值器 K 联系。这种控制系统所用仪表较多，在应用上受到限制。

(3) 具有其他变量调整的固定比值控制系统　为了保证生产过程更经济合理，常常引入表征过程的某一变量来自动调整的比值控制系统。如图 10-6 所示为燃气加热炉炉温控制系统，为了维持炉温（$\theta = \theta_G$），在加热炉负载变化时，应相应改变燃气流量。为了充分利用燃气，要使进入炉膛的燃气流量 q_{V1} 和空气流量 q_{V2} 有一个固定比例 $K=$

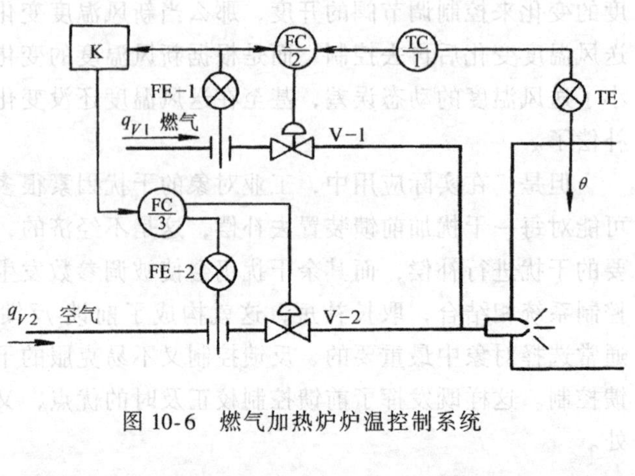

图 10-6　燃气加热炉炉温控制系统

q_{V2}/q_{V1}。所以先用比值器 K 将 q_{V1}、q_{V2} 这两个流量按比值 K 的关系联系起来。温度控制器 TC 输出作为流量控制器 FC 的给定值，当炉温 θ 低于或高于给定值 θ_G 时，炉温控制器 TC 的输出就促使 q_{V1}、q_{V2} 增大或减小，最后使 $\theta = \theta_G$。

4. 分程控制系统

前述控制系统中，通常是一个调节器的输出只控制一个调节阀。但在某些工业生产中，根据工艺要求，调节器的输出同时控制两个或两个以上的调节阀，每个调节阀根据工艺要求在控制器输出的一段信号范围内起作用，这种控制系统称为**分程控制系统**。

根据调节阀的电开（气开）、电关（气关）形式和分程信号区段不同，一般可分为以下两类：

(1) 调节阀同向动作的分程控制系统　调节阀同向动作的分程控制系统如图 10-7 所示。图 10-7a 为两个调节阀均选电开（气开）型，当控制器输出信号从 0（或 0.02MPa）增大时，A 阀逐渐打开；信号增大到 5V（或 0.06MPa）时，A 阀全开，同时 B 阀开始打开；当信号增到 10V（或 0.1MPa）时，B 阀也全开。图中 10-7b 表示两只调节阀均选电关（气关）型，动作情况显而易见。

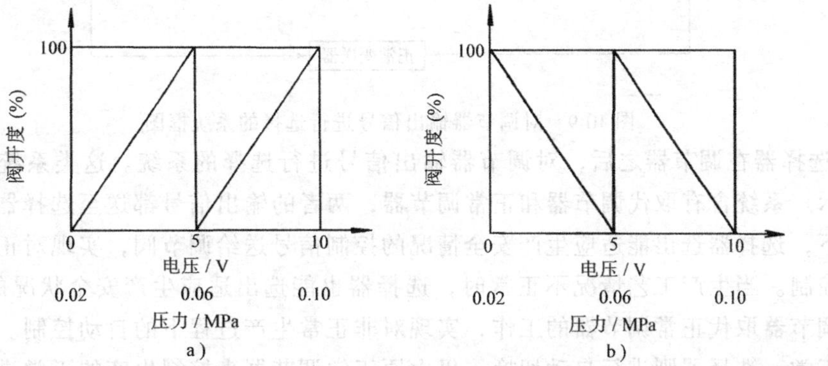

图 10-7　调节阀同向动作示意图

(2) 调节阀异向动作的分程控制系统　调节阀异向动作分程控制系统如图 10-8 所示，其中图 10-8a 中调节阀 A 选电开（气开）型，调节阀 B 选用电关（气关）型。图 10-8b 中调节阀 A、B 分别选电关（气关）、电开（气开）型。

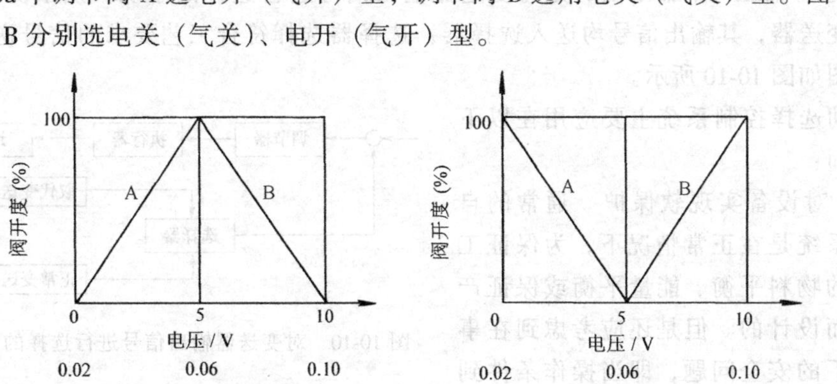

图 10-8　调节阀异向动作示意图

为了实现分程控制，采用带电动阀门定位器的电动调节阀和带气动阀门定位器的气动调节阀。

分程控制系统主要应用在以下场合：

1）按工艺要求和节能目的变更调节量，保证工艺参数稳定和避免发生事故。

2）满足工艺生产在不同负荷下的控制要求。

5. 自动选择控制系统

所谓**自动选择控制系统**是指在一个控制系统中设有两个控制器（或两个以上的变送器），通过高、低值选择器选出能适应生产安全状况的控制信号，实现对生产过程自动控制的系统。根据选择器在其中的位置不同可分为以下两类：

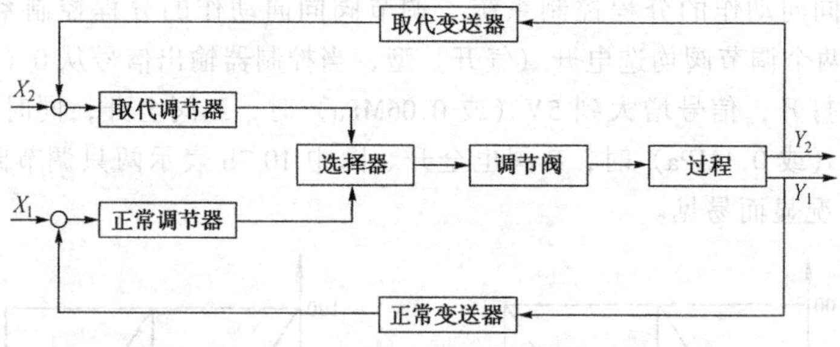

图 10-9 对调节器输出信号进行选择的系统框图

1）选择器在调节器之后，对调节器输出信号进行选择的系统。这类系统的框图如图 10-9 所示。系统含有取代调节器和正常调节器，两者的输出信号都送至选择器。在生产正常状况下，选择器选出能适应生产安全情况的控制信号送给调节阀，实现对正常生产过程的自动控制。当生产工艺情况不正常时，选择器也能选出适应生产安全状况的控制信号，由取代调节器取代正常调节器的工作，实现对非正常生产过程下的自动控制。一旦生产状况恢复正常，选择器则进行自动切换，仍由原正常调节器来控制生产的正常进行。这类系统结构简单，应用比较广泛，如新风量控制中作最小新风量的限位控制，表冷器的降温和去湿功能的选择控制，以及房间最小静压值的控制等。

2）选择器在调节器之前，是对变送器输出信号进行选择的系统。该系统至少有两个以上的变送器，其输出信号均送入选择器，选择器选择符合工艺要求的信号送至调节器。系统框图如图 10-10 所示。

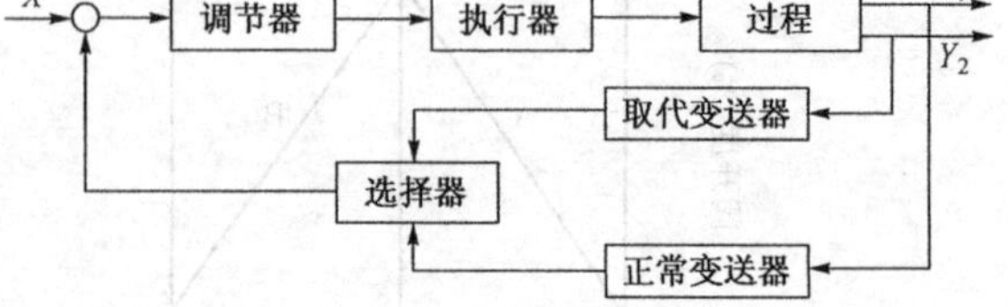

图 10-10 对变送器输出信号进行选择的系统框图

自动选择控制系统主要应用在以下几个方面：

(1) 对设备实现软保护 通常的自动控制系统是在正常情况下，为保证工艺过程的物料平衡、能量平衡或保证产品质量而设计的。但是还应考虑到在事故状态下的安全问题，即当操作条件到达安全极限时，能有保护性措施，如大型透平压缩机的防喘振，化学反应器的安全操作及锅炉燃烧系统防脱火问题等。保护性措施大致分成两类：一类是采用自动报警，然后由人工进行处理，或采用自动联锁停机的方法，这种方法称为硬保护。但是由于生产的复杂性和快速性，操作人员处理事故的速度往往满足不了需要，或处理过程容易出错。而自动联锁停机的办法又往往造成频繁的设备停机，严重时甚至无法开车。所以，一些高度集中控制的大型工厂中，硬保护措施满足不了生产的需要。另一类保护措施称为软保护。自动选择控制系统即属于软保护系统。当生产操作趋向极限条件时，通过选择器，一个用于控制不安全情况的备用控制系统自动取代正常工况下的控制系统，待工况脱离极限条件回到正常工况后，备用的控制系统又通过选择器自动脱离，正常工况下的控制系统又自动投入运行。

(2) 多输入被控量的选择控制　以温度、湿度自动选择控制为例，在夏季表冷器投入运行，它同时具有降温和降湿作用。当室内的温、湿度都有一定精度要求时，表冷器的控制就应由温度、湿度中偏差最大的那个参数来控制。因此，要求对温度、湿度信号进行选择控制，以保证同时维持温度、湿度双参数都具有一定的控制精度。

本章要点

1. 单回路自动控制系统和多回路自动控制系统的组成与特点：用自动控制流程图来表示自动控制系统的工作流程与原理。

2. 单回路控制系统设计的主要内容，即被控变量的选取、操作量的选取、控制规律的选择和调节器参数的整定等几个方面。

3. 常用的多回路自动控制系统即串级控制系统、前馈-反馈控制系统、分程控制系统、自动选择控制系统和比值控制系统的工作原理及其在制冷空调工程中的应用。

思考题与习题

10-1　自动控制系统按结构分为哪两类？

10-2　单回路控制系统设计的主要内容是什么？一般应如何选择被调参数？

10-3　微分控制为什么不能单独使用？微分控制对纯迟延有无作用，为什么？

10-4　单回路控制系统有哪几部分组成？

10-5　单回路控制系统设计时有哪些基本要求？

10-6　简述串级控制系统的控制原理。与单回路控制系统相比有何特点？

10-7　以室外新风温度前馈-反馈控制为例简述前馈-反馈控制系统的控制原理。

10-8　什么叫比值控制系统？它有几种类型？试画出它们的原理框图。

10-9　分程控制系统的控制信号是如何确定的？分程控制系统可使工艺参数稳定，在工程设计上如何实现这一要求？

10-10　叙述自动选择控制系统的两种控制方案。

第11章

空气调节自动控制

11

11.1 概述

空气调节是使室内的空气温度、相对湿度、空气流动速度和洁净度等参数保持在一定范围内，以满足生产工艺和生活条件要求的技术。

中央空调系统中的空调装置一般由空气加热器、冷却器、加湿器、空气混合器以及净化器等设备组成。空调自动控制的任务是在最大限度节能和安全生产的条件下，自动控制上述各种装置的实际输出量与实际负荷相适应，以满足人们在生产和生活中对空气参数的要求。本章将介绍几种常用的、典型的空气调节自动控制系统。

空调系统中的控制对象多属热工对象，从控制角度分析，具有以下特点：

1) 多干扰性。例如，通过窗进入的太阳辐射热，是时间的函数，并且受气象条件的影响。室外空气通过围护结构对室温的影响。为了换气（或保持室内一定正压）所采用的新风，其温度变化对室温有直接影响。由于室内人员的变动，照明、机电设备的开停等所产生的余热量的变化，也直接影响室温。此外，电加热器电源电压的波动，热水加热器用热水温度的波动，加热器用蒸汽压力的波动等都将影响室温。至于湿干扰，在露点法恒湿系统中，露点参数的波动，室内散湿量的波动，新风含湿量的变化等都将影响室内湿度的变化。

如此之多的干扰，形成空调负荷在较大范围内的变化，而它们进入系统的位置、形式、幅值大小和频繁程度等，均随着建筑的构造（建筑热工性能）、用途的不同而异，更与空调技术本身有关。在设计空调系统及其自控系统时，必须采取必要的抗干扰措施或采取多回路控制系统，当然最好是从空调工艺上加以改进，从而尽量减少干扰。因此，可以说空调工程是建立在建筑热工、空调技术和自动控制基础上的一种综合性技术。

2) 多工况性。空调技术对空气的处理具有很强的季节性。一年中，至少要分为冬季、过度季和夏季。近年来，由于节能的要求，开始使用顺控器和电子计算机控制，其工况分得更详细、更多，以便实现最佳控制。由于空调运行制度的多样化，使运行管理和自动控制设备趋于复杂。因此，要求操作人员必须严格按照包括节能技术措施在内的设计要求进行操作和维修，不得随意改变运行程序和拆改系统中的设备。而当工况自动转换时，不得不采用必要的逻辑线路。

3) 温、湿度相关性。描述空气状态的两个主要参数温度和相对湿度，并不是完全独立的两个变量。当相对湿度发生变化时要引起加湿（或减湿）动作，其结果将引起室温波动；而当室温变化时，使室内空气中水蒸气的饱和分压力变动，在绝对含湿量不变的情况下，就直接改变了相对湿度（温度增高相对湿度减少，温度降低相对湿度增加）。这种相对关联着的参数称相关函数。显然，在温、湿度都要求的空调系统，在组成自控系统时应充分注意这一特性。

11.2 房间空调器的自动控制

11.2.1 窗式空调器的自动控制系统

1. 单冷式窗式空调器的自动控制

窗式空调器的结构是由压缩机、冷凝器、干燥过滤器、毛细管和蒸发器等组成。室内侧面板上有进风口和出风口。进风口后装有进风滤网，出风口上配有风向瓣。室外侧的侧面有新风口，后侧下部有排水管。空调器中有一单相电扇异步电动机，一般为 85 ~ 120W，多为 6 极，一般有二挡抽头调速，两端出轴各带一风扇，室内侧是离心式风扇，屋外侧是轴流式风扇。

单冷式窗式空调器的电控线路如图 11-1 所示。由电源、选择开关、温控器和过载保护继电器组成，对风扇电动机和压缩机实现自动控制。其中选择开关是用来控制空调器的工作方式，共有五挡，分别是：停止，即关闭空调器；送风 1，空气慢速循环，没有冷风；送风 2，空气快速循环，没有冷风；制冷 1，风扇和制冷系统同时运行冷风较少；制冷 2，风扇和制冷系统同时快速运行达到最高制冷量。在图 11-1 中，用圆点表示接通，例如，当选择开关在制冷 1 挡时，即表示 $O3$ 线和 $O2$ 线接通。

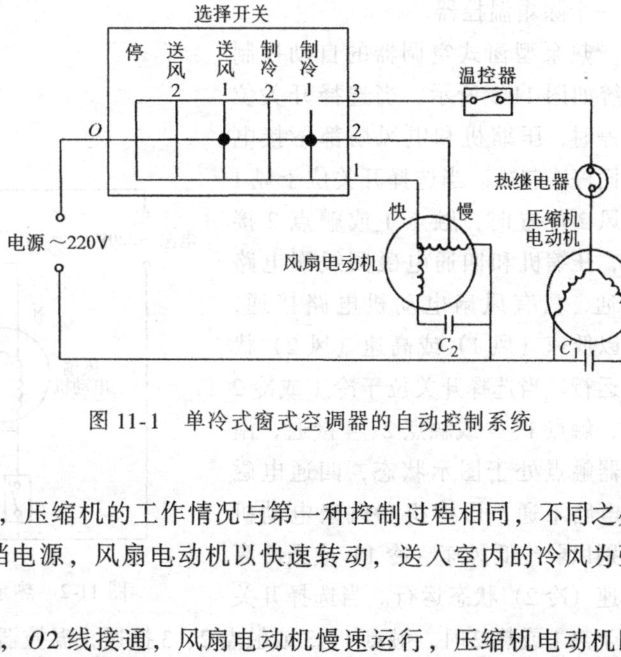

图 11-1　单冷式窗式空调器的自动控制系统

温控器一般采用压力式温控器，感温包通常放在空调器的回风口上。

单冷式窗式空调器的自控系统的控制过程如下所示：

1）当选择开关位于制冷 1 挡时，$O3$ 线接通，接通压缩机电动机电源，压缩机投入运行，制冷系统开始工作；与此同时 $O2$ 线接通，接通风扇慢挡电源，风扇电动机以慢速转动，送入室内的冷风为弱风状态。

2）当选择开关位于制冷 2 挡时，压缩机的工作情况与第一种控制过程相同，不同之处是 $O1$ 线接通，接通风扇电动机快挡电源，风扇电动机以快速转动，送入室内的冷风为强风状态。

3）当选择开关位于送风 1 挡时，$O2$ 线接通，风扇电动机慢速运行，压缩机电动机断开，无冷风送入室内，空气在室内循环流动。

4）当选择开关位于送风 2 挡时，$O1$ 线接通，风扇电动机快速运行，压缩机电动机断开，无冷风送入室内，室内空气流动速度加快。

5）当选择开关位于停止位置时，则空调器停止工作。

在第一种和第二种控制过程中，接通压缩机电源后，压缩机的运行情况将由温控器控制。当室内温度到达温控器的设定值下限时，温控器触点断开，压缩机电动机断电，停止制冷，直至室内温度回升到温控器的设定值上限时，温控器触点重新闭合，接通压缩机电源，开始制冷。

窗式空调器中使用的电动机为单相电容运转式电动机（包括压缩机电动机和风扇电动机），因此，不需要使用起动继电器或 PTC 元件起动。

需要特别注意的是：压缩机电动机一旦停止运转后，不能马上再起动，必须至少延时

3min 才能重新起动。因为在停车后的短期内，压缩机吸、排气两侧的压力差比较大，若此时立即起动空调器，则有可能因压缩机负荷太大而不能正常起动，甚至会烧坏电动机。因此需要延时 3min 后，使高低压两侧毛细管制冷剂压力达到平衡后再起动，为安全起见，有些厂家在窗式空调器上装有 3min 延时保护装置。

2. 热泵型窗式空调器的自动控制

热泵型窗式空调器是冷暖两用的，所以在单冷式窗式空调器的基础上加了一个电磁四通换向阀，来进行制冷和制热工作方式的变换。夏季，室内机为蒸发器，室外机是冷凝器，空调器起到制冷作用；冬季，室内机成为冷凝器，向室内散热，室外机成为蒸发器，空调器起到制热作用，称为热泵。热泵型窗式空调器中所采用的温控器与单冷式窗式空调器中所采用的相同都是压力式温控器，不同的是热泵型窗式空调器的压缩机所接的温控器既能控制制冷温度，又能控制制热温度。而且，热泵型窗式空调器比单冷式窗式空调器多了一个除霜温控器。

热泵型窗式空调器的自动控制系统如图 11-2 所示。当选择开关位于停时，压缩机和电风扇都不接电源而停止制冷。当选择开关位于风 1 或风 2 位置时，触点 1 或触点 2 接通，压缩机和四通电磁阀线圈电路不通，只有风扇电动机电路接通，并以低速（风 1）或高速（风 2）状态运行。当选择开关位于冷 1 或冷 2 时，触点 1、4 或触点 2、4 接通，温控器触点处于图示状态，四通电磁阀电路不通，压缩机和风扇电动机分别以弱冷低风速（冷 1）或强冷高风速（冷 2）状态运行。当选择开关位于热 1 或热 2 时，触点 1、3 或触点 2、3 接通，温控器触点断开触点 4，接通触点 3，这时四通电磁换向阀线圈带电，而改变制冷剂的流动方向，高压制冷剂流入室内热交换器（变为冷凝器），起加热作用，于是空调器分别以低热低风速（热 1）或高热高风速（热 2）状态运行。当制热运行而室外温度又较低时，室外热交换器（此时为蒸发器）会严重结霜，而影响制热效果，此时需要除霜。当除霜温控器的传感器温度达到 -11℃ 时，其触点断开，四通电磁阀断电，改变制冷剂流向，使室外热交换器成为冷凝器，于是高温制冷剂流经它时，即可化霜。这时室内侧热交换器成为蒸发器，但由于除霜温控器触点已断开，风扇电动机停转，室温不致下降。除霜完毕后，除霜温控器的传感器温度升至 8℃ 时，除霜温控器触点又接通，四通电磁阀线圈也已接通，压缩机继续投入制热状态运行。

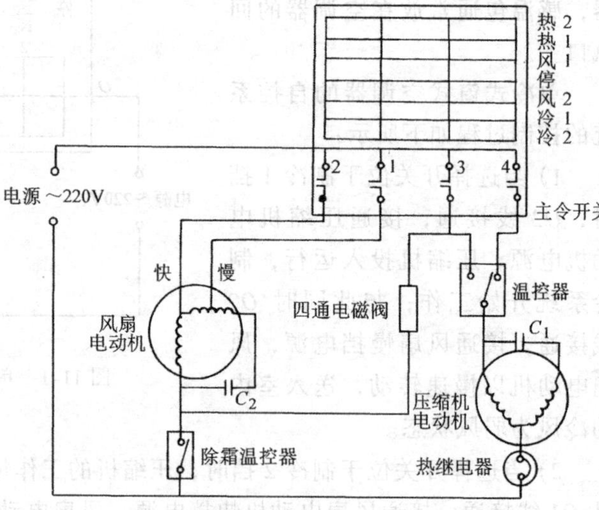

图 11-2 热泵型窗式空调器的自动控制系统

3. 电热型窗式空调器的自动控制系统

热泵型窗式空调器的供热，实际上是将室外的热量移到室内，但在室外温度较低的冬季（5℃以下），这种供热形式并不明显。此时采用电热式窗式空调器供热比较理想。

电热型窗式空调器制冷时温度控制与单冷窗式空调器相同，制热时，仅由电热丝和风机工作，温度由温控器控制，当室温达到设定值时，自动切断电加热器和风机电源。图 11-3 所示为电热型窗式空调器的自动控制电路图。将转换开关转向“风”挡时，开关 1、2 端接通，电流通过风扇电动机进入电源开关 3 端点构成回路，风扇工作。当转换开关转到“冷”挡时，开关 1、2 端点和 1、8 端点接通。1、2 端为风扇电动机电路，1、8 端为压缩机电动机控制电路。压缩机电动机电路中串有过载保护继电器、压缩机电动机、电容器和温控器，通过开关 3 端点构成回路。当转换开关转到“强冷”挡时，开关 1、4 端，1、8 端接通。由于改变了风扇接线，风量增大，达到强冷的目的。当转换开关转到“热”挡时，开关 1、4 端，1、6 端接通。1、6 端为加热升温电路，在此电路中接有温度熔断器、温度继电器、交流接触器线圈、加热器和温控器。交流接触器线圈通电后，常开触点闭合，接通加热器工作，温度继电器起过热保护作用。

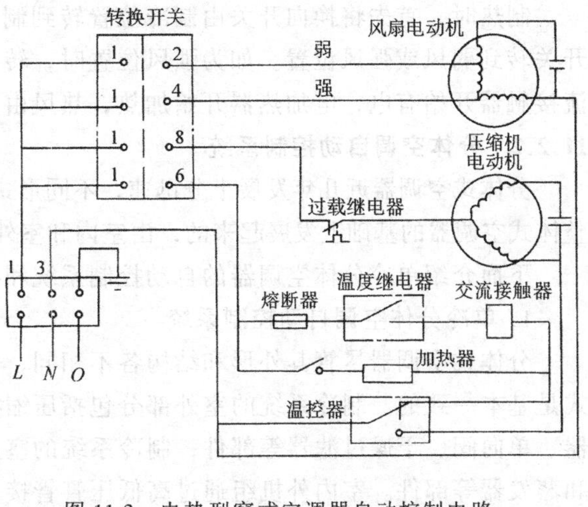

图 11-3 电热型窗式空调器自动控制电路

图 11-4 为一台三相电热型窗式空调器的自动控制电路。空调器用三相 380V 电源供电，用两个交流接触器 KM_1、KM_2 分别进行制冷、制热控制。

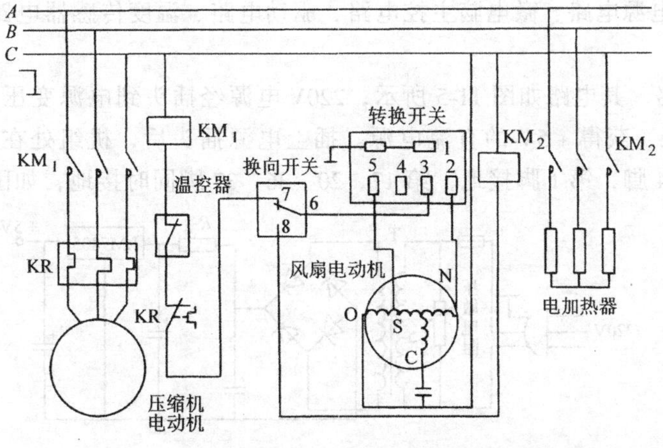

图 11-4 三相电热型窗式空调器的自动控制电路

制冷时，先将转换开关转到弱风或强风位置，此时，风扇电动机一端从 380V 电源的 C 相分两路向风扇供电。一路由电源 C 相经过风扇起动电容、风扇起动绕组 C-N、转换开关 2-1 到接地，完成风扇绕组低速起动 220V 电源回路；或由风扇起动电容、风扇起动绕组 C-N、转换开关 5-1 到接地，完成风扇强速起动 220V 电源回路。

另一路由电源 C 相、风扇运转绕组 O-S-N、转换开关 2-1 到接地，完成风扇低速运转 220V 电源回路，或由 C 相、风扇、运行绕组 O-S、转换开关 5-1 到接地，完成风扇运行绕组高速运转220V电源回路。

当风扇正常运转后，再将转换开关转到弱冷或强冷位置。这时转换开关1-2、1-3接通，换向开关6-7接通，控制制冷压缩机三相电动机的交流接触器开始供电：由接触器线圈KM_1的一端、线圈另一端、温控器、热继电器的开关触点、换向开关7-6、转换开关3-1到地，完成220V回路，交流接触器吸合，三相电动机有电，压缩机运转，开始制冷循环。当室内温度达到预定温度时，温控器开关断开，压缩机停转。当室内温度回升后，温控器接通，交流接触器吸合，压缩机又运转。

制热时，首先将换向开关由制冷位置转到制热位置，使其触点6-8相通，然后将转换开关转到弱风或强风位置。如为强风位置时，转换开关1-5、1-3接通。此时控制制热的交流接触器开始有电，电加热器开始加热，热风由风扇吹至室内。

11.2.2 分体空调自动控制系统

分体式空调器近几年发展十分迅速，不同形式的品种不断投放市场。分体式空调器是在整体式空调器的基础上发展起来的，由室内和室外机组组成，两者通过电缆和管道连接。

下面介绍单冷分体空调器的自动控制系统和冷暖分体空调器的自动控制系统。

1. 单冷分体空调自动控制系统

分体式空调器尽管其外形和结构各不相同，但它们的制冷系统和室内外机组的连接方式是基本一致的。制冷系统的室外部分包括压缩机、消声器、电磁换向阀、缓冲器、冷凝器、单向阀、干燥过滤器等部件；制冷系统的室内部分包括干燥过滤器、毛细管、单向阀和蒸发器等部件。室内外机组通过高低压管管接头连接，组成封闭的制冷系统。

下面将以格力KF-25GW分体壁挂式空调器为例介绍单冷分体空调器的电气控制电路。

该机电路由电源电路、微电脑主控电路、驱动电路、温度传感器电路和遥控器电路等构成。

（1）电源电路　其电路如图11-5所示，220V电源经插头到电源变压器，整流滤波后，再经LM7805稳压，获得+5V的直流电源。插上电源插头后，机组处在待机状态。5V直流电源接芯片第4脚，第1脚接地，第17、20、36、37脚同时接地，如图11-6所示。

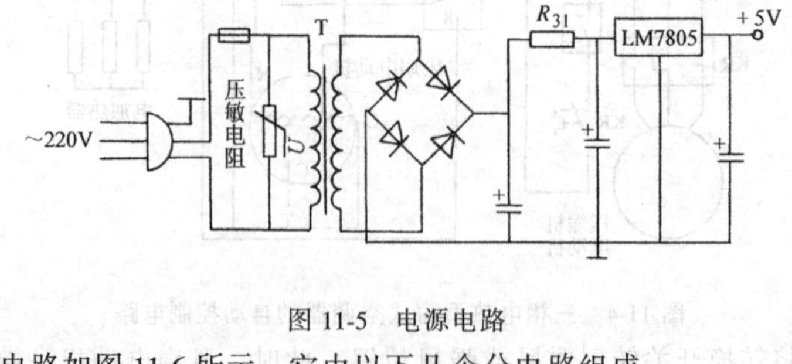

图11-5　电源电路

微电脑主控电路如图11-6所示，它由以下几个分电路组成：

1）振荡电路：第5、6脚和外接石英晶体振荡器B_1为时钟电路输入端。

2）触发电路：当220V电源插头一经插入电源插座，电脑芯片得到5V直流电压后，机组即处在待命状态。晶体振荡器B_1和电容C_6回路产生振荡，在此状态下，第3、8、33、34、35、18、19脚处在高电平，晶体管VT_{11}、VT_{12}、VT_{13}导通，而VT_{14}、VT_{15}、VT_{16}、

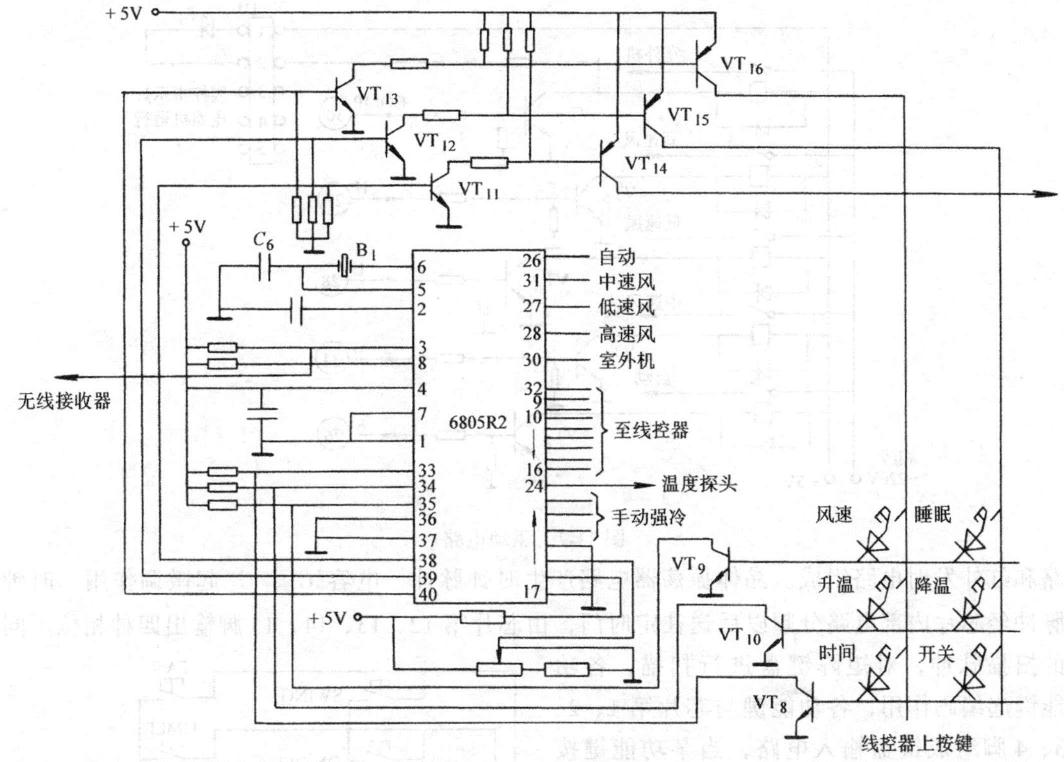

图 11-6 微电脑主控电路

VT_8、VT_9、VT_{10}则各受有关功能键的控制处在待导通状态。在待机状态下开机，按线控器上 ON/OFF 键，晶体管 VT_{15}、VT_8 立即导通，电脑芯片第 33 脚为低电平，相应在其第 26、30 脚输出高电平，通过中继电路使室外压缩机和风机工作，整机系统自动感受室温，处在全自动状态下经济地运行。运行开关电路：当需要试机时，可按手动方式拨小开关，芯片的第 22 脚为低电平，机组便处在手动强冷运行状态。

3）无线信号接收器：当用无线遥控器发出控制指令时，接收器将串行数字信号变换成电平信号，输入芯片第 3 脚，芯片经过运算比较后输出控制电平，机组便按遥控器发出的指令信号运转。

（2）温度传感器电路　温度传感器为负温度系数的热敏电阻，温度越高，阻值越小，温度变化引起电阻变化，电阻变化引起电阻上的电压相应变化，在芯片的第 24 脚得到 0～5V 的电平输入，与设定模式进行比较后，控制第 30 脚输出电平，从而达到控温目的。

（3）驱动电路　其电路如图 11-7 所示。VT_2、VT_3、VT_4、VT_5、VT_7 均为反相器，第 26、27、28、30、31 脚为单片机输出电平，当某一脚为高电平时，相应的晶体管导通，使对应的继电器得电，由于继电器触点接交流 220V，从而实现了弱电控制强电的驱动。晶体管 VT_7 导通后，压缩机起动运行，指示灯 E_1 亮，继电器线圈上并联的二极管起过电压保护作用，当电网电压过高时，二极管反向击穿，从而保护了线圈。

（4）无线遥控器电路　其电路如图 11-8 所示。它由晶体振荡器、芯片、功能键矩阵电

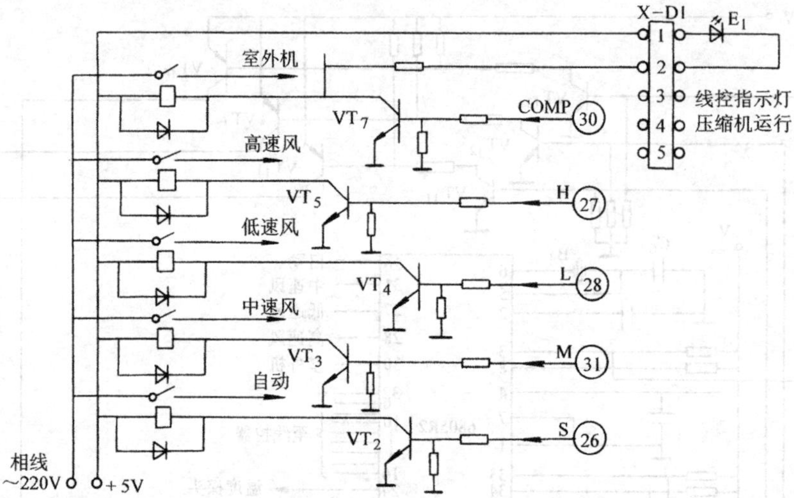

图 11-7 驱动电路

路和红外发射电路组成。晶体振荡器电路产生时钟脉冲，电容 C_1、C_2 起微调作用。时钟脉冲经芯片内部电路分频以后送往定时门，由芯片第 12、13、14、15 脚输出四种相位不同的扫描脉冲，对矩阵键盘进行扫描，各功能键起编码作用，各功能键与芯片第 1、2、3、4 脚组成键盘输入电路，当某功能键按下时，芯片内的微控制器经过分析判断，芯片的第 5 脚将输出控制脉冲，芯片输出的指令码加到红外激励管 VT_1 的基极，放大后从集电极输出加到红外发射管 E_1，在调制信号的激励下，E_1 导通，产生红外线向外发射，VD_2 为开机指示发光二极管。E_1 发出的红外线信号则由室内机组红外接收器接收，并转换成数字信号，输入微电脑芯片，去控制各相关电路的工作状态。

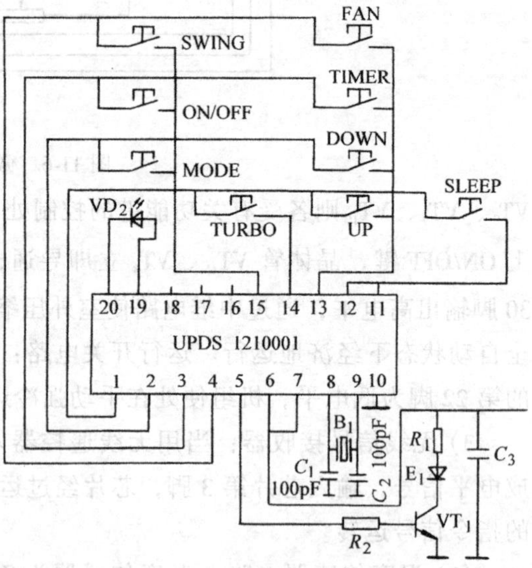

图 11-8 无线遥控器电路

2. 冷暖分体空调自动控制系统

现以古桥 KFRd-120LW 分体立柜式空调器为例说明冷暖分体空调器的自动控制系统。

如图 11-9 和图 11-10 所示分别为室内机电气控制原理图和室外机电气控制原理图。室内机主要包括室内风扇电动机的控制、温度控制、电加热控制等；室外机主要用来完成对压缩机、室外风机、化霜和各种保护开关的控制。

(1) 室内机控制电路

室内机风扇电动机均为单相电动机，电加热和主控制板也是单相供电，因此室内机的控制部件均为单相供电。这是与室外机不同的地方，安装有关连线时要注意，否则会造成室内机电器部件损坏。

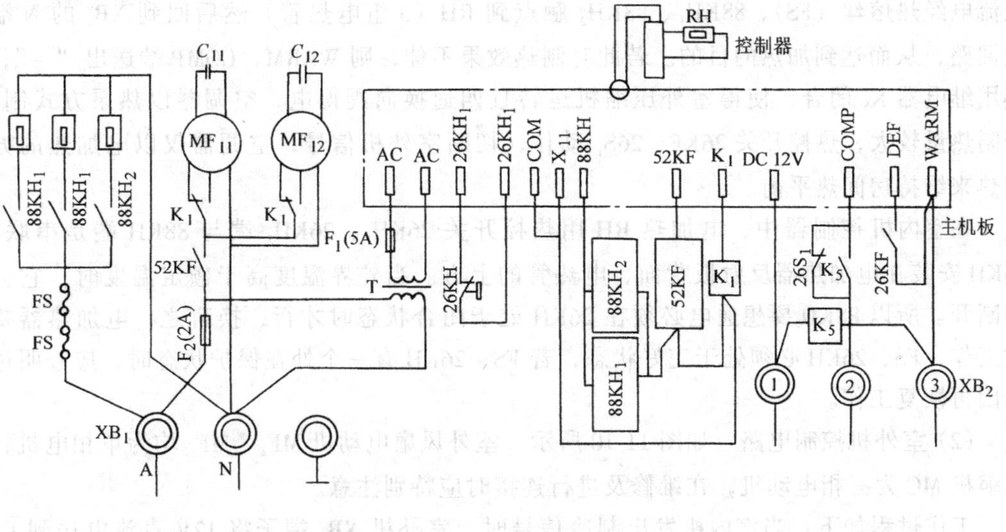

图 11-9　室内机控制电路原理图

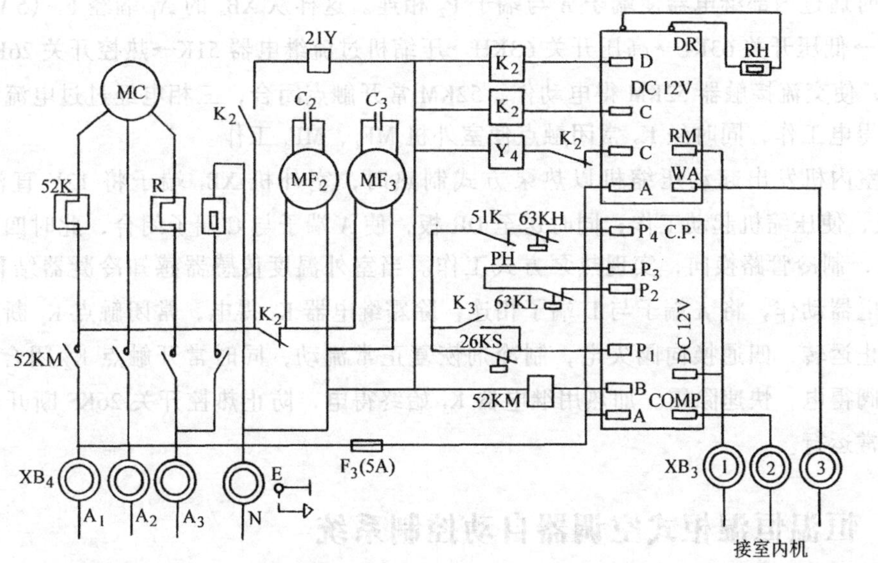

图 11-10　室外机控制电路原理图

工作过程如下：接通电源，拨动选择开关，通过熔断器 F_1 使变压器的二次侧有 10V 交流电压输出，经过熔断器 F_2 给主控板上电，经桥式整流滤波后变为直流 12V，使风扇用继电器 52KF 闭合，根据选择开关的选择，风扇以不同的速度运行。当风速选择钮置于低速位置时，K_1 不吸合，K_1 的触点位于常闭位置，如图中所示，此时为低速运转。当选择位置为高风时，继电器 K_1 线圈通电，其触点置于常开位置（即常开触点闭合），此时风机转速为高风。同时，控制板 COMP 端与电源“－”端相通，使室外部分起动工作。

当选择开关置于制热位置时，若室温高于设定温度，则控制板上 88KH 无控制电压输出，$88KH_1$、$88KH_2$ 继电器不闭合，其触点仍处在常开状态，加热器 RH 不工作。若室温下降或重新设定温度，则控制器发出信号，88KH送出12V电压，使得$88KH_1$、$88KH_2$闭合，交流电经热熔丝（FS）、$88KH_1$、$88KH_2$触点到RH（3组电热管）然后回到XB_1的N端形成回路，从而达到加热的目的。若此时制热效果不佳，则WARM、COMP端送出“－”，加热用继电器K_5闭合，使得室外压缩机运转且四通换向阀得电，空调器以热泵方式制热。若制热量较大，热控开关26KF、$26S_1$动作，切断室外机信号，空调器仅以电加热的方式制热来维持房间热平衡。

在室内机控制器中，电加热RH用热控开关$26KH_1$、$26KH_2$端与88KH端是串联的。26KH安装在电加热器反射板背面、电热管的上方。当外界温度高于额定温度时，它会立即断开。所以88KH要想通电必须在26KH处于闭合状态时才行，换言之，电加热器要正常工作，FS、26KH必须处于完好状态，若FS、26KH有一个处在保护状态时，应查明过热原因再恢复工作。

(2) 室外机控制电路　如图11-10所示。室外风扇电动机MF_2、MF_3均为单相电机，而压缩机MC为三相电动机，在维修及进行连接时应特别注意。

工作过程如下：当室内机发出制冷信号时，室外机XB_3端子将12V直流电送到C.P.板，此时通过内部继电器使端子A与端子P_2相连。这样从XB_4的A_1端经F_3（5A）→A端→P_2端→低压开关63KL→高压开关63KH→压缩机过流继电器51K→热控开关26KS→P_1端→B端，使交流接触器52KM得电动作，52KM常开触点闭合，三相电经过过电流继电器使压缩机得电工作，同时经K_2常闭触点使室外机MF_2、MF_3工作。

当室内机发出起动压缩机以热泵方式制热时，室外机XB_3端子将12V直流电送至C.P.板，使压缩机起动工作；同时送至DR板，使A端子与C端子闭合，此时四通换向阀Y_4闭合，制冷管路换向，实现热泵方式工作。当室外温度传感器感知冷凝器结霜时，DR板内继电器动作，将A端子与D端子相连，除霜继电器K_2得电，常闭触点K_2断开，室外风机停止运转，四通换向阀失电，制冷剂恢复正常流动，同时常开触点K_2闭合，21Y除霜电磁阀得电，快速除霜。加热用继电器K_3始终得电，防止热控开关26KS断开，保证压缩机正常运行。

11.3　恒温恒湿柜式空调器自动控制系统

11.3.1　恒温恒湿柜式空调器的结构

恒温恒湿空调器具有制冷、除湿、加热、加湿等功能，可以提供一种人工气候，使室内温度、相对湿度恒定在一定范围内。一般的恒温恒湿空调器可使环境温度保持在20～25℃，最大偏差为±1℃；相对湿度为50%～60%，最大偏差为±10%，是一种比较完善的空调设备。

恒温恒湿空调器从冷却方式上可分为风冷式和水冷式两大系列。下面将给出这两大系列的结构。

1. 风冷式恒温恒湿空调器的结构图

图11-11所示为HF系列的风冷式恒温恒湿空调器的结构示意图。该机组由室内、室

外机组组成。

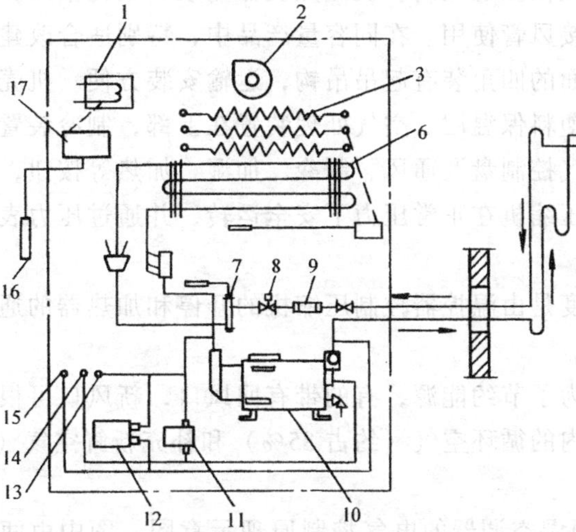

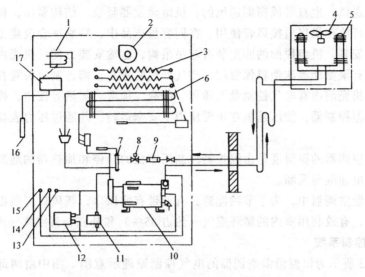

图 11-11　风冷式恒温恒湿空调器结构示意图

1—电加湿器　2—风机　3—电加热器　4—风扇　5—冷凝器　6—蒸发器　7—膨胀阀　8—电磁阀　9—过滤器　10—压缩机　11—压差控制器　12—压力控制器　13—真空泵　14—油压表　15—压力表　16—电接点水银温度计　17—继电器

室外机组只有风冷式冷凝器，室内机组由机壳、制冷机组、空气处理装置、加热控制部件和加湿控制部件组成。送风口为双层活动百叶式，风量、风向均可手动调节。一般的恒温恒湿空调器送风形式有前送和顶送两种方式。小型恒温恒湿空调器均采用前送风方式，送风百叶在机组的前上方，回风栅在前下方，机壳两侧开有新风入口，以备连接室外新风管道。机壳由角钢支架及薄钢板制成，内壁贴有聚氨酯泡沫塑料作为保温层，机壳前部的面板上有电器控制按钮、开关及指示灯。温度由温控器进行控制，加湿量由电接点水银温度计和继电器控制加湿量，电加热也通过温控器进行开、停控制。

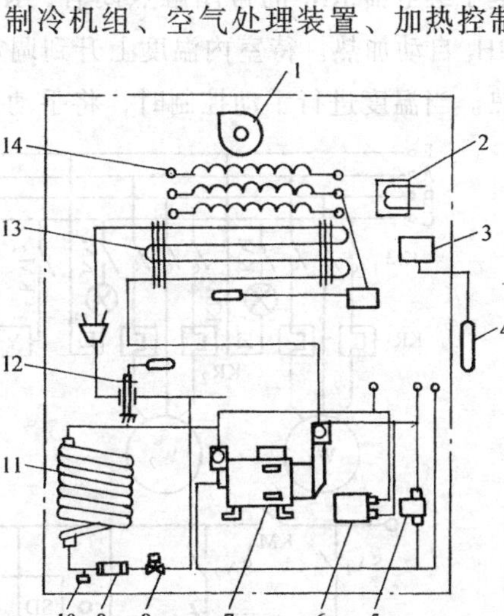

图 11-12　水冷式恒温恒湿空调器结构示意图

1—风机　2—电加湿器　3—继电器　4—湿球温度计　5—压差控制器　6—压力控制器　7—压缩机　8—电磁阀　9—过滤器　10—熔塞　11—冷凝器　12—膨胀阀　13—蒸发器　14—电加热器

2．水冷式恒温恒湿空调器的结构

水冷式恒温恒湿空调器一般为整体式，H 系列恒温恒湿空调器为国产系列产品，所用压缩机为半封闭式压缩机，制冷剂为 R12，产品冷量范围为 17400 ~ 116300W，适用被调恒温恒湿面积为 $60 \sim 500\text{m}^2$。具有降温、供热、加湿、除湿和通风等多种功能。其特点是效率高，噪声小、制冷剂不易泄漏，并且配有能量调节和安全保护装置。

图 11-12 所示为 H 系列的水冷式恒温恒湿空调器的结构示意图。H 系列恒温恒湿空调器一般为顶部送风，也有带风帽侧送风的。机组蒸发器竖放，结构紧凑，机组可直接放在空调房间，也可放在机房内接风管使用。在同容量产品中，特别适合改建工程和机房层高受限制的场合安装。机组顶面的四角装有起吊吊钩，运输安装方便。机壳由角钢和薄钢板制成，内壁贴有聚氨酯泡沫塑料保温层。空气处理装置在上部，制冷装置在下部，配电盘在下部一侧。机壳前面有电气控制盘及通风、制冷、加湿、加热等按钮，控制盘上装有压力控制器和压差控制器，使压缩机在正常压力下安全运转，并通过压力表显示吸排气压力和油压力。

恒温恒湿空调器的温湿度是由温控器控制压缩机的开停和加热器的通断，湿球温度计和继电器控制电加湿器通断。

在恒温恒湿空调器中，为了节约能源，有的带有回风口，新风口可根据需要采用一次回风送风方式，有效利用室内的循环空气（约占 85%）和补充新鲜空气（占 15%）。

11.3.2 温度控制系统

如图 11-13 所示为恒温恒湿空调器的电气控制原理示意图。图中由两部分组成：一是主电路，用于驱动鼓风机、压缩机电动机和电加热器；二是控制及保护电路。

恒温恒湿空调器的温度控制可自动控制，也可手动实现。当温度进行自动控制时，将 S_1、S_2、S_3 置于自动位置 ZD 上，当室内温度降到调定值以下时，干球温度计的触点断开，电子继电器 KN_1 的常闭触点闭合，KM_3、KM_4、KM_5 通电，其相应触点闭合，RH_1、RH_2、RH_3 自动加热。待室内温度上升到调定值时，KN_1 的常闭触点断开，电加热器自动停止加热。当温度进行手动控制时，将手动自动转换开关置于手动位置 SD 上即可实现手动加热。

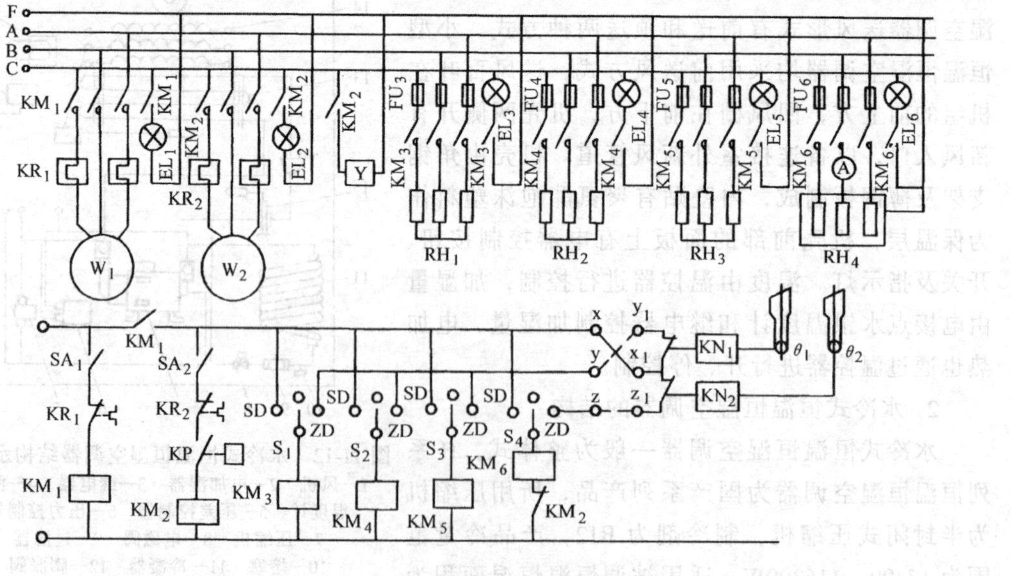

图 11-13 恒温恒湿空调器电气控制图

M_1—鼓风机电动机 M_2—压缩机电动机 RH_1、RH_2、RH_3—电加热器 RH_4—加湿器

A—电流表 KN_1、KN_2—晶体管继电器 Y—电磁阀 KP—压缩机高低压继电器

θ_1—干球温度 θ_2—湿球温度

11.3.3　湿度控制系统

恒温恒湿空调器通过控制加湿量和减湿量来满足房间的恒湿要求。

1. 加湿控制

当实现自动加湿控制时，将 S_4 放在自动位置 ZD 上，当室内湿度低于调定值时，湿球温度计触点断开，电子继电器 KN_2 的常闭触点闭合，KM_6 通电，其相应触点闭合，加湿器 RH_4 自动加湿，待湿度上升到调定值时，KN_2 常闭触点断开，电加湿器自动停止加湿。当进行手动加湿时，将 S_4 放在手动位置上，即可手动加湿。

2. 减湿控制

露点温度的变化直接影响到室内相对湿度的变化，因此控制露点温度，就间接控制了室内的相对湿度。直接蒸发式表面冷却器的空调系统，其露点温度是通过压缩机的蒸发压力（或温度）来控制的。保证蒸发压力（或温度）恒定不变，就可保证恒湿设备的露点不变，满足较高精度的恒湿要求。

11.4　风机盘管自动控制系统

风机盘管系统按供水方式的不同可分为双管系统、三管系统和四管系统三种。国外采用四管系统较多，国内大多采用双管系统。下面以国内普遍采用的双管制系统为例说明风机盘管的自动控制系统。

对于风机盘管机组，其调节方法属于末端调节。所谓末端调节是指在每个房间内安装温度控制器来调节末端加热量或冷却量。图 11-14 给出了四种风机盘管机组的调节方案，图 11-14a 是以室内温度控制器 T473F 控制供水管路上的电磁阀，对进入盘管的水量进行调节，自动保持室内温度的恒定，采用的是双位调节。冬夏季切换时，在调节器内部进行，变正作用为反作用即可满足需要。图 11-14c 是以风机回风温度发信，采用小型电动三通阀调节，用改变旁通水量方法调节进盘管冷（热）水量，控制房间内温度。此方案也带有季节转换开关（即选择给定值）。图 11-14b、11-14d 和前两种方案类似，只是调节器是气动型的。另外风机盘管机组还可对风机作多速（高、中、低速）调节，由于风机转速有多挡，供给盘管的水量可调节，这就很容易达到控制室温的要求。

下面从另外一个角度即定流量水系统与变流量水系统对风机盘管机组的控制进行介绍。

（一）定流量水系统

国内常使用的是双管制，其风机盘管机组的控制常有以下几种：

1. 双管水系统（手动）

表面冷却器中的水是常通的，水量依靠阀门的一次性调整，而室内温度的高低是由手动选择风机的三挡转速来实现的。

2. 双管水系统（室温自动控制）

表面冷却器与手动双管水系统相同，室内温度控制器自动控制风机起停手动三挡开关调节风机的转速，冬、夏季采用手动转换装置。

（二）变流量水系统

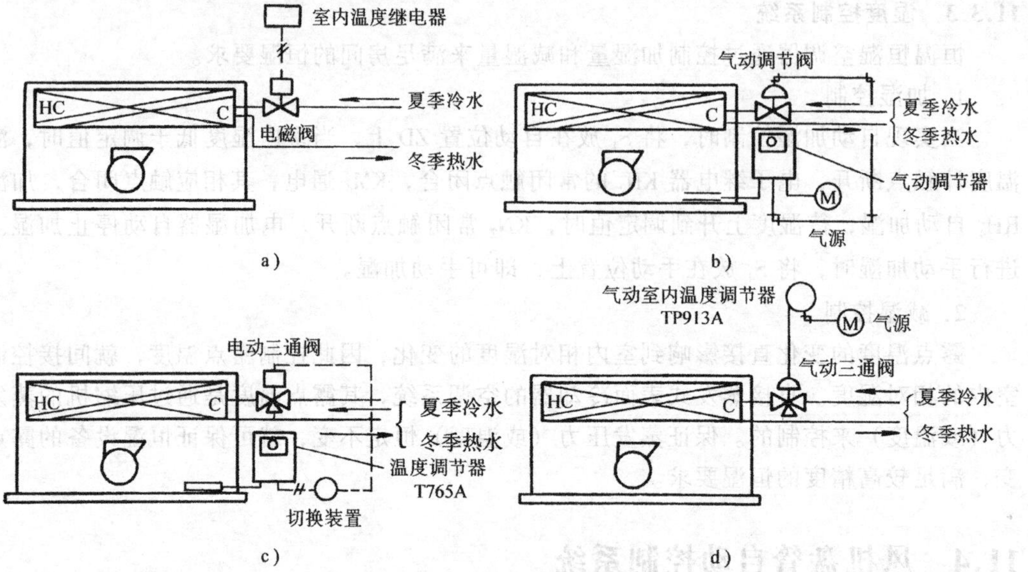

图 11-14 风机盘管温度控制系统

对变流量水系统的风机盘管，有采用双管的，也有采用四管的，其常用的控制形式根据管数的不同有以下两种：

1. 双管系统

用手动三挡开关选择风机的转速；手动季节转换开关进行季节切换、决定加热或冷却；风机和水路阀门联锁；由室内温度控制器控制电动二通阀的启闭（当电动二通阀断电后，能自动切断水路）。

其特点是：

1）水量不可连续调节，只可进行通或断的双位调节。

2）风量可调（高、中、低、停）。

3）由室温的高低来控制电动二通阀，进而控制水路与风机。

4）风机停则水断流。

2. 四管系统

所谓四管系统，即冷水供、回水管各一根，热水供、回水管各一根，即冷热水分开供应。这种系统可全年使用冷、热水，对空调房间温度调节灵活，其缺点是初投资较大。

采用的自动控制方式为：手动三挡开关选择风机转速；风机和水路阀门联锁；由室内温度控制器控制冷、热水电动二通阀的起闭（当二通阀断电后，能自动切断水路）。

特点：除了供应热水与冷水的管道分开之外，其他控制与双管系统相同。

值得注意的是：不同功能的风机盘管，不同厂商生产的产品，其控制方法可能不相同，具体采用何种控制方法也无硬性规定，总之，风机盘管的控制可从以下几方面考虑：

1）只改变风机转速（改变风量）。

2）只改变通过盘管的水流量（可实现双位调节，也可实现连续调节）。

3）利用旁通风阀改变要处理的风量。

4）既变风量又变水量。

11.5　新风机组自动控制系统

新风机组是半集中式空调系统中用来集中处理新风的空气处理装置。新风在机组内进行过滤及热，湿处理，然后利用风机通过风管送往各个房间，补充房间新鲜空气，保持一定的空气品质。新风机组由新风阀门、过滤器、冷（热）盘管、加湿器、风机等设备组成。对新风机组控制要求是恒定送风的温、湿度。

图 11-15 是新风机组模拟仪表控制系统图。温度传感器 TE 将送风温度信号送至控制器 TC-1，TC-1 通过季节转换开关 TS-1，控制电动调节阀 TV-1，改变冷（热）水流量，维持送风温度恒定。压差开关 pds 测量过滤网两侧的压差，当过滤网上含尘量超过规定时，两侧压差达到报警值，发出声、光报警信号，说明过滤器需要清洗或更换。

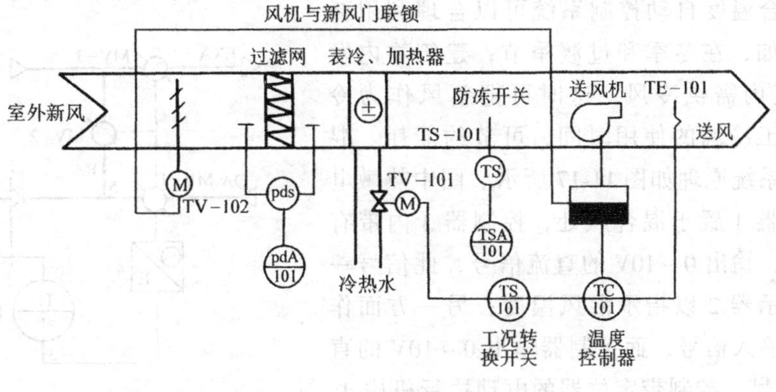

图 11-15　新风机组模拟仪表控制系统

TS 是防冻开关，当冬季风温等于、低于设定值（例如 5°C）时，TS 常闭触点断开，使风机停转，新风阀门自动关闭，加热阀门打开，使风温回升。新风阀门应选用电动风门 TV-2，TV-2 应与风机联锁，当风机起动后，阀门自动打开；当风机停止运转后，风阀自动关闭。此时风阀执行机构仅选用开关型的，不必选用连续控制型的。执行机构供电电压有交流 220V 或 24V。执行机构有 1N·m 的力矩时，一般可控制 $0.2m^2$ 面积的风阀，例如，有 8N·m力矩的执行机构，可以控制 $1.6m^2$ 面积的风阀。

11.6　空调机组自动控制系统

空调机组应用于大空间送风的场合，如商场、会议室等。为了节能而采用回风，即利用一部分回风与新风混合后，经空气处理机对混合空气进行热、湿处理，然后送入空调房间，达到室内要求的空气参数。本节将介绍空调单回路控制系统和空调多回路控制系统，并对这两类控制系统进行举例分析。

11.6.1　空调单回路控制系统

1. 静压控制系统

在变风量调节系统中，系统的静压应保持恒定，以排除由于静压波动给各系统带来的干扰。图11-16是静压自动控制一例。图中压力变送器1将静压转换为0~10V的直流信号，此信号一方面送至指示器2作指示静压用，另一方面送至控制器3作控制用。控制器3可采用连续输出的控制器，也可选用断续输出的控制器。前者输入信号为0~10V的直流信号，即相当0~100%标准信号；输出信号为0~10V的直流信号，是PI控制信号。这种情况其执行机构需采用带电动阀门定位器的电动执行机构4，由电动执行机构4控制风机入口导向叶片，进行风量调节以恒定空气静压。

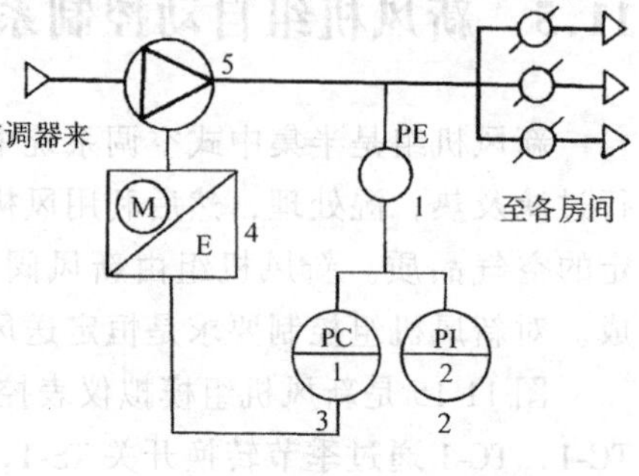

图11-16 空气系统静压自动控制系统

1—压力变送器 2—静压指示器 3—压力控制器 4—带阀门定位器的电动执行机构 5—风机

2. 空气混合温度自动控制系统

空气混合温度自动控制系统可以合理利用新风冷源，例如，在冬季和过渡季节，建筑物内发热量较大,室内需供冷风，这时可把新风作为冷源，推迟人工冷源的使用时间，可节约能耗。混风温度控制系统原理如图11-17所示。图中热敏电阻温度传感器1置于混合风处，控制器3内带有温度变送器，输出0~10V的直流信号，此信号一方面供给指示器2以指示混风温度；另一方面作为控制电路输入信号，而控制器输出0~10V的直流PI控制信号，控制带定位器的电动执行机构4，通过改变定位器的正、反作用来控制新风、回风和排风阀门。控制器3的给定值有X_{G1}（对应新风阀全开时的混风温度）和最小新风量。

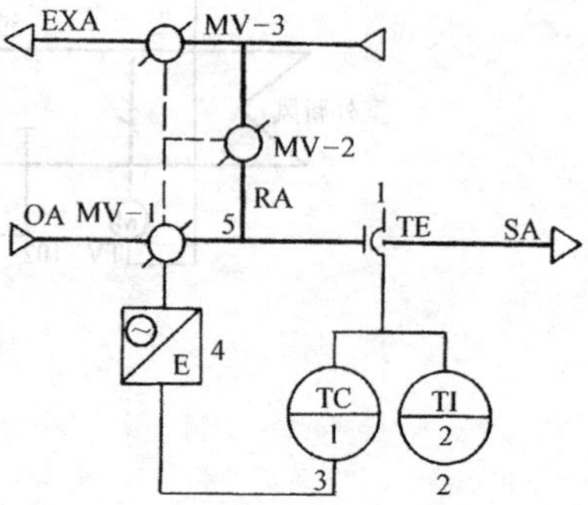

图11-17 混合温度自动控制系统

1—温度传感器 2—温度指示器 3—温度控制器 4—带定位器的电动执行器

在冬季，当混合温度低于给定值X_{G1}时，根据混风温度按控制器的比例带控制风门开度。混风温度升高，新风阀门开大。当混风温度达到给定值X_{G1}时，新风阀门全开，取最大新风量。最小新风量是可调的，例如20%。新风阀位与混风温度的关系见图11-20所示。图中X_P是混风温度控制器的比例范围，也可用δ_1表示，在此范围内新风阀位与混风温度成线性关系。当混风温度$\theta > X_{G1}$时，进入过度季节，使用最大新风量。X_{G1}是给定调整点，此例为16°C，而比例范围X_P为6°C。由于测温仪表为-20~40°C量程，显然比例带$\delta = 10\%$。

3. 恒温、恒湿自动控制系统

图11-18为采用电动控制系统的具有一、二次回风的定露点自控原理图。该系统由一个集中式空气处理系统给两个空气区（a区和b区）送风，而且a区和b区室内热负荷差别较大，需增设精加热器（电加热aDR、bDR），分别调节a、b两区的温度。由于散湿量比较小或两区散湿量差别不大，可用同一机器露点温度来控制室内相对湿度。此系统属定

露点控制系统，可应用在余热变化而余湿基本不变的场合。

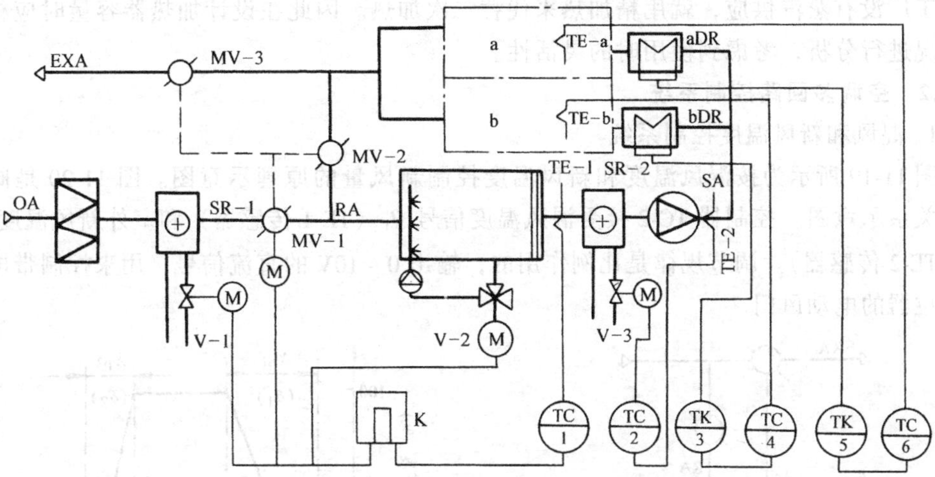

图 11-18　具有一、二次回风定露点自控原理图

控制系统中可以有三种控制点，有：室内温度控制点两个（分别设在 a 区和 b 区），送风温度控制点（设在二次加热器 SR-2 后面的总风管内）和“露点”温度控制点（设在淋水室出风口挡水板后面）。

因此上述系统中共分四个控制系统：a 区室温控制系统，b 区室温控制系统，送风温度控制系统及“露点”温度控制系统。

下面将分别讨论这四个控制系统：

(1)“露点”温度控制系统　该系统由温度传感器 TE-1、控制器 TC-1，电动双通阀 V-1、SR-1，电动三通阀 V-2 和淋水室等组成。

夏季由传感器将信号传递给控制器，通过电动三通阀动作，改变冷水与循环水的混合比来自动控制“露点”温度。冬季则是通过电动双通阀控制一次加热器的加热量，使经过一次混合后的空气加热到需要的状态，再经淋水室绝热加湿，维持“露点”温度恒定。由于“露点”的相对湿度已接近 95%这个恒定值，所以只要“露点”温度恒定，“露点”空气状态点也就恒定了。

为了避免一次加热器 SR-1 加热的同时向淋水室供冷水，在电气线路上应保证电动三通阀和电动二通阀之间互相联锁，即仅当淋水室里全部喷淋循环水时才使用一次加热器。反之，则仅当一次加热器的电动双通阀处于全关位置时才向淋水室供冷水。控制盘上的万能转换开关 K 用于各种工况的转换。在有些自动控制系统中季节工况的转换也可由自动转换装置来完成。

(2) 送风温度控制系统　送风温度的控制系统由温度传感器 TE-2、控制器 TC-2、电动双通阀 V-3、加热器 SR-2 及送风管道组成，主要是对二次加热器的控制。

(3) 室温控制系统　室温的 a 区控制系统由 a 区传感器 TE-a、控制器 TC-6、电压调整器 TK-5、电加热器 aDR 及 a 区对象组成。b 区控制系统则由其相对应的部分及 b 区的对象组成。本区是通过对精加热器-电加热器的控制来实现。精加热器的加热量与相对应空气区的热负荷的变化相适应。

实际使用时，冬天为了减少精加热的耗电，送风控制点的给定值提高一些。而到夏季有些工厂没有蒸汽供应，就用精加热来代替二次加热。因此在设计加热器容量时应根据具体情况进行分析，考虑到使用时的灵活性。

11.6.2 空调多回路控制系统

1. 混风和新风温度控制系统

图 11-19 所示为按混风温度和新风温度控制新风量的原理示意图。图 11-20 是阀位与温度关系示意图。控制器 TC-2 接受混风温度信号 θ_1（TE-1 传感器）和室外新风温度 θ_2 信号（TE-2 传感器）。调节规律是比例作用的，输出 0~10V 的直流信号，用来控制带电动阀门定位器的电动风门。

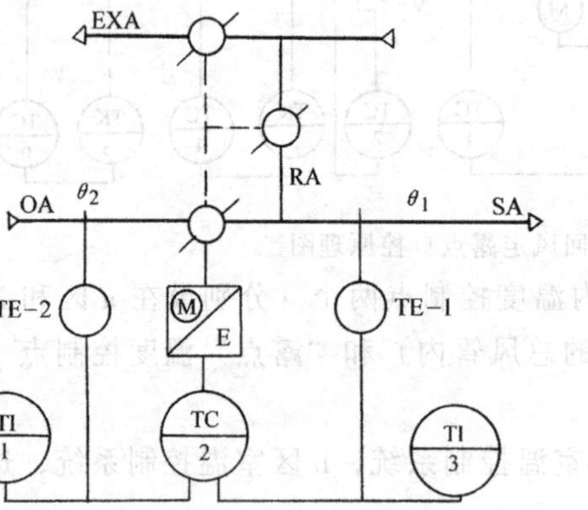

图 11-19 带新风温度转换控制和混风温度自动控制系统

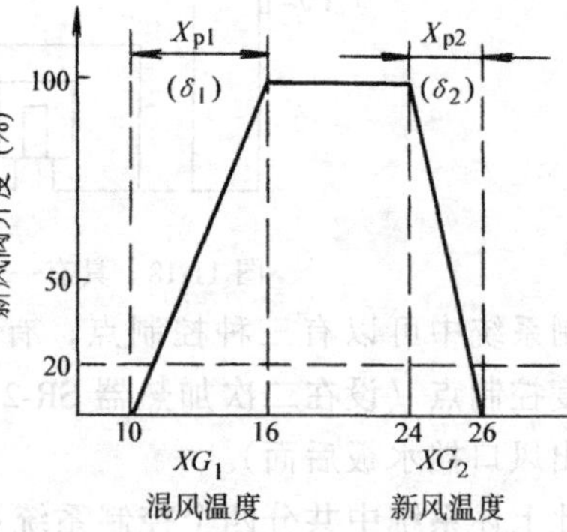

图 11-20 阀位与温度的关系

在冬季，控制器将根据传感器 TE-1 来的混风温度信号控制执行器。随着混风温度 θ_1 的升高，在比例范围 X_{p1} 内，按比例自动地开大新风阀门、关小回风阀门、开大排风阀门。当混风温度达到给定值 X_{G1}（例如 16°C）时，新风全开。上述工况与混风温度控制一致。

在夏季，当新风温度达到或超过给定值 X_{G2} 时，控制器能自动地使用新风温度通道，而自动地切换到由室外温度控制控制器，进而控制执行器。同理，在比例范围 X_{p2} 内，随着室外新风温度的升高，自动地按线性关系关小新风阀门。因而，只要合理地整定 X_{G1}、X_{G2}、X_{p1}、X_{p2}，就可以合理地利用新风冷源，达到经济运行的目的。

本例最小新风量整定在 20%，在夏季工况调节器的比例范围 δ_2 为 2°C，比例带 δ 为 3.3%。

2. 焓比较控制新风量系统

(1) 利用焓差控制新风量　为了充分合理地回收回风能量和利用新风能量，根据新、回风焓值比较来控制新风量与回风量的比例，最大限度地减少人工冷量与热量的利用。如果将温度为 θ_1、相对湿度为 φ_1、风量 G 的室外空气处理到室内温度 θ_2、相对湿度 φ_2 时所需负荷量为 Q_{oa}，则

$$Q_{oa} = (h_{oa} - h_r)G = \Delta hG \tag{11-1}$$

式中　Q_{oa}——新风负荷，单位为 kJ/h；

h_{oa}——新风焓，单位为 kJ/kg；

h_r——室内空气焓，单位为 kJ/kg；

G——新风量，单位为 kg/h。

新风负荷一般占空调负荷的相当大一部分，有时可达 30%～50%，从而减少新风负荷就成了有效的节能方法。图 11-21 给出了根据新、回风焓差控制新风量的概念图，对新风利用可分为五区。

A 区：制冷工况，且 $\Delta h>0$（新风焓 > 回风焓），故应采取最小新风量，减少制冷机的负荷。在此工况下，应根据 CO_2 的体积分数（室内空气）控制最低新风量或给定最小新风量，以保证卫生条件的要求。

B 区：制冷工况，且 $\Delta h<0$，显然应采取最大新风量，充分利用自然冷源，以减轻制冷机负荷。

B 区与 C 区的交界线：在此线上新风带入的冷量恰与室内负荷相等，制冷机负荷为零，停止运行。

C 区：制冷工况，因室外新风焓进一步降低，此时可利用一部分回风与新风相混合，即可达到要求的送风状态。此时可不起动制冷机，完全依靠自然冷源来维持制冷工况。

图中 minOA 线是利用最小新风量与回风混合可达到要求的送风温度。

D 区：即 minOA 线以下，由于受最小新风量限制，空调系统进入采暖工况。该区使用最小新风量，从而减少热源负荷。

E 区：采暖工况，且新风焓比室内空气焓值高的工况。当然，这种情况出现的几率少。如遇此情况应尽量采用新风。

(2) 焓比较自动控制系统　图 11-22 给出焓比较控制系统图，因空气焓值是空气干球温度和相对湿度的函数，故焓比较器 TC-3 的输入信号有新、回风的干球温度和相对湿度信号，即回风温度传感器 TE-2 与湿度变送器 HE-2，新风温度传感器 TE-1 与湿度变送器 HE-1，均接在 TC-3 输入端上，TC-3 输出 0～10V 的直流信号（PI），控制执行机构，它再通过机械联动装置使新、回、排风门按比例开起。

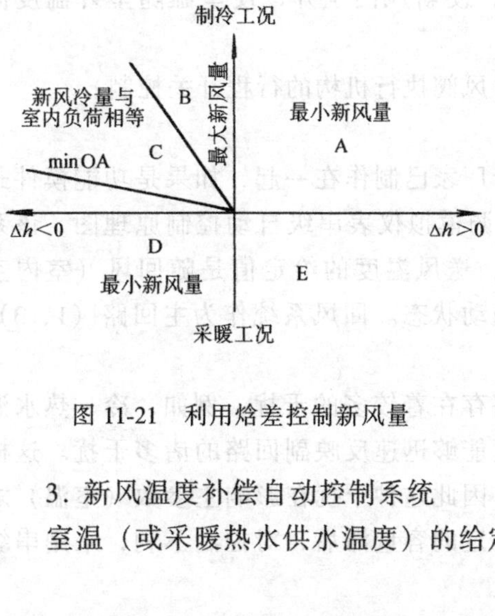

图 11-21　利用焓差控制新风量

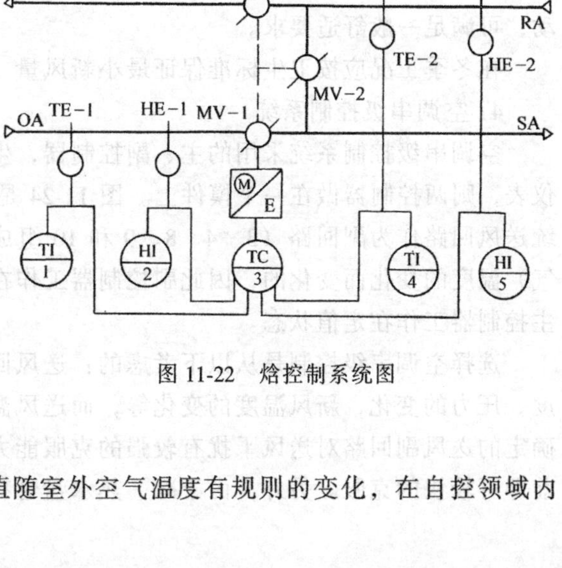

图 11-22　焓控制系统图

3. 新风温度补偿自动控制系统

室温（或采暖热水供水温度）的给定值随室外空气温度有规则的变化，在自控领域内称补偿控制，实际上就是第 10 章中介绍的前馈调节。它既能改善空调房间的舒适状况，又能节约能耗，提高控制精度。在第 10 章中曾经以室外新风温度补偿调节为例，介绍了前馈-反馈自动控制的控制原理，在这一节将介绍采用 WTZ 系列的仪表组成的补偿控制系统。图 11-23 是室外新风温度模拟仪表补偿自动控制系统，图中 TE-1 是采用室内型热敏电阻温度传感器，型号为 MF53-X1 型，用来检测空调房间室内温度的变化。TE-2 为室外温度传感器，采用风道型热敏电阻温度传感器，型号为 MF53-X2 型，用来检测室外新风温度的变化。3-2 为补偿式控制器，型号为 WZT-A256 型，第一路为宽中间带三位控制器（3-1）作为季节转换控制作用，量程为 10～30°C；第二路是三位 PI 控制（3-2）作为室外新风补偿用，量程 0～40°C。传感器 TE-1、TE-2 接在控制器 3 上作为 3 的输入，其中传感器 TE-2 为控制器的两路所共用。

在冬季工况，补偿控制器 3-2 按断续 PI 控制规律，控制盘管加热器的电动调节阀 4 的开起度，室温给定值从给定的初始值（18°C）开始，随着室外温度从补偿起点（10°C）的下降而上升，上升的速率按 $K_w=-10\%$ 变化。例如，室外温度从 10°C 下降到 0°C时，室温给定值增加 1°C，即此时室温给定值为 19°C。

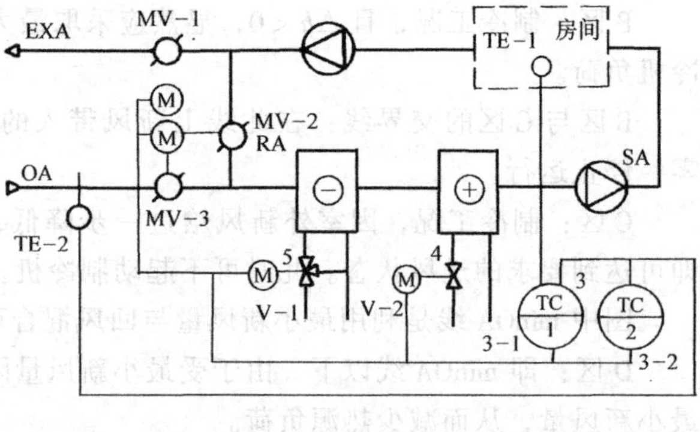

图 11-23 室外新风温度模拟仪表补偿自动控制原理图
TE-1—室温传感器 TE-2—新风温度传感器 3-1—季节转换控制器 3-2—补偿控制器 4、5—电动调节阀

在夏季工况，补偿控制器 3-2 则控制冷却盘管电动调节阀 5。夏季补偿起点为 20°C，随着室外温度增加，室温给定值按夏季补偿比 $K_s=62.5\%$ 从 18°C 而上升，直到达到最高补偿极限为止。例如，当室外温度从 20°C 上升到 36°C 时，室温给定值上升到 28°C（补偿极限）。

在过渡季节，室温给定值恒定（因补偿单元输出为零），尽管给定值不变，但由于此时既不加热也不制冷，而是最大限度地利用新风，使新风门全开，使室温随室外温度波动，可满足一般舒适要求。

在冬季工况应按卫生标准保证最小新风量（由风阀执行机构的行程开关控制）。

4. 空调串级控制系统

空调串级控制系统采用的主、副控制器，生产厂家已制作在一起，如果是功能模件式仪表，则两控制器做在一个模件上。图 11-24 是空调模拟仪表串级自动控制原理图，该系统送风回路作为副回路（3、4、8、9 和 10 组成），送风温度的给定值是随回风（室内空气）温度的变化而变化的，因此副控制器工作在随动状态。回风系统作为主回路（1、3），主控制器工作在定值状态。

选择空调串级控制是从以下考虑的：送风回路存在着较多的干扰，例如，冷、热水温度、压力的变化，新风温度的变化等，而送风温度能够迅速反映副回路的诸多干扰。这样确定的送风副回路对送风干扰有较强的克服能力。因此这种干扰在影响主参数（室温）之前即可较快的克服。另外，由于冷、热水盘管有一定的容量滞后，对控制不利，采用串级

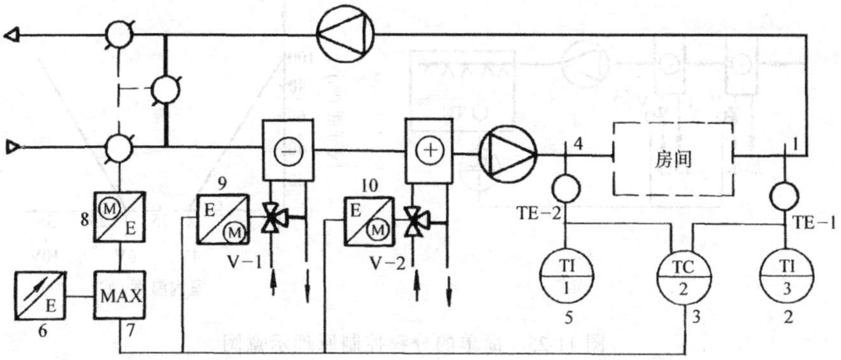

图 11-24　空调模拟仪表串级自动控制系统原理图

1—快速型热敏电阻传感器　2、5—温度指示器（-20~40°C）　3—串级控制器　4—送风温度传感器（同 1）　6—连续开关　7—最高电平选择二极管　8—带定位器的执行器（风量）　9—带定位器的控制阀（冷却）　10—带定位器的控制阀（加热）

控制可以减少滞后时间，改善调节品质。

5. 空调分程控制系统

分程控制的思想是利用单一控制器实现对多个执行机构的程序控制。所以，这是如今适用于舒适性空调系统的节能廉价的简化型多工况控制手段。对于分程控制的实施，这里用一种典型的应用方式：电子定位器为例来作说明。例如，在典型的舒适性空调系统中，冬季系统运行时，一般只需供暖，不用供冷；过渡期可不供暖也不供冷；夏季运行时，只需供冷。这样为了满足空调工艺的这一功能的要求，可用图 11-25 所示的自动控制系统来实现。在这一系统中利用一只温度控制器 TC-1 的输出信号在全年内实现对两个调节机构 V-1 和 V-2 的程序式控制。在这种情况下，温度控制器 TC-1 根据室内温度传感器 T 的信号，在全年的运行中输出 0~10V 的控制信号，同时对两个调节机构——加热阀门 V-1 和冷却阀门 V-2 实行控制。因此，V-1 和 V-2 的执行机构中的电子定位器可预先设定在某个互不重复的电压信号段。例如，V-1 预设于 0~4V，V-2 预设于 6~10V。各个执行机构的预设电压信号段，实际上代表其信号的响应段，亦即只有当来自控制器的信号正好处于其预设的信号响应段时，才会有响应，并作出相应的调节动作。如果其接收到的信号电压超出了预设的响应段范围，则将不会有所反应，因而也不会有调节动作。这样借助分程控制，便可实现供暖与供冷功能的自动互锁。同样，如果冬季需要加湿的话，也可利用类似的分程控制原理，达到加湿器与冷却去湿器工作的自动互锁，使之不致同时动作，发生加湿与去湿功能上的相互抵消，导致能源的浪费。

6. 带自动选择的空调分程控制系统

如图 11-26 所示，是空调系统中使用自动选择、串级及分程的综合控制系统。在夏季，空调系统中的表冷器投入工作，它同时具有降温和降湿作用。当室内的温湿度同时有一定精度要求时，表冷器究竟是由温度控制器控制，还是由湿度控制器控制，这里就有一个识别或选择的问题。应该按温、湿度两个参数中偏差大的作为指令，控制冷水阀，如此可同时维持温、湿度双参数都具有一定的调节精度，又可以在一定条件下，减少制冷又加湿或又加热的冷热抵消现象，达到节能效果。图 11-26 中 1、4 的温度传感器接到串级温度控制

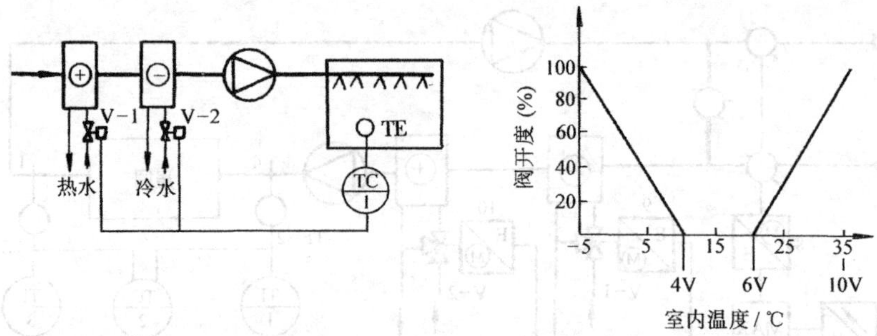

图 11-25 简单的分程控制原理示意图

器3上，1、4中的湿度变送器接到串级湿度控制器8上。这两个串级控制器输出均为连续0～10V的直流信号，根据分程原理，在冬季，温度控制器3控制加热器电动调节阀12，湿度控制器8控制加湿阀11（带有断电后阀门关闭的弹簧复位装置）。分程示意图如图11-27a所示。而回风（或室内）温、湿度与送风温、湿度的关系如图11-27b所示。从图中可以看出，对应室内给定值的整定范围，存在着送风温度，湿度的最大值与最小值。在夏季工况，控制器3与控制器8的输出均送至高值选择器9（选择最高电平二极管）上，选择最高值信号作用在冷盘管电动调节阀13，按分程示意图给出的特性，或是由温度或是由湿度控制调节阀13的开度，以维持温、湿度有一定的精度。

在冬季，当风机停止运转时，压差控制器10的接点断开切断加湿阀11的电源，阀11是带有复位弹簧装置的，当阀门电动机断电后，阀门在弹簧拉力下，使阀门关闭。

另外，应说明如果系统未采用一次回风时，为防止结冰应设置防冻恒温器，如图11-26中的防冻恒温器14，这是温包式控制器，可通过其触点进行防冻控制。

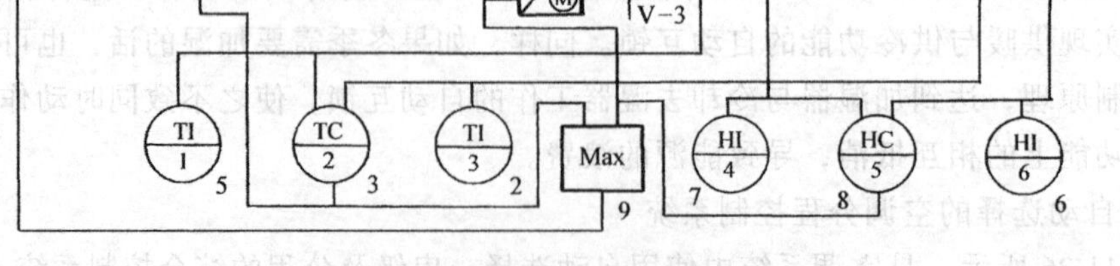

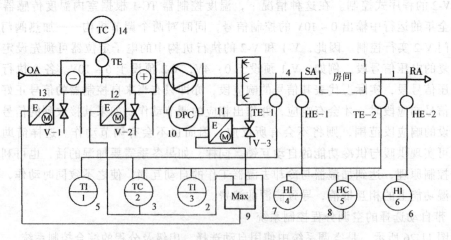

图 11-26 带自动选择的串级分程控制系统原理示意图

1、4—管道型湿度变送器及温度传感器 2—回风温度指示器 3—串级温度控制器（设定值-20～40℃） 5—送风温度指示器 6、7—回风相对湿度指示器（指示范围0～100%） 8—串级控制器（设定值0～100） 9—选择最高电平二极管 10—压差控制器 11—带定位器的电动加湿调节阀 12—带定位器的加热用电动调节阀 13—带定位器的冷却或减湿用电动调节阀 14—防冻恒温器

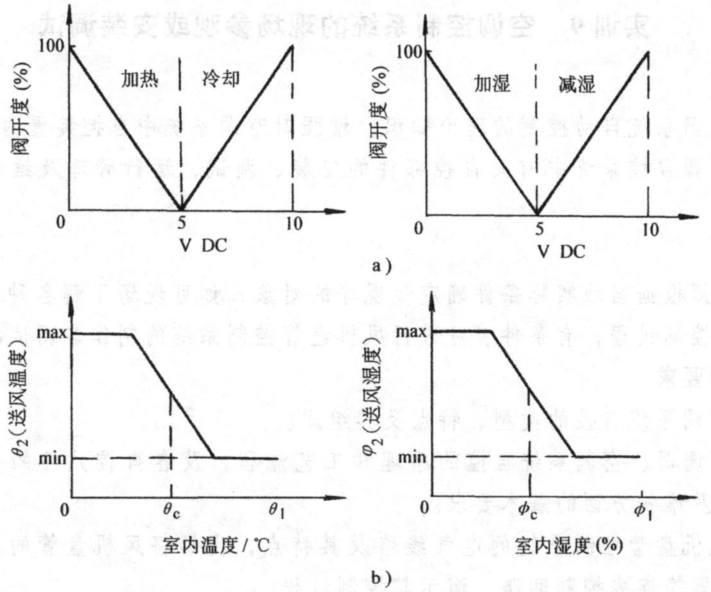

图 11-27

a)分程原理示意图 b)回风温度、湿度与送风温度、湿度的关系(串级控制)

θ_c 室内温度给定值 φ_c 室内相对湿度给定值

本章要点

1. 窗式空调器和分体空调器的自动控制系统:单冷式、冷暖型和热泵型三种窗式空调器的自动控制电路及其工作原理。单冷式分体空调和冷暖型分体空调的自动控制电路及其工作原理。

2. 恒温恒湿空调器的结构、温度与湿度的自动控制原理及实现温度和加湿的自动控制过程,利用控制露点温度的方法来实现间接减湿控制。

3. 自动控制原理在风机盘管、新风机组和空调机组的自动控制系统中的应用,如串级控制、补偿控制在空调系统中的应用示例的分析。

思考题与习题

11-1 说出 KT3C-30/A、KFR-35LW/BP、KFR-60W/BPF、KFR-28G 等空调器型号的含义。

11-2 分体式空调器与整体式空调器相比有哪些优点?

11-3 简述如何利用干湿球温度计实现恒温恒湿空调器的温湿度的自动控制?

11-4 讨论末端调节方法在风机盘管机组中的应用。

11-5 以新风补偿控制为例说明补偿控制是如何提高控制精度的?

11-6 空调串级控制系统与一般的负反馈控制系统相比有何优点?

11-7 分程控制系统亦可用单回路控制系统来代替,与单回路控制系统相比,分程控制系统有何优点?

11-8 试将空调串级控制系统一节中的控制系统图的框图画出,并叙述其控制原理。

11-9 空调表冷器的温湿度控制用何种控制系统实现?是如何实现的?

实训9 空调控制系统的现场参观或安装调试

1. 实训目的

1）巩固空调系统自动控制的理论知识，增强对空调系统中自控装置的感性认识。

2）提高空调自控系统中有关自控部件的安装、调试、运行管理及维修方面的实际动手能力。

2. 实训场所

由指导教师根据当地实际条件确定参观等的对象，如可现场了解各种空调控制系统的组成、功能和控制过程；有条件者可进行风机盘管控制系统的制作与调试等。

3. 实训内容和要求

1）了解空调系统自控的类型、特点及其组成。

2）了解空调器、空调系统自控的原理和工艺流程，及各自控元件的类型和安装、调试、运行管理及维护方面的基本要求。

3）了解风机盘管控制系统的电气线路及其特点，现场将风机盘管的风机、电动调节阀、温度控制器等连成控制回路，演示其控制过程。

4）视条件了解中央空调系统中的新风量控制方式，或新风温度补偿控制、焓差控制、混风温度控制、风管静压控制等的组成、功能、控制流程和运行维护要求。

5）了解新技术在空调系统自动控制中的应用。

6）完成实训报告（介绍对象的自控组成、原理和工作过程，说明其优点与缺点；对其元器件的选择、性能与安装、系统运行维护等方面的评价，提出建议等）。

注：指导老师可根据实际情况采取不同的实训方式，可以是参观，也可让学生动手制作；可以按传感器、控制器、执行器、自控系统整体等分别安排实训教学。

12

第12章 制冷系统及装置自动控制

12.1 概述

制冷装置是将制冷设备与消耗冷量的设备组合在一起的装置。按冷量使用方式的不同，制冷装置的类型亦多种多样，如用途较为广泛的有冷藏和空调降温用制冷装置。通常按使用领域分可以有几类：①工业生产用制冷装置；②生活及商业用制冷装置；③建筑及其他工程用制冷装置；④试验用制冷装置等。

制冷装置的运行应适应制冷系统负荷变化的要求。由于对象负荷会经常发生变化，外部环境也会变化，这将导致制冷系统的工作参数发生变化。制冷装置自动控制的首要任务是在负荷及外部条件变化时，及时通过适当的调节，保证制冷工艺要求的温控指标，并使制冷系统的工况始终维持在合理、安全范围内。进一步的任务是在满足上述主要任务的同时，尽可能提高装置在各种变工况条件下的运行经济性，以及减轻工作的劳动强度。

12.1.1 制冷系统及装置自动控制的内容

制冷装置自动控制系统是制冷装置的组成部分，它是为更好地完成冷媒循环的制冷工艺系统服务的。就自动控制系统而言，主要的内容为：

1）对制冷工艺参数（压力、温度、流量等）的自动检测。参数检测是实现控制的依据。

2）自动控制某些工艺参数，使之恒定或者按一定规律变化。对一台自动控制的制冷装置，首先期望的是维持被冷却对象为指定的恒温状态。由此而来，还涉及到其他一系列相关参数（如蒸发压力、冷凝压力、供液量、压缩机排气量等）的调节。

3）根据编制的工艺流程和规定的操作程序，对机器、设备执行一定的顺序控制或程序控制。例如压缩机、风机、水泵、液压泵等的程序起动与停车，冷凝器和冷却水系统的自动控制，蒸发器除霜控制等。

4）实现自动保护，保证制冷设备的安全运行。在装置工作异常、参数达到警戒值时，使装置作故障性停机或执行保护性操作，并发出报警信号，以确保人机安全。

随着使用条件和功能、容量等参数的不同，实现自动控制所采用的控制规律和控制元件也不尽相同。一般小型制冷装置，例如，电冰箱、冷柜、房间空调器等系统简单、温控精度要求不高，采用较少的、简单便宜的自控元件、双位控制或比例控制便可以实现自动运行。复杂制冷装置，如大、中型冷库与中央空调系统等，它们的机器设备多，工艺流程复杂、控制点多，运行中各设备、各参数的相互影响更要仔细考虑，所以实现自动化的难度相对较大，所需自控元件较多，所采用的控制规律，由单一的双位控制、比例控制变为多种控制规律的组合。

制冷系统和装置自动控制实际上是自动控制理论和技术在制冷工程中的应用。它既需要自控原理的基本知识，又要求对制冷装置本身有深入的了解。在处理制冷自动化问题时，仅仅知道自控理论、了解制冷自控元件的构造和性能是不够的，重要的是如何将它们合理地运用到制冷装置中，实现自动控制。如果没有很好地了解制冷装置的特性就去配置自动化系统，往往效果很差，达不到控制要求，甚至会影响制冷装置的正常运行。因此，要实现制冷系统与装置的自动控制，就必须在充分研究制冷装置特性的基础上，掌握控制规律，熟悉控制元件的基本控制和保护电路，这样才能使所配置的自动化系统能够很好地为制冷装置服务。

12.1.2　制冷系统与装置自动控制的意义

制冷系统与装置自动控制是制冷与空调技术中一项很重要的内容，制冷系统与装置实现自动化后，对提高系统运行的合理性、准确性、稳定性和安全性，降低能耗和管理费用，改善工人的劳动条件，提高空调的舒适性都具有重要的意义，也使制冷系统与装置的电气特性和调节能力具有以下特点：

1）起动性能好，提高设备运行稳定性。采用自动化控制技术，在制冷装置电气设备起动时，能够分时起动各电器部件的控制要求，避免大功率电器同时起动而引起供电系统瞬时电压降过低，而影响其他设备的运行，提高了电器部件运行的可靠性。若进一步采用变频控制技术进行起动，则能够使起动更加稳定、动力损失相对减少，并且降低对供电系统的干扰。

2）实现节能。在以往传统的制冷系统中，为了保持室内具有一定的温、湿度，一般采用制冷机间歇运行的方法解决。这种方式在每次起动时电流非常大，造成能量的损失；频繁启停也会降低设备的使用寿命；而且在负荷变化较大时，则会导致制冷机的输出量与室内实际负荷不匹配，带来更大的能量损失。制冷系统与装置运用自动化控制技术，能够在室内负荷变化较大时，根据各冷间对温度的要求，将制冷系统的输出能力进行合理调整和分配，满足室内负荷变化对温度调节的要求。应用变频控制技术则能够使制冷压缩机的转速随着室内负荷的变化而进行自动调节，连续地改变制冷机的输出量，以期达到能够与室内的实际负荷相匹配。这样，冷间内的温度控制在所需要的范围内，减少了设备运行使用时的耗电量。

3）控温的精确性提高。采用自动控制技术，制冷系统与装置能够将其输出能力根据各冷间对温度的要求进行合理调整和分配，相对减少了制冷机的起动、停止次数。可以减小室内温度的波动，使室内温度维持在设定值，满足冷间的工艺性或舒适性的要求。

12.2　蒸发器的控制

12.2.1　制冷剂流量控制

制冷剂流量控制是为了保证单位时间送入蒸发器的供液量与蒸发器能够蒸发掉的流量相等，从而使制冷装置能够正常运行。如果蒸发器供液量过多，会造成压缩机液击，损坏压缩机；如果蒸发器供液量过少，冷量不够，达不到规定的工艺要求，某些情况下对压缩机运行不利，甚至会产生故障。同时，蒸发器负荷因各种因素影响会随时间而不断变化，也要求制冷装置必须具有自动控制制冷剂流量的功能。

传统的控制流量的节流机构主要有毛细管、热力膨胀阀及浮球阀。20 世纪 80 年代后，为了实现流量调节的更高要求和运用先进的电子式控制手段，发展了电子膨胀阀，使制冷剂流量控制技术迈上了一个新台阶。下面分别介绍一下。

1. 毛细管

毛细管在制冷循环中，是使由冷凝器出来的高压液体制冷剂降压后进入蒸发器，并使系统具有适当的蒸发温度和制冷剂流量的节流机构。

当流体在一定的管内流动时，必然要克服管道内的摩擦阻力，产生压力降，改变其流量。因此，在制冷系统中可以选择适当管径（一般0.6～2.5mm）与长度来控制液体制冷剂流过管子的流量，使蒸发器内保持一定的蒸发压力。

在设有毛细管节流装置的制冷系统中，因高低压间有恒定的毛细管通道连接，压缩机停机后，压力迅速趋于平衡，故有利于再起动。但是，有时也会有部分液体制冷剂继续进入蒸发器，而再起动时造成压缩机“液击”。毛细管节流装置的制冷剂流量小，当热负荷变化后，其制冷剂流量调节性能差。如当供液量超过蒸发器热负荷需要时，则易造成压缩机湿冲程；当流量过小时，则将导致冷凝器集液过多和冷凝温度上升；另外，在毛细管工作过程中，也可能有部分未凝结的气态制冷剂经毛细管进入蒸发器，恶化蒸发器的工作。因此，毛细管节流多用于蒸发温度变化范围不大，且工况一般又比较稳定的中小型制冷装置。

2. 热力膨胀阀

热力膨胀阀又称温度调节阀。在制冷空调系统中，热力膨胀阀作为膨胀阀装置在蒸发器进液口的供液管道上。热力膨胀阀能根据感温包感受蒸发器出口蒸气过热度的大小，自动控制阀门的开起度，以调节流经阀门的制冷剂流量。热力膨胀阀能根据蒸发器热负荷情况进行随动调节，所以不会产生人工调节中的误操作，使制冷装置能在一个比较经济合理且安全可靠的条件下运行。

热力膨胀阀的结构形式有内平衡式和外平衡式两种，内平衡式适用于蒸发器管道阻力损失较小的系统，外平衡式适用于蒸发器管道阻力损失较大的制冷系统。

（1）内平衡式热力膨胀阀　如图12-1所示，内平衡式热力膨胀阀主要由阀体、阀杆、阀心、调节杆、膜片、毛细管、感温包等部分组成。它采用膜片作为测量元件。膜片、导压毛细管、温包和阀顶盖组成一个密闭的空间，里面充注R22、R13、R12或其他感温剂，阀门开启的过热度由调节杆调定。阀门工作时，膜片通过阀杆带动阀针（锥形阀心）上下移动，使阀口开大或关小。现用图12-2所示的原理图来分析它的工作情况。

热力膨胀阀的感温包装在蒸发器的出口处以感受回气过热温度。制冷剂经阀孔节流后以A点进入蒸发器，当蒸发器吸热至B点便全部汽化为饱和气体。若忽略制冷剂在蒸发器内的流动阻力，则制冷剂在B点前温度不变，然后从B点到C点制冷剂蒸气过热。C点温度就是温包感受的过热温度，温包内压力是此温度相对应的充注剂的饱和压力p_s，此力作用在膜片上方，而膜片下面受到系统的蒸发压力p_0和弹簧压力p_F的作用。当阀门处于某一平衡位置时，即

$$p_s = p_0 + p_F \tag{12-1}$$

若蒸发器热负荷增加，则引起过热度增加，温包内工质压力p_s增大，此时

$$p > p_0 + p_F \tag{12-2}$$

由于膜片上方作用力增大，因而膜片中心下移，推动阀杆下移，使阀口开起度增大，增加供液量。反之，若蒸发器热负荷减少，回气过热度减少，p_s也随之减小，此时膜片中心带动阀杆上移，阀口关小，减少供液量。由于阀口的开起度与p_s是成正比，故它是一

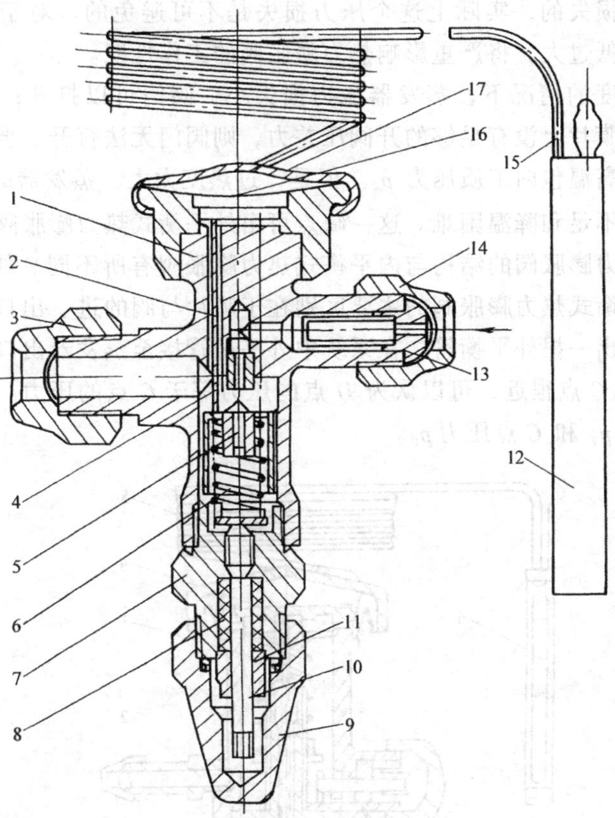

图 12-1　内平衡式热力膨胀阀结构图

1—阀体　2—传动杆　3—螺母　4—阀座　5—阀针　6—弹簧　7—调节杆座
8—填料　9—帽罩　10—调节杆　11—填料　12—感温包　13—过滤器
14—螺母　15—毛细管　16—膜片　17—气箱盖

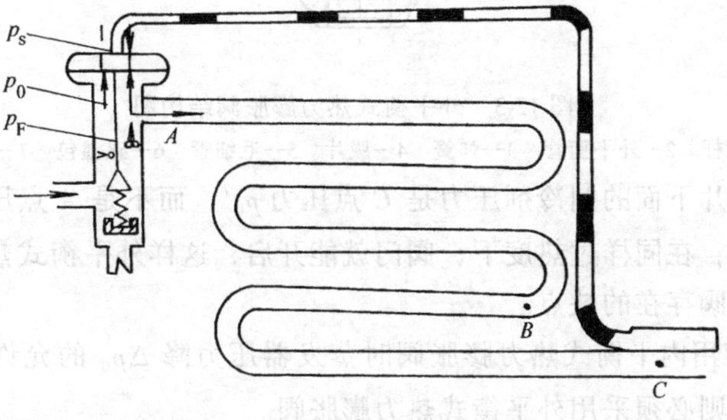

图 12-2　内平衡式热力膨胀阀工作原理图

种比例调节。由式（12-2）可以看出，若改变弹簧压力 p_F，则需要改变 p_s，即改变回气过热度，才能使阀开启。

(2) 外平衡式热力膨胀阀　上面分析热力膨胀阀工作原理时，是假定制冷剂在蒸发器管内无流动压力损失的，实际上这个压力损失是不可避免的。对于压力损失较大的蒸发器，由于压力降低过大，将严重影响热力膨胀阀的工作性能。

在相同过热度的情况下，蒸发器压力损失小，阀门可以打开；而蒸发器压力损失过大，会使膨胀阀膜片上没有足够的开阀压差力，则阀门无法打开。要使阀门开启，就需要增加过热度来提高温包内工质压力 p_s。但是，过热度太大，蒸发器的传热面积不能充分利用，会引起供液不足和降温困难。这一缺点可由外平衡式热力膨胀阀来克服。

外平衡式热力膨胀阀的结构与内平衡式热力膨胀阀有所不同。如图 12-3，从图中可以看出，它与内平衡式热力膨胀阀的主要区别在于膜片与阀的进、出口用一隔板隔开，在膜片与隔板之间引出一根外平衡管。在系统中外平衡管接至蒸发器出口管段上，如图 12-4 所示。由于 D 点离 C 点很近，可以认为 D 点的压力等于 C 点的压力。这时，膜片下面的作用力是弹簧压力 p_F 和 C 点压力 p_0。

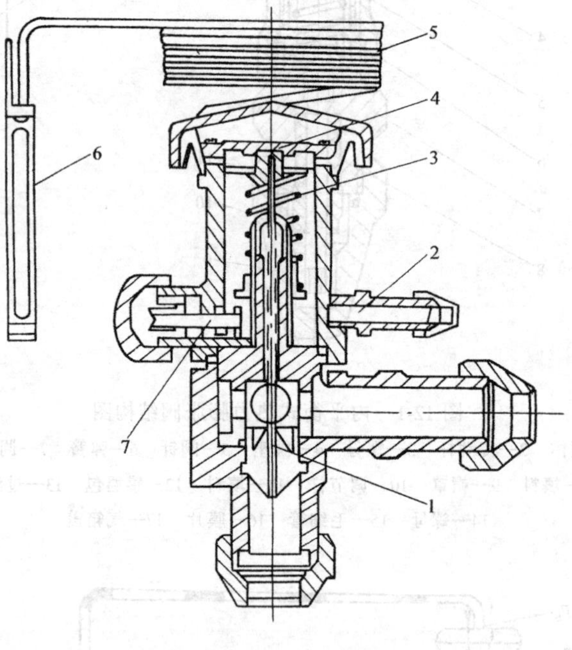

图 12-3 外平衡式热力膨胀阀结构图

1—阀杆 2—外平衡管 3—弹簧 4—膜片 5—毛细管 6—感温包 7—调节杆

由于膨胀阀膜片下面的制冷剂压力是 C 点压力 p_0'，而不是 A 点压力 p_0，因而膜片上下仍有较大的压差，在同样过热度下，阀门就能开启，这样外平衡式热力膨胀阀就克服了内平衡式热力膨胀阀存在的缺点。

表 12-1 给出使用内平衡式热力膨胀阀时蒸发器压力降 Δp_0 的允许值。若实际 Δp_0 超过表中的允许值，则必须采用外平衡式热力膨胀阀。

3. 电子膨胀阀

热力膨胀阀尽管是目前使用较为广泛的一种膨胀阀，但它只能适用于传统的控制模式，只能实现大体上的比例型流量调节。它存在调节质量不高、调节系统无法实施计算机控制、工作温度范围窄、温包传感慢而引起反应迟后等缺点，特别是在低温装置中，热力

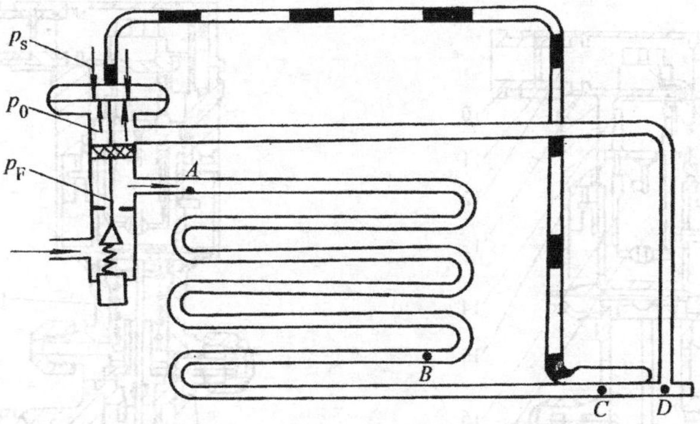

图 12-4 外平衡式热力膨胀阀工作原理图

表 12-1 使用内平衡式热力膨胀阀的 Δp_0 允许值 （单位：MPa）

蒸发温度/℃		10	0	-10	-20	-30	-40	-50	-60
制冷剂	R12	20	15	10	7	5	3		
	R22	25	20	15	10	7	5	3	2
	R502	30	25	20	15	10	7	5	4

膨胀阀的调节振荡问题比较突出。电子膨胀阀可以较好地解决这些问题。

电子膨胀阀是采用电子手段进行流量调节的阀门。如图 12-5 所示，调节装置由温度传感器、电子调节器和电子膨胀阀组成，它们之间用导线连接传输电量信号，调节规律由调节器设定。

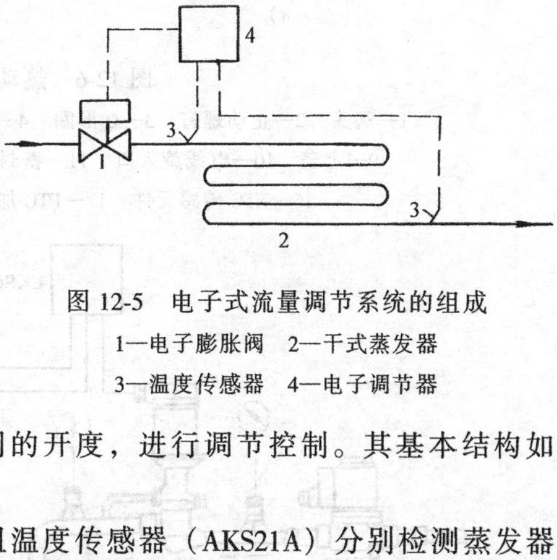

图 12-5 电子式流量调节系统的组成

1—电子膨胀阀 2—干式蒸发器

3—温度传感器 4—电子调节器

电子膨胀阀种类很多，按阀的结构形式主要有三类：热动式、电磁式和电动式（双金属片式的热电膨胀阀已很少应用）。

(1) 热动式膨胀阀 热动式膨胀阀是靠阀头电加热的调节产生热力变化，从而改变阀的开度，进行调节控制。其基本结构如图 12-6 所示。其应用示例见图 12-7。

如图 12-7 所示，采用两只 1000Ω 的铂电阻温度传感器（AKS21A）分别检测蒸发器入口和出口，S_1 和 S_2 处温度并将信号输入到电子调节器 EKS65。在 EKS65 中将温差（$T_{S1}-T_{S2}$）与要求的温差值即温差的期望值（该值在调节器上设定）比较。如果温差（$T_{S1}-T_{S2}$）相对于设定的期望值变化，则调节器向膨胀阀执行器输入或多或少的电脉冲，执行元件使膨胀阀的开度改变，相应地调整制冷剂流量，以重新建立起所要求的温差（$T_{S1}-T_{S2}$）。

由此可见，这种流量调节系统不同于热力膨胀阀系统。热力膨胀阀是以蒸发器出口过热度为控制信号，而这里是以蒸发器出口与入口温度之差为控制信号。考虑到蒸发器中存在压力降 Δp_0，则温差（$T_{S1}-T_{S2}$）小于蒸发器实际过热度 Δt，如图 12-8 所示。

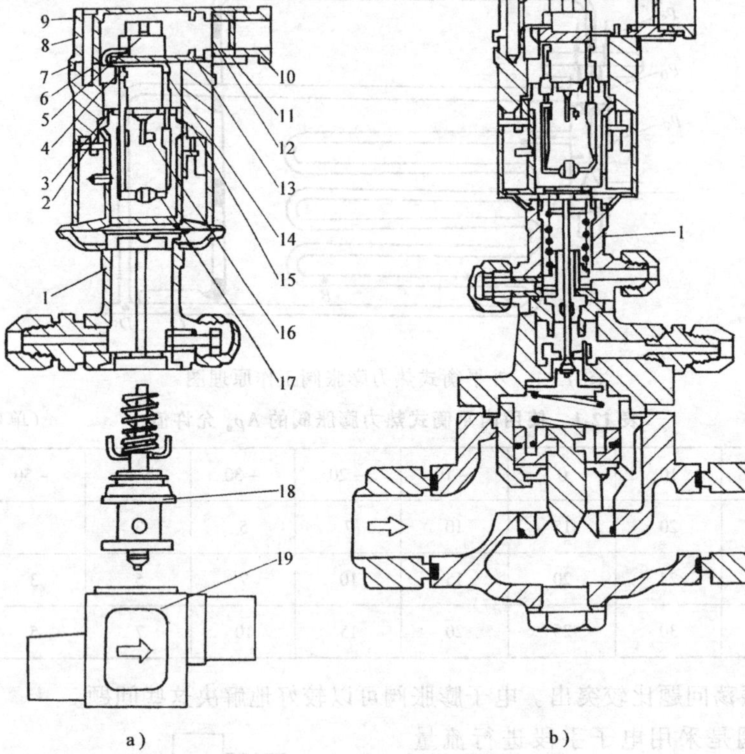

图 12-6 热动式膨胀阀结构图

1—阀头 2—止动螺钉 3—O 形圈 4—电线套管 5—电线 6、8—螺钉 7—垫片 9—上盖 10—电线旋入口 11—密封圈 12、13—垫片 14—端板 15—膜头 16—NTC 传感元件 17—PTC 加热元件 18—节流组件 19—阀体

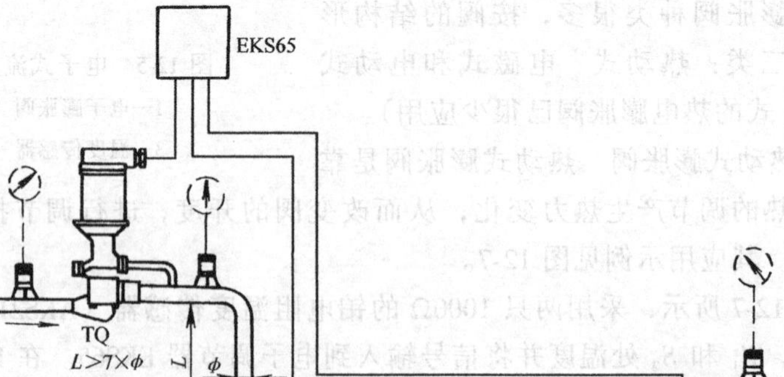

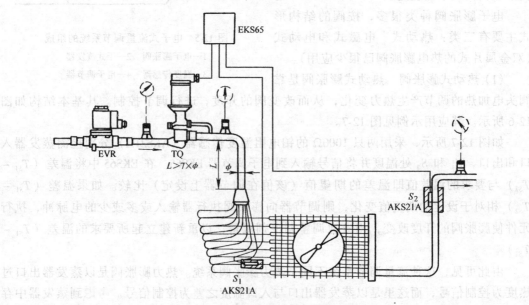

图 12-7 热动式膨胀阀应用示例

(2) 电磁式膨胀阀　电磁式膨胀阀是依靠电磁力开启进行流量调节控制的阀门。如图 12-9 所示，电磁线圈通电前针阀处于全开位置，通电后，由于电磁力的作用，磁性材料所制成的柱塞被吸引上升，从而带动针阀使开度变小。阀的开度取决于加在线圈上的控制电压（或电流），故可以通过改变控制电压调节流量。

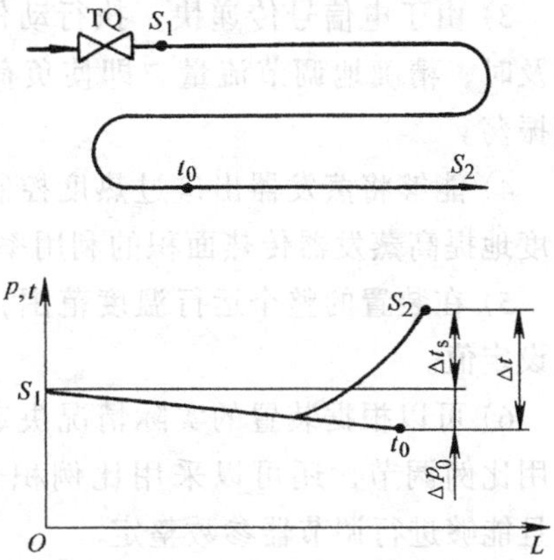

图 12-8　蒸发器中的参数信号

这种电磁式膨胀阀结构简单，动作响应快，但工作时需要一直为它提供电压。

另外，还有一种电磁式膨胀阀。它实际上是一种特殊结构的电磁阀，带有内置节流孔，通电开型。电磁线圈上施加固定周期的电压脉冲，一个周期内阀开、闭循环一次。阀流量由脉冲宽度决定。负荷大时，脉宽增加，阀打开时间长；负荷低时，脉宽减小，阀打开时间短。断电时，阀完全关闭，还起到电磁截止阀的作用。工作中由于阀交替打开和关闭，液管和吸气管中会产生压力波动，但并不影响制冷机的运行特性。

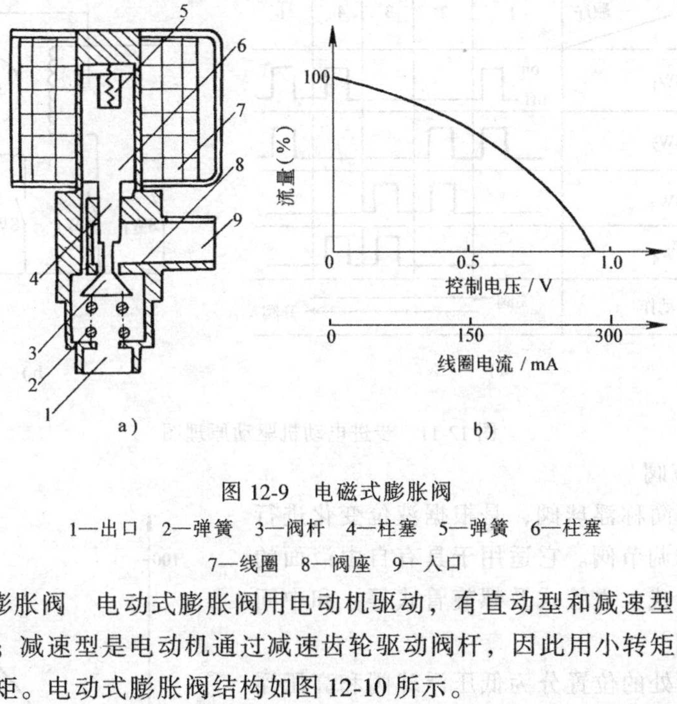

图 12-9　电磁式膨胀阀

1—出口　2—弹簧　3—阀杆　4—柱塞　5—弹簧　6—柱塞

7—线圈　8—阀座　9—入口

(3) 电动式膨胀阀　电动式膨胀阀用电动机驱动，有直动型和减速型。直动型是电动机直接驱动阀杆；减速型是电动机通过减速齿轮驱动阀杆，因此用小转矩的电动机可以获得较大的驱动力矩。电动式膨胀阀结构如图 12-10 所示。

这种阀的流量调节是步进电动机正向或反向运转带动阀杆上、下运动，使阀开度改变而实现的。电子调节器（或微电脑）接受制冷装置的运行信号，按一定的调节规律（或预设的调节程序）向步进电动机输出驱动信号。步进电动机驱动原理如图 12-11 所示。阀的流量特性如图 12-12 所示。

电子膨胀阀可以运用先进的控制手段进行制冷剂流量的控制与调节，获得较好的调节质量，其主要特点为：

1）流量调节不受冷凝压力变化的影响。

2）对膨胀阀前制冷剂过冷度的变化具有补偿作用。

3）由于电信号传递快，执行动作迅速、准确，故能够及时、精确地调节流量。即使负荷变化剧烈，也能避免振荡。

4）能够将蒸发器出口过热度控制到最小，从而最大限度地提高蒸发器传热面积的利用率。

5）在装置的整个运行温度范围，可以有相同的过热度设定值。

6）可以根据装置的实际情况决定调节规律，不仅可采用比例调节，还可以采用比例积分或其他调节规律；并且能够进行调节器参数整定。

电子膨胀阀技术代表了制冷控制技术的发展方向，其应用将会越来越广泛。

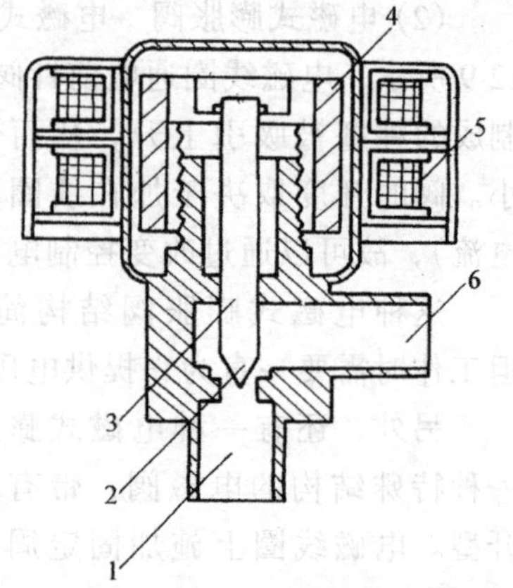

图 12-10 电动式膨胀阀（直动型）

1—入口 2—针阀 3—阀杆

4—转子 5—线圈 6—出口

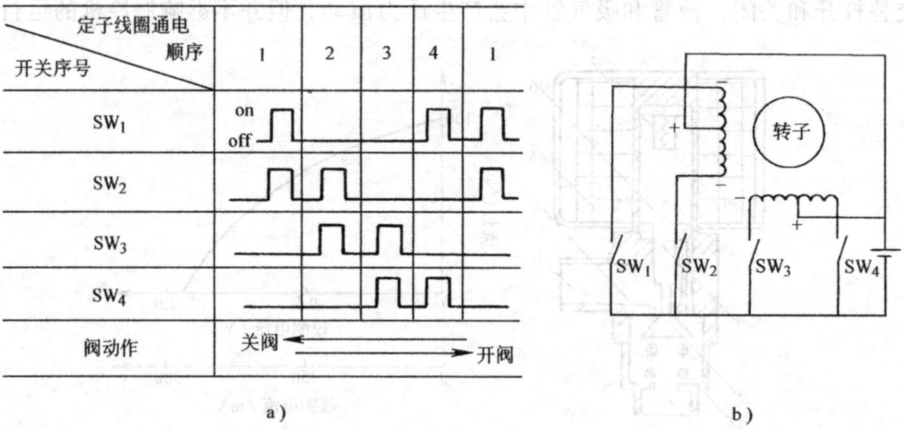

图 12-11 步进电动机驱动原理图

4．浮球调节阀

浮球调节阀简称浮球阀，是根据液位变化进行流量控制的比例调节阀。它适用于具有自由液面的蒸发器（如壳管式、立管式及螺旋管式等）和中间冷却器等。

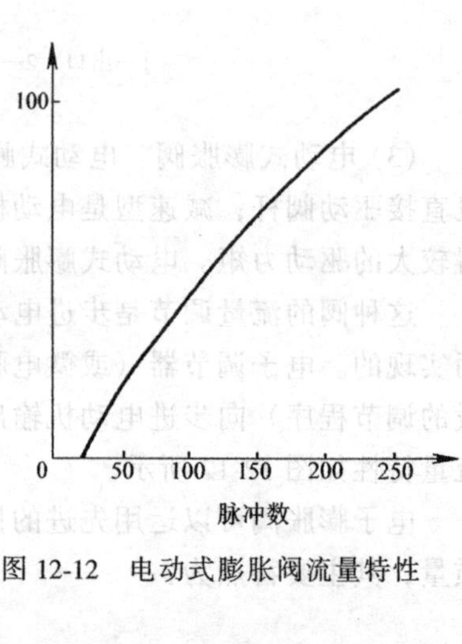

图 12-12 电动式膨胀阀流量特性

浮球阀按所处的位置分为低压浮球阀和高压浮球阀两种。高压浮球阀安装在高压液体管路上，用来保持冷凝器或贮液器中的液位，从而间接地调节蒸发器的供液量。高压浮球阀只适用于一个蒸发器的制冷机组，故现在已很少使用。

低压浮球阀按制冷剂液体在其中的流通方式可分为直通式及非直通式两种，图 12-13 示出了它们的结构示意图及非直通式浮球阀的管路系统图。浮球阀是用液体连接管及气体连接管分别与蒸发器或中间冷却器的液体部分及蒸气部分连通，因而两者中具有相同的液位。当蒸发器或中间冷却器内的液面下降时，阀体内的液面也随之下降，浮球落下，阀针便将阀孔开大，于是供液量增大，如图 12-13a 所示。反之，当液面上升时浮球上升，阀孔开度减小，供液量减小，如图 12-13b 所示；而当液面升高到一定的限度时，阀孔被关死，即停止供液，所以浮球阀对供液量的调节属比例调节。

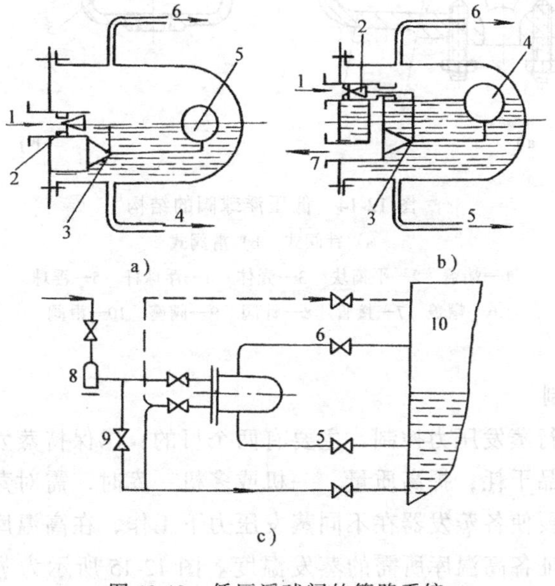

图 12-13　低压浮球阀的管路系统

a) 直通式　b) 非直通式　c) 非直通式的管路系统

1—液体进口　2—针阀　3—支点　4—液体连接管　5—浮球　6—气体连接管

7—液体出口　8—过滤器　9—手动节流阀　10—蒸发器或中间冷却器

直通式浮球阀中液体经阀孔节流后先流入壳体内，再经液体连接管进入蒸发器或中间冷却器中。而节流时产生的蒸气则经气体连接管进入蒸发器或中间冷却器。在非直通式浮球阀中液体进入设备前不直接进入浮球室内部，而是通过浮球阀的阀孔，再由浮球阀的下部出液管进入设备内。比较两种浮球阀，直通式虽然结构比较简单，但阀体内液面波动较大（由进入液体的冲击作用引起）。使浮球阀的工作不稳定，而且液体从阀体流入蒸发器或中间冷却器是依靠液位差，因而只能供液到液面以下，而非直通式则浮球室内液面比较稳定，在供液时浮球不产生冲击作用，可以供液到任何地点。（因节流后的压力高于设备内压力。）例如，氨立式蒸发器及中间冷却器即用这种浮球阀从顶部供液。从图 12-13 中非直通式管路系统可看到装有手动节流阀的旁通，以便在浮球阀失灵进行检修时仍能正常工作，同时可用手动调节阀调节制冷剂的流量。

除了图 12-13 所示的低压浮球阀单独用来调节供液量外，在大型制冷装置中还可将非直通式浮球阀用做感应机构，用气动式主阀为执行机构，共同实现对供液量的调节。

通常当容量较小（制冷量在 250kW 以下）时采用针阀式浮球阀，而对于容量较大时一般采用滑阀式浮球阀，通过圆柱型滑阀的左右滑动来改变阀通道的截面积。两种类型的结

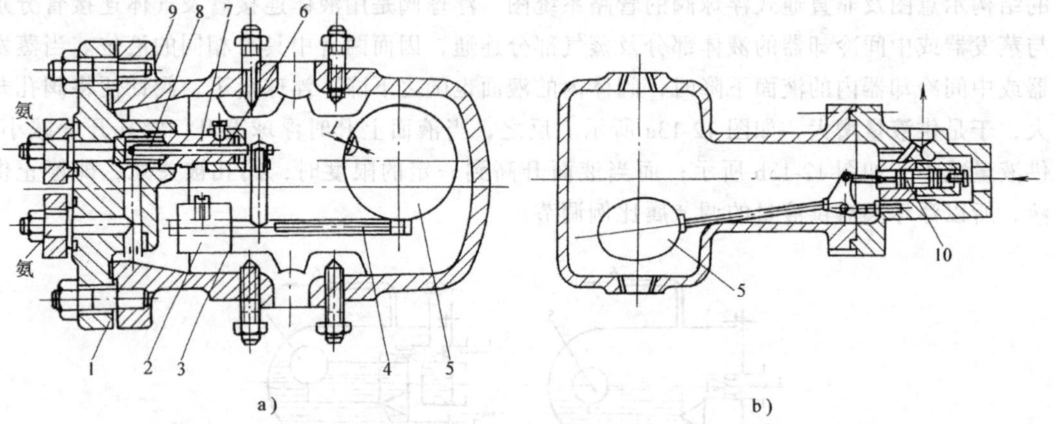

图 12-14 低压浮球阀的结构

a）针阀式 b）滑阀式

1—端盖 2—平衡块 3—壳体 4—浮球杆 5—浮球

6—帽盖 7—接管 8—针阀 9—阀座 10—滑阀

构如图 12-14 所示。

12.2.2 蒸发压力控制

在制冷装置中进行蒸发压力控制，主要有两个目的：①保持蒸发温度恒定，使库温波动减小，减少冷藏物品干耗，提高质量。一机或多机一库时，需对蒸发压力进行控制与调节。②一机多库时，要使各蒸发器在不同蒸发压力下工作，在高温库蒸发器出口处需装蒸发压力调节阀，以保证各高温库所需的蒸发温度。图 12-15 所示为蒸发压力调节的系统布置和循环原理图。图 12-15a 所示为对应于单机单蒸发器制冷系统。图 12-15b 所示为单机多蒸发器系统的制冷系统。图 12-15c 所示为单机多蒸发器制冷系统的循环原理图。

蒸发器压力的控制方法是：在蒸发器出口管上安装蒸发压力调节阀，根据蒸发压力的变化自动控制阀门的开度，即调节从蒸发器引出的制冷剂蒸气流量。当蒸发压力降低时，使阀门开度变小，蒸发器流出量减少，则压力回升；当蒸发压力升高时，使阀门开度变大，蒸发器流出量增大，则抑制蒸发压力升高。

设置蒸发压力调节阀有如下优点：

1）在以水或盐水为被冷却介质时，防止因负荷减少、过度冷却而被冻结。

2）在不允许环境温度低于设定温度的场合（如果蔬冷库），可以确保设定的蒸发温度。

3）可以防止冷库中的冷却盘管表面过度结霜，造成被冷却物品过大的干耗。

4）在 2 台以上不同蒸发温度的蒸发器并联使用时，压缩机是以最低的蒸发温度作为运行基准的。为此，库温高的蒸发器存在温差过大，当负荷小的时候，库温有过度下降的倾向。如果在蒸发温度高的蒸发器回气管道上安装蒸发压力调节阀，就可以保证其蒸发压力不会降至设定压力以下，因此，仍可保持较高的蒸发温度。

蒸发压力调节阀有直动式和导阀与主阀组合而成的继动式两类。直动式结构简单，适用于小型制冷装置；继动式结构复杂，是由压力导阀与主阀组成的恒压主阀，适用于大中

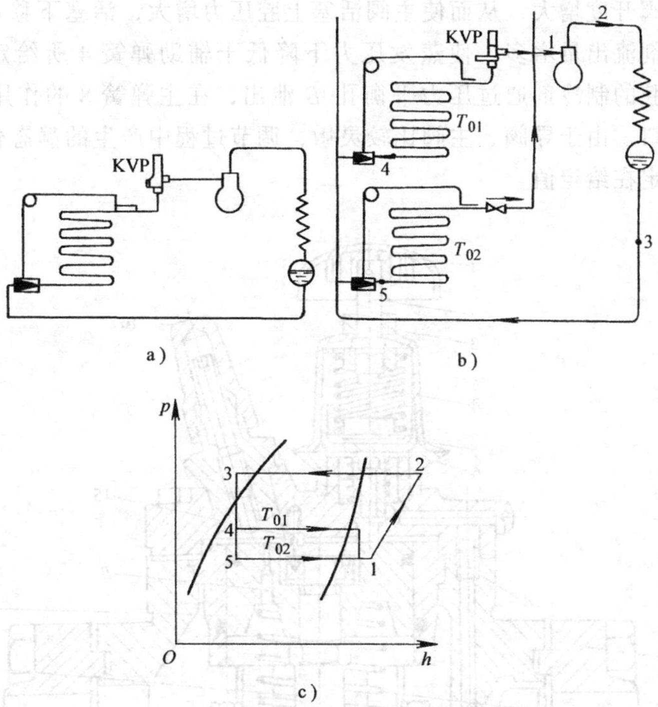

图 12-15 蒸发压力调节阀的系统布置和循环原理图

a）单机单温制冷系统 b）单机多温制冷系统

c）单机多温制冷系统（KVP 为蒸发压力调节阀）循环原理图

型制冷装置。

图 12-16 所示为直动式蒸发压力调节阀的结构图，其工作原理是：阀盘 4 与波纹管 3 及弹簧 2 共同组成一力平衡系。阀进口处的蒸发压力 p_0 作用在阀盘 4 上，当 p_0 升高时，作用在阀盘 4 向上的力增大，使阀开度增大，制冷剂流出量增多，使蒸发压力回落；相反，当 p_0 下降时，使阀开度变小，又使蒸发压力稳定在一定数值上。

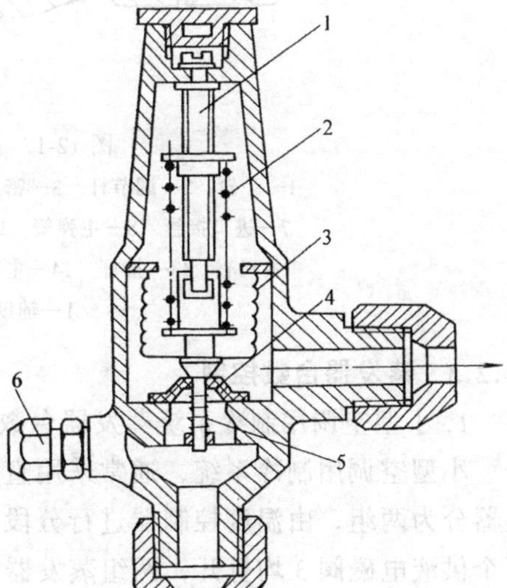

图 12-16 直动式蒸发压力调节阀

1—调节杆 2—弹簧 3—平衡波纹管 4—阀盘 5—阻尼器 6—压力表接头

如图 12-17 所示，继动式蒸发压力调节阀的结构图，其工作原理是：蒸发器制冷剂蒸气通过导阀进口进入导阀膜片 6 的下部，克服辅助弹簧 4 的力，使导阀开启，制冷剂蒸气进入主阀入口，推开单向阀片 15，到达主阀上腔。在制冷剂压力的作用下，主阀活塞 14 下移，使主阀心 12 处在一定开度，此时蒸发压力处于给定值。其蒸发压力上升，则导阀膜片 6 的下部所受压力增大，导阀开度增大，从而使主阀活塞上腔压力增大，活塞下移量增加，主阀相应开度增大，制冷剂流出量增多，使蒸发压力下降低于辅助弹簧4所给定的值，则导阀关闭，主阀活塞上腔的制冷剂通过压力平衡孔 *B* 泄出，在主弹簧8的作用下，主阀活塞14上移，关闭主阀口。由于导阀、主阀比较灵敏，调节过程中产生的静态偏差不大，基本上可使蒸发压力恒定在给定值。

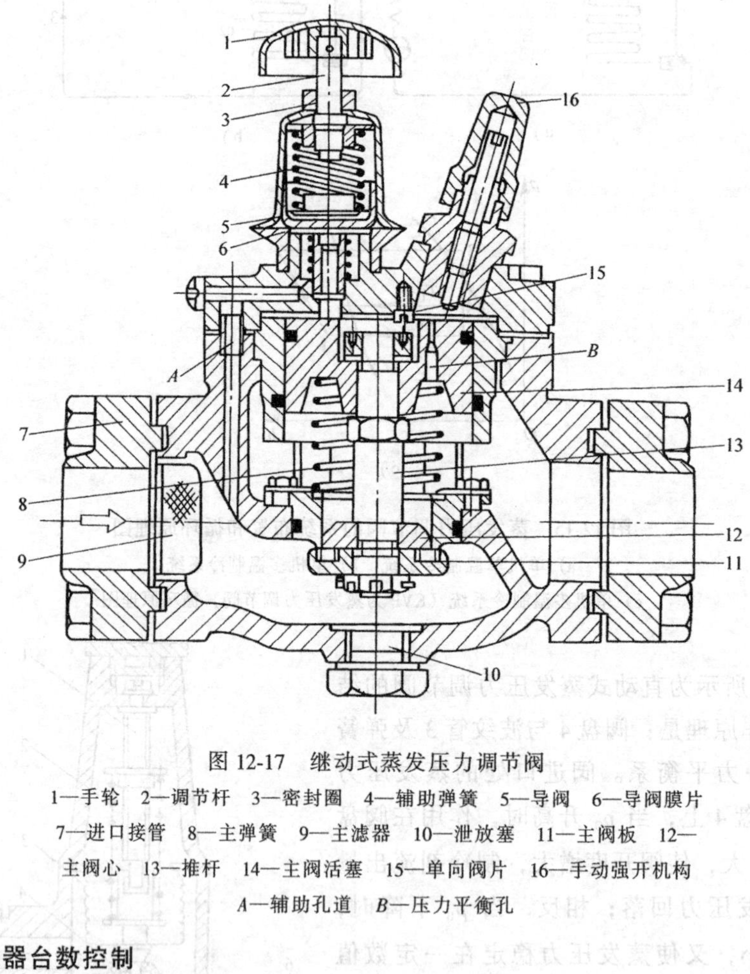

图 12-17 继动式蒸发压力调节阀

1—手轮 2—调节杆 3—密封圈 4—辅助弹簧 5—导阀 6—导阀膜片 7—进口接管 8—主弹簧 9—主滤器 10—泄放塞 11—主阀板 12—主阀心 13—推杆 14—主阀活塞 15—单向阀片 16—手动强开机构 *A*—辅助孔道 *B*—压力平衡孔

12.2.3 蒸发器台数控制

1. 小型空调用制冷系统蒸发器台数控制

小型空调用制冷系统，通常采用直接蒸发式表面冷却器对空气进行处理。一般可将蒸发器分为两组，由温度控制器进行分段控制，如图12-18所示。当室温达到给定上限值时，两个供液电磁阀3均打开，两组蒸发器同时工作；当温度低于给定下限值时，两电磁阀均关闭，不供制冷剂；当室温在上、下限之间时，只使一个电磁阀打开，使用部分蒸发面积。

2. 一台室外机联两台或三台室内机系统

多联系统（也称"一拖几"）分体式空调机是一种只用一台室外机组运转多台室内机组的系统，对房间多的空调用冷场合非常适合。

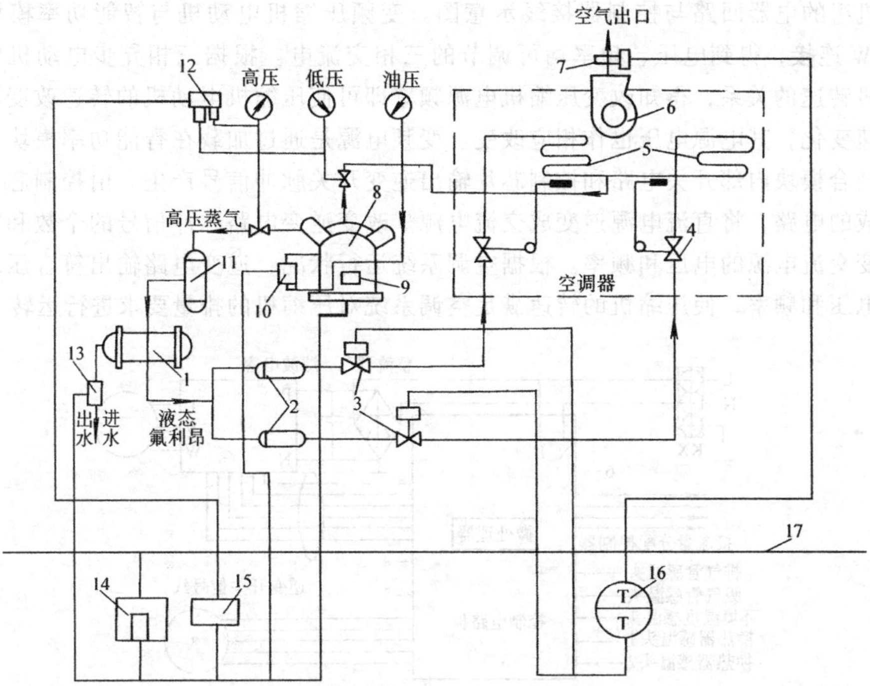

图 12-18　小型空调机制冷控制系统

1—冷凝器　2—过滤器　3—电磁阀　4—热力膨胀阀　5—蒸发器　6—风机　7—温度传感器　8—压缩机　9—液压泵　10—油压差控制器　11—分油器　12—高、低压控制器　13—水流继电器　14—手动/自动转换开关　15—继电控制装置　16—温度调节器　17—集中控制盘

多联系统的工作原理与“一拖一”机组类似，具体的设计方法可以有所不同，可以是单台压缩机拖动两台室内机，也可以是两台压缩机分别拖动控制各台室内机组的，还有一种是一台室外机内装有两台压缩机，一台压缩机拖动一台室内机，另一台压缩机拖动剩余的两台室内机组。

多联系统的电气控制与单联系统（“一拖一”）稍复杂一些，控制线路的设计要考虑各台室内机对室外机起停的控制要求。在电气接线上也要复杂些。

3. 变制冷剂流量（VRV）空调系统

变制冷剂流量室外机组加上直接蒸发式换热器和流量分配装置，构成变制冷剂流量空调系统，该空调系统也称 VRV。日本大金（DAIKIN）公司“一拖多”产品是其中的一种形式。

变制冷剂流量系统可以根据不同的室内温度及负荷要求，调节空调系统制冷剂的循环量和制冷剂进入室内各换热器的流量，随时满足各个空调房间不同的负荷要求。具有节能、舒适、运转平稳和可独立调节等特点。

VRV 空调系统由一台（或 2～3 台）室外机和多台室内机（一个系统最多连接 16 台或 30 台室内机），通过冷媒管道及专用管道配件（接头、端管）连接而成。

(1) 变制冷剂流量机组　图 12-19 所示是日本大金（DAIKIN）公司“一拖多”变制冷

剂流量机组的电器回路与控制器接线示意图。变频压缩机电动机与智能功率模块输出端U、V、W连接，得到电压、频率均可调节的三相交流电。根据三相异步电动机电源频率与电动机转速的关系，得知改变压缩机电源频率即可使压缩机电动机的转速改变。根据电动机转速变化，其电源电压也作相应改变。变频电源是通过加载在智能功率模块上的直流电源，结合模块内部开关电路和控制芯片输出逆变开关脉冲信号产生。由控制芯片和功率模块组成的电路，将直流电源逆变成交流电源。改变逆变电路脉冲信号的个数和宽度即可调整逆变交流电源的电压和频率。根据空调系统运行状况，逆变电路输出符合压缩机转速要求的电压和频率，使压缩机的转速满足空调系统对压缩机的排量要求进行运转。

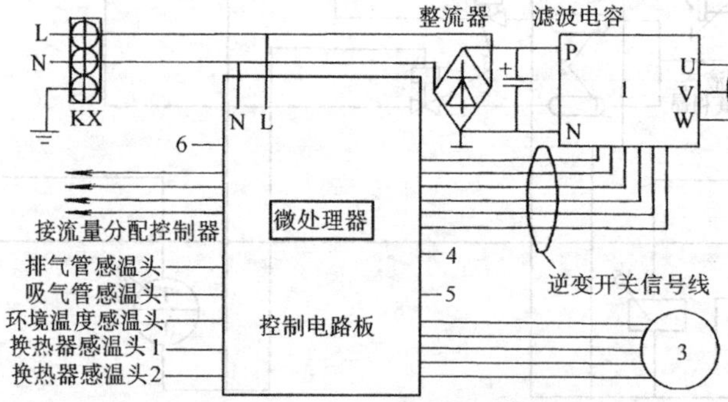

图 12-19 变制冷剂流量控制器接线示意图

1—智能功率模块 2—变频压缩机 3—风机电动机 4—压力开关

5—低压传感器 6—电子膨胀阀

风机电动机也由控制电路输出变频电源，根据空调系统运行时对冷凝压力的要求，控制其转速。

控制电路使用压力开关、压力传感器和排气管、吸气管、环境温度、换热器等温度传感器，采集空调系统压力和温度信号对其进行监控。通过与流量分配控制器的信号连接，获取空调系统室内单元的使用情况和室内负荷信息，调整电子膨胀阀，满足空调系统对制冷剂流向的要求。

(2) 流量分配控制器　变制冷剂流量空调系统，由于其管路内制冷剂直接在室内换热器中进行换热，室内换热器的使用数量，直接关系到制冷剂的流量和流向。因此，合理地对其进行控制可提高系统效率，节省能源。如图12-20所示，流量分配控制器示意图。

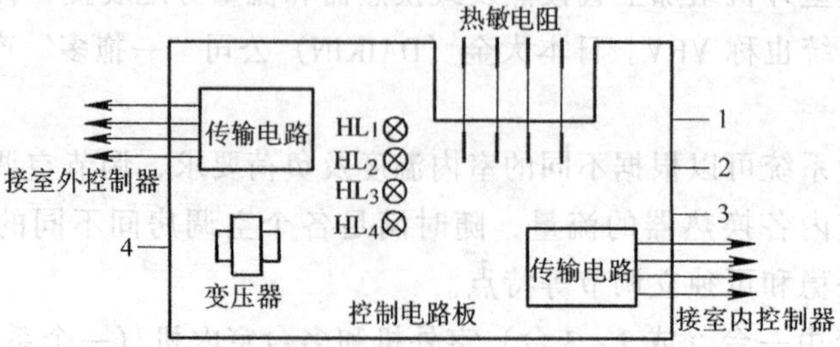

图 12-20 流量分配控制器示意图

1、2、3—室内单元电子膨胀阀 4—旁路电子膨胀阀

通过与室内单元控制器连接传输电路，得到空调系统室内单元的使用信息。根据实际使用状况，通过调节室内单元电子膨胀阀和旁路电子膨胀阀，控制制冷剂流量和流向。控制电路板发光指示灯 HL_1 ~ HL_4，可以提示室内侧单元使用情况和其他信息。

(3) 室内蒸发器　如图 12-21 所示，室内蒸发器单元的电器控制接线示意图。可以采用遥控器在室内进行各项操作，也可用手动方式进行开机或关机操作。导风电动机和风机电动机由室内控制电路板根据操作要求运行。应用温度传感器检测室内空调单元的运行状况。发光指示灯 HL_1 ~ HL_3 的灯亮编码，可以用来提示本单元使用情况和其他信息。

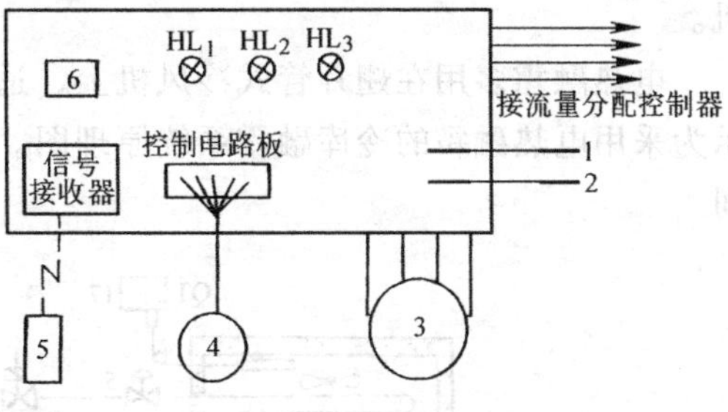

图 12-21　室内侧单元电器控制接线示意图
1、2—温度传感器　3—风机电动机
4—导风电动机　5—遥控器
6—手动开关

12.2.4　蒸发器除霜控制

蒸发器除霜的方式主要有自然除霜、电加热除霜、液体除霜和热气除霜等多种方式，应依据不同制冷系统的不同要求而选择。

1. 自然除霜（停机除霜）

自然除霜是最简单的一种除霜方式，其控制过程也较为简单，可以用温度控制器控制蒸发器的供液和回气电磁阀；用低压控制器控制压缩机开停机。当库温达到设定值时，温控器切断供液和回气电磁阀，吸气压力很快降到停机控制值，低压控制器使压缩机停止工作。如果将低压控制器的接通压力设定在0℃对应的制冷剂饱和压力值以上，那么到下次开机时，蒸发器已完成自然除霜。

自然除霜适用于冷间温度高于0℃的场合，一些商业制冷装置如开式肉类陈列柜中常采用此法除霜。

2. 电热融霜

电热融霜是利用电加热器对冷却盘管加热使霜层融化。有三种基本的控制方式。

(1) 低压控制器控制融霜　这种方式是利用低压控制器起闭融霜电热器，并由延时控制器控制融霜时间，待融霜时间达到延时控制器给定值后，关闭融霜电热器，融霜自动停止。

(2) 微压差控制器控制融霜　这种控制方式是利用空气微压差控制器控制电加热融霜。在吹风冷却中，空气冷却器表面结霜后，将引起空气流动阻力增加，使空气冷却器前后空气压差增大。当结霜达到一定厚度时，压差达到某一给定值，微压差控制器动作，关闭供液电磁阀接通融霜电热器。

(3) 定时控制器控制融霜　这种控制方式是用除霜定时器自动控制化霜。其控制过程为：除霜定时器发出除霜开始指令后，供液电磁阀关闭、压缩机停、风机停；电加热器接通开始除霜，盘管温度逐渐升高；温控器在盘管表面温度升到0℃以上的某一值（由温控器设定）时，发出停止除霜指令，于是，电加热器断电，供液电磁阀开起，吸气压力上升，压缩机起动开始制冷；盘管温度逐渐下降，降到0℃左右时，温控器控制风机起动，转入正常制冷运行。需指出的是，除霜终止后在盘管温度未降到0℃以前，不应起动风机。

电热融霜多用在翅片管式冷风机上，适合于小型制冷装置或单个库房。如图12-22所示为采用电热融霜的冷库融霜系统原理图。图中融霜定时控制器用于控制低温库的融霜时间。

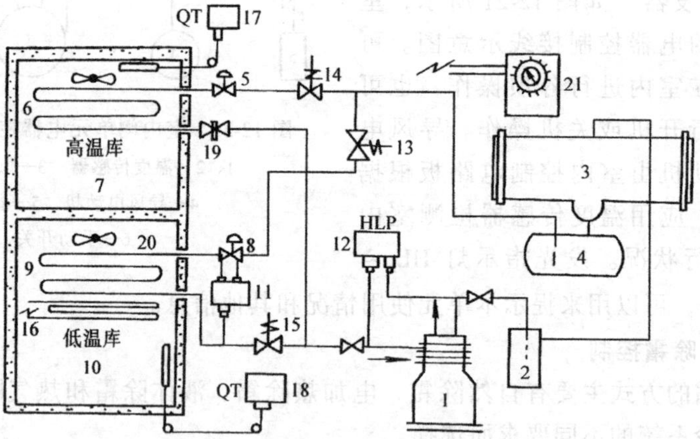

图12-22 设有电热融霜的冷库融霜系统原理图

1—压缩机 2—分油器 3—冷凝器 4—贮液器 5—膨胀阀 6—冷却盘管 7—高温冷库 8—膨胀阀 9—冷却盘管 10—低温冷库 11—回气压力控制器 12—压差控制器 13、14、15—电磁阀 16—融霜电热器 17、18—温度控制器 19—恒压阀 20—风机 21—融霜定时控制器

当融霜定时控制器运转到给定时间时，即执行融霜：接通融霜电热器16，关闭供液电磁阀13和冷却盘管9的回气电磁阀15，使风机20停止工作。此时，压缩机可以不停车，低温库融霜的同时高温库继续制冷。当低温库融霜过程中高温库库温达到温度控制器17的给定值，则电磁阀14关闭，压缩机吸气压力下降，以至自动停车。融霜延续时间达到给定时间之后，定时控制器21动作，关闭融霜电加热器，并开起电磁阀13、15，制冷系统恢复正常工作。而如果融霜结束时，压缩是处于停车状态，则因电磁阀13、15开起，回气压力回升，压缩机即自动地重新起动。

这种融霜的间隔时间和融霜延续时间是预先给定的。如果给定时间与实际不符将会给厂家带来不良后果。例如，融霜时间过长，就会造成电热器对蒸发盘管的有害过热，使盘管内压力升高，一旦融霜结束，压缩机起动，可能导致压缩机过载。为此，在低温库回气电磁阀15前设一压力控制器11，当遇到上述情况时，压力控制器11将自动切断融霜电热器，停止融霜，并开起电磁阀13、15，使系统提前恢复工作。这种融霜自动控制系统比较复杂。低温库供液电磁阀13通常要受融霜定时控制器21和回气压力控制器11、低温库温度控制器18的三重控制；回气电磁阀15要受融霜定时控制器21、回气压力控制器11双重控制；压缩机除受高低压控制器控制外，有时常受融霜定时控制器控制，如低温库融霜时制冷装置仅向高温库供冷，此时压缩机应自动卸载或减速运转。

3．液体冲霜

液体冲霜是利用较暖液体（例如水、盐水或乙二醇）喷洒在蒸发器盘管上进行化霜。如图12-23所示，是蒸发器水冲霜的自动控制图。定时器和电磁阀实现顺序控制，并设有安全保护措施。

控制程序为：

1）除霜时，水电磁阀6开、回气电磁阀2关。

2）降霜结束时，水电磁阀6关，配管中的水经泄水管排出，停水。

3）待水盘排水完毕后，回气电磁阀2开，返回到制冷运行。

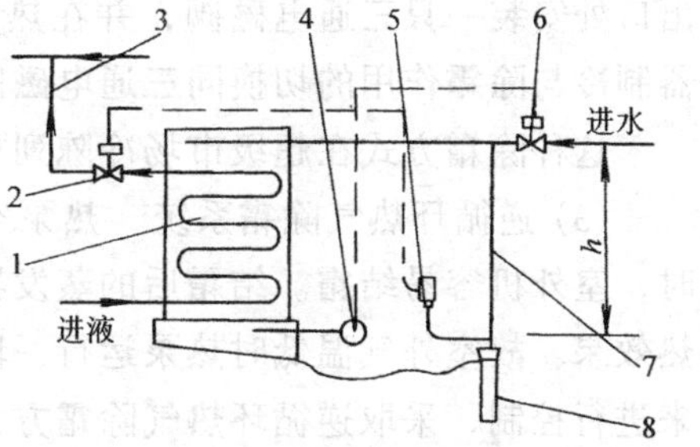

图12-23 蒸发器水冲霜的自动控制
1—蒸发器 2—回气电磁阀 3—回气总管 4—水银浮子开关 5—压力开关 6—水电磁阀 7—泄水管 8—排水管

保护措施为：

1）为了防止排水管堵塞冲霜水从接水盘溢出，用水银浮子开关4控制接水盘中的水位。当因排水管堵塞水位上升到控制液面时，水银开关动作，使供水电磁阀6关闭。

2）制冷时如果供水电磁阀6由于异物顶住不能完全关闭，会造成水一点点渗过流入泄水管，水在其中有结冰的危险。为此在泄水管上设压力开关5，当管中水积存到一定高度时，水压使压力开关5触点断开，关闭回气电磁阀2（或者使压缩机和风机相继停止），终止蒸发器制冷作用，避免水结冰。故障排除后，泄水管中水压降低，压力开关5重新闭合接通回气电磁阀2。压力开关可设定为：水压1.2m水柱时断开，0.15m水柱时接通。

液体冲霜一般用于翅片盘管的冲霜，在蒸发温度-40℃以上时用水冲霜，低于-40℃的场合，则要用不冻液喷洒。

4．热气除霜

热气除霜是除霜时将压缩机排气通入蒸发器，利用排气的热量使其外壁的霜融化。热气除霜与以上除霜方式不同的是热量来自循环系统内部，按其布置方式分有以下三种方式。

（1）用再蒸发器盘管的热气除霜系统 如图12-24所示，再蒸发器2接在压缩机吸气侧。制冷运行时，吸气管电磁阀4打开，将再蒸发器盘管旁通，以免吸气压降过大。蒸发器一般每3～6h除霜一次。用除霜时间控制器（除霜定时器）控制自动除霜。定时器在指定的时间接通除霜，即关闭吸气管电磁阀4，风机停，打开热气电磁阀6，再蒸发盘管风机起动。除霜期间，排入蒸发器的制冷剂热气在其中冷凝，凝液经减压阀3膨胀后到再蒸发器2中蒸发，产生的蒸气被压缩机吸入。除霜结束时，在定时器（或者温控器）控制下使系统返回制冷循环，即热气电磁阀关闭，吸气电磁阀

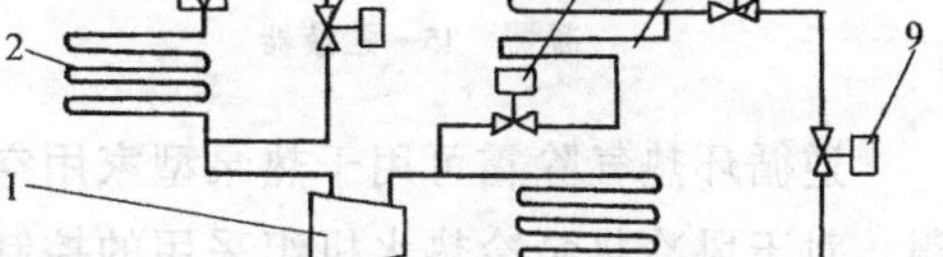

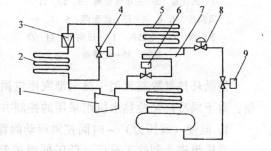

图12-24 采用再蒸发器的热气除霜系统
1—压缩机 2—再蒸发器 3—减压阀 4、6—旁通电磁阀 5—蒸发器 7—水盘 8—膨胀阀 9—供液电磁阀

打开，再蒸发器的风机停止，蒸发器风机延时起动。

(2) 一台压缩机配多台蒸发器的热气除霜系统　这种布置方式可以安排蒸发器逐台除霜。系统布置如图12-25所示。图中的箭头示出当蒸发器逐台除霜时的流程。每台蒸发器出口处安装一只三通电磁阀，并在热力膨胀阀4、6、8旁各接一只单向阀5、7、9。蒸发器制冷与除霜作用的切换同三通电磁阀完成。

这种除霜方式在超级市场冷陈列柜中的制冷系统中使用较多。

(3) 逆循环热气除霜系统　热泵空调器冬天作制热运行，当室外环境温度在5℃以下时，室外机容易结霜。结霜后的蒸发器，吸收外界热量的能力大为降低，影响到热泵的制热效果。故室外气温低时热泵运行一段时间后要进行除霜操作。除霜操作是由除霜温控器来进行控制，采取逆循环热气除霜方式。

逆循环热气除霜系统是利用热泵中的四通换向阀进行换向工作，如图12-26所示，除霜时热气如图中箭头方向排入蒸发器，而冷凝器作再蒸发器使用。此方法除霜要求在冷凝器后安装定压膨胀阀，用以控制进入再蒸发器的制冷剂流量。

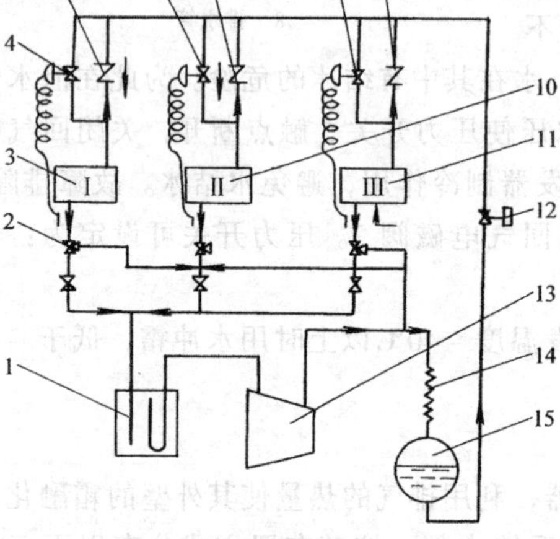

图12-25　一台压缩机配多台蒸发器的热气除霜系统

1—汽化器　2—三通电磁阀　3、10、11—蒸发器　4、6、8—热力膨胀阀　5、7、9—单向阀　12—电磁阀　13—压缩机　14—冷凝器　15—贮液器

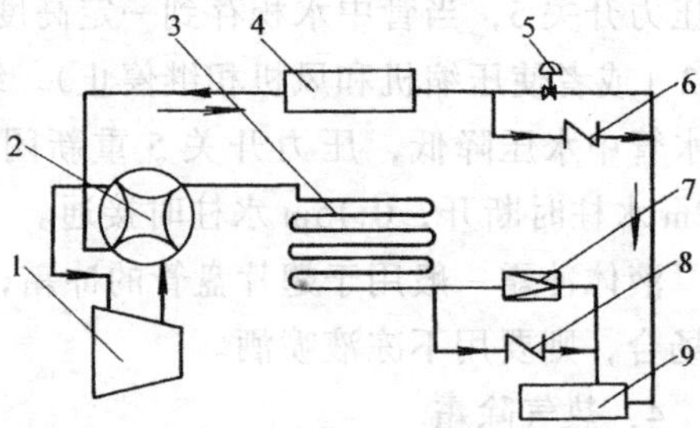

图12-26　逆循环热气除霜系统

1—压缩机　2—四通换向阀　3—冷凝器　4—蒸发器　5—膨胀阀　6、8—单向阀　7—减压阀　9—贮液器

逆循环热气除霜可用于热泵型家用空调器、热泵型空调机和风冷热泵冷热水机组的除霜。对于风冷热泵冷热水机组采用的控制方法一般有两种，下面作一介绍。

1) 温度（或压力）- 时间控制启动除霜，且用温度（或压力）- 时间控制除霜结束。

当机组进入制热工况后，低压低温的制冷剂进入翅片管换热器，使盘管温度不断下降，吸气温度也不断下降。当盘管温度（或吸气压力）下降到设定值 t_1 时，由温控器的感温包将信号输入时间继电器开始计时，同时进入除霜模式（制冷工况），当盘管温度（或排气压力）上升到设定值 t_2 时或除霜执行时间达到设定的最长除霜时间，除霜模式即告终止。机组又恢复制热工况，翅片管的温度又不断下降，当盘管温度第二次下降到设定值 t_1，同时又超过设定的除霜周期 a（min）时，又进入第二次除霜模式，进入除霜模式首先是四通换向阀动作，然后室外风机停转，随之压缩机的高温排气进入盘管，使翅片盘管表面上的霜融化。在图 12-27 中示出由感温包测得的盘管温度在机组除霜模式和制热工况下随时间的变化。

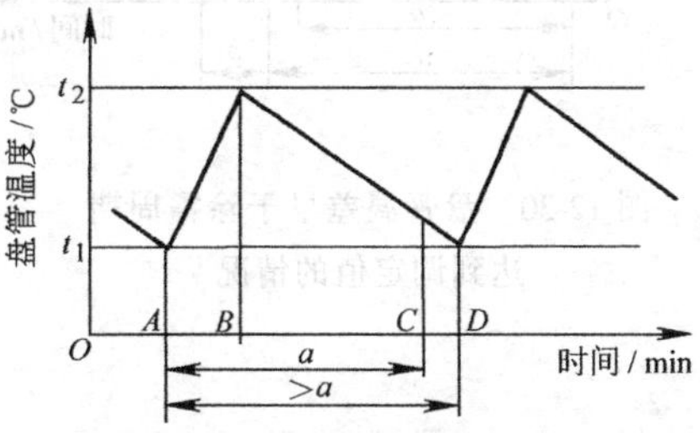

图 12-27 盘管温度随时间的变化

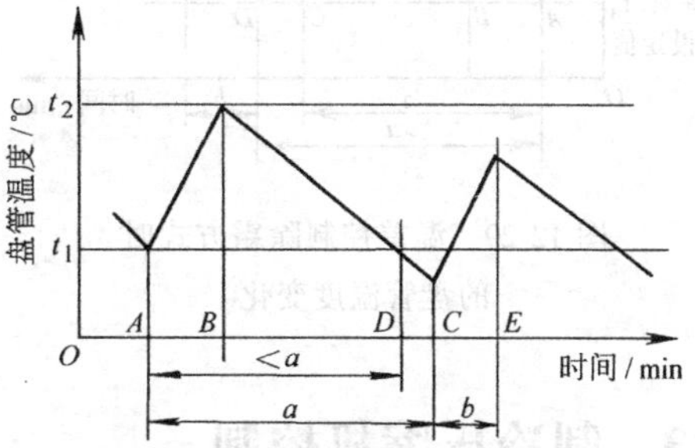

图 12-28 盘管温度早于除霜周期达到设定值时的情况

如果机组在制热工况下，盘管温度下降较快，到达 t_1 的时间缩短，也就是说距离上一次除霜的时间间隔（AD）小于除霜间隔时间 a（min），则机组仍继续制热工况，直至时间继电器到达设定点 C，与上一次除霜时间间隔到达 A 点后机组即进入除霜模式（见图 12-28）。

2）用温差 - 时间控制启动除霜，而用温度（或压力）- 时间控制除霜结束。

在机组进入制热工况后翅片盘管内的制冷剂和室外空气之间将保持适当的温差，液体制冷剂在低于室外空气温度的条件下蒸发吸热。当空气盘管表面结霜以后，使得进风温度和盘管温差增大，当该温差（$t_1 - t_a$）达到机组设定值时，而盘管温度（或排气压力）上升到设定值或除霜时间达到设定的最长除霜时间 b（min）时除霜结束。图 12-29 所示是机组进入制热工况后，翅片盘管表面不断结霜，同时盘管和空气的传热温差也不断增加，该温差 $\Delta t_1 = t_1 - t_a$ 为负值。随着翅片表面结霜加剧，温度差曲线呈下降趋势。当温差曲线降至设定点 A 点时，机组的四通换向阀动作，机组进入除霜模式，相应的风机也停止转动。随着压缩机的高温排气进入空气盘管，使盘管表面结的霜不断融化，盘管温度随之上升，当盘管温度（或排气压力）升至 t_2（B 点）时，除霜结束，风机起动，四通换向阀动作，机组恢复制热工况。如风冷热泵机组由几个回路组成时，每个回路的除霜时间必须错开，避免热水出水温度发生波动。当机组在制热工况下工作时，如翅片盘管的传热温差虽降至设定点（见图 12-30），但是距上一次除霜时间的间隔 AD 小于机组设定的最小除霜时间间隔 a（min），则机组继续制热，翅片盘管的传热温差曲线继续下降，直至间隔时间达到 a（min），时间继电器动作，使四通换向阀动作，机组才进入除霜模式。当机组进入除霜模式后，设定的最长除霜时间为 b（min）。如果运行 b（min）后翅片管的温度（或排气压力）仍未达到设定温度时，时间继电器动作，强行中止除霜模式，使机组恢复制热工况。

图 12-30 所示是温差控制除霜方式时，盘管温差早于除霜周期达到调定值时盘管温度

随时间的变化情况。

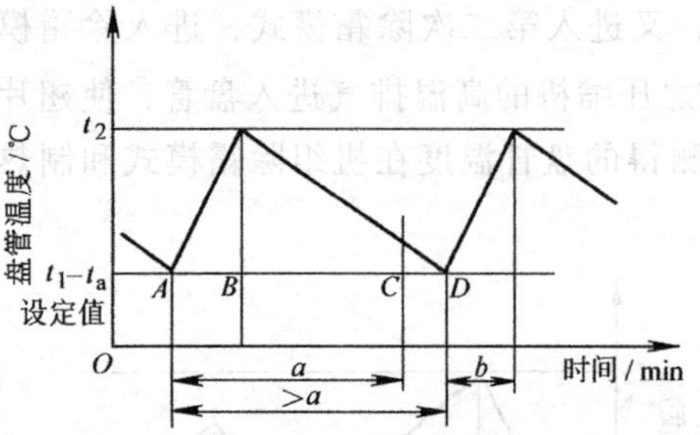

图 12-29 温差控制除霜方式时的盘管温度变化

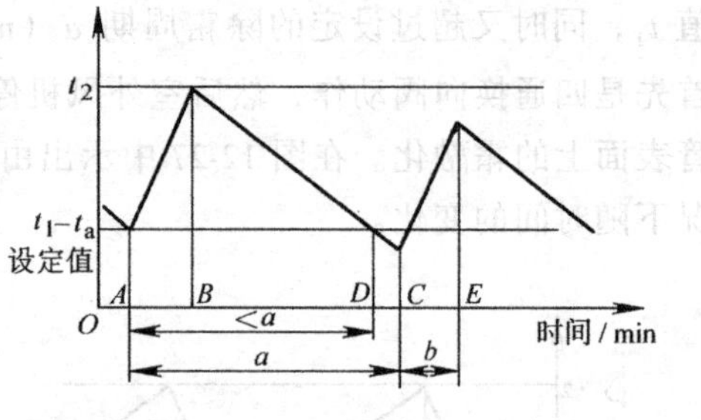

图 12-30 盘管温差早于除霜周期达到调定值的情况

12.3 制冷压缩机控制

12.3.1 压缩机的安全保护控制

压缩机是制冷系统的心脏。压缩机运行的安全可靠性，对保证整个制冷系统安全可靠地运行占有十分重要的地位，必须充分予以重视。

1. 活塞式制冷压缩机的安全保护

(1) 高压保护 用以防止压缩机排气压力达到或超过危险值。方法是在压缩机排气阀前引出一导压管，接到高压控制器，对 NH_3 和 R22 工质其调定值一般为 1.5MPa。当排气压力因某种原因急剧上升达到控制器的调定值时，控制器就立即动作，切断压缩机电动机的电源，使压缩机停止工作，并发出高压超高报警信号。一般只有在排除故障，高压控制器手动复位以后，才能重新起动运转。

(2) 低压保护 用以防止压缩机吸气压力过低现象的发生。方法是在压缩机吸气阀前引出一导压管，接到一低压控制器上。控制器电触点断开值调在比该压缩机所属系统的蒸发温度低 5℃的相应的饱和压力，但此压力值不应低于 0.01MPa，接通值可在控制器幅差范围内调整，但幅差不宜选得过小，以免压缩机起停频繁。低压控制器没有手动复位装置，当吸气回升到控制器上限值时，电触点接通，压缩机自行恢复运行。

(3) 中压保护 双级压缩系统中的中压保护就是防止低压级的排出压力过高，以保护低压级压缩机和中冷器。如对于氨制冷系统，中压保护的压力值可调在 0.8MPa 左右。

(4) 油压差保护 为保证制冷压缩机运行时的润滑条件，油压差（油压和吸气压力之差）必须保持在一定值上。其方法是压差控制器的两根导压管，一根与制冷压缩机的曲轴箱相通，一根与油泵的出口相连。压差控制器的压差调定值与制冷压缩机的类型有关，对不带卸载装置的制冷压缩机取 0.06MPa；对带卸载装置的制冷压缩机取 0.15MPa。在制冷压缩机刚开始运行时，油压差不能瞬间建立起来，因此压差控制器应有延时机构，一般延时时间调定值为 45～60s。若延时后，油压差仍小于调定值，压差控制器动作，切断制冷压缩机电源，停止制冷压缩机的工作，并发出事故报警信号。

一般油压差控制器延时机构都装有人工复位按钮，保证只有在事故消除后，经按动复位按钮，方能接通电动机电源，使其重新起动运行。

(5) 排气温度保护　压缩机排气温度过高会影响压缩机的寿命，使润滑油炭化，润滑性能变坏。压缩机排气温度根据压缩级数和工况及工质的不同有相应的限值要求，同时还应考虑排气温度应比润滑油的闪点低 15～20℃，以防其炭化。采取的方法是：用温度控制器作保护元件，将其温包安置在排出管道上，安装点尽可能靠近压缩机排气口。当排气温度达到危险温度时，温度控制器电触点断开，切断压缩机电动机电源。

(6) 油温保护　油温过高也可能使摩擦部件如轴瓦等遭到破坏。在压缩机运转过程中，有时尽管油压差完全正常，也有可能发生轴瓦因油温过高而烧坏的事故。根据规定，当周围环境温度为 40℃时，曲轴箱中的油温不得超过 70℃，因此温度控制器可调在 60℃动作，温包应放在曲轴箱的冷冻油中。

(7) 压缩机冷却水断水保护　这是指压缩机水套冷却水的断水保护。一般采用晶体管继电器作为断水保护装置。在压缩机冷却水套出口处安装两个电触点，当有水流过时，电触点接通而成通路，压缩机能够起动或处于正常运转状态；一旦水流中断，电触点断路，断水保护装置使压缩机处于不能起动，或在运转过程中因断水使压缩机动作停机。

为防止因水流中出现气泡引起误动作，应使断水装置有延时动作，一般延时时间定为 15s 即可。

(8) 电动机保护　保护电动机安全运转的有过电流继电器、热继电器和保护电动机绕组温度过高时用的热敏电阻等，这些保护装置和元件的选择使用可根据电动机技术要求进行。

(9) 系统联锁保护　当制冷系统中其他设备出现不正常现象时，也将危及制冷压缩机的安全运行。例如，低压循环贮液桶液位超高等。控制线路应考虑当有关制冷设备出现不正常现象而存在危险时，能停止制冷压缩机的运行。

以上各项制冷压缩机的保护措施，可根据实际情况部分或全部采用。控制线路应考虑当有关制冷设备出现不正常现象而存在危险时，能停止制冷压缩机的运行。图 12-31 为压

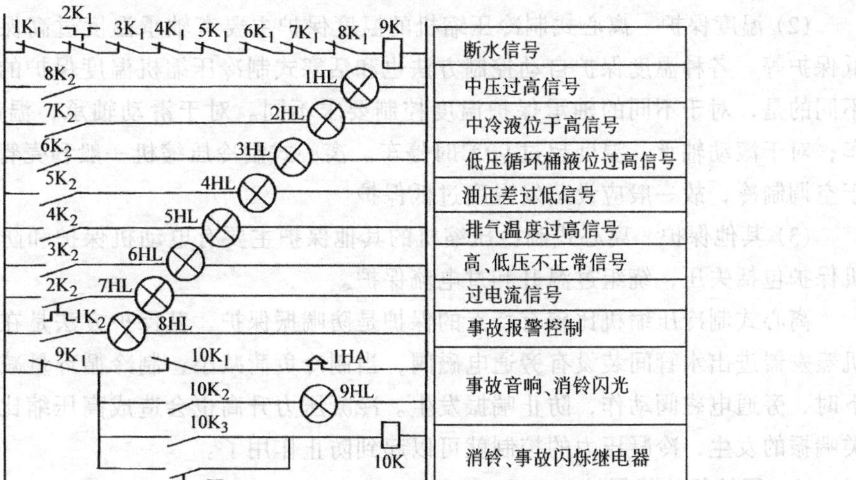

图 12-31　压缩机安全保护

缩机安全保护电路实例。

2. 螺杆式制冷压缩机的安全保护

(1) 压力保护 螺杆式制冷压缩机的压力保护主要有高压保护、低压保护、润滑油供给的油压差保护、润滑油过滤器的油压差保护等。各种压力保护自动控制的基本控制方法与活塞式制冷压缩机装置的压力保护自动控制相类似。所不同的是，润滑油供给的压差控制器的保护，实行保护控制的油压差不是像活塞式制冷压缩机那样为油泵排出压力和回气压力之差，而是要求控制油泵排出压力高于制冷压缩机排气压力约0.2~0.3MPa，以保证能够向螺杆式制冷压缩机腔内喷油。润滑油过滤器油压差控制器压差调定值为0.1MPa，超过此控制值则说明过滤器需清洗更换了。

(2) 温度保护 螺杆式制冷压缩机的温度保护主要有排气温度保护、油温保护、水温保护等。各种温度保护自动控制的方法也与活塞式制冷压缩机温度保护的方法相类似。所不同的是，螺杆式制冷压缩机对油温的要求比较严格，这主要是考虑润滑油的粘度，油的粘度偏高会增加搅动功率损失，油的粘度偏低时又会使密封效果变差。所以对油温的控制，一般要求喷油的温度为40℃，当油温超过65℃时，控制油温的温度控制器动作，停止制冷压缩机的工作。使用氨工质的制冷压缩机，推荐油温值为25~55℃，使用氟利昂工质的制冷压缩机，推荐油温值为25~45℃。由于氟利昂有与润滑油互溶的特性，控制温度应较以氨为工质的低些。

3. 离心式制冷压缩机的安全保护

(1) 压力保护 离心式制冷压缩机的压力保护主要有润滑油油压差过低保护、高压保护和冷媒回收装置小压缩机出口压力过高保护。各种压力保护自动控制的基本控制方法与活塞式制冷压缩机装置的压力保护自动控制相类似。所不同的是，离心式制冷压缩机油压差一般调定值为0.08MPa。冷媒回收装置主要用来排除冷凝器中的不凝性气体。冷媒回收装置小压缩机出口压力过高时，通过保护器的动作可以停止小压缩机的运行，保护小压缩机。

(2) 温度保护 离心式制冷压缩机的温度保护主要有轴承温度过高保护、蒸发温度过低保护等。各种温度保护自动控制方法也和活塞式制冷压缩机温度保护的方法相类似。所不同的是，对于不同的轴承保护温度控制要求不同。对于滑动轴承，温度超过80℃时停车；对于滚动轴承，温度超过90℃时停车。离心式制冷压缩机一般和壳管式蒸发器配套用于空调制冷，故一般应设蒸发温度过低保护。

(3) 其他保护 离心式制冷压缩机的其他保护主要有电动机保护和防喘振保护。电动机保护包括失压，绕组过温升和过电流保护。

离心式制冷压缩机比较有特点的保护是防喘振保护，其保护方法是在离心式制冷压缩机蒸发器进出水管间装设有旁通电磁阀，当制冷负荷减小，制冷循环量减到某一极小值以下时，旁通电磁阀动作，防止喘振发生。冷凝压力升高也会造成高压缩比引起喘振。对这类喘振的发生，冷凝压力的控制就可以起到防止作用了。

12.3.2 压缩机的能量控制

为了使制冷装置能够保持平稳的蒸发温度，保持房间温度的稳定，减少压缩机起停次数，要求制冷压缩制冷量能够经常和热负荷保持平衡，处于良好的匹配状态。同时为了不使制冷压缩机电动机起动时，因起动电流过大而过载，增大电网负载的波动，这就要求压缩机能够实行轻载起动。上述要求可以通过对压缩能量实行自动控制来实现。压缩机能量调节的方法很多，根据不同的机型控制要求，可采用不同的控制调节方法。下面分别加以介绍。

1．活塞式制冷压缩机的能量控制方法

(1) 压缩机的间歇运行 在小型制冷压缩机中，经常采用使压缩机间歇运行的方法来实现调节室（库）温的目的。这种方法可以用温度继电器或低压压力继电器直接控制压缩机的起停来进行能量调节，适用于功率小于 10kW 的小型制冷设备中，如家用冰箱，家用空调器等。对于容量较大的压缩机，机器的频繁开停不仅使能量损失加大，而且影响制冷压缩机的寿命和供电回路中电压的波动，影响其他设备的正常工作。

(2) 用压力控制器和电磁滑阀控制气缸卸载 如图 12-32 所示，八缸压缩机采用压力控制器和电磁滑阀控制气缸卸载的原理图。压缩机的八个气缸中，安排四个气缸作基本工作缸（图中的Ⅰ、Ⅱ两组），另外四个缸作调节缸，每次上载两缸（图中的Ⅲ组和Ⅳ组缸），使压缩机能量分为三级：1/2、3/4 和 4/4。调节缸的卸载机构受油压驱动。当油压作用于卸载机构的油缸时，气缸正常工作（上载）；当油压释放时，卸载机构上的顶杆将吸气阀片顶开，气缸因失去压缩作用而卸载。

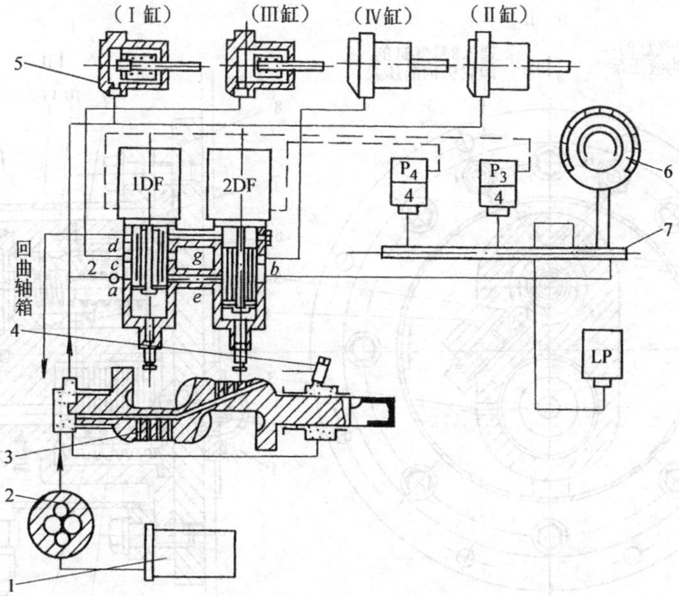

图 12-32 用压力控制器和电磁滑阀控制气缸卸载

1—油泵 2—滤油器 3—曲轴 4—油压调节阀 5—液压缸 6—油压表 7—吸气管 DF—电磁滑阀 $P_{3\text{-}4}$、$P_{4\text{-}4}$、LP—压力控制器

能量调节方法为：用压力控制器 LP 控制压缩机电动机；用压力控制器 $P_{3\text{-}4}$ 控制第Ⅲ组气缸卸载机构油路管上的电磁滑阀 1DF；用压力控制器 $P_{4\text{-}4}$ 控制第Ⅳ组气缸卸载机构油路管上的电磁滑阀 2DF。例如，采用 R12 制冷剂，额定蒸发温度为 5℃，将上述三只压力控

制器的设定值如下安排（见表12-2）。

表12-2 压力控制器的设定值

压力控制器	P_{4-4}	P_{3-4}	LP
断开压力/MPa（蒸发温度/℃）	0.31（0）	0.30（-1）	0.28（-3）
接通压力/MPa（蒸发温度/℃）	0.36（4）	0.34（3）	0.33（2）
差开压力/MPa（蒸发温度/℃）	0.05（4）	0.04（4）	0.05（5）

(3) 油压比例调节器式能量调节　对于有卸载油缸的压缩机，用油压比例调节器进行能量调节，是目前使用较为广泛的一种方式，其工作原理如图12-33所示，它是利用吸气压力与定值弹簧力加大气压力进行比较，使控制油压变化，推动滑阀移动，控制各卸载油缸充、泄油，进行能量调节的。

调节装置同吸气压力传感器（图12-33中19、20、1、2）、喷嘴球阀比例放大器（12、15、16）和滑阀液动放大器（4、5、6、7、9、10）组成。压缩机八个缸中1、2和7、8油缸为调节缸。外罩9上有A、B、C三个管接头，A接油泵，B接1、2油缸，C接7、8油缸。A、B、C三口分别与配油室6腔内壁的A_1、B_1、C_1相通。压缩机能量调节范围为100%（八缸全工作）、75%（1、2、3、4、5、6缸工作）、50%（3、4、5、6缸工作）。

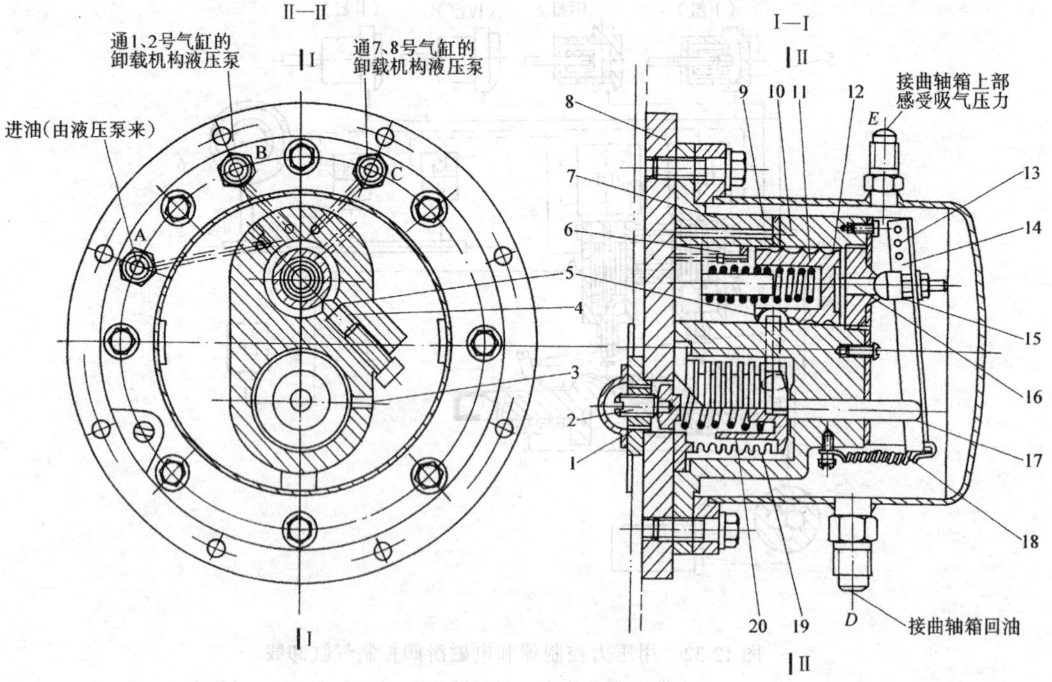

图12-33　油压比例能量调节器结构图

1—通大气孔　2—调节螺钉　3—孔道　4—能级弹簧　5—限位钢珠　6—配油室
7—本体　8—底板　9—外罩　10—配油滑阀　11—滑阀弹簧　12—恒节流孔
13—杠杆支点　14—杠杆　15—球阀　16—喷嘴　17—顶杆　18—拉簧
19—波纹管　20—定值弹簧

在调节系统的油路中，恒节流孔 12 与由喷嘴 16、球阀 15 构成的变节流孔组成了典型油压比例放大器。转动杠杆 14，使球阀与喷嘴间隙成比例地变化，在一定间隙范围，喷嘴 16 腔中油压（即滑阀右侧顶部控制油压）与吸气压力成比例的变化，引起滑阀移动，控制压缩机卸载机构动作。当吸气压力发生变化时，吸气压力与定值弹簧 20 的力与大气压力之和。所以，油压和吸气压力间的比例放大因数，可通过调整定值弹簧 20 的预紧力来改变。

当压缩机停车时，油泵也停止工作，控制油压和吸气压力相等，配油滑阀被弹簧 11 推至最右位置，所有通往卸载油缸的高压油路均被切断，调节缸处于卸载状态。基本缸卸载，油缸也因油泵没工作而没有油压，处于卸载状态。压缩机可空载起动，起动后数 10s（小于 60s），油压建立，基本油缸投入运行，压缩机在 50%负荷工作。若此时热负荷仍大，吸气压力上升，感受吸气压力变化的波纹管 19 受到向左的吸气压力作用，克服弹簧 20 和大气压力向左移动，顶杆 17 随即左移，拉簧 18 通过杠杆 14，使球阀 15 与喷嘴靠近，泄油口阻力增大，滑阀右侧控制油压上升，达到一定值时，滑阀克服弹簧 11 的力及限位钢珠 5 的压力左移，使钢珠进入第二槽，B_1 与 A_1 孔子相通，接口 B 接入高压油，使 1、2 缸投入工作，压缩机在 75%负荷运行。若负荷仍高，吸气压力继续升高，通过吸气压力感受机构、油压比例放大器，使滑阀再向左移，限位钢珠 5 进入第三个槽中，C_1 孔也与 A_1 孔接通，7、8 缸投入工作，压缩机处于 100%负荷工作。

当热负荷减小，吸气压力下降，调节机构驱动滑阀使限位钢珠退回第二槽，切断 C 口高压油，7、8 缸卸载。若负荷继续下降，吸气压力也继续下降，调节机构驱动滑阀，使限位钢珠退回第一槽，1、2 缸卸载，若负荷还降，吸气压力降到低压控制器动作压力时，即停车。

（4）旁通能量调节　旁通能量调节是将制冷系统高压侧气体旁通到低压侧的一种能量调节方式。它主要应用于压缩机无变容能力的制冷装置，有多种旁能量的实施方式，分述如下：

1）热气向吸气管旁通并喷液冷却：这种实施方式是通过能量调节阀从压缩机排气管引一部分热气旁通到压缩机的吸气管，如图 12-34 所示。考虑到由于热气的进入引起吸气温度升高，势必排气温度也升高。如果旁通量过多，排气温度会过分升高，超过允许的最高排气温度。为了避免这种后果，采用喷液阀从高压液管引一些制冷剂液体喷入吸气管，利用液体蒸发冷却吸气，抑制排气温度的过分升高。

2）用高压饱和蒸气向吸气管旁通：这种实施方式的系统布置如图 12-35 所示。这种方式是从高压贮液器引高压饱和蒸气向吸气管旁通。由于冷凝温度比排气温度低得多，旁通气与蒸发器回气混合后，吸气温度升高不多，排气温度也不致于过分升高。这种方式没有喷液阀，减少了系统的辅件，同时也避免了压缩机带液的危险。

3）热气向蒸发器中部或蒸发器前旁通：采用这种方法相当于热气为蒸发器提供了一个“虚负荷”。尽管实际负荷较低，热力膨胀阀仍能控制向蒸发器供较多液量，保证蒸发器中有足够的制冷剂流速，不会带来回油困难。系统布置如图 12-36 所示。

对于有分液器和并联多路盘管的蒸发器，不便于向蒸发器中部旁通热气，可以采用向蒸发器前旁通的办法，如图 12-37 所示，由于这类蒸发器的压力降较大，为了消除蒸发器压降的影响，必须采用带有外平衡引管的能量调节阀。

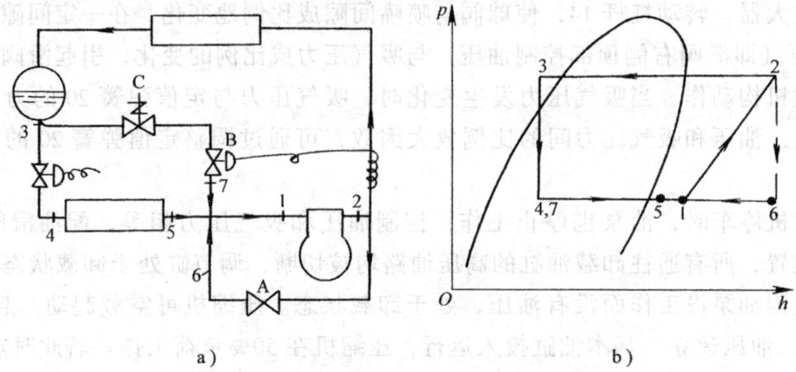

图 12-34 热气向吸气管旁通并喷液冷却系统布置图

A—能量调节阀 B—喷液阀 C—电磁阀

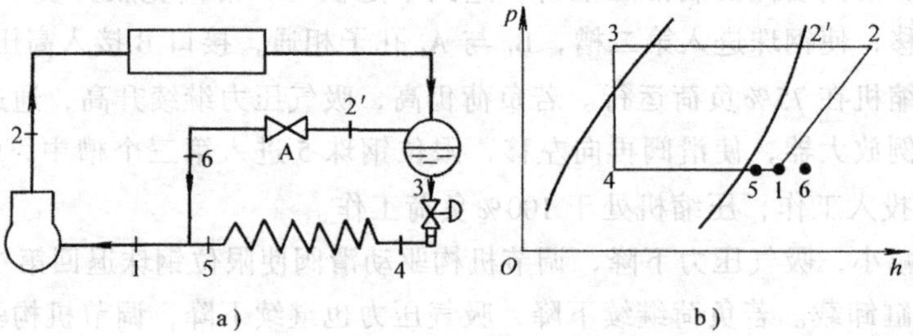

图 12-35 用高压饱和蒸汽向吸气管旁通系统布置图

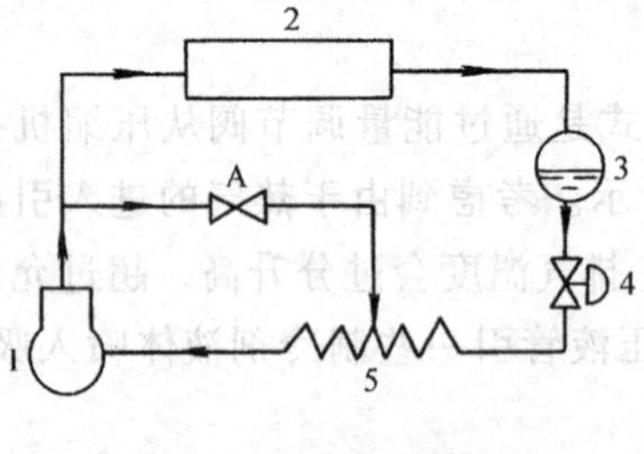

图 12-36 向蒸发器中部旁通热气系统布置图

1—压缩机 2—冷凝器 3—贮液器 4—膨胀阀 5—蒸发器 A—能量调节阀

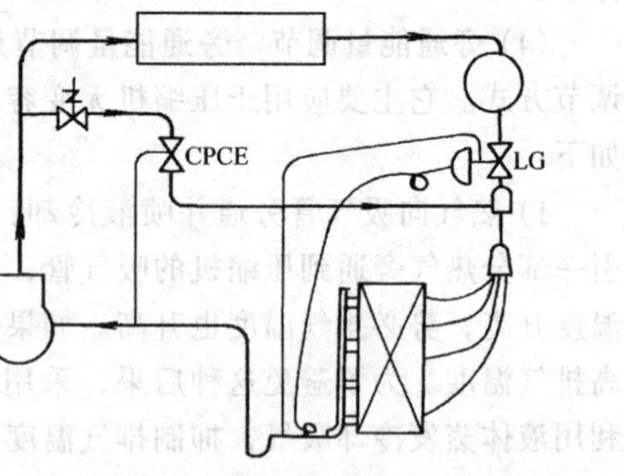

图 12-37 向蒸发器前旁通热气系统布置图

CPCE—带平衡引管的能量调节阀

LG—气液混合头

(5) 压缩机变速能量调节 压缩机制冷量及消耗功率与转速成比例。从循环的角度分析，利用变转速的方法进行能量调节有很好的经济性。压缩机的驱动机主要是感应式电动机。感应式电动机改变转速的方法虽有多种，但用于拖动压缩机，从电动机的转速-转矩特性考虑，适宜的方法是采用变频调速。

变频式能量调节是指通过改变压缩机供电频率，而改变压缩机转速，使压缩机产冷量与热负荷的变化达到最佳匹配。由于变频装置的价格昂贵，故以往制冷装置能量调节中变频调速方式使用不多。现在，随着电子技术的发展，硬件价格和可靠性都不断改变，加上节电意识的增强及机电一体化技术进一步成熟等诸因素，使变频调速作为一种有效的节能控制手段，成为研究和开发的重点课题，有逐年发展增长的趋势。

变频器是以改变电动机电源频率的方式使其变速的装置。电动机电源电压必须随频率成比例变化，故又称为电压变频。变频器的输入是交流三相或单相电源，输出为可变压可变频的三相交流电，接到压缩机的电动机上。控制器中，微电脑按照检测信号控制变频器的输出频率和电压，从而使压缩机产生较大范围的能量连续变化。

变频器输出的频率范围大约在 30～120Hz 之间。压缩机特性要能适应转速的变化范围。为了充分发挥变频调速的节能潜力，所有相关部件都应选择高效的。例如，在变频空调器中，用高效变频器控制无刷式永磁电动机。除此以外，为了提高制冷系统中制冷剂流量控制的特性，还必须用电子膨胀阀取代传统的毛细管和热力膨胀阀。

2. 螺杆式制冷压缩机的能量调节

螺杆式制冷压缩机虽然从运动形式上属于回转式，但气体压缩原理与往复活塞式一样，均属于容积式压缩机。以上所列举的各种能量调节方法也适用于螺杆式制冷压缩机的制冷系统。只是在用机器本身卸载机构进行能量调节的方法中，螺杆式制冷压缩机与多缸活塞式制冷压缩机有不同的特点，后者只能通过若干个气缸卸载获得指定的分级位式能量调节；而螺杆式制冷压缩机利用卸载滑阀可以获得 10%～100%范围的无级能量调节。

卸载滑阀机构由装在制冷压缩机内的滑阀、油缸、油活塞、能量指示器及油管路，手动四通阀或电磁换向阀组成。电磁换向阀用于自动控制，手动四通阀用于手动调节。下面简述一下移动卸载滑阀实现调节制冷压缩机能量的原理。如图 12-38 所示，卸载滑阀能量调节的原理，图中 12-38a 表示 100%负荷运行时的情况。将卸载滑阀 2、6 推向右端与机壳固定端 1 紧密接触时，吸入的制冷剂充满转子齿槽空间，体积为 V_1，而后被全部排出，故此时制冷压缩机的能量最大。图中 12-38b 表示制冷压缩机处于部分负荷的工况，此时制冷压缩机的卸载滑阀 6 被油缸活塞 2 向左拉开一段距离，打开回流孔 8，吸入转子齿槽间的制冷剂气体会有一部分气体经回流孔回流到制冷压缩机的吸气侧，只有充满转子齿槽空间体积为 V_2 的一部分气体被压缩后排出，吸气量则从原来的 V_1 减少到 V_2，制冷压缩机的制冷量也相应降低。由此可见，卸载滑阀愈向左移，制冷压缩机的卸载量愈多，随着滑阀的左移，机器的压缩开始点也左移，压缩力亦相应减少。所以操纵改变卸载滑阀的位置，可实现螺杆式制冷压缩机的能量调节。

卸载滑阀是由油缸活塞带动的，根据油缸两端的供油和回油情况，确定卸载滑阀的移动方向，油缸两端的油路是由电磁阀控制。当油缸左端进油，右端出油，活塞将被推向右边，带动卸载滑阀向右移动，螺杆式制冷压缩机能量增加；反之，油缸右端进油，左端出油，活塞将带动卸载滑阀向左移动，螺杆式制冷压缩机卸载。

螺杆式制冷压缩机的能量调节控制可由凸轮程序控制器、比例调节器、自动平衡器和制冷压缩机的卸载机构组成的反馈比例控制电路来实现比例积分调节。当制冷系统热负荷增加时，温度比例调节器的给定值与测温元件（热电阻）的测定值之间发生偏差，调节器就向凸轮程序控制器发出增荷信号，要求开机。同时凸轮开始向右旋转，旋转幅度受比例

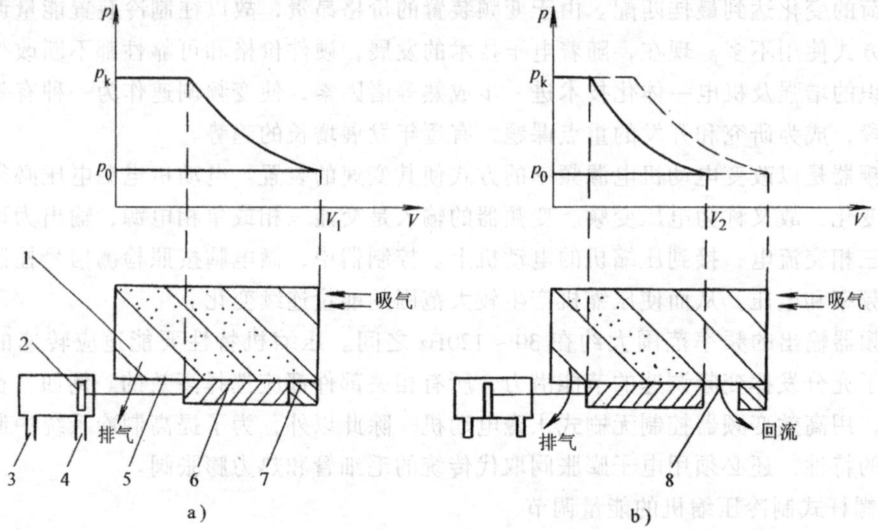

图 12-38 卸载滑阀能量调节原理图

1—转子 2—活塞 3、4—油缸接管 5—连杆 6—卸载滑阀 7—固定端 8—回流孔

调节器的反馈电路偏差量控制，程序控制器随凸轮的旋转产生电位移位变值，引起自动平衡器的电桥电路不平衡，向制冷压缩机的能量调节机构发出增荷指令，开起增加能量的电磁阀，推动卸载滑阀移动，增加制冷压缩机制冷量。如图 12-39 所示，螺杆式制冷压缩机能量调节控制原理。当第一台机组全负荷投入运行后，制冷量仍不能与热负荷匹配，即比例调节器与凸轮程序控制器的反馈电路还没平衡，凸轮机构继续向右旋转，第二台机组开始起动并进行能量调节，直至制冷压缩机的输出能量满足负荷需要，各控制电路保持相对平衡为止。如果测温元件的测定值已低于比例温度调节器的给定值，程序控制器的凸轮向左旋转，调节原理与上述相同，使制冷压缩机逐步减小输出能量，逐台停止制冷压缩机的工作，直到比例调节器的指针至下限值时，自动停止所有制冷机组的工作。

和活塞式制冷压缩机一样，螺杆式制冷压缩机的控制参数也可采用回气压力。以回气压力为控制参数，调节对象的时间常数较小，反应速度较快，因此调节系统可选用较简单的恒速积分调节。这种调节系统结构简单且不需要在螺杆式制冷压缩机的卸载滑阀的行程上取反馈信号。

螺杆式制冷压缩机自动控制在电路设计时，做到机器停车时，能量调节装置是处在最小能量上，满足制冷压缩机轻载起动的要求。当能量调节装置采用手动操作，应注意开机前要让能量调节装置处在最小能量上。另外，螺杆式制冷压缩机的开机程序要求在主机开机前，需先接通油路系统，向主机喷油，保证制冷压缩机在良好的润滑条件下工作。

3. 离心式制冷压缩机能量调节

离心式制冷压缩机组制冷量的调节有多种方法，最常使用的是调节可转动的进口导叶片的方法实现制冷量能量调节。下面对主要的几种控制方法和调节原理作一介绍。

(1) 进口导叶调节 进口导叶调节是采取转动制冷压缩机进口处的导流叶片来调节制冷量。在制冷压缩机的叶轮前安装好进口导流器，使气流在进入叶轮前产生旋转。导流叶

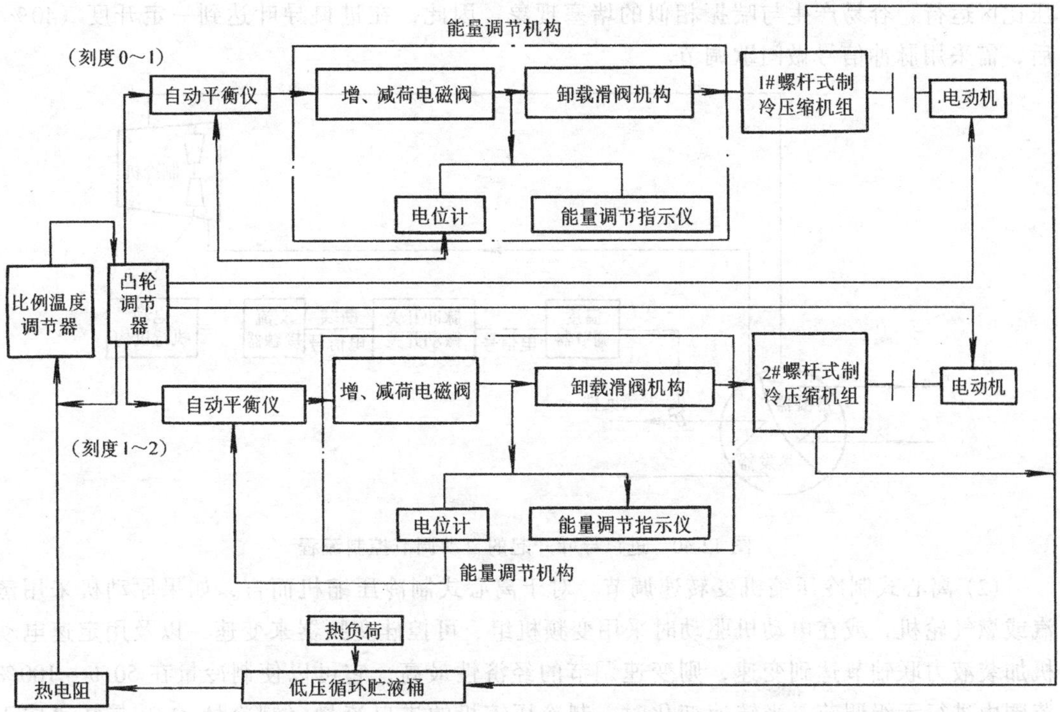

图 12-39 螺杆式制冷压缩机能量调节控制原理图

片转动后，即进口导叶的角度位置发生变化，经过导叶的气流旋转方向也随之改变，进入叶轮的气流将产生不同的预旋作用，使气流在制冷压缩机叶轮进口处方向改变了。叶轮与气流之间相对速度的变化，改变了制冷压缩机的能量头（叶片功）的大小，从而改变了制冷压缩机工况运行点位置，制冷机组的制冷量也随之变化，满足了调节制冷机组制冷量适应制冷对象热负荷变化的要求。

进口导叶开启的自动控制是用热电阻检测蒸发器出水温度，将测得的温度信号送入温度指示调节仪。调节仪将此信号与设定值进行比较，将其偏差转换成电信号输出，再由时间继电器或脉冲开关将这电信号改变为脉冲开关信号，通过交流接触器，指挥拖动导流器的电动执行机构电动机旋转，使导流器能根据蒸发器出水温度的变化而自动调节开度，恒定蒸发器的出水温度在设定值。

进口导叶开启的自动调节控制流程如图 12-40 所示。通常要求温度控制调节仪控制分为几个阶段，并把导叶开度调节范围分 0～30%、30%～40%、40%～100%。起动制冷压缩机，待电动机运行稳定后，导叶需自动连续开大至开度的 30%，随后再由热电阻检测信号控制。当热负荷较大，开度至 40%时，还不能匹配，即还需开大导叶开度时，则要求采取自动断续开大（受脉冲歇信号控制）。这种调节方式是根据离心式制冷压缩机的具体特点而安排的。因为离心式制冷压缩机在流量减少到一定程度时，就会发生喘振现象，刚开车连续开大导叶到 30%左右，就是要跳过易喘振区。在刚开机时，温度设定值与蒸发器冷媒水实际出水温度有较大的温度差，且冷媒水温度的下降是逐步的，温度下降速度要比进口导叶的开起速度迟缓得多。若进口导叶打开速度太快，会造成制冷压缩机在大流量、小压比区运行，容易产生与喘振相似的堵塞现象。因此，在进口导叶达到一定开度（40%）后，需采用脉冲信号做间歇调节。

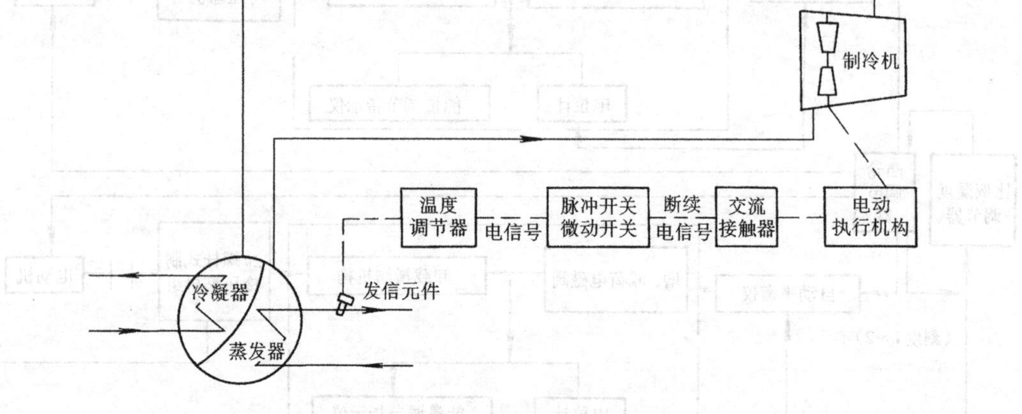

图 12-40 进口导叶开起的自动调节控制流程

（2）离心式制冷压缩机变转速调节 对于离心式制冷压缩机而言，如果原动机采用蒸汽或燃气轮机，或在电动机驱动时采用变频机组、可控硅变频器来变速，以及用定速电动机加装液力联轴节达到变速，则变速调节的经济性最高，它可以使制冷量在50%～100%范围内进行无级调节。当转速变化时，制冷压缩机的进口流量（制冷量 Q_0）与转速成正比。而且随制冷压缩机工作转速的下降，其对应转速下的制冷压缩机喘振点向小流量方向移动，因此，在较小制冷量时，制冷压缩机仍有较好的工作状况。

（3）离心式制冷压缩机的进气节流调节 离心式制冷压缩机的进气节流调节是在进气管道上装设调节阀（蝶形阀），利用阀的节流作用来改变流量和进口压力，使机器特性改变。这种调节方法在固定转速下的大型氨离心式制冷压缩机上用得较多，而且常用于使用过程中制冷量变化不大的场合。其缺点是经济性差，冷量的调节范围只能在60%～100%之间。

12.4 冷凝器的控制

保持冷凝压力在一定范围之内，是保证制冷系统安全可靠地运行的一个重要条件。一般来说，冷凝压力低些，可使压缩机制冷量增加，制冷循环的制冷系数增大，同时更能保证压缩机等制冷设备运行的安全可靠性。但是，冷凝压力过低，也会产生一些问题：在用冷凝压力直接供液系统中，由于节流阀前后的压差减少，可能引起蒸发器供液不均或不足；在用热氨融霜时，因热氨温度较低，使蒸发器不易融霜等等。所以，冷凝压力不允许过高，也不应过低。若要降低冷凝压力，就要增加冷却水的用量，或是降低冷却水的温度（如用冷却塔或深井水），因而增加水泵的能耗。因此，在调节冷凝压力时，必须对各有关因素做全面的分析。

12.4.1 水冷冷凝器的控制

一般来说，影响冷凝压力的因素除了冷却水用量及其温度这两个外，还有不凝性气体的存在，冷凝器管壁内外污物（如油垢、水垢等）的积存，都可能使冷凝压力升高。下面只讨论通过调节冷却水用量和水温的方法来调节冷凝压力。

1. 用水量调节阀调节水量

用水量调节阀调节冷凝压力的原理如图 12-41 所示，水量调节阀上部有毛细管，和冷凝器上部空间相连通，以感知冷凝压力的变化。冷凝压力升高，阀内波纹管被进一步压缩，通过顶杆，使阀门开启度增大，水流量增大，使冷凝压力保持在正常范围内；冷凝压力下降，阀门开启度减小，使冷凝压力不致下降过多。所以应用水量调节阀可使冷凝压力保持在一定的范围之内。

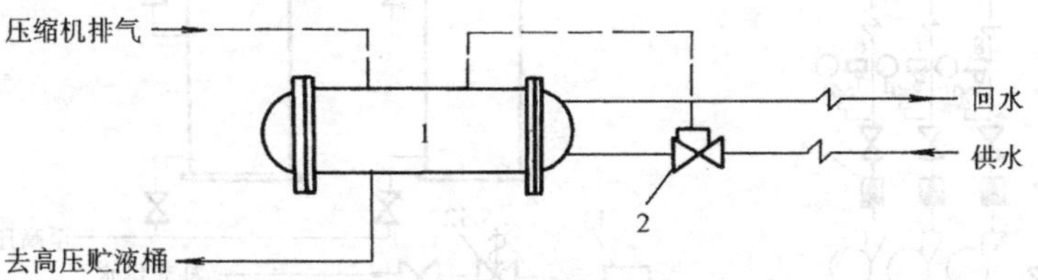

图 12-41　用冷却水量调节阀调节冷凝压力

1—卧式冷凝器　2—水量调节阀

2. 用控制运转水泵台数调节水量

用控制运转水泵台数调节冷凝压力的动作原理如图 12-42 所示。

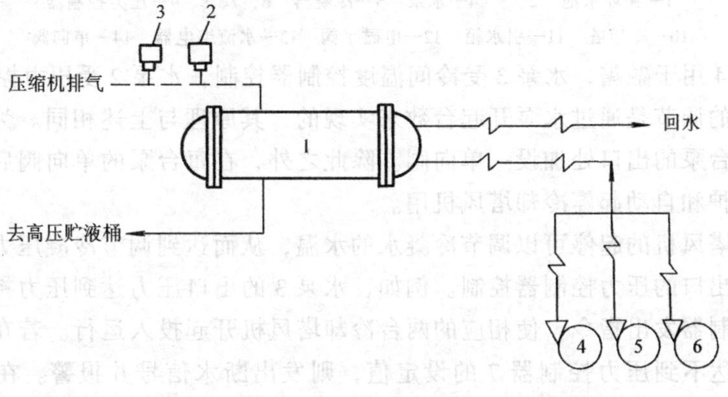

图 12-42　控制水泵运转台数调节冷凝压力

1—卧式冷凝器　2、3—压力控制器　4、5、6—冷却水泵

压力控制器装在冷凝器的进气管或冷凝器的上部空间，能迅速反应冷凝压力的变化。有一台水泵受冷间温度控制器的控制，其余水泵均受压力控制器的控制，其工作原理如下：

只要系统工作，就至少有一台水泵运转。一台水泵运转后，如果冷凝压力不超过压力控制器的设定值，说明一台水泵的供水量已能满足需要。如果冷凝压力升高，达到压力控制器的设定值，第二台水泵自动投入运行。同理第三台水泵受第二个压力控制器控制。如果冷凝压力降低，下降到压力控制器的下限值时，压力控制器发出指令，相应的水泵就停止运行。

3. 调节水量、水温来调节冷凝压力

在循环用水的冷凝系统中，是通过调节冷却水的流量及温度来控制冷凝压力的。循环用水的冷凝系统主要由水泵、冷却塔和循环水池三部分组成。系统原理如图 12-43 所示。

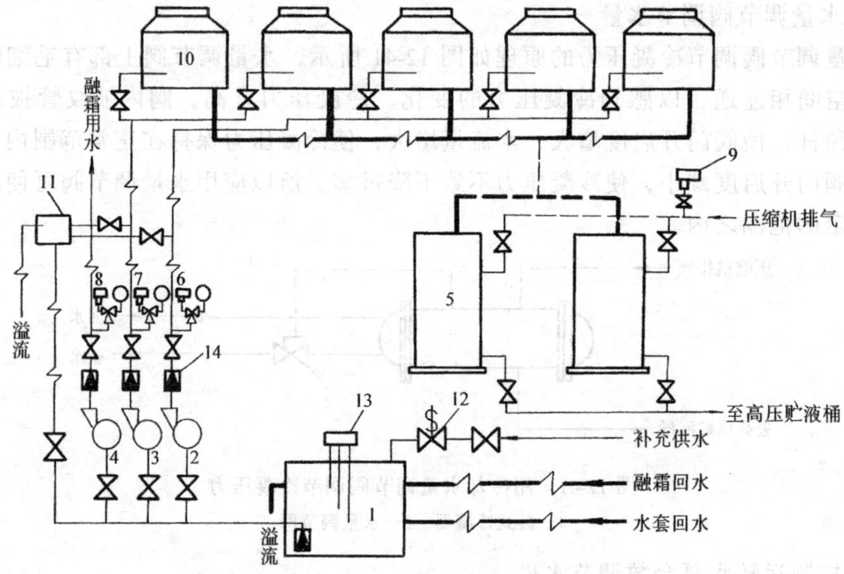

图 12-43 循环用水冷凝系统

1—循环水池 2、3、4—水泵 5—冷凝器 6、7、8、9—压力控制器

10—冷却塔 11—引水箱 12—电磁水阀 13—水流继电器 14—单向阀

图中水泵 4 用于融霜，水泵 3 受冷间温度控制器控制，水泵 2 受压力控制器 9 控制。

冷却水量的调节是通过水泵开起台数来实现的，其原理与上述相同。为了防止停泵时水倒流，在每台泵的出口处加设一单向阀。除此之外，在每台泵的单向阀后装有压力控制器，作断水保护和自动起停冷却塔风机用。

五台冷却塔风机的起停可以调节冷凝水的水温，从而达到调节冷凝压力的目的。风机的起停受水泵出口的压力控制器控制。例如，水泵 3 的出口压力达到压力控制器 7 的设定值，则压力控制器发出指令，使相应的两台冷却塔风机开起投入运行。若在规定的时间内水泵 3 的出口达不到压力控制器 7 的设定值，则发出断水信号并报警。在系统正常工作后，如果冷凝压力没有达到冷凝器上的压力控制器 9 的设定值，说明一台水泵和两台冷却塔风机的运行已能满足要求。若冷凝压力升到压力控制器 9 的设定值，则指令水泵 2 和相应的三台冷却塔风机投入运行。

如果两台水泵、五台冷却塔风机全部投入运行后，冷凝压力开始降低。当降到压力控制器 9 的设定值下限时，指令后上的一台水泵和三台冷却塔风机停止运行。正在运行的一台水泵和两台冷却塔风机受整个系统的各冷间温度控制器控制，当所有冷间的温度都达到温度控制器的下限时，才停止运行。

为了保证有足够的冷凝用水，循环水池的水位应保持一定的高度。水位的控制可以由水流继电器和水电磁阀来控制。

用于冷凝压力调节的自控阀门有压力式水量调节阀和温度水量调节阀。前者直接根据压力的变化控制阀门的开度进行调节，而后者是以温包感测冷凝器出口水温度的变化，将该温度信号转变成温包内的压力信号，并向水量调节阀的上部波纹管传递来控制水阀的开度。

12.4.2　风冷冷凝器的控制

风冷冷凝器冷凝压力的调节方法主要有改变冷风机风量法和制冷剂旁通法控制冷凝压力两种。

1. 改变冷风机风量法

根据冷凝压力（或温度）控制冷风机工作台数，或通过调电压、调频，液力耦合器，控制冷风机转速，改变冷风机流量来调节冷凝压力。如图 12-44 所示为调节风量法冷凝压力控制原理图。

2. 制冷剂旁通法控制冷凝压力

其工作原理如图 12-45 所示。阀 6 为旁通调节阀，感受下游贮液器 5 的压力；4 为压力调节阀，感受冷凝器 3 中的压力。当冬季冷凝压力下降时，阀 4 关小，使冷凝器 3 中液面升高，减小冷凝面积，冷凝压力回升至给定值；同时，阀 6 开大，高温高压制冷剂旁通进入贮液器 5，使贮液器的压力回升至给定值。当冷凝压力上升时，阀 6 关小，阀 4 开大，调整冷凝压力回落到给定值。

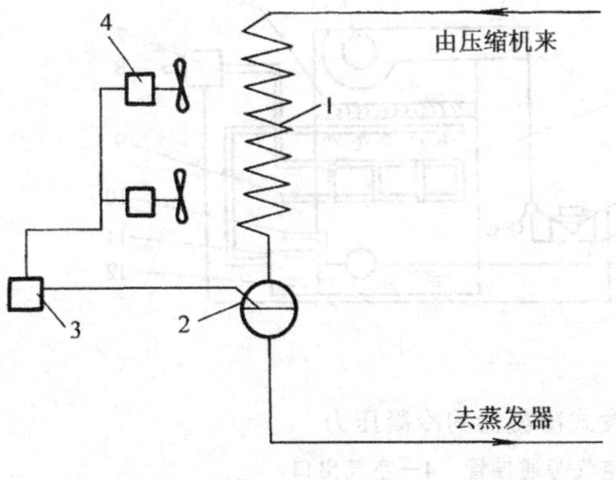

图 12-44　调节风量法冷凝压力控制原理图
1—冷凝器　2—感温元件
3—温度控制的转速调节器　4—风机

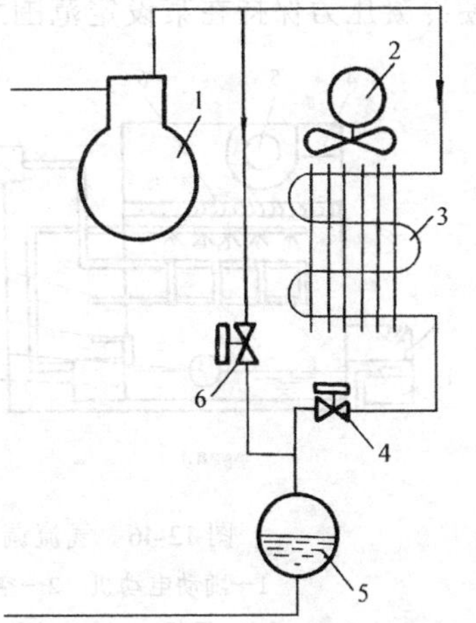

图 12-45　制冷剂旁通法冷凝压力控制原理图
1—压缩机　2—风机　3—冷凝器　4—压力调节阀　5—贮液器　6—旁通调节阀

12.4.3　蒸发式冷凝器的控制

蒸发式冷凝器中冷却水带走的热量，除因水温升高而吸收的热量外，更主要的是水在空气中蒸发而吸收的热量。因此，除了控制冷却水量的方法以外，还可以通过控制风机的起停或控制通风量的方法来调节冷凝压力。

1. 起停淋水泵法

在冷凝器气体入口处装一压力控制器，冷凝压力达到其调定值时，淋水泵开起，当冷凝压力下降到控制器调定值的下限时，淋水泵即停止工作。这种调节方法要求冷凝压力保持在一定的范围之内。这种方法的缺点是：①因蒸发式冷凝器盘管是光滑管，在空气中的作用很差，淋水泵一停止运行，冷凝压力很快就会上升，使水泵重新投入运行，造成水泵频繁的起停，即所谓短循环，影响其使用寿命。②因常停泵，容易产生水垢和水中的污物在管表面上沉积，使冷凝器表面传热系数减少。③在气温低于-7℃的情况下，会由于水泵的停转而使水冻结在盘管上。

由于以上缺点，一般不常采用这种方法。

2. 起停蒸发式冷凝器的风机法

由装在冷凝器气体入口处的压力控制器感知冷凝压力的变化，进而控制风机投入运行的台数。

3. 调节淋水量法

可以采用一般的调节水量的方法来调节淋水量，以达到调节冷凝压力的目的。但因蒸发式冷凝器的用水量与前述的立式冷凝器相比要小得多，这种方法用得不多。

4. 采用气流调节器

如图12-46所示，采用气流调节器有两种方法：一种是调节气流循环量；另一种是调节气流旁通量。在蒸发式冷凝器的气体入口处装上随动压力控制器，感知实际的冷凝压力，并通过其与气流调节的随动电动机的相互配合，来调节空气的进入量、循环量或旁通量，以使冷凝压力保持在某设定范围之内。这种调节方法可以做到比例调节。

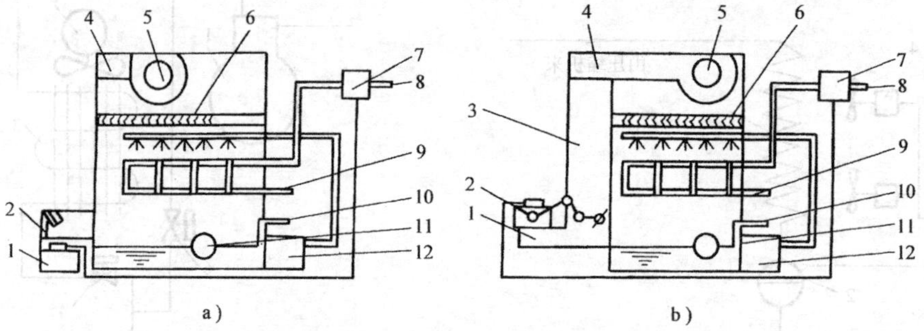

图12-46 气流调节法调节蒸发式冷凝器的冷凝压力

1—随动电动机 2—空气进口 3—空气旁通导管 4—空气出口 5—风机 6—空气净化器 7—随动压力装置 8—制冷剂进口 9—冷凝器盘管 10—补给水管 11—浮球 12—水泵

12.5 制冷机房变流量供水系统的控制

变流量供水系统的控制常用于改变中央空调制冷系统冷媒水流量的大小。所谓变流量系统，实质上是指负荷侧（有时也称用户侧）在运行过程中，水流量不断改变的水系统。

1. 单级泵冷媒水系统控制

采用供水系统变流量控制，从末端设备使用要求来看，用户侧作变流量运行是有利的。然而，从冷水机组的特性角度分析，要求系统作定流量运行，这两者构成一对矛盾。解决此矛盾的最常用的方法是在供、回水总管上设置压差旁通阀，则单级泵变流量系统如图12-47和图12-48所示。

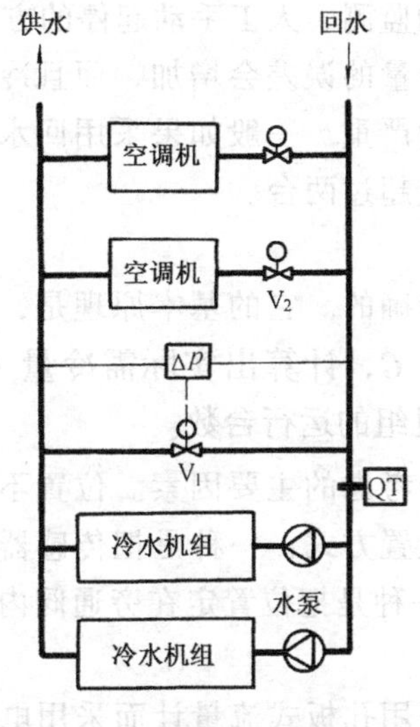

图 12-47　单级泵变流量系统
（先串后并方式）

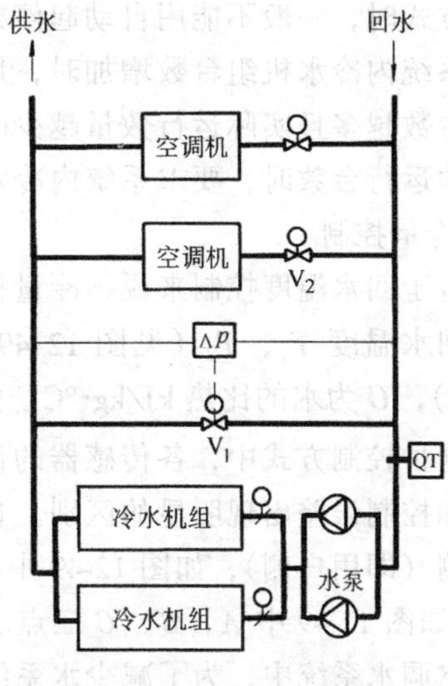

图 12-48　单级泵变流量系统
（先并后串方式）

（1）设备联锁　在单级泵冷媒水系统中，首先要求的是系统在启动或停止的过程中，冷水机组应与相应的冷媒水泵、冷却水泵、冷却塔等进行电气联锁。只有当所有附属设备及附件都正常运行工作之后，冷水机组才能起动；而停车时的顺序则相反，应是冷水机组优先停车。

当有多台冷水机组并联，且在水管路中泵与冷机组不是一一对应连接时，则冷水机组冷媒水和冷却水接管上还应设有电动蝶阀（图 12-48），以使冷水机组与水泵的运行能一一对应进行，该电动蝶阀应参加上述联锁。因此，整个联锁启动程序为：水泵→电动蝶阀→冷水机组；停车时联锁程序相反。

（2）压差控制　对于末端采用二通阀的空调水系统，冷媒水供、回水总管之间必须设置压差控制装置，通常它由旁通电动二通阀及压差控制器组成。连接时，接口应尽可能设于水系统中水流较为稳定的管道上。压差控制器（或压差传感器）的两端接管应尽可能靠近旁通阀两端，并且设于水系统中压力较稳定的地点，以减少水流量的波动，提高控制的精确性。压差传感器精度通常来说，以不超过控制压差的 5%～10%为宜。

（3）设备运行台数控制　为了延长各设备的使用寿命，通常要求设备的运行累计小时数尽可能相同。因此，每次初启动系统时，都应优先起动累计运行小时数最少的设备，这要求在控制系统中有自动记录设备运行时间的仪表。

1）回水温度控制：以回水温度控制冷水机组运行台数的方式，适合于定出水温度的冷水机组空调水系统，是一种较为广泛采用的水系统形式。通常冷水机组的出水温度设定为 7℃，不同的回水温度实际上反映了空调系统中不同的需冷量。回水温度传感器 T 的设置位置如图 12-47 和图 12-48 所示。

尽管从理论上来说回水温度可反映空调需冷量，但由于目前较好的水温传感器的精度在大约 0.4℃左右，而冷媒水设计供、回水温差大多为 12℃，因此，回水温度控制的方式在控制精度上受到了温度传感器的约束，不可能很高。为了防止冷水机组起停过于频繁，采用此方式时，一般不能用自动起停机组而应采用自动监测、人工手动起停的方式。

当系统内冷水机组台数增加时，用回水温度控制冷量的误差会增加，而且冷水机组设计选用台数越多且实际运行数量越少时，这种误差越为严重。一般如果采用回水温度决定冷机组的运行台数时，要求系统内冷水机组的台数不应超过两台。

2）冷量控制

相对于回水温度控制来说，冷量控制方式是更为精确的。它的基本原理是，测量用户侧供、回水温度 T_1、T_2（见图 12-49）及冷媒水流量 G，计算出实际需冷量 $Q = G \cdot C(T_2 - T_1)$，C 为水的比热 kJ/kg·℃，由此可决定冷水机组的运行台数。

在这种控制方式中，各传感器的设置位置是设计中考虑的主要因素。位置不同，将会使测量和控制误差出现明显的区别。目前通常有两种设置方式：一种是把传感器设于旁通阀的外侧（即用户侧），如图 12-49 中的各个位置；另一种是把位置定在旁通阀内侧（即冷源侧），如图 12-49 中 A、B、C 三点。

在空调水系统中，为了减少水系统阻力，一般不采用孔板式流量计而采用电磁式流量计，其测量精度大约为 1%。用冷量控制时，传感器设于用户侧是更为合理的。如果把旁通阀设于分、集水器之间，则会使冷量的计算误差偏大，对同组台数控制显然是不利的。此外，为了保证流量传感器达到其测量精度，应把它设于管路中水流稳定处，并在设计安装时保证其前面（来水流方向）直管段长管不小于 5 倍接管直径，后直管段长度不小于 3 倍接管直径。

2. 二级泵冷媒水系统控制

当整个空调冷媒水系统非线性程度较大时，单级泵系统存在较多的问题，既浪费能量又影响系统及设备的正常使用，因而应采用二级泵供水系统。图 12-50 是一种常见的二级泵变流量系统。

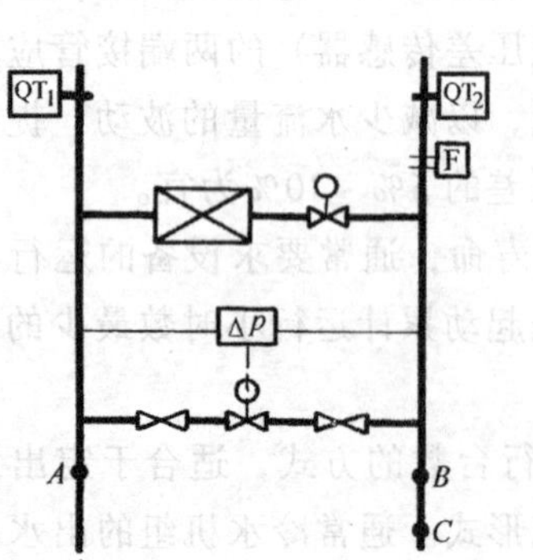

图 12-49 水系统各传感器位置的选取

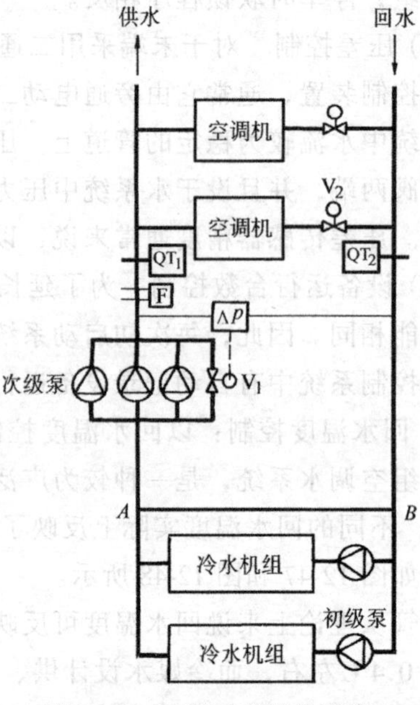

图 12-50 二级泵变流量系统

二级泵系统监控的内容包括：设备联锁、冷水机组台数控制、次级泵控制等。从二级泵系统的设计原理及控制要求来看，要保证其良好的节能效果，必须设置相应的自动控制系统才能实现。这也就是说，所有控制都应是在自动检测各种运行参数的基础上进行的。

二级泵系统中，冷水机组、初级冷媒水泵、冷却泵、冷却塔及有关电动蝶阀的电气联锁启停程序与单级泵系统完全相同。

(1) 冷水机组台数控制　在二级泵系统中，由于连通管的作用，无法通过测量回水温度来决定冷水机组的运行台数。因此，二级泵系统台数控制必须采用冷量控制的方式，其传感器设置原则与上述单级泵系统冷量控制相类似，如图 12-50 所示。

(2) 次级泵控制　次级泵控制可分为台数控制、变速控制和联合控制三种。

1) 次级泵台数控制：采用此种方式时，次级泵全部为定速泵，同时还应对压差进行控制，因此设有压差旁通电动阀。

压差控制旁通阀的情况与单级泵系统相类似。

当系统需水量小于次级泵组运行的总水量时，为了保证次级泵的工作点基本不变，稳定用户环路，应在次级泵环路中设旁通电动阀，通过压差控制旁通水量。当旁通阀全开而供、回水压差继续升高时，则应停止一台次级泵运行。当系统需水量大于运行的次级泵组总水量时，反映出的结果是旁通阀全关且压差继续下降，这时应增加一台次级泵投入运行。

因此，压差控制次级泵台数时，转换边界条件如下：

停泵时，压差旁通阀全开，压差仍超过设定值时，则停一台泵；

起泵时，压差旁通阀全关，压差仍低于设定值时，则起动一台泵。

由于压差的波动较大，测量精度有限（5%～10%），很显然，采用这种方式直接控制次级泵时，精度受到一定的限制，且由于必须了解两个以上的条件参数（旁通阀的开、闭情况及压差值），因而使控制变得较为复杂。

应该注意的是，压差旁通阀旁通的水量是次级泵组总供水量与用户侧需水量的差值，而连通管 *AB* 的水量是初级泵组与次级泵组供水量的差值，这两者是不一样的。

既然用户侧必须设有流量传感器，因此直接根据此流量测定值并与每台次级泵设计流量进行比较，即可方便地得出需要运行的次级泵台数。由于流量测量的精度较高，因此这一控制是更为精确的方法。此时旁通阀仍然需要，但它只是用作水量旁通用，并不参与次级泵台数控制。

2) 变速控制：变速控制是针对次级泵为全变速泵而设置的，其被控参数既可以是次级泵出口压力，又可以是供、回水管的压差。通过测量被控参数，并将其与给定值相比较，以此改变水泵电动机频率，控制水泵转速。显然，在这一过程中，不再需要压差旁通阀。

3) 联合控制：联合控制是针对定-变速泵系统而设的，通常这时空调水系统中是采用一台变速泵与多台定速泵组合，其被控参数既可以是压差也可以是压力。这种控制方式，既要控制变速泵转速，又要控制定速泵的运行台数，因此相对来说此方式比上述两种更为复杂。同时，从控制和节能要求来看，任何时候变速泵都应保持运行状态，且其参数会随着定速泵台数起停时发生较大的变化。

此方式同样不需要设置压差旁通阀。

在上述后两种控制方式中，被控参数是压力或压差。之所以这样考虑，是因为在变速过程中，如果无控制手段，对用户侧来说，供、回水压差的变化将破坏水路系统的水力平衡，甚至使得用户侧的电动阀不能正常工作。因此，变速泵控制时，不能采用以流量为被控参数，而必须用压力或压差为被控参数。

无论是变速控制还是台数控制，在系统初投入时，都应先手动起动一台次级泵（若有变速泵则应先起动变速泵），同时监控系统供电并自动投入工作状态。当实测冷量大于单台冷机组的最小冷量要求时，则联锁起动一台冷水机组及相关设备。

3. 冷却塔的控制

冷却塔与冷水机组通常是电气联锁的，但这一联锁并非要求冷却塔风机必须随冷水机组同时运行，而只是要求冷却塔的控制系统投入工作，一旦冷却回水温度不能保证时，则自动起动冷却塔风机。

因此，冷却塔的控制实际上是利用冷却回水温度来控制相应的风机（风机作台数控制或变速控制），不受冷水机组运行状态的限制[㊀]，它是一个独立的控制环路。

12.6 吸收式制冷设备的控制

吸收式制冷装置的自动控制问题仍是常规的温度、压力、液位、流量等基本热工参数的调节问题，只是在考虑调节系统和选择调节器时，必须根据吸收式制冷装置对象的具体要求，作出具体分析，来选择调节器和相应的自控器件。

吸收式制冷机有些特殊情况，如系统是高真空度的，溴化锂与氨溶液有腐蚀性，溴化锂制冷机易结晶等，因此需采取一些必要的安全、保护、联锁、报警等环节。

目前较常用的是溴化锂吸收式制冷机，该制冷装置的自动控制系统主要由能量调节和安全保护及自动启停三个部分组成。下面分别进行叙述。

12.6.1 溴化锂制冷机的能量调节

溴化锂吸收式制冷机的冷量与热负荷的匹配情况，可以在制冷机冷媒水的进水（系统中工艺设备的回水）与制冷机冷媒水出水的温度上反应出来。所以溴化锂吸收式制冷机的能量调节，常以制冷机冷媒水的出水温度为控制参数。能量调节系统一般由温度传感器、调节器、执行机构和调节阀等组成，图 12-51 为能量调节系统控制原理图。溴化锂吸收式制冷机的能量调节方法一般采用以下几种。

1. 控制加热蒸汽与高温水进行能量调节

对于蒸汽型和热水型机组来讲，如果在一定范围内改变加热蒸汽与高温水的加入量（对于加热蒸汽而言即改变蒸汽压力），将会使发生器的制冷剂生成量发生变化，进而改变制冷负荷。因此，可以在蒸汽或热水管道上安装调节阀，利用冷水出口管道上感温元件发出的信号，通过调节机构，控制调节阀的开启度，改变发生器的加热负荷，使机组制冷量

㊀ 例如，室外湿球温度较低时，虽然冷水机组运行，但也可能仅靠水从冷却塔流出后自然冷却，而不是风机强制冷却。

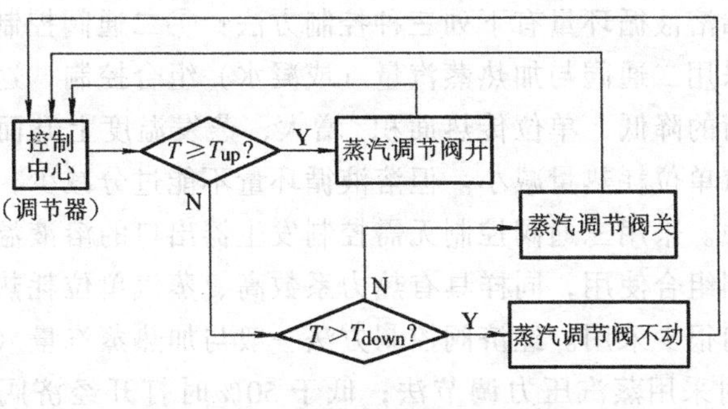

图 12-51 能量调节系统控制原理图

T_{up}—冷水出口上限控制温度 T_{down}—冷水出口下限控制温度

发生变化，从而保证冷水出口温度恒定。控制流程如图 12-52 所示。

随着发生器热负荷的变化，发生器中溶液的液位随之变化，特别是双效机组更为明显。为此在发生器中设有如前所述的液位控制器，以使液位基本恒定。

采用这种方法进行调节，特点是调节元件安装在加热管道进口处，不涉及机组的真空系统，不受溴化锂溶液的腐蚀，且调节反映较快，但如果稀溶液循环量不随着负荷的改变而变化，将使单位耗热量⊖增加，热力系数降低，因此这种方法不适于低负荷运行的机组。

2. 控制蒸汽凝水进行能量调节

蒸汽凝水控制是用改变发生器的加热负荷的方法进行能量调节的。如图 12-53 所示，当外界负荷减小时，安装在凝水管道上调节阀动作，减小凝水排量，使发生器管内逐渐积聚凝水，减少有效传热面积，改变发生器的加热负荷，进而使机组的冷量降低。优点是调节阀体积小，安装方便，不影响机组的密封性。缺点是调节时间较长，且发生器管内积水后易产生“水击”现象，严重时会造成传热管的损坏。这种调节方式目前较少应用。

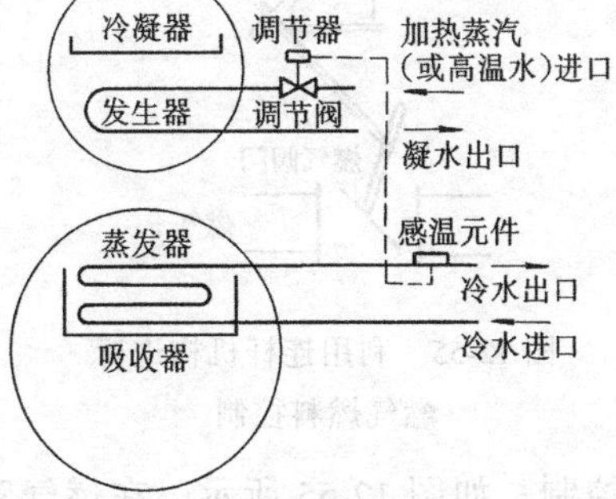

图 12-52 控制加热蒸汽与高温水进行能量调节

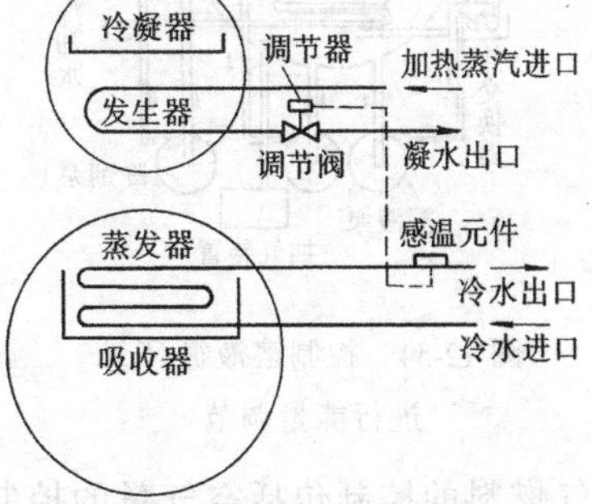

图 12-53 控制蒸汽凝水进行能量调节

3. 控制溶液循环量进行能量调节

当外界负荷变化时，蒸发器出口冷水温度发生相应改变，温度传感器将温度变化转换成电信号，调节进入发生器的溶液循环量，使机组的输出负荷发生改变，保持冷水出口温度在设定的范围内。如图 12-54 所示。

⊖ 单位耗热量 = 耗热量/制冷量。

送往发生器的稀溶液循环量有下列三种控制方法：①二通阀控制；②三通阀控制；③经济阀控制。一般采用二通阀与加热蒸汽量（或凝水）组合控制，这种方法放汽范围基本保持不变。随着负荷的降低，单位传热面积[㊀]增大，蒸发温度上升而冷凝温度下降。因而热力系数上升，蒸汽单位耗热量减小。但溶液循环量不能过分减少，若过分减少则会出现高温侧的结晶和腐蚀。采用三通阀控制无需控制发生器出口的溶液温度，也不必与加热蒸汽量（或凝水）控制组合使用，同样具有热力系数高、蒸汽单位耗热量低等优点，但控制阀结构较复杂，目前很少采用。经济阀控制方法一般与加热蒸汽量（或凝水）控制组合使用，负荷大于50%时采用蒸汽压力调节法；低于50%时打开经济阀，经济阀是开、闭两位式，这种结构较为简单。溶液循环量调节具有很好的经济性，但因调节阀安装在溶液管道上对机组的真空度有一定的影响。

4. 直燃型冷热水机组热源的控制

直燃型机组热源的控制按照加热燃料的不同分为燃气燃料的控制与燃油燃料的控制。其控制方式有两种：一种是设置两只以上的喷嘴，根据外界负荷变更喷嘴数量，进行分级调节；另一种是利用调节机构来改变进入喷嘴的燃料量。前者控制方式较为简单，为有级控制，热效率较低；后者虽控制设备较复杂，但能无级控制，具有明显的节能效果。

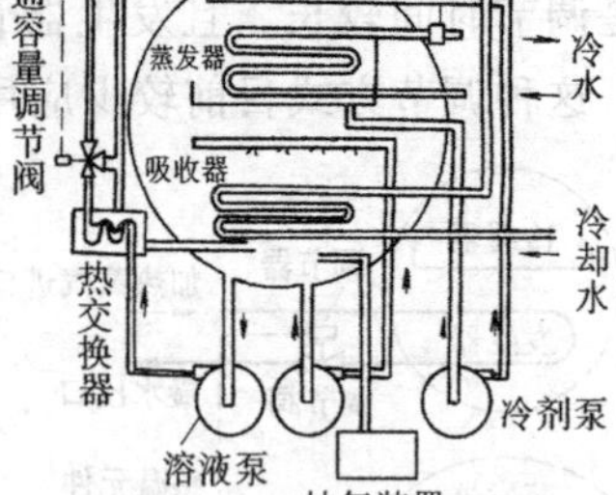

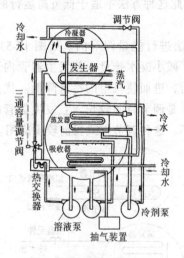

图 12-54 控制溶液循环量进行能量调节

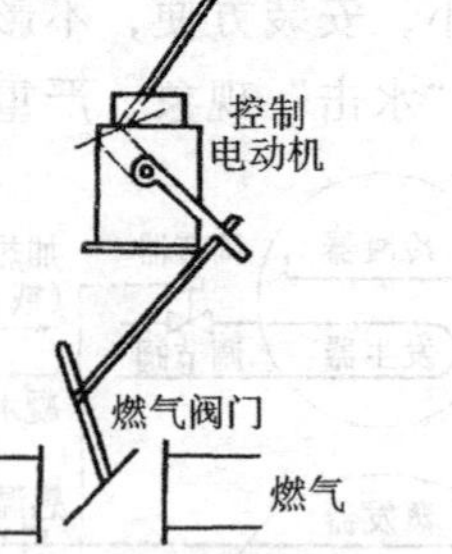

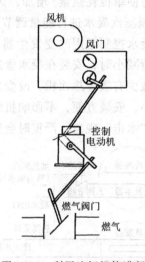

图 12-55 利用连杆机构进行燃气燃料控制

燃气燃料的控制包括空气量的控制与燃气量的控制。如图 12-55 所示，在燃气管路和空气管路上均设有流量调节阀，二者通过连杆机构保证同步运动。当外界负荷发生改变时，由控制电动机带动风门和燃气阀门进行调节，使机组的输出负荷做出相应的改变。

燃油量的调节方法分非回油式与回油式两种。如图 12-56 所示，非回油式的油量调节范围很小，一般采用开关控制或设置多个喷嘴。回油式调节范围比较大，多余的油料可以通过油量调节阀回流，从而保证在燃油压力变化不大的情况下，根据负荷来调节燃烧的油量。无论是何种调节方法，油量调节的同时必须对空气量进行调节。

㊀ 单位传热面积＝传热面积/制冷量。

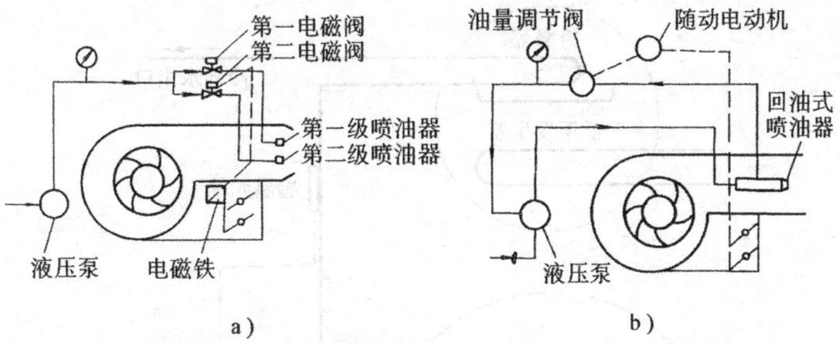

图 12-56　非回油式与回油式燃烧器

a）非回油式　b）回油式

12.6.2　溴化锂吸收式制冷机的安全保护

1. 防冻装置

防止冷媒水在传热管中冻结是比较重要的。其方法是在蒸发器泵进口（或出口）冷剂水（制冷剂水）管道上，装设温度控制器。当冷剂水温度低于 2℃时，温度控制器动作，使吸收器泵停止运转，并关闭加热蒸汽阀门。另外，也可以采用在冷媒水（冷冻水）管道上装设压力控制器、压差控制器或有电触点的差压流量计等方法，当冷媒水泵发生故障或者冷媒水量过小时，发出控制讯号，使吸收器泵停止运转，并关闭加热蒸汽阀。

2. 防晶装置

当溴化锂溶液因浓度过高或温度过低而结晶时，制冷机就无法运行，因此要安装防晶装置，常见的有下列几种方法：

1）在低压发生器和吸收器之间设置 J 形管防晶装置。

2）在高压发生器的液囊中装设电极式液位控制器。

3）在高、低压发生器出口浓溶液管道上，装设温度继电器。

4）在蒸发器液囊中装设液位控制器。

5）在吸收器冷却水进口管道上，安装压力或压差继电器。

6）在控制线路中安装时间继电器，或者在高、低压发生器出口浓溶液管道上，装设温度继电器，防止制冷机停车时结晶。

3. 防止冷剂水污染装置

所谓**冷剂水污染**是指因某种原因造成溴化锂溶液带入冷凝器而使制冷机制冷性能降低。如图 12-57 所示，防止冷凝压力过低而引起冷剂水污染的装置。它是在吸收器冷却水进口管道上装设冷却水量调节设备，通过改变冷却水量来控制冷凝压力，从而防止冷剂水污染。这种装置虽然成本较高，但对于在冬季运行的机器，这种保护装置还是必要的。

除上述原因引起冷剂水污染外，高、低压发生器液位过高，也会引起冷剂水污染。在高、低压发生器中装设液位控制器，控制溶液的液位，可防止这种污染发生。

4. 屏蔽泵保护装置

屏蔽泵保护装置主要有：用热继电器作过载保护；用温度控制器装在电动机机壳上作过热保护；在冷却与润滑管道上装设压力（或压差）控制器，实现冷却或润滑管道阻塞保护。

5. 其他保护装置

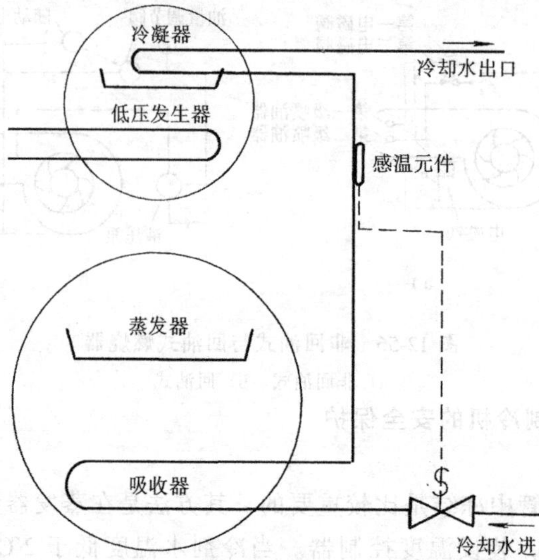

图 12-57 防止冷凝压力过低而引起冷剂水污染的装置

(1) 防止高压发生器过压保护装置 一般在双效溴化锂吸收式制冷机高压发生器中装设压力控制器，当压力超过 0.1MPa（绝对压力）时，压力控制器动作，关小或关闭加热蒸汽阀。但这种压力控制器要求在真空状态下工作，而且控制范围（即控制器的开关差）小，仪表的选型较为困难。

(2) 防止机内过压保护装置 双效溴化锂吸收式制冷机运行时，如果发生器的传热管破裂，则压力较高的工作蒸汽就会大量泄入机内，使筒内压力升高，严重时可能引起机器破损。在高压发生器或低压发生器上装设压力控制器，控制过压停机。还有在高压发生器的筒体上，或在低压发生器的封盖上装设“防爆片”，防止机内压力过高而损坏制冷机。

(3) 防止蒸发温度过高保护装置 这种保护方法通常在冷剂水管道上装设温度控制器，当蒸发温度升高，引起冷剂水温度异常升高时，温度控制器指令制冷机停机。

6. 直燃型冷热水机组的保护装置

直燃型机组除了与蒸汽型机组一样具有以上一些保护装置外，还有下面一些特殊的保护装置。

(1) 安全点火装置 直燃型机组的燃烧系统分为主燃烧系统和点火燃烧系统。主燃烧系统是机组的加热源，由主燃烧器、主稳压器、燃料控制阀等组成，供机组在制冷或制热时使用；点火燃烧系统由点火燃烧器、点火稳压器、点火电磁阀等构成，其作用是辅助主燃烧器点火。点火燃烧器内设有电打火装置，起动时，点火燃烧器先投入工作，经火焰检测器确定正常后，延时打开主燃料阀，使主燃烧系统进行正常燃烧，一旦主燃烧器正常工作，点火燃烧器即自动熄灭。如果点火燃烧器点火失败，受火焰检测器控制的主燃烧器将不会被打开，防止燃料大量溢出，发生泄漏或爆炸事故。

(2) 燃料压力保护装置 机组工作时，需要保持燃料压力相对稳定。燃料压力的波动会使正常燃烧受到影响，严重时甚至会产生回火或熄火等故障。因此，在燃气（油）系统中安装燃气（油）压力控制器，一旦燃气（油）压力的波动超过设定范围，压力控制器立即动作，发出报警信号，同时切断燃料供应，使机组转入稀释状态。

（3）熄火安全装置　当燃气型机组熄火或点火失败时，炉膛中往往留有一定量的燃气。这部分气体应及时排出机外，否则再次点火时有产生燃气爆炸的危险，而引发事故。一般应用延时继电器等控制元件，使风机在熄火后继续工作，将炉膛内的燃气吹扫干净。

（4）排气高温继电器　当排气温度超过300℃以上时，机组自动停止运行。

（5）空气压力开关　当空气压力低于490Pa时，机组自动停止运行。

（6）燃烧器风扇过电流保护装置　设置热继电器熔断器等保护装置，防止燃烧器风扇故障。若过载保护器动作，机组自动停止运行。

12.6.3　溴化锂吸收式制冷机组的启停控制

溴化锂吸收式制冷机组在运转过程中，除了机组本身的溶液循环、冷剂水循环外，还与外界的供热系统、冷却水系统、冷水系统密切相关。根据机组的特点，按一定程序运转，无疑对机组的稳定经济运行是十分重要的。

下面对常用的溴化锂直燃式冷热水机组的启停控制作一介绍。

1. 启动程序

如图12-58所示，为燃气直燃式冷热水机组起动流程图。启动时应检查下列阀门和开关位置：①冷热水转移开关的位置；②冷热水转移阀的位置；③燃气阀打开的位置；④控制风门位于燃气供给较少的位置。

判明上述开关和阀的位置后，按下列起动程序投入运转：

1）起动冷热水泵、冷却水泵和冷却塔风机；

2）确定保护系统（冷水断水、高压发生器液位过低、烟气排烟温度过高等）正常工作；

3）燃烧控制器动作；

4）风机起动；

5）风门由全关到全开；

6）确认风门全开；

7）风门由全开到全关；

8）确认风门全关；

9）电磁点火阀打开；

10）火花塞点火；

11）检查火焰；

12）确认点火装置正常点火；

13）时间继电器（定时器）动作；

14）火花塞停止点火；

15）时间继电器动作；

16）燃气截止阀开启；

17）主燃烧器点火；

18）投入正常运行。

上述程序中3）~17）由燃烧控制器完成。当程序2）、12）不能正常完成时，发出报

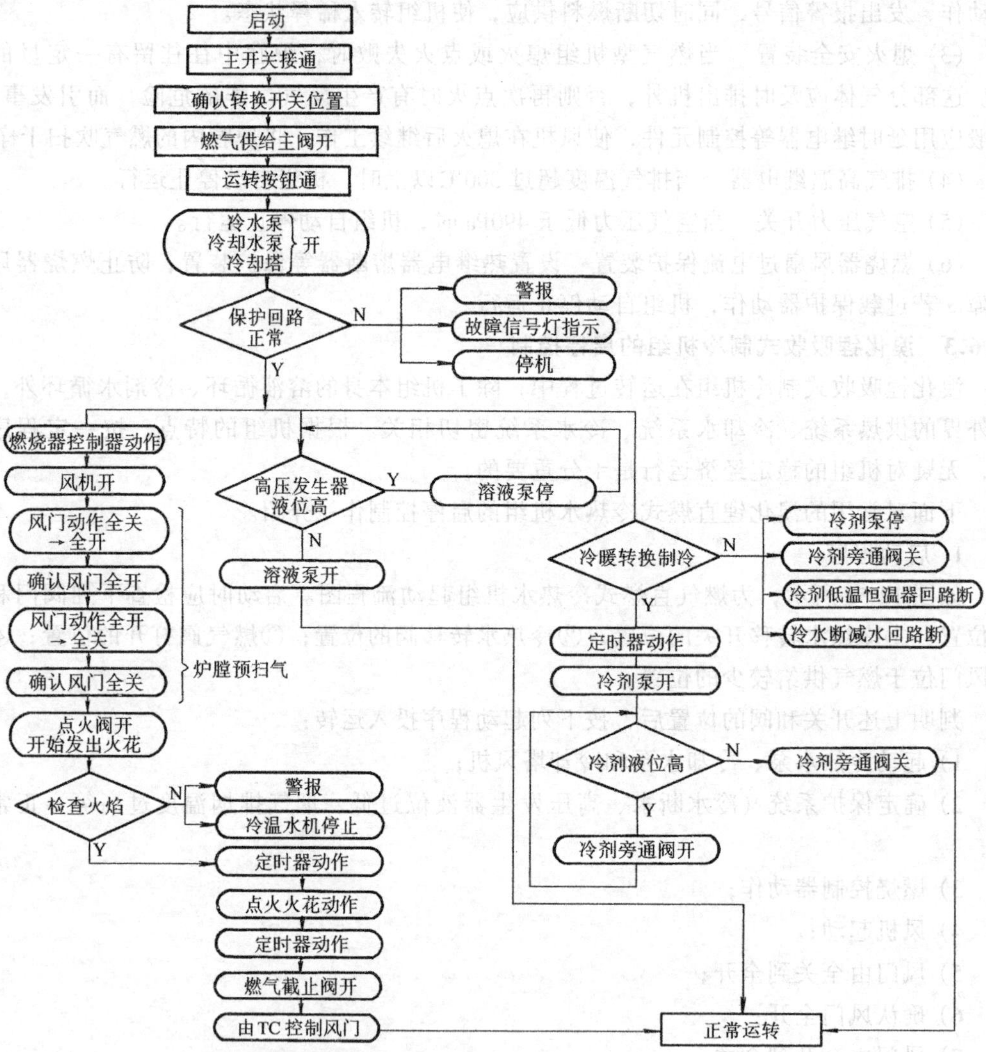

图 12-58 燃气直燃式冷热水机组启动流程图

警信号，冷热水机组停止运行。

2. 停机程序

图 12-59 为燃气直燃式冷热水机组停机流程图。

3. 故障停机的安全保护

故障停机的程序如图 12-60 所示。出现下列故障时：①冷水断水或冷水量不足。②屏蔽泵故障。③冷剂水温过低，不作稀释运转而直接停机，同时发出声光报警信号，有关的故障指示灯亮。发生下列故障时：①熄火。②高压发生器液位过高或过低，或压力过高。③燃气排气温度过高，要紧急切断气源，并在稀释运转后停机，故障报警，有关的故障指

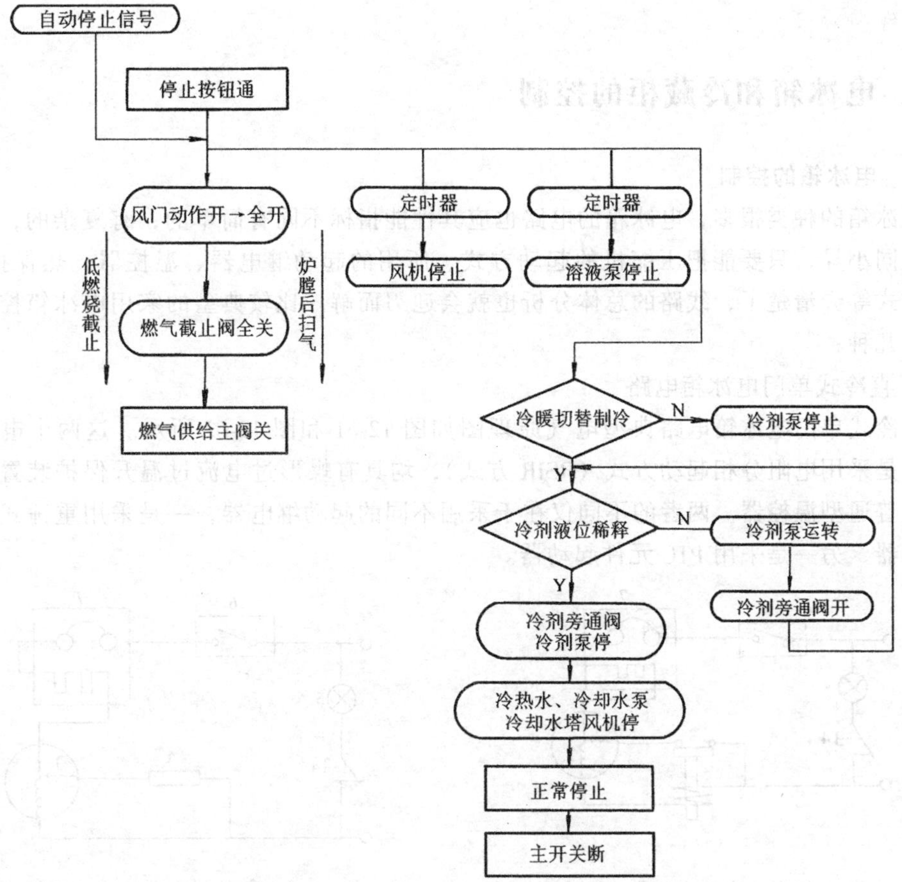

图 12-59 燃气直燃式冷热水机组停机流程图

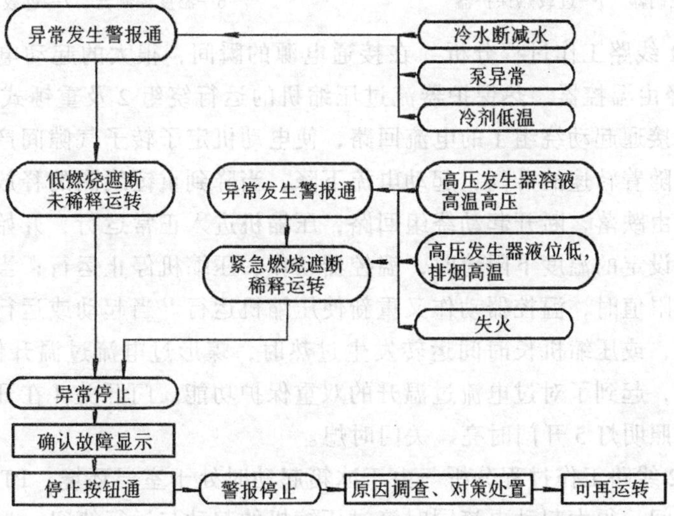

图 12-60 燃气直燃型冷热水机组故障停机流程图

示灯亮。

12.7 电冰箱和冷藏柜的控制

12.7.1 电冰箱的控制

电冰箱的种类很多，电冰箱的电路也应其性能指标不同有简单的，有复杂的，但电路结构大同小异，只要能把压缩机的起动方式、所用的起动继电器、温控器、热保护装置、化霜方式等弄清楚了，线路的总体分析也就会迎刃而解。比较典型的家用电冰箱控制电路有以下几种：

1. 直冷式单门电冰箱电路

直冷式单门电冰箱电路典型电气原理图如图12-61和图12-62所示。这两个电路的压缩机都是采用电阻分相起动方式（RSIR方式），均具有蝶形过电流过温升保护装置，都只有一个普通型温控器。两者的不同仅在于采用不同的起动继电器，一是采用重锤式电流起动继电器，另一是采用PTC元件起动器。

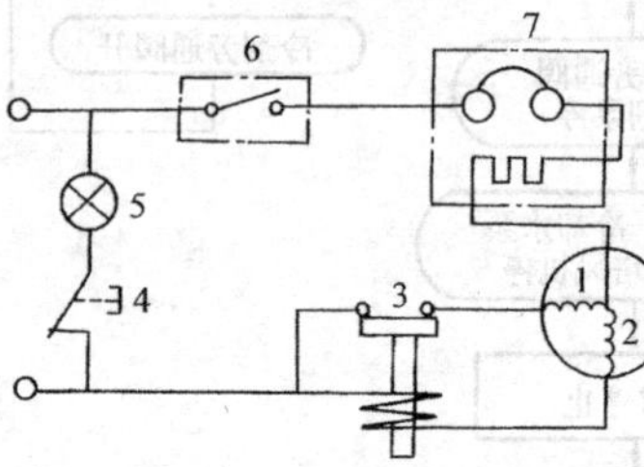

图12-61 单门直冷式电冰箱典型线路之一

1—起动绕组 2—运行绕组 3—重锤式起动器 4—灯开关 5—照明灯 6—温度控制器 7—过载热保护器

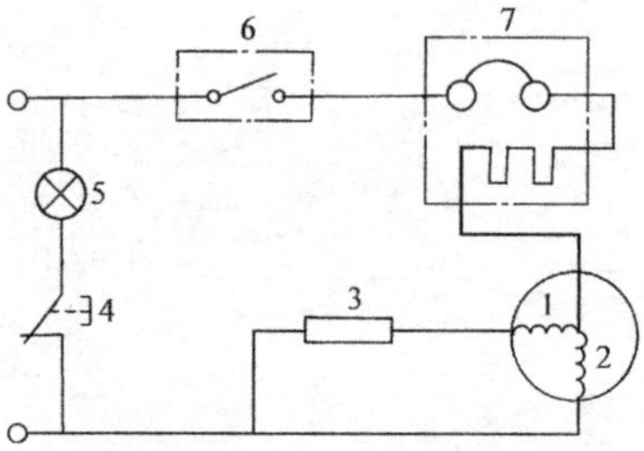

图12-62 单门直冷式电冰箱典型线路之二

1—起动绕组 2—运行绕组 3—PTC起动器 4—灯开关 5—照明灯 6—温度控制器 7—过载热保护器

（1）图12-61线路工作过程分析　在接通电源的瞬间，很大的起动电流（约为额定电流的6～8倍）经由温控器、热保护器流过压缩机的运行绕组2及重锤式起动器的线圈3，使其触点吸合，接通起动绕组1的电流回路，使电动机定子转子气隙间产生旋转磁场，压缩机得以起动。随着转速的升高，起动电流下降，当降到重锤线圈的释放电流时，重锤靠其本身的重量自由跌落，断开起动绕组回路，压缩机进入正常运行，开始制冷。当箱内温度降到温控器所设定的温度下限值时，温控器动作，压缩机停止运行；当箱内温度上升至所设定的温度上限值时，温控器动作又重新使压缩机运行。当起动或运行过程中，电路中的电流发生过载，或压缩机长时间运转发生过热时，蝶形过电流过温升保护继电器动作，切断电路的通路，起到了对过电流过温升的双重保护功能。门开关4在开门时接通，关门时断开；相应的照明灯5开门时亮，关门时熄。

（2）图12-62线路工作过程分析　由于冰箱起动时处于室温环境，PTC元件呈低阻态。故当接通电源瞬间，很大起动电流同时流过压缩机的起动与运行绕组，形成旋转磁场使压缩机得以起动，由于大电流流过PTC元件，在0.1～2s间发热到其居里点温度（125℃），其阻值剧增几千倍，使流过起动绕组的电流很快下降到 10～12mA，并维持 PTC 元件一直处于高阻态，使起动支路呈高阻开路状态，压缩电动机进入正常的制冷运行状态。其他的分析与图 12-61 线路相同。

2. 直冷式双门双温电冰箱电路

直冷式双门双温电冰箱（冷藏冷冻箱）的控制电路同直冷式单门电冰箱的控制电路基本相同，只是还装有防止箱内过冷和冷藏室蒸发器化霜不完全的两组电加热器或温度热补偿器等，如图 12-63 所示。该控制电路的温度控制器多采用定温复位型。有三个接线端子。如温度控制器旋钮在断开位置，端子①、③之间触点断开，压缩机和加热器都没有电流通过，处于不工作状态，但箱内照明灯回路仍然工作，当将箱门打开时，照明灯就亮。如果将温度控制器旋钮离断开位置，端子①、③间触点闭合，压缩机电动机开始工作，制冷循环开始。当箱温降到预定值时，温度控制器端子②、③间触点断开，但电加热器 H_1 和管加热器 H_2 组成的回路仍然通过电流，使加热器工作。电加热器 H_1 用于防止冷藏室蒸发器化霜不完全，管加热器 H_2 用于防止冷藏室过冷和防止排水、化霜水再结冰。这两组加热器只是在压缩机停车时才通电工作。这是因为端子②、③闭合时，端子②、③之间电阻极小，与其并联的加热器电阻为 4032Ω，这样电流直接通过温度控制器流到压缩机电动机上，所以压缩机工作时加热器不工作。当箱温达到要求时，端子②、③间触点断开，两组加热器和压缩机电动机串联在一个电路中，压缩机电动机的电阻仅为 21Ω，与加热器的电阻值分别相差 31 倍和 160 倍。因此加在压缩机电动机上的电压仅为 1～2V，这样小的电压，压缩机电动机既不会工作，也不会发热，所以加热器工作时，压缩机停转。

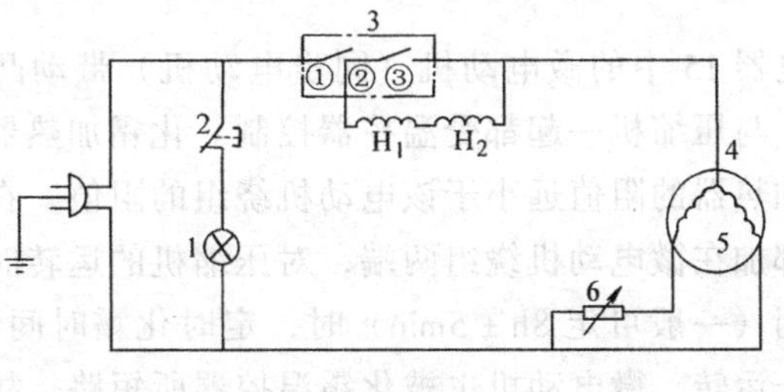

图 12-63　直冷式双门双温电冰箱控制线路

1—照明灯　2—灯开关　3—温度控制器　4—埋入式保护器　5—压缩机电动机
6—PTC 起动器　H_1—电加热器　H_2—管加热器

3. 间冷式双门双温无霜冰箱

间冷式双门双温无霜冰箱的电路如图 12-64 所示。

(1) 电路组成　其电路的基本组成分六个方面：

1）由压缩电动机 18、起动继电器 17 构成起动与保护电路。

2）普通型温控器 11 实现对冷冻室的温控。

3）由定时化霜时间继电器 15、除霜温控器 16、电热器 12、13、14 和除霜温度熔体 8 构成全自动化霜控制电路。它的定时除霜时间继电器安装在冰箱背后的金属罩内，除霜温控器、除霜加热器和温度熔体都卡装在翅片管式蒸发器的翅片上。

4）由排水加热器 9 构成加热防冻电路。

5）由风扇电动机 6 和两个门开关 2、5 构成冷风循环电路。风扇电动机受两个门开关、

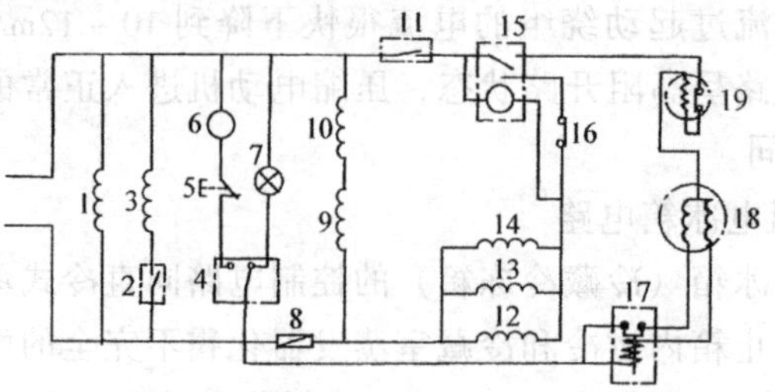

图 12-64 间冷式双门双温电冰箱控制电路
1—中梁电热器 2—温度补偿开关 3—门柜电热器 4—大门灯开关 5—小门风扇开关 6—风扇 7—照明灯 8—熔断器 9—排水管电热器 10—调风门电热器 11—温度控制器 12—风扇口电热器 13—接水盘电热器 14—除霜电热器 15—时间继电器 16—热继电器（除霜温控器） 17—起动器 18—压缩机电动机 19—热保护器

温控器和定时化霜时间继电器触点的控制，在化霜时风扇停转，因为这时蒸发器温度升高，如果风扇运转，蒸发器热量散失，不利于除霜；而且还会把热风吹入冷藏室和冷冻室。当箱门打开时，风扇也停转，否则会有更多的冷气逸出箱外，当箱门关闭时，风扇与压缩机一同开、一同停。

6）由照明灯 7 和开关 4 构成冰箱照明电路。

（2）电路原理分析 电路的最大特点是具有全自动化霜功能，即化霜加热器由定时化霜时间继电器控制，自动接通，由化霜温控器控制化霜所需的时间，化霜终了，能自动断开。

定时化霜时间继电器 15 中的微电动机（同步电动机）带动凸轮使触点通或断，该电动机串在温控器之后，与压缩机一起都受温控器控制。化霜加热器又与微电动机串联在一条线路上，由于化霜加热器的阻值远小于该电动机绕组的阻值，在温控器接通压缩机运转时，电源电压基本上都加在微电动机绕组两端，对压缩机的运转时间计时。当压缩机运转累积时间达到规定时间（一般可定 8h ± 5min）时，定时化霜时间继电器 15 的触点进行切换，压缩机和风扇停止运转，微电动机也被化霜温控器所短路，故使除霜加热器和排水加热器通电加热，进行化霜，并使霜水经排水管排出。当蒸发器翅片和盘管表面的凝霜化尽，并继续加热升温达 13℃左右，致使化霜温控器动作，使触点跳开，而将微电动机重新接入电路，使除霜计时恢复，约经 2min 后定时化霜时间继电器 15 的触点重新切换，制冷压缩机又恢复起动运转制冷。蒸发器翅片表面温度随之下降，当下降到 –5℃左右时，化霜温控器触点复位闭合，为下一个化霜周期作好准备，这样就完成了一个化霜周期的自动控制。电路中接入了化霜温度熔体 8，用以保证在化霜温控器失灵时，防止因超热而使蒸发器爆裂。

4. 电子温控器电路

电子式温控器是利用温度传感器将温度变化转换成电压变化，经放大后，带动控制继电器对压缩机进行控制，从而实现对箱温的控制。

电子温控器大多采用负温度系数的热敏电阻作为温度传感器，其特点是电阻温度系数大，当温度改变时阻值变化幅度大，灵敏度高。

图 12-65 是电子温控器的基本控制原理图。

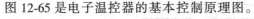

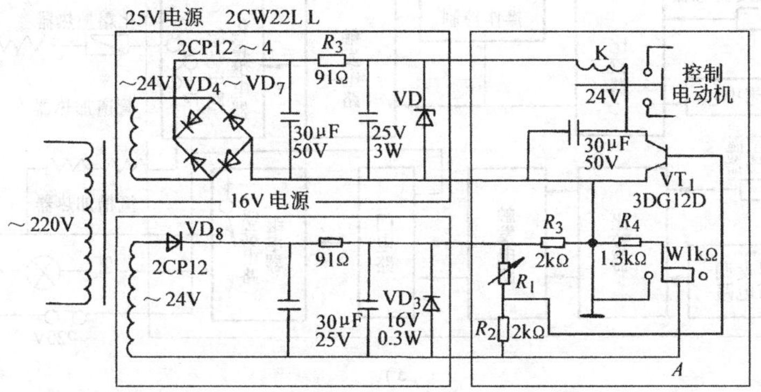

图 12-65 热敏电阻式温度控制器电路原理图

图中 R_1 为热敏电阻，它装在冷藏室或冷冻室的适当位置上，当箱内温度发生变化时，热敏电阻 R_1 的阻值也发生相应的变化（加大或减小），此变化经三极管 VT_1 放大，带动继电器 K 动作，控制压缩机的开起和停机，实现温度控制。

具体控制过程如下：

电阻 R_1、R_2、R_3 和（R_4 + W）组成一个电桥，三极管 VT_1 的基极和发射极接在电桥的一个对角线 *AB* 上，另一对角线 *CD* 接 16*V* 电桥电源，如图 12-66 所示。

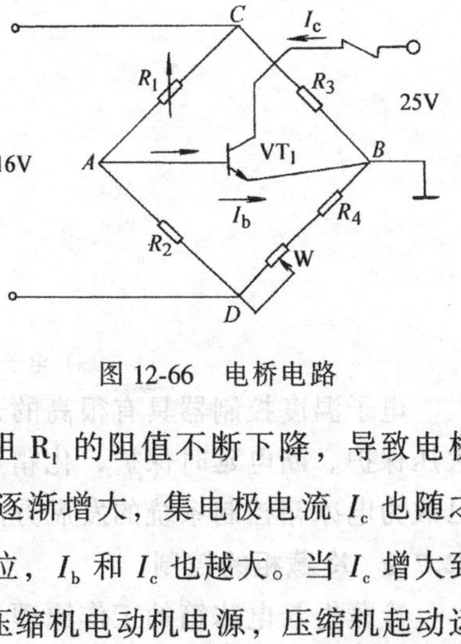

图 12-66 电桥电路

W 为电冰箱的温度调节电位器，当 W 固定为某一调定值时，若电桥平衡，则 *A* 点电位与 *B* 点电位相等，此时 VT_1 的发射极电压为零，VT_1 截止，继电器 K 线圈无电流流过，继电器释放，压缩机停止运转，电冰箱箱内温逐渐回升。随着箱内温度的上升，热敏电阻 R_1 的阻值不断下降，导致电桥失去平衡，*A* 点电位高于 *B* 点电位，VT_1 的基极电流 I_b 逐渐增大，集电极电流 I_c 也随之增大。箱内温度越高，R_1 越小，*A* 点电位越高于 *B* 点电位，I_b 和 I_c 也越大。当 I_c 增大到继电器 K 的吸合电流时，继电器动作、触点闭合，接通压缩机电动机电源，压缩机起动运转，开始制冷，箱内温度开始下降。随着箱内温度下降，R_1 增大，*A* 点电位降低，导致 VT_1 的基极电流 I_b 减小，I_c 也随之减小。当 I_c 减少到小于继电器 K 的释放电流时，继电器释放，触点断开，压缩机电源被切断，停止运转，箱内温度再次回升。如此循环往复，实现了温度自动控制。

有的电冰箱中使用温度传感器和电压比较器组合来实现电子温度控制，控制原理如图 12-67 所示。

W 为温度调节电位器。热敏电阻 RT_1 将箱内的温度变化转变为电压变化送入电压比较器 A_1 中，与 W 设置的电压进行比较，比较的结果由 A_1 的输出端输出去控制 R/S 触发器的置位和清零，以控制继电器 K_1 触点的接通或断开，从而控制压缩机的工作。

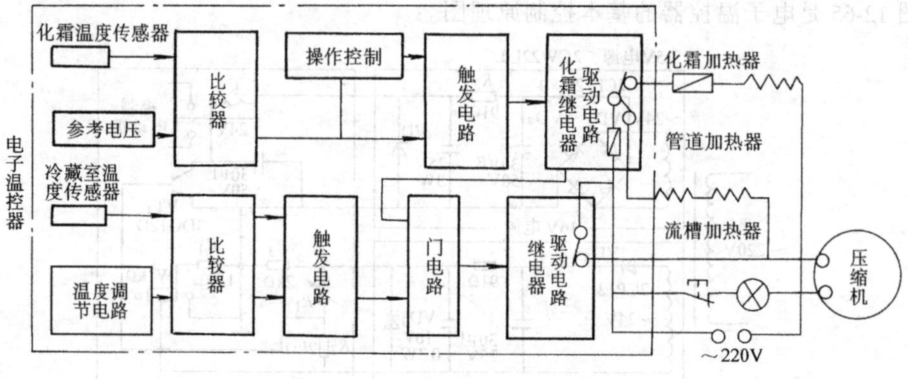

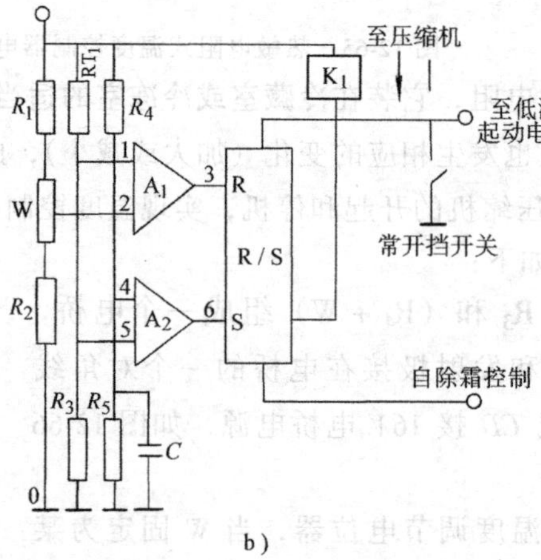

图 12-67 电子温控器

a）电子温控器原理框图 b）电子温控器原理图

电子温度控制器具有很高的开关准确性和灵敏度，并可配以微机技术将温度控制和过欠压保护、断电延时保护、化霜控制、各种报警、显示功能集成一体，扩大控制功能，它已成为电冰箱控制系统的发展方向。

12.7.2 冷藏柜的控制

冷藏柜与电冰箱的工作原理是一样的，因而其电气控制系统与冰箱也很相似，所不同的是冰箱只有一个较小的冷冻室，而冷藏柜箱内容积比冰箱大得多，可贮存更多的食品。

1. 单相电源冷藏柜控制

单相电源冷藏柜，一般采用全封闭压缩机、风冷式冷凝器。温度调节范围为 -18 ~ -25℃，可自动调温。箱体正面右下角有温度调节面板，上面有星级标志和温度控制器及运转指示灯、速冻指示灯、温度警告灯等。

冷藏柜的控制方式与家用电冰箱相同，一般都用感温包式压力温控器来根据箱内温度高、低控制压缩机的开、停。即，当箱内温度由于制冷而降低时，温度控制器的触头释放，压缩机电路断开、停机。

对于没有速冻开关的冷藏柜，可将温度控制器的旋钮置于最大位置上，待压缩机运转一段时间后，箱内温度达到 -15 ~ -18℃时，再将旋钮旋至正常运转位置即可。

单相电源冷藏柜的除霜与家用电冰箱相似，有手动和自动两种。自动除霜是采用时间继电器定时除霜，可采用电加热除霜或热泵逆循环除霜。

单相电源冷藏柜的基本电路如图 12-68 所示。

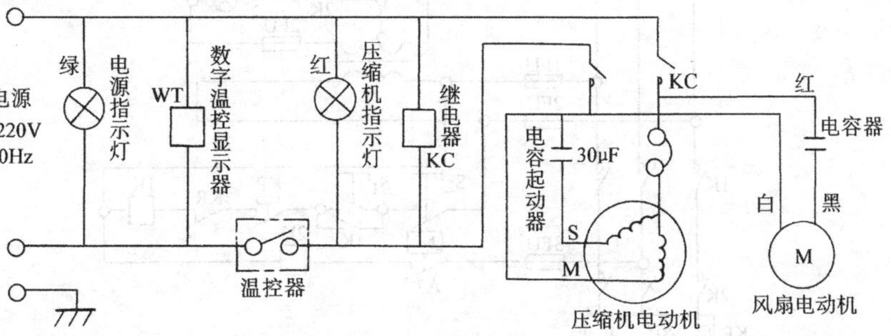

图 12-68　单相电源冷藏柜电路

由图可知，电源为单相 220V、50Hz，电源插座为三孔式，需要接地保护。在线路中装有熔体。全封闭压缩机配有电容式继电器。压缩机有双金属片结构的过热保护器，当压缩机因超载运转而过热时，双金属片因受热而变形，断开压缩机电路。

单相风扇电动机线路中有一个运转电容器。温度控制器可控制压缩机的开停。线路中的两个指示灯可显示及告警。红色灯亮表时压缩机运转正常，绿灯亮为电源供电正常。若红、绿灯单独有一只不亮时，分别表明电源故障或压缩机故障。若红、绿灯均不亮，表示停电或熔体熔断。

2. 三相电源冷藏柜控制电路

如图 12-69 所示，三相电源的冷藏柜电路图。电路中接触器 1K 和 2K 可控制三相电动机 M，还有 1K 线圈、压力继电器 KP、热继电器 KR 及按钮 S_1 和 S_2。发生故障时，无论压力继电器 KP 或热继电器 KR 任何一个元件动作，都立即切断 1K 电路，使电动机停止运行。为了安全，在故障排除后，电动机不能自选起动，必须重新操作按钮后方能投入运转。2K 线圈受温度控制器的控制，并且只在 1K 闭合的情况下，2K 动作才有效。2K 控制电动机的开、停，是根据事先调定的温度自动控制冷藏柜内的温度。2K 线圈也控制制冷管路上的电磁阀，使其和压缩机同时开起和关闭，以防止产生压缩机的液击。

为防止三相不平衡（缺相）而不能起动，电路中 1K、2K 的控制电路接到不同相的三相电源上。

3. 典型冷藏柜控制电路介绍

(1) 风冷式冷藏柜控制电路　如图 12-70 所示，体积为 $3m^3$ 的风冷式冷凝器制冷系统的冷藏柜电路图。该冷藏柜压缩机为开起式，电源为三相 380V。压缩机电动机功率为 3kW。控制线路电压为 220V。电路分析如下：

接通电源后，电源指示灯亮，温控器的触点处于吸合状态，压力继电器 KP 的触点也处于吸合状态，中间继电器线圈通电，其触点 KA_1、KA_2 吸合。这样交流接触器线圈有电，触点 K_1、K_2 及 K_3 也吸合，压缩机和风扇电机均可启动运转。电磁阀 Y 的线圈也有电，阀门开启，制冷系统投入运转。在正常运转条件下，不需报警，触点 K_4 处于断开状态。

温度控制器可控制压缩机的开、停，当冷藏柜内温度降低至所需的调定温度时，温控

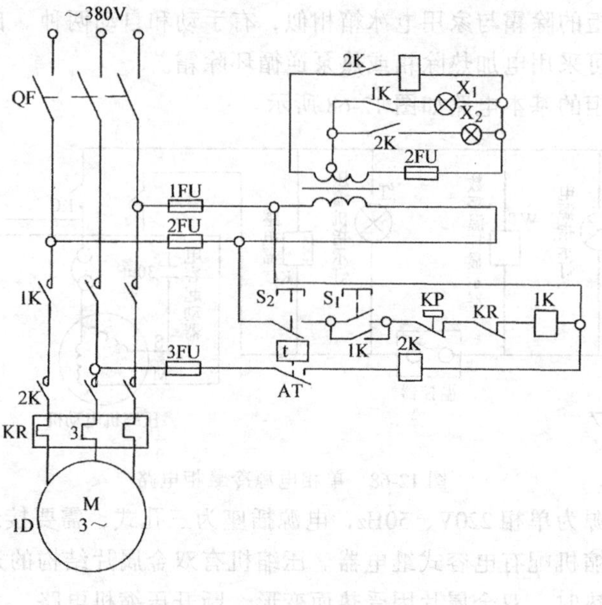

图 12-69 三相电源冷藏柜控制电路

QF—自动开关 1K、2K—交流接触器 X_1、X_2—指示灯 1FU、2FU、3FU—熔断器

S_1—起动按钮 S_2—停止按钮 AT—温度调节器 KP—压力继电器

KR—热继电器 M—压缩机电动机

器动作，触点跳开，同时，中间继电器与其触点、交流接触器与其触点（K_1、K_2、K_3）也断开，迫使压缩机电动机、风扇电动机断电，停转。相应地，变压器断电、电磁阀断电、制冷系统停止运转。此时，K_4 触点吸合，但由于 KA_1 触点处于断开状态，报警器因没有必要报警仍无电。

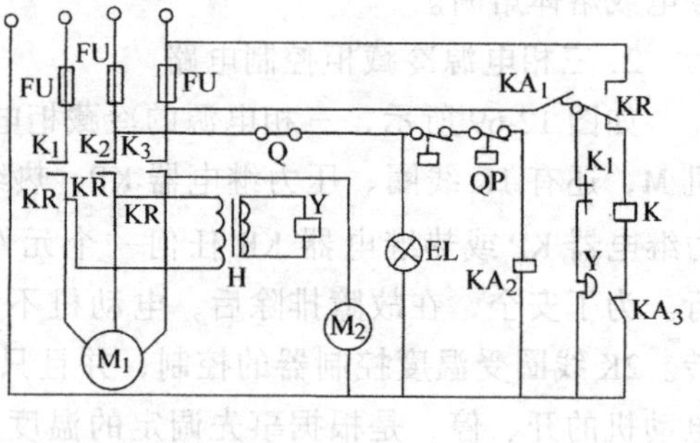

图 12-70 风冷式 $3m^3$ 冷藏柜电路

FU—熔断器 K_1、K_2、K_3—交流接触器

KR—热继电器 Y—电磁阀 KP—压力继电器

KA—中间继电器 M—电动机 E—照明灯

QP—压力控制器 Q—开关

在制冷压缩机因故超载时，大的电流导致热继电器 KR_1 的常闭触点跳开，从而将交流接触器以及压缩机的电动机、风扇电动机、电磁阀的电路断开。同时，K_4 触点吸合，KR_1 触点与另一线路接通，报警器即可报警。

同样，在制冷系统压力异常时，压力控制器 QP 触点动作，切断压缩机电路，压缩机停止运转，风扇也停止运转。

电路中的其他控制器件若发生短路造成熔体熔断时，报警器也能及时报警。

(2) 水冷式冷藏柜控制电路 图 12-71 为具有高温和低温两个箱体的 LC700 卧式双温冷藏柜的制冷管路及电气系统图。该机为三相电源，系统中有温度控制器两只（±15℃及 0～-25℃各一），低温部分温度为 -18℃，高温部分温度为 0℃。

水冷式冷藏柜的电气控制系统的主要功能是温度的自动控制及压缩机的控制和保护。

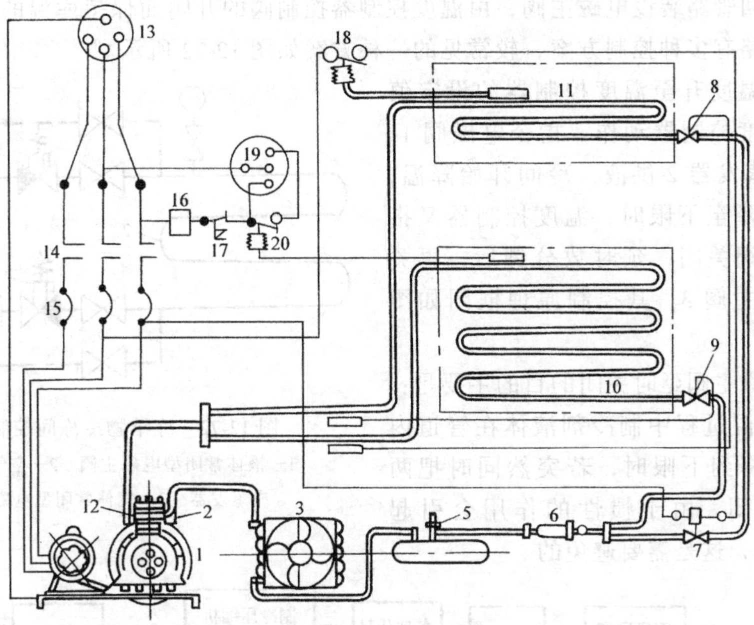

图 12-71　LC700 冷藏柜

1—压缩机　2—排气阀　3—冷凝器　4—贮液器　5—出液阀　6—干燥过滤器　7—电磁阀　8—低温膨胀阀　9—高温膨胀阀　10—高温蒸发器　11—低温蒸发器　12—吸气阀　13—电源插头　14—接触器　15—热元件　16—接触器线圈　17—过载继电器　18—低温温度控制器　19—选择开关　20—高温温度控制器

当柜内温度在制冷压缩机作用下不断降温，达到预先给定的温度（根据不同的储存物品而确定）时，温度继电器的常闭触点断开，促使电源切断，从而使制冷压缩机停止运转。在停机后，柜内温度逐渐回升，当柜内温度升至预定回差值（回差值范围在高于停机时的温度 3～5℃之间可以调节）时，温度继电器在常闭触点复位，可使电源接通，制冷压缩机再次起动，进行降温。

12.8　小型冷库冷藏间温度控制

由于冷库的库温与库内空气的相对湿度对储存食品的新鲜度，耐久性及干耗大小均有重要影响，因此对不同类的食品需要不同的库温与相对湿度来储存，如蔬菜等，要求库温 +8℃，蒸发温度 +3℃；乳品及熟食类，要求库温 3～5℃，蒸发温度 -5℃；肉类及鱼类，要求库温 0℃，蒸发温度 -10℃。这意味着对蒸发温度必须进行控制。一般可以通过热力膨胀阀、电磁阀和蒸发压力调节阀等控制制冷剂的流量。所采用的被控参数有库温、蒸发压力和蒸发器出口制冷剂的过热度。下面进行具体分析。

12.8.1　库房冷却方式与自控方案

1. 采用自然对流空气冷却器的库温控制

自然对流空气冷却器（冷却排管）常在冻结物冷藏间中使用，对这种冷却器的控制只是在供液和回管路装设电磁主阀，由温度控制器控制阀的开闭而保持库温的恒定。其自动控制一次回路有多种控制方案，较常见的一种方案如图12-72所示。

当冷间温度升至温度控制器的设定值上限时，温度控制器动作，指令电磁阀1、3开起，向蒸发器2供液，冷间开始降温；当冷间温度降至下限时，温度控制器又指令供液电磁阀关闭，延时数分钟后，再关闭回气电磁主阀3。其控制原理框图如图12-73所示。

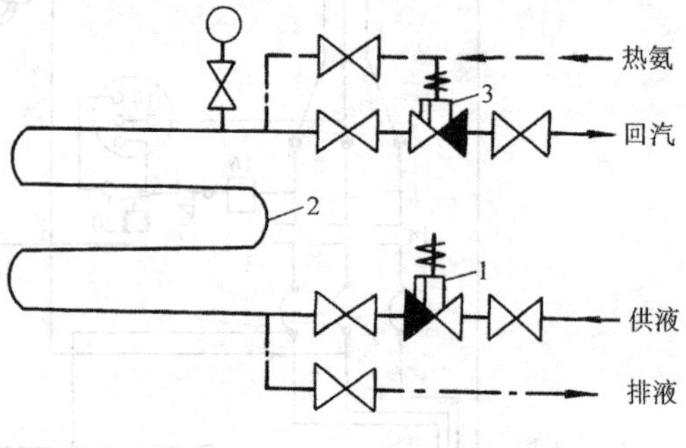

图12-72 冻结物冷冻间控制方案

1—液体常闭型电磁主阀 2—空气冷却器或蒸发器 3—气体常闭型电磁主阀

回气电磁主阀延时关闭的目的主要是：

1）在降温过程中制冷剂液体在管道内流动，当库降到下限时，若突然同时把两端的阀门关闭，由于惯性的作用会引起“水锤”现象，这是需要避免的。

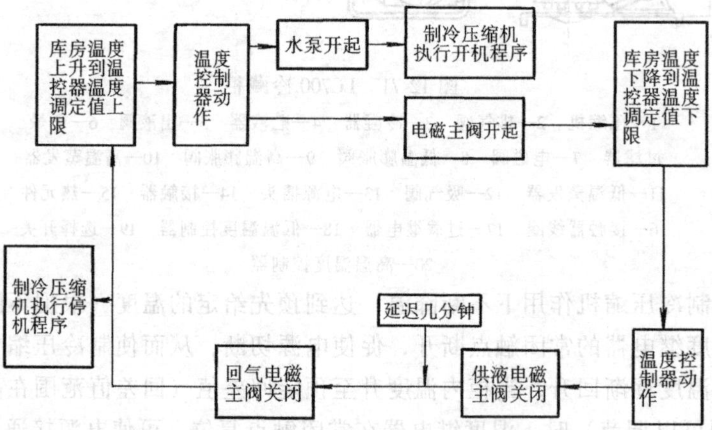

图12-73 冻结物冷藏间自动控制原理框图

2）延时关闭回气电磁主阀可使排管内制冷剂液体的存留量减少，这样在排管停止工作期间不会由于库温的升高而使排管中的压力升得过高，而造成阀门误动作或使排管遭到破坏。

2. 采用强迫对流空气冷却器的库温控制

强迫对流空气冷却器（冷风机）常在冷库的冷却间、冻结间和冷却物冷藏间中使用，除了考虑库温控制以外，冷风机还要考虑自动融霜问题。另外，冷风机内风机的起停应考虑与供液回气阀的控制同步。无论是冷却物冷藏间，还是冻结间，其自动控制一次回路也都有多种不同的控制方案。一般对冻结间的回气控制应采用没有开阀压力损失的自控阀门，而冷却物冷藏间由于控制温度较高，不存在这方面的要求，但冷却物冷藏间的控温精度要求高，因而回气控制常采用气体常闭型电磁主阀，以保持恒定的蒸发压力，提高库温控制精度，这种控制方案如图12-74所示。

需要降温时，温控器指令电磁恒压主阀2的电磁导阀开起，这时主阀只受恒压导阀控

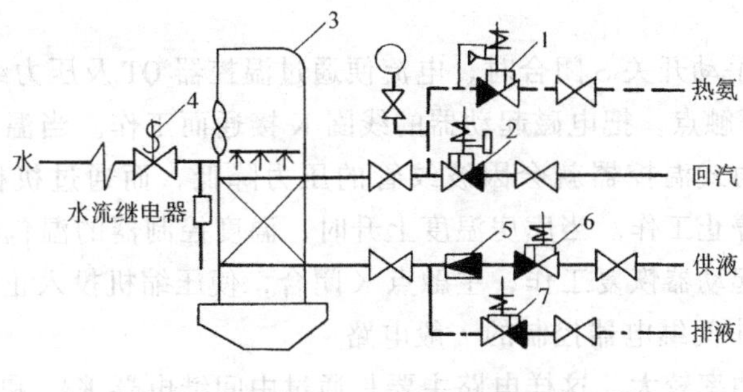

图 12-74　冷却物冷藏间自动控制回路
1、2—气体常闭型电磁恒压主阀　3—空气冷却器
4—电磁阀　5—单向阀　6、7—液体常闭型电磁主阀

制。冲霜时，指令电磁导阀关闭，这时蒸发器内的压力即使超过恒压阀的设定值，也不会使主阀开起，保证冲霜顺利进行。

12.8.2　库温控制的方式

1. 用温度继电器控制冷库温度

在制冷系统中，由于冷库要求维持在一定的温度范围，就需要有反映冷库温度的检测元件和与之配合调节库温的控制执行元件。例如，常用的有 WT－1226 型温度继电器和 Y 型电磁阀。在控制电路中，可以由温度继电器直接控制电磁阀，也可以由温度继电器通过中间继电器来控制电磁阀。

有的制冷机控制电路中，用反映冷库温度的温度继电器控制接触器线圈电路的通断，从而控制了制冷机的开停，达到自动控制的目的。

2. 用压力继电器控制温度

在许多制冷系统控制电路中，制冷机的主接触器是由间接反映冷库温度（或空调室温度）的低压继电器控制的。当冷库温度较高时，一般说来制冷机的回气管压力也较高，低压继电器触点闭合，主接触器线圈通电，电动机照常工作；当冷库温度降低到调定值以下后，回气管压力降低，低压继电器触点断开，主接触器线圈断电，制冷机停车。在接入低压继电器控制电动机开停时，操作开关放在“自动”位置；若不接入低压继电器，而是由转换开关直接控制接触线圈电路通断，从而控制电动机开、停时，为手动控制。

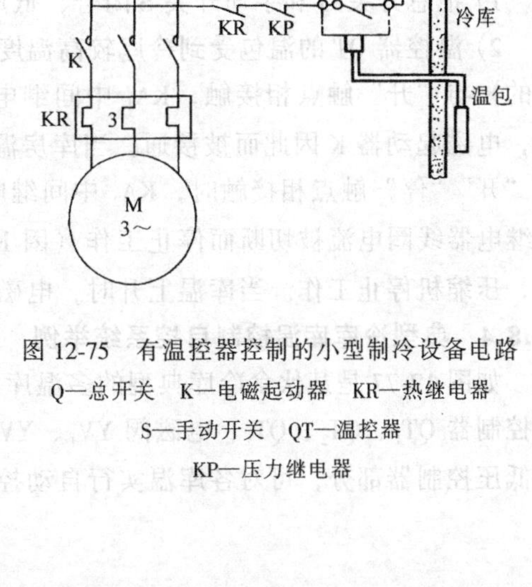

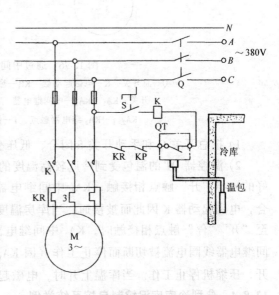

图 12-75　有温控器控制的小型制冷设备电路
Q—总开关　K—电磁起动器　KR—热继电器
S—手动开关　QT—温控器
KP—压力继电器

12.8.3　库温控制基本电路分析

1. 有温度控制器的一般电路

对小功率的制冷机，温度控制器可直接串入磁力起动器的吸引线圈中。如图 12-75

所示。

当总开关Q和手动开关S闭合时，电流便通过温控器QT及压力继电器KP、电磁起动器的热继电器KR等触点，把电磁起动器的线圈K接通而工作。当温控器的温包受到库房的低温作用时，压力式温控器就会因波纹管的压力降低，而通过机械动作把它的触点断开，使电磁起动器停止工作。当库房温度上升时，温度控制器的温包因受热的作用，把触点复位闭合，电磁起动器恢复工作，主触点K闭合，使压缩机投入正常运行。

2. 温控器通过中间继电器控制的一般电路

有的小型冷库功率较大，这样电路主要是通过中间继电器 KA_1 和 KA_2，接通和通断磁力起动器线圈，以控制电动机的开、停。其工作过程如图12-76所示。

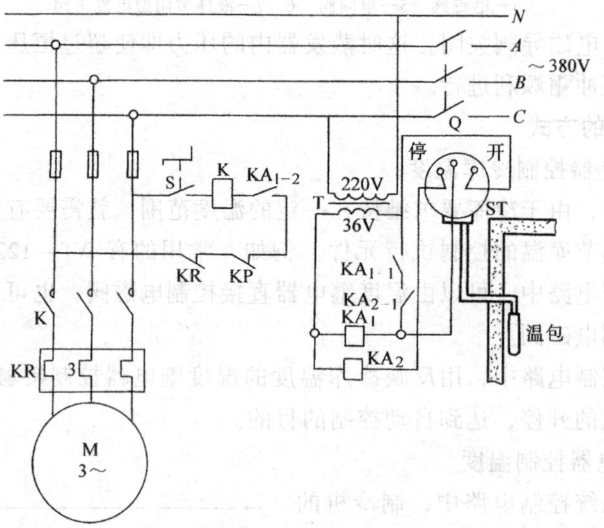

图12-76 通过中间继电器的一般电路

Q—总开关 K—电磁起动器 KR—热继电器 KP—压力继电器 S—手动开关 KA_1、KA_2—中间继电器 KA_{1-1}、KA_{1-2}—KA_1 继电器触点 KA_{2-1}—KA_2 继电器触点 T—低压变压器 QT—温度控制器

1）把总开关Q和手动开关S闭合，低压变压器T通电。

2）温控器QT的温包受到冷库较高温度的影响时，当其中的指针向右上升到（已调节好的）与“开”触点相接触，KA_1 中间继电器便通电而工作。它的触点 KA_{1-1} 和 KA_{1-2} 闭合，电磁起动器K因此而被接通。当库房温度逐渐下降时，温度控制器的指针相应向左直至“开”“停”触点相接触时，KA_2 中间继电器便接通而工作，KA_{2-1} 触点脱开，而 KA_1 中间继电器线圈电流被切断而停止工作（因 KA_{1-1}、KA_{1-2} 为常开触点），并使电磁起动器断开，压缩机停止工作。当库温上升时，电磁起动器又重复工作。

12.8.4 典型冷库库温控制自控系统举例

如图12-77是某伙食冷库典型的多温库温控制系统图。其库温控制过程为：用冷库温度控制器 QT_1、QT_2、QT_3、电磁阀 YV_1、YV_2、YV_3、热力膨胀阀V及高低压控制器 QP_1 中的低压控制器部分，可对各库温实行自动控制，例如蔬菜库温度高于8℃，则相应的库温

控制器 QT_3 的触点闭合，电磁阀 YV_1 通电开起，此时热力膨胀阀 V_1 也因库温升高而增大开起度，制冷剂进入蔬菜库蒸发器降温；当蔬菜库温度达到规定值时，则该温度控制器就切断电磁阀 YV_1 的供电，并停止向该蒸发器供液，而乳品库、鱼肉库库温分别由该库另两个温度控制器 QT_2、QT_3 控制，其动作程序和蔬菜库相似，当各库温度都达到给定值时，电磁阀 YV_1、YV_2、YV_3 均被其控制的温度控制器切断电源而关闭。三个电磁阀都被切断，全部停止向蒸发器供液。此时，由于压缩机仍在运转，因此吸气压力下降，当其达到低压断开时，高低压控制器 QP_1 低压部分工作，使压缩机停车，若某冷库温度回升，超过规定值，则该库库温控制器 QT 动作，相应的电磁阀打开，则吸气压力也回升，低压控制器 QP_1 动作，压缩机便投入工作。通过以上四个控制元件的工作，可把整个冷库的温度控制在所要求的范围内。

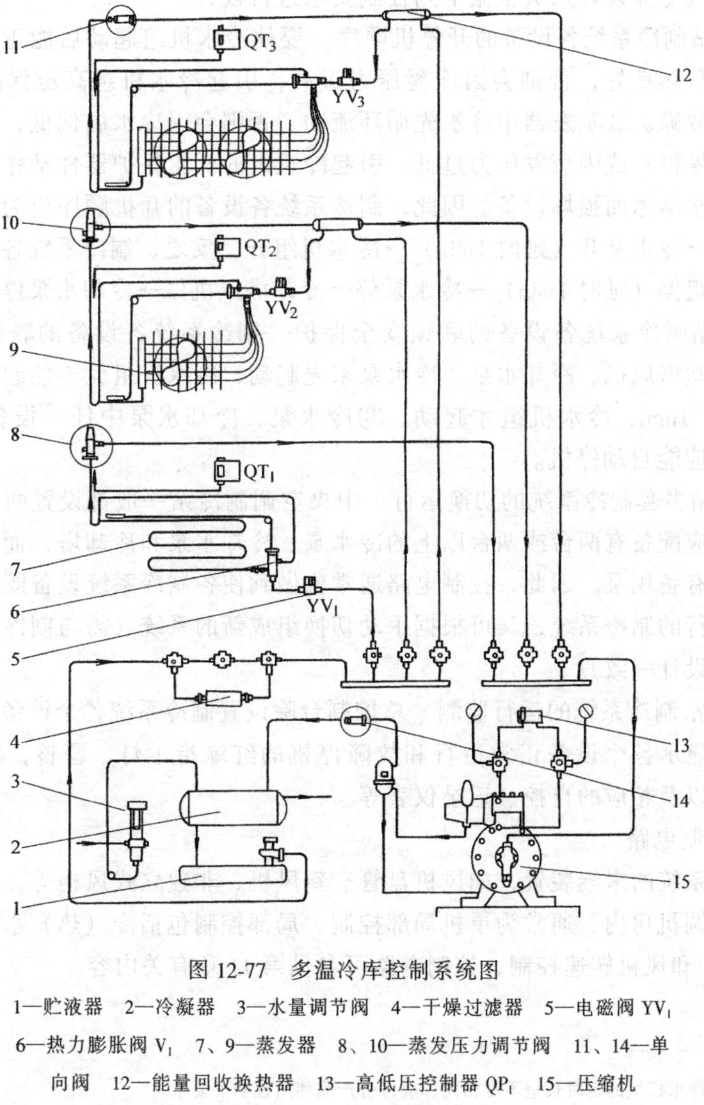

图 12-77 多温冷库控制系统图

1—贮液器 2—冷凝器 3—水量调节阀 4—干燥过滤器 5—电磁阀 YV_1 6—热力膨胀阀 V_1 7、9—蒸发器 8、10—蒸发压力调节阀 11、14—单向阀 12—能量回收换热器 13—高低压控制器 QP_1 15—压缩机

12.9 空调用制冷系统及装置控制

空调用制冷装置的好坏对整个空调系统的安全稳定运行和管理，使整个系统能处于最佳工况运行状态，以及对于节省能源、提高设备使用寿命，都具有十分重要的意义。

12.9.1 中央空调制冷站控制

中央空调制冷站控制包括集中控制和局部控制两部分。

1. 集中控制的要求

中央空调制冷站由冷水机组及其附属设备冷水泵、冷却水泵、冷却塔等组成。要使整个系统能稳定、安全地运行，除各个设备的电动机须有各自的控制电路外，还须正确安排各个设备的开、停机顺序，并且对它们实行联锁安全保护。中央空调制冷站集中控制电路，通常由电气专业设计人员根据下列控制要求进行设计。

(1) 制冷站制冷系统各设备的开停机顺序　要使冷水机组起动后能正常运行，必须保证：①冷凝器散热良好，否则会因冷凝压力过高，引起冷水机组高压保护器件动作而停机，甚至导致故障。②蒸发器中冷水先循环流动，否则会因冷水温偏低，导致冷水温度保护器件动作而停机；或因蒸发压力过低，引起冷机组的低压保护器件动作而停机；甚至导致蒸发器中冷水结冰而损坏设备。因此，制冷系统各设备的开机顺序应为：冷却塔风机开→冷却水泵开→冷水泵开（延时1min）→冷水机组开。反之，制冷系统各设备的停机顺序应为：冷水机组停（延时1min）→冷水泵停→冷却塔风机停→冷却水泵停。

(2) 制冷站制冷系统各设备的联锁安全保护　制冷系统各设备的联锁安全保护体现在：①只要冷却塔风机、冷却水泵、冷水泵未先起动，冷水机组就不能起动。②冷水泵起动后，应延时㊀1min，冷水机组才起动。③冷水泵、冷却水泵中任一设备因故障而停机时，冷水机组应能自动停机。

(3) 制冷站多套制冷系统的切换运行　中央空调制冷站一般都设置两台或两台以上的冷水机组，相应配备有两台或两台以上的冷水泵、冷却水泵和冷却塔，而且冷水泵和冷却水泵往往都设有备用泵。因此，控制电路通常应做到使各制冷系统设备既能组成两套或两套以上独立运行的制冷系统，又可根据手动切换组成新的系统（需与制冷系统冷水和冷却水系统的管路设计一致）。

(4) 制冷站 制冷系统的运行监测　总控制台除设置制冷系统各个设备的手动控制按钮外，还需设置显示各个设备正常运行和故障停机的红绿指示灯、警铃，监测电路用电压表、电流表，以及相应的自控、记录仪表等。

2. 局部控制电路

中央空调系统的末端装置，如风机盘管、新风机、非独立式风柜等，分散设置在各个空调房间或空调机房内，通常为单机局部控制。局部控制包括冷（热）水管路的自动控制（采用电动阀）和风机转速控制，控制电路可参见第11章有关内容。

㊀ 不同类型冷水机组的延时长短不尽相同，应符合产品使用说明书要求。

12.9.2 蓄冷空调系统自动控制

所谓**蓄冷空调**，即在夜间电网低谷时间，制冷主机开机制冷并由蓄冷设备将冷量储存起来，待白天电网高峰用电时间，再将冷量释放出来满足高峰空调负荷的需要或生产工艺用冷的需求。

1. 蓄冷空调自动控制系统组成

蓄冷系统的自动控制系统需要保证制冷机组、冷却塔、蓄冷装置、热交换器及各种泵在设计要求的参数下安全可靠地运行，并能达到预期的目的。

采用直接数字控制（DDC）系统的蓄冷系统，其自动控制系统主要由蓄冷控制器、操作微机、显示器、打印机、冷水机组控制器及有关执行机构和传感器等组成。蓄冷空调自动控制系统可对制冷机组、冷却塔风机、蓄冷装置、溶液泵及水泵、热交换器、冷凝器等提供监视、控制和诊断功能。蓄冷控制器与制冷机组控制器以通讯方式相连，使冷水机组的状态和各种运行数据以及故障诊断结果都可以在蓄冷控制器上得到，并在系统的显示屏上显示。蓄冷控制器收集处理各个运行设备的各种运行数据，用来控制蓄冷系统的安全可靠运行。

2. 制冷机组控制

制冷机组控制是蓄冷系统的关键。全部蓄冰系统和多样的冷水机组系统仅在一个温度下制冷。而部分蓄冷系统要求冷水机组既作为制冰设备又作为常规的冷水机组。制冰的开始至结束，全过程都采用自动控制。

(1) 制冷机组出口温度控制　可由机组配带的控制器执行，一般都可采用其出口温度传感器设定在各运行方式规定值，维持出口温度的恒定，但在串联、制冷机组上游流程配置中，若采用制冷机组优化的控制策略，则应采用蓄冷装置后的出液温度恒定来控制。

(2) 制冷机组容量控制　制冷机组容量控制。一是制冷机组的单机容量调节，一般可用维持出口温度恒定来完成调节，也可采用进口温度控制，可由制冷机组及所带的自控系统来完成；二是采用台数控制（多台机组时），台数控制在一般制冷机组设计为恒流量运行的情况下，可采用其流量与供、回水（液）温差计算出的冷量达到整台机组容量来进行。

在充冷运行方式中，不论是哪一种蓄冷系统，都不应进行单机容量调节，而应按额定负荷运行，以提高其运行效率，但可进行台数控制。

对于冰蓄冷系统，制冷周期是在白天工作开始以前进行的。在制冷过程中，制冷机组由蓄冰筒来控制。蓄冰筒必须大于制冷机组的制冰能力，这才能使制冷机组在最大限度制冰能力下运行。不希望制冷机组在制冰时间卸载。制冷周期的后期，如冰的厚度达到其最大值，制冷机组的出口溶液温度和制冷机组的温差是较低的，制冷机组必须在最后状态下安全运行。利用这种方式制冰时，制冷机组的温度不需要控制。在制冷周期内，制冷机组以最大限度运转。对制冷机组的控制仅仅是开停制冷机组。

冰筒中蓄满冰时制冰即停止。低峰结束时继续制冰，会降低空调的舒适性。有几种方法可以确定冰筒何时全部再装载，最简单的方法是根据制冷机组乙二醇回液的温度来确定。

从制冰到常规制冷机组运转的转换必须持续进行，同时不干扰制冷机组的安全控制。

3. 蓄冷装置控制

蓄冷系统可分为全部蓄冷系统和部分蓄冷系统。全部蓄冷系统在供冷时不使用制冷主机，只依靠蓄冰槽来满足冷负荷的需求，这种系统要求蓄冷槽和主机容量都比较大，一般用于如体育馆等负荷大、持续时间短的场所。部分蓄冷系统在供冷时依靠蓄冷槽和主机共同运行负担冷负荷，主机和蓄冷槽容量都比较小，初投资和运行费用可以达到最优，因而被一些商业建筑广泛采用。部分蓄冷系统的控制就是要解决冷负荷在主机和蓄冷槽之间的分配问题。常见的控制策略有三种，即主机优先、蓄冷槽融冰优先和优化控制。

蓄冷装置控制的内容主要有室外温度预测、空调负荷预测、蓄冷装置充冷量控制、蓄冷装置释冷及供出温度控制和热交换器控制等五个方面。下面以蓄冷装置主要控制环节作具体的分析。

(1) 蓄冷装置充冷量控制　蓄冷装置在还有25%以上蓄冷量时，一般应不进行充冷；充冷充足时，应停止制冷机组运行，以节省电力及运行费用。停机控制常用如下几种方法：

1) 制冷机组出口温度低至充冷充足时的输出温度值；

2) 制冷机组充冷时的进、出口温差低至充冷充足时的规定值；

3) 蓄冷装置蓄冷量指标已为100%；

4) 充冷时间设定。

通常以1)、2) 两种方法作为主要控制，以3)、4) 方法作为后备辅助控制。

(2) 蓄冷装置释冷量及供出温度控制　蓄冷装置释冷量的控制，以用户侧或供出侧温度的恒定，控制蓄冷装置进口或出口的流量分配调节阀门来完成；在变流量控制中以用户侧温度的恒定，控制变流量泵来完成，而供出侧温度的恒定，以其温度传感器的设定值来控制蓄冷装置进口或出口的调节阀。

(3) 热交换器控制　热交换器容量的控制有下列几种方法：

1) 冷媒水流量；

2) 乙二醇流量；

3) 冷媒水温度；

4) 乙二醇温度。

乙二醇管道或冷媒水管道上的三通混合阀能用于冷量控制，在蓄冰周期时，乙二醇管道上的旁通阀可防止接近冻结温度的溶液进入热交换器。此阀也可控制热交换器的冷量。三通阀通过变化送入热交换器乙二醇的流量达到控制热交换器容量的目的，如图12-78所示。

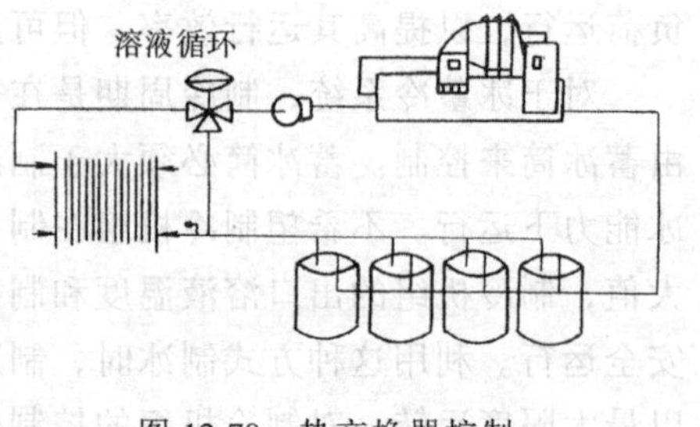

图12-78　热交换器控制

热交换器冷量也可以通过控制冷媒水温度及流量达到。当进入热交换器的回水温度升高时，热交换器的冷量也增加。在融冰周期内，热交换器的冷量由热交换器和冰筒相混合的温度来确定。乙二醇的温度决定热交换器的最大冷量。融冰周期内乙二醇温度在0℃～7℃范围内变化。

本章要点

1. 制冷系统及装置中各主要设备（蒸发器、制冷压缩机、冷凝器）的自动控制方法。

2. 一些控制元件的结构特点及基本控制电路。

3. 吸收式制冷设备的安全保护、能量调节和自动运行。

4. 小型制冷器具（电冰箱、空调器）的控制要求和控制电路。

5. 大型制冷装置（冷库、中央空调）中的温度控制，空调变流量供水系统的控制及空调制冷站控制。

思考题与习题

12-1 内平衡与外平衡式热力膨胀阀是如何进行工作的？

12-2 低压浮球阀是如何控制制冷剂流量的？

12-3 如何实现制冷压缩机的自动控制？

12-4 为什么要使用蒸发压力调节阀？它是怎样工作的？

12-5 除霜有哪些方法？

12-6 风冷热泵冷热水机组是如何实现除霜的？

12-7 活塞式压缩机和螺杆式压缩机能量调节有哪些异同？水冷冷凝器是怎样控制的，有哪些控制方法？

12-8 溴化锂机组一般设置哪些安全保护装置？

12-9 试述燃气直燃型溴化锂冷热水机组自动起动、停机的流程图？

12-10 设计一台间冷式冰箱控制电路？

12-11 电冰箱电子温度控制电路是怎样工作的？

12-12 画出冷藏柜的电气控制原理图，并说明控制原理？

12-13 小型制冷系统怎样实现自动温控？

12-14 中央空调自动控制中开停机的顺序如何？

12-15 设计一套由一台机组供冷热源，三个终端的空调系统电路。要求每一用户都能独立控制压缩机，即当其他两个用户不使用空调时，使用户能够起动和停止压缩机的工作。

实训 10　现场了解制冷控制系统的组成、功能和控制过程

1. 实训目的

巩固制冷系统及装置自动控制的理论知识；增强对制冷系统中自控装置的感性认识；提高制冷自控系统中有关自控设施安装、调试、运行管理及维修方面的实际动手能力。

2. 实训场所

冷库制冷站、中央空调制冷站、电冰箱、冷藏柜生产和维修单位。

3. 实训内容和要求

1. 了解冷库制冷系统自控工艺流程，各自控元件的安装、调试、运行管理及维修的要求，安全保护装置和库温控制装置。

2. 了解制冷装置电气控制柜的运行操作的基本方法，电气线路的设计特点。

3. 了解中央空调制冷站自控系统的工艺布局，冷热水机组的自动开停运行程序，能量

调节的方法及安全保护的措施。

4. 了解冷热机组电气控制线路的设计特点。

5. 了解电冰箱、冷藏柜的自控系统的特点，实际控制线路布局及接线的基本方法。

6. 了解新技术在制冷系统及装置自动控制中的应用。

第13章

微机测控系统及其在制冷空调中的应用

13

当今制冷与空调技术领域中已越来越多地采用计算机辅助设计、辅助测试控制和管理等，将制冷与空调产品的设计水平、性能分析和控制、管理的自动化水平提到新的高度。因此，学习和掌握微机测控技术是设计、分析和管理现代制冷空调系统等的必然要求。

13.1 微机测控系统的发展概况

微机测控技术是在早期电子计算机的基础上发展起来的。但早期的计算机结构庞大，价格昂贵，可靠性不高，主要用于科学计算方面。随着技术的不断发展和完善，其可靠性不断提高，价格逐渐降低，进而在数据检测与处理、工业控制方面得到了越来越广泛的应用。特别是自1971年以来，随着大规模集成电路的发展，相继出现了微处理器和微型计算机，使得微机测控技术在工业等方面得到了广泛的应用与普及，这对于发展现代化的工业、农业、国防和科学技术起到了极其巨大的推动作用。

计算机在测控系统中的应用，可大致划分为四个阶段。

1. 计算机用于过程控制

世界上第一台计算机问世于1946年。1952年，计算机开始应用于化工生产过程的自动检测和数据处理。1954年开始利用计算机构成开环控制系统，操作人员根据计算机的计算结果及时准确地调节生产过程的控制参数。1957年开始利用计算机构成闭环控制系统，对石油蒸馏过程进行自动控制。这一阶段中，计算机的主要任务是：对系统的过程参数进行巡回检测，搜集加工、寻找最佳运行条件，操作人员据此进行操作或修改模拟调节器的设定值，根据打印的输出数据完成调度和生产计算，报告产量和原材料的消耗等。

计算机过程控制的特点是：速度慢，可靠性差，不能用于直接控制生产对象。

2. 直接数字控制（DDC）阶段

1958年开始试验性地采用直接数字控制（DDC）系统，从而实现了计算机的“在线”测控。1960年开始在生产过程中实现监督计算机测控。1966年以后，计算机控制开始侧重于生产过程的最优控制，并向分散控制和网络控制方向发展。直接数字控制（DDC）将在本章的随后内容中进行详细介绍。直接数字控制的特点为：

1）价格相对较便宜。

2）DDC控制简化了操作装置，用一台屏幕显示器，加上键盘取代了传统的模拟仪表板。

3）DDC控制灵活，可根据需要改变程序编排，速度快。

3. 小型计算机阶段

这一阶段始于1967年。其特点是：随着集成电路技术的发展，使计算机的体积变得更小，运算速度更快，更加可靠；但整个系统价格较贵，因此，对于大量的测控问题，计算机测控仍显得可望而不可及，使得计算机测控系统很难普及。

4. 微型计算机阶段

20世纪70年代随着大规模集成电路技术的发展，使得计算机测控技术进入了一个崭新的阶段。微型计算机的出现，开创了计算机测控的新时代，即从传统的集中测控系统革新为分散测控系统。20世纪80年代随着超大规模集成电路技术的飞速发展，使得计算机向着硬件超小型化、软件固化和控制智能化方向发展。前期开发的分散测控系统的基本控制器一般是 8 个回路以上。20 世纪 80 年代中期，出现了只控制 1 ~ 2 个回路的数字控制器。20 世纪 80 年代末，又出现了具有计算机辅助设计、专家系统、控制和管理融为一体的新型集散测控系统。

微型计算机测控的特点为：以微处理器为核心，使系统硬件费用急剧减少，微型机的可靠性大大提高，尺寸结构越来越小，计算速度越来越快，可安放到生产过程现场，进行“分散”控制。

目前，计算机测控系统的发展趋势有如下两个方面：

(1) 工业用可编程序控制器（PLC）的应用　工业用可编程序控制器是采用微型机芯片，根据工业生产特点而发展起来的一种控制器，它具有以下特点：

1) 可靠性高：有较强的抗干扰能力，便于工业现场使用，一旦出现故障，具有停电保护、自诊断等功能。

2) 采用功能模块结构：可根据要求，进行组合和扩充。

3) 具有独立的编程器：编程简单，易于掌握。

4) 价格低廉。

近年来，开发了具有智能 I/C 模块的 PLC。它可以将顺序控制和过程控制结合在一起，实现对生产过程的测控，甚至已出现了伺服电动机控制模块，可实现运动控制。

(2) 提高控制性能　采用新型的控制系统——集散控制系统是计算机测控系统的发展趋势之一。现代工业过程对控制系统的要求已不局限于能实现自动控制，还要求工业过程能长期在最佳状态下运行。对于一个规模庞大、结构复杂、功能综合、因素众多的工程大系统，要解决生产过程综合自动化的问题。集散控制系统有以下几个发展动向值得注意：

1) 微机在集散控制系统中的地位越来越重要。这一方面是由于微机的功能不断加强，它能完成更多、更复杂的控制任务；另一方面是由于分级分布式控制结构的使用，使一级处理能力提高，减少了对上级计算机的功能要求。目前，在直接控制级都用微机，并且开始在过程监控级使用高性能的微机。今后，随着微机向阵列化发展，整个系统“全微机化”也是完全有可能的。

2) 集散控制系统向小规模、单回路控制器的方向发展迅猛。前期开发的集散控制系统，大多数是多回路的，一般是 16 个回路以上。20 世纪 80 年代后，出现了只控制 1 ~ 2 个回路的单回路控制器。因为控制的回路数越少，危险就越分散，可靠性、维护性就越好，所以它在过程控制系统中的应用引起了人们的关注。如果单回路控制器的各种功能特别是数据通信功能得到改善的话，它将成为今后集散控制系统发展的主要方向。

3) 存储器将在今后得到改进。主要是保证随机读写存储器失电时能保持信息。随着数字式检测器越来越广泛的应用，有可能省去 D/A、A/D 转换环节，简化系统结构。

4) 通信功能和人-机联系功能进一步加强。今后将用光导纤维替代高速数据通道进行通信，并统一通信规程。CRT 显示器操作台则在简化操作、减少可能发生的误操作，及提高操作台自身可靠性等方面取得进展，并逐步发展标准的 CRT 显示画面，允许用户编写显示格式，还可能采用光笔、操作杆等简化键盘。随着控制算法固化的进一步发展，将会促使过程控制语言的发展和普及使用。

可以预料，随着微电子技术、计算机技术和自动控制理论的发展，计算机控制技术将会出现惊人的飞跃。

13.2 微机测控系统组成与特点

13.2.1 微机测控系统的组成

微机测控系统是以微型计算机为核心来检测和控制被控对象生产过程的自动化系统。它主要包括硬件和软件两部分，其中硬件主要由工业被控对象、过程输入输出系统（包括测量传感器及变换器、输入通道、输出通道和执行机构等）和微机系统（包括微型计算机和外部设备）等组成。其系统框图如图 13-1 所示。

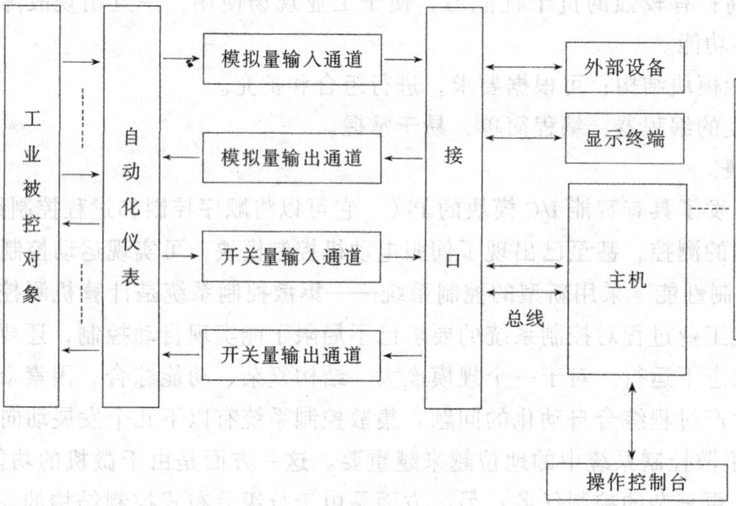

图 13-1 微机测控系统的组成

1. 硬件组成

(1) 工业被控对象 在微机测控系统中，需要控制工艺参数的生产设备叫被控对象。制冷空调工程中，各种空调房间、换热器、空气处理设备、制冷设备、流体输送设备、管路或管网等都是常见的被控对象。在复杂的生产设备中，如冷水机组中需要控制温度、压力等许多参数，在这种情况下，设备的某一相应部分或整体就是一个测控系统的对象。

(2) 过程输入/输出（I/O）系统 计算机与工业对象之间的信息传递是通过过程输入/输出系统进行的，它在两者之间起作纽带和桥梁作用。过程输入/输出系统主要由输入/输出通道（也称检测/控制通道）及接口、信号检测及变送装置（即测量传感器及变换器）和执行机构等组成。在图 13-1 中，将信号检测及变送装置与执行机构等统称为自动化仪表。从信号传递的方向看，可将过程输入输出系统分为过程输入通道和过程输出通道两部分。

输入/输出（I/O）通道及接口是计算机与外部连接的桥梁。常用的输入/输出接口有并行接口、串行接口等，输入/输出通道有模拟量输入/输出通道和数字量输入/输出通道。模拟量输入/输出通道的作用是：一方面将变送装置得到的工业对象的生产过程参数变成二进制代码送给计算机；另一方面将计算机输出的数字控制量变换为控制操作执行机构的模拟信号，以实现对生产过程的控制。数字量输入/输出通道的作用是：除完成编码数字输入输出外，还可将各种继电器、限位开关的状态通过输入接口传送给计算机，或将计算机发出的开关动作逻辑信号经由输出接口传送给生产过程中的各个开关、继电器等。

输入通道一般由多路转换采样器，采样保持器，模数（A/D）转换器等组成。微机测控系统能够实现多个测量传感器连接，自动完成对每个检测参数的测量和数据处理，但是对某一时刻而言，微机又只能接受来自某个传感器的输出电信号。因此，各个传感器的输出信号必须依次逐个输入计算机进行数据处理，这一任务往往是由多路转换采样器来完成的。

多路转换采样器实际上就是一组切换开关，它在来自计算机的驱动信号控制下，顺序接通或断开每个开关，把多个来自传感器的电信号依次分别送入采样保持器和放大器。

输入通道中的采样保持器可使测量信号在 A/D 转换开始后保持模拟信号的量值不变，从而减少转换过程中所产生的误差。

A/D 转换器的作用是把经过放大器放大的模拟量转换成计算机能够识别和进行数据处理的二进制数字代码，以便把传感器检测到的模拟量送入计算机进行处理，因此 A/D 转换器是输入通道的一个关键器件。A/D 转换器的芯片可直接与计算机的 CPU 连接或通过 PIO 芯片连接。

输出通道主要由数/模（D/A）转换器组成。D/A 转换器的作用是把主机按一定控制规律输出的数字量控制信号转换成直流模拟量信号，去驱动电动执行机构，或直接输出开关量电信号来驱动开关，以完成自动控制的任务。

检测变送装置的主要功能是将被检测的各种物理量转变成电信号，并转换成适用于计算机输入的标准信号。目前与计算机配套使用的传感器与变换器输出的电信号有两类：一类是模拟量电信号，如电压、电流等；另一类是数字量电信号，如脉冲。所以，与之配套的输入通道也相应有模拟量输入通道和数字量输入通道。

测量传感器输出的信号较弱，多是非线性的，并且周围环境的干扰电平也较大，可采用屏蔽导线传输及在变换电路中引入滤波电路和线性化电路，用来抑制信号通道中的干扰，使测量信号线性化。

执行机构用来驱动工业对象，完成相应的动作。常用的执行机构有电动机、调节阀、电液伺服阀、各种开关等等。

(3) 微机（主机）系统　微机是自动检测与控制系统的核心部件，它对检测到的信号进行必要的处理后，送到外部设备，输出数字控制信号经数模（D/A）变换后，获得模拟量电信号以驱动电动执行器，对被控对象进行自动控制。微机系统主要由主机和外部设备两部分组成。

主机由中央处理器（CPU）和内存储器（RAM，ROM）组成，它是微机测控系统的核心。主机根据过程输入设备送来的实时生产过程工作状况的各种信息，以及预定的控制算法，自动地进行信息处理，及时地选定相应的控制策略，并实时地通过过程输出设备向生产过程发出控制命令。

外围设备按功能可分为输入设备、输出设备、通信设备和外存储器。

常用的输入设备有键盘、专用操作台等，用来输入程序、数据和操作命令等。其中专用操作台（操作控制台）的作用是完成人-机之间的联系，操作人员可以通过它对所测参数、状态和结果进行随时显示，以便及时掌握系统的工作情况，操作人员可以通过它进行修改、删除或增加某些程序或参数，当系统出现故障或异常情况时，操作人员可以通过它干预主机对调节的工作，或者对自动检测与控制系统实行手动操作。

常用的输出设备有显示器（CRT）、打印机、绘图机和各种专用的显示台，它们以字符、曲线、表格、图形、指示灯等形式来反映生产过程工况和控制信息。

常用的外存储器有磁盘、磁带、光盘等，它们兼输入和输出两种功能，存放程序和数据。

通信设备的任务是实现计算机与计算机或设备之间的数据交换。在大规模工业生产中，为了实现对生产过程的全面控制和管理，往往需要几台或几十台计算机才能完成控制和管理任务。不同地理位置、不同功能的计算机及设备之间需要交换信息时，把多台计算机或设备连接起来，就构成了计算机通信网络。

2. 软件组成

软件是指微机测控系统中具有各种功能的计算机程序的总和。软件从功能上可分为两大类：系统软件和应用软件。

（1）系统软件　系统软件是由计算机的制造厂商提供的，用来管理计算机本身的资源，方便用户使用计算机的软件。通常包括汇编语言、高级算法语言、操作系统、数据库系统、开发系统等。计算机设计人员负责研制系统软件，而计算机控制系统设计人员则要了解系统软件并学会使用，从而更好地编制应用软件。

（2）应用软件　应用软件是计算机控制系统设计人员针对某生产过程而编制的控制和管理程序，如输入程序、输出程序、控制程序、人机接口程序、打印显示程序等等，它涉及到被控对象的生产工艺、设备、控制理论和控制部件等方面。应用软件的优劣，将给控制系统的功能、精度和效率带来很大的影响。

在微机测控系统中，硬件和软件不是独立存在的，在使用时必须注意两者间的有机配合与协调，以获得满足生产要求的高质量的测控系统。

13.2.2　微机测控系统的特点

1）可靠性和稳定性高。

用微机系统来控制长期连续的生产过程，可靠性和稳定性都很高。

2）对环境的适应性强。

大多数工业生产的工作环境条件（温度、湿度以及各种干扰等）都会影响控制系统的可靠性和使用寿命，因此要求测控系统尤其是主机对环境条件的适应性要尽可能强，而微机测控系统能较好地满足这种要求。

3）具有比较完善的中断系统，可完成实时数据采集、实时决策和实时控制的基本任务。

微机测控系统要对生产过程实现最佳控制，就必须具备自动地、快速地响应生产过程和计算机内部发出的各种中断请求。

所谓控制的实时性，就是控制要“适合时宜”的意思，即信号的输入、处理和输出都要在一定的时间内完成。与以往的测控系统相比，微机测控系统能在更短的时间内跟踪被测控对象的状况，并更准确地、及时地发出控制指令，使测控系统的精度更高。

为了满足上述要求，微机测控系统配有实时时钟和完善的中断系统。

4）有丰富的指令系统和较完善的外围设备。

微机测控系统除配有必要的通用外部设备外，还配有专门的外部设备，如模拟量输入/输出、开关量输入/输出、自动化检测仪表以及人-机通信设备等，并且具有较丰富的指令系统，如输入/输出指令、逻辑判断指令、外围设备控制指令等。

5）有正确反映生产过程规律的数学模型和软件，具有很大的灵活性和适应性。

数学模型以及根据它所编制的相应的软件程序，是提高过程控制质量的关键。为了寻找生产过程的最优工况，实现最优化控制，达到提高产品质量和数量、降低成本等目的，必须研制建立能正确反映生产过程规律的数学模型和相应的软件，其中包括完整的操作系统和完备的应用软件。在微机测控系统中，控制规律是用软件来实现的。在测控系统中使用微型计算机，可以充分利用计算机的运算、逻辑判断和记忆等功能，要修改一个控制规律，无论复杂还是简单，只需修改软件即可，一般不需变动硬件，因此一台微型计算机不但能同时对几十个、几百个回路进行多种参数的控制，还能方便地实现各种不同的控制规律。这样就便于实现复杂的控制规律和对控制方案进行在线修改，使系统具有很大的灵活性和适应性，给控制方案的实施带来极大的便利。

13.3 微机测控系统的类型

根据应用特点、控制方案、控制目的和系统构成，微机测控系统大体上可分为五种类型：巡回检测数据处理系统，操作指导控制系统，直接数字控制系统，监督控制系统，分布式控制系统或集散控制系统。巡回检测数据处理系统与操作指导控制系统合称为数据采集系统（DAS）。

1. 微机巡回检测数据处理系统

如图 13-2 所示，是微机测控发展最早应用最广的类型。微机巡回检测数据处理系统将生产过程被控对象检测传感器送来的模拟信号，按一定的次序巡回地采样，并经 A/D 转换器转换成数字信号，然后送入微型机。微型机对这些输入量实时地进行数据处理，同时进行显示和打印输出。当参数值越限时，可自动报警，这主要对生产过程起监视和纪录参数变化的作用。

2. 微机操作指导控制系统

其简化框图如图 13-3 所示。可见该系统中，微机不仅通过显示、打印、报警系统提供生产现场资料和异常情况的报警，而且按事先安排好的控制算法对检测所得的参数进行处理，求出输入输出关系，进行生产过程的质量检查和运行方法的计算，再与标准要求进行比较，然后进行打印或显示，操作者可根据结果通过控制台来干预和管理生产过程。

微机操作指导控制系统的优点是：结构简单，安全可靠，特别是对于未摸清控制规律的系统更为适用。

其缺点是：仍要人工进行操作，故操作速度不能太快，而且不能同时操作几个回路。

微机巡回检测数据处理系统与微机操作指导控制系统都不直接参与生产过程控制，不会直接对生产过程产生影响。

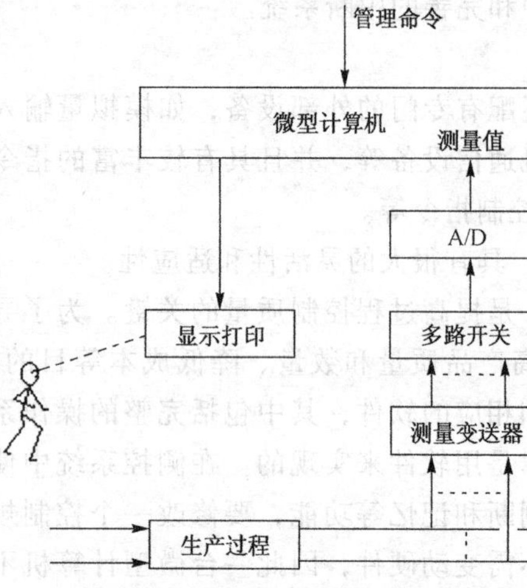

图 13-2 微机巡回检测数据处理系统

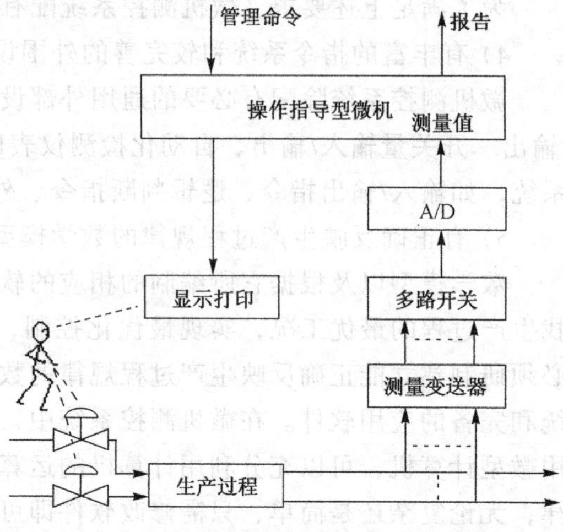

图 13-3 微机操作指导控制系统原理图

3．微机直接数字控制系统（DDC）

直接数字控制系统是一种多路数字调节系统，是在巡回检测和数据处理基础上发展起来的，是计算机用于工业控制最普通的一种形式。其工作原理如图 13-4 所示。

其控制过程可以简述为：生产现场的多种工况参数，经输入通道顺序地采样和模/数转换后，变成数字量信息送给微机。微机则根据对应于一定控制规律的控制算式，用数字运行的方式，完成对工业参数若干回路的比例积分微分（PID）计算和比较分析，并通过操作台显示、打印输出结果，同时将运算结果经输出通道的数/模转换、输出扫描等装置顺序地将各路校正信息送到相应的执行器，实现对生产装置的闭环控制。

该控制系统的特点是：

1）微机的运算和处理结果直接输出作用于生产过程；

2）微机可以代替多个模拟调节器，很经济；

3）速度快，灵活性大，可靠性高，可以实现多回路的 PID 控制，而且只要改变程序就可以实现各种比较复杂的控制规律，如非线性控制、纯滞后控制、串级控制、前馈控制、最优控制以及自适应控制等等。

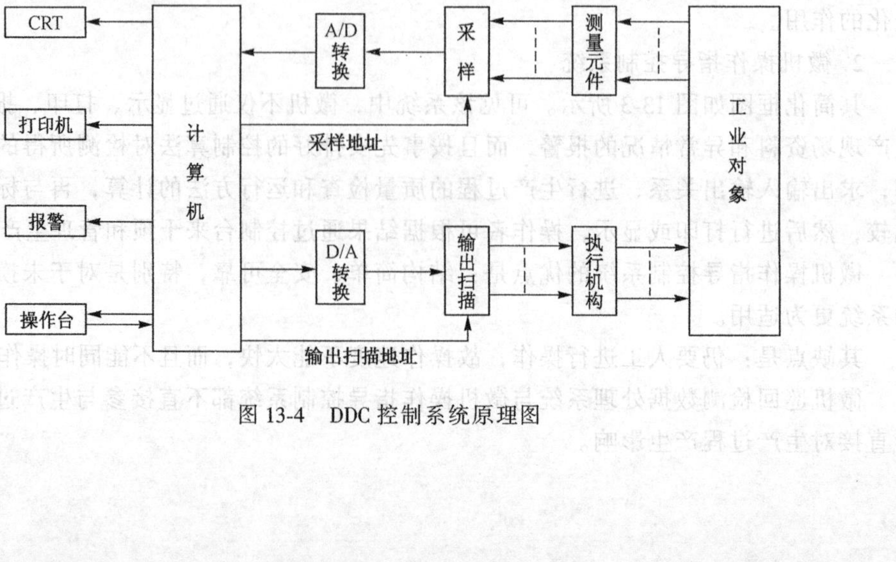

图 13-4 DDC 控制系统原理图

4. 微机监督控制系统（SCC）

微机监督控制系统，是由计算机按照描述生产过程的数学模型，计算出最佳给定值，送给模拟调节器或 DDC 计算机，最后由模拟调节器或 DDC 计算机控制生产过程，从而使生产过程处于最优工作情况。SCC 系统较 DDC 系统更接近生产变化实际情况，它不仅可以进行给定值控制，同时还可以进行顺序控制、最优控制以及自适应控制等，它是操作指导和 DDC 系统的综合与发展。

微机监督控制系统是一个两级控制系统，即由两级调节过程组成。一般地，其结构有两种，即，SCC + 模拟调节器（图 13-5）与 SCC + DDC 控制系统（图 13-6）两种形式。

在 SCC + 模拟调节器控制系统中，SCC 监督计算机的作用是收集检测信号及管理命令，然后按照一定数学模型计算后，输出给定值到模拟调节器。此给定值在模拟调解器中与检测值进行比较后，其偏差值经模拟调节器计算后输出到执行机构，以达到调节生产过程的目的。这样系统就可以根据生产工况的变化，不断地改变给定值，达到实现最优控制的目的。而一般的模拟系统是不能随意改变给定值的。因此，这种系统特别适合于老企业的技术改造，既用上了原有的模拟调节器，又实现了最佳给定值控制。

SCC + DDC 控制系统是两级计算机控制系统，一级为监督级 SCC，用来计算最佳给定值。直接数字控制器 DDC，用来把给定值与测量值进行比较，其偏差由 DDC 进行数字控制计算，然后经 D/A 转换器和多路开关分别控制各个执行机构进行调节。与 SCC + 模拟调节系统相比，其控制规律可以改变，用起来更加灵活，而且一台 DDC 可以控制多个回路，使系统比较简单。其特点主要有：

1）比 DDC 系统有着更大的优越性，可接近生产的实际情况。

2）当系统中模拟调节器或 DDC 控制器出了故障时，可用 SCC 系统代替调节器进行调节，因此大大提高了系统的可靠性。

3）由于生产过程的复杂性，其数学模型的建立比较困难，所以此系统实现起来比较困难。

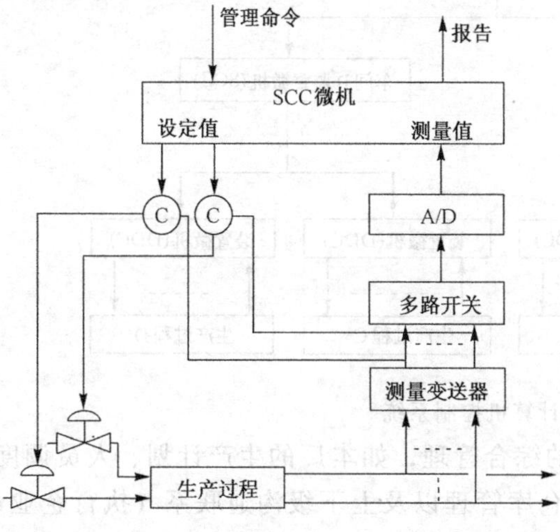

图 13-5　SCC + 模拟调节器控制系统原理图

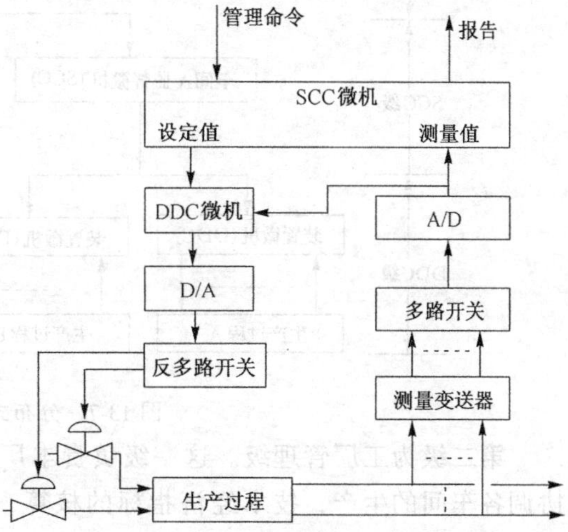

图 13-6　SCC + DDC 控制系统原理图

5. 微机分布式控制系统（DCS）

在整个生产过程中，由于生产过程复杂，设备分布又广，其中各工序、各设备同时并行地工作，而且基本上是独立的，故系统比较复杂。然而，随着微机价格的不断下降，人们越来越注意把原来使用中小型计算机的集中控制用分布控制系统来代替，这样就可避免传输误差及系统的复杂化。在这种系统中，只把必要的信息送到上一级计算机或中央控制室，而绝大部分时间都是各个计算机并行地就地工作。

所谓分布式控制，就是将生产过程控制与企业经营管理（如生产调度、生产计划、材料消耗、仓库管理、成本核算等数据处理任务）控制结合起来，由多级计算机来实现全面控制。各级之间既有明确的分工，又有密切的联系。又称“集散式控制系统（TDS）”或“分散控制系统（DCS）”。

图13-7为普遍常用的分布式控制计算机系统的框图。这是一个分布式三级控制系统。其中，MIS是生产管理级，SCC是监督控制级，DDC是直接数字控制级。而生产管理级又可分为企业管理级、工厂管理级和车间管理级。因此该系统实际上是分布式五级管理控制系统。

第一级为企业级。这一级负责企业的综合管理，如对生产计划、经营、销售、订货等进行总决策。同时要了解分析本行业的经营动向，管理财政支出、预算和决算，以及向各工厂发布命令，接受各工厂发来的各种汇报信息，实现全企业的总调度。

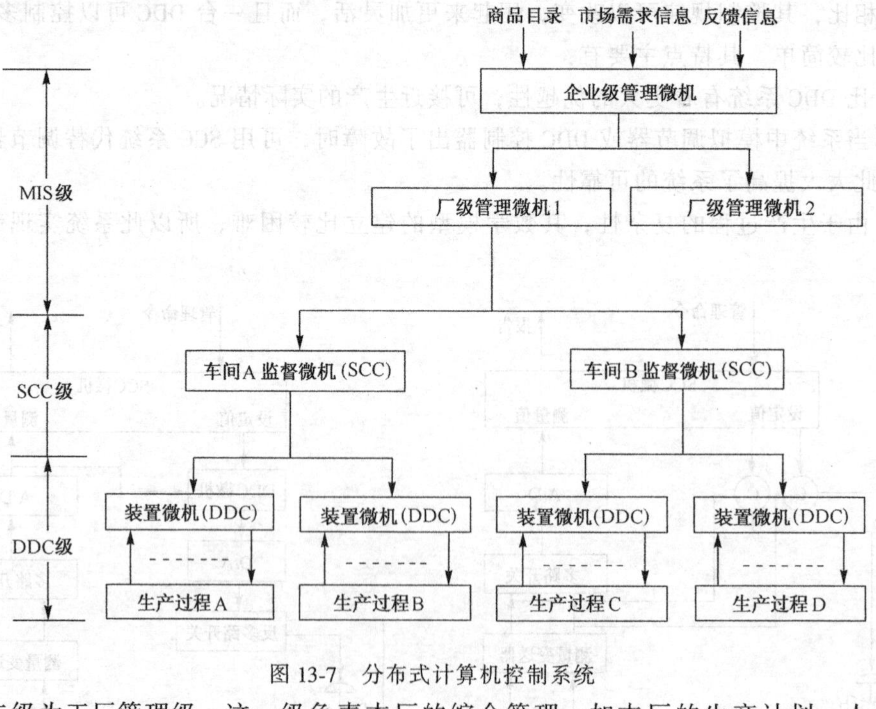

图13-7 分布式计算机控制系统

第二级为工厂管理级。这一级负责本厂的综合管理，如本厂的生产计划、人员调度，协调各车间的生产，技术经济指标的核算，仓库管理以及上下级沟通联系（执行企业命令，向下级发布命令）等。

第三级为车间管理级。这一级负责本车间内各工段间的生产协调，作业管理，车间内的生产调度，并且沟通上下级的联系。（执行工厂管理级的命令，对下一级监控级进行监督指挥）。

第四级为监控级（SCC）。这一级负责监督指挥下一级 DDC 的工作。根据生产工具工艺信息，按照数学模型寻找工艺参数的最优值，自动改变 DDC 级的给定值，以实现最优控制。

第五级为直接数字控制级（DDC）。这一级对生产过程直接进行闭环最佳控制。

可见，微机分布式控制系统（DCS）是采用分散控制、集中操作、分级管理、分而自治和综合协调的设计原则，把系统从上而下分为过程控制级、控制管理级、生产管理级等若干级，形成分级分布式控制。以微机为核心的基本控制器实现地理上和功能上的分散控制，同时又通过高速数据通道将各个分散点的信息集中起来送到监控计算机和操作站，以进行集中监视和操作，并实现高级复杂的控制。这种控制系统使企业的自动化水平提高到了一个新的阶段。

近年来，微型计算机得到广泛应用，使分布式多级控制系统发生很大变化。如 SCC 与 DDC 两级多采用微型计算机，而 MIS 级多采用多功能计算机。一般企业级多采用大、中型计算机。在生产过程控制方面已普遍采用以微型机为基础的多级集散控制系统，即最低一级用微处理机或微机作直接控制，每一台微机管理几个回路（这是分散的），同时，再用一台主控计算机（小型或微机）来管理若干台微机（这是集中的）。采用这样的系统可以实现从简单到复杂的调度，兼顾了集中型和分散型两者的分部优点，从而达到最佳控制。

微机测控系统在制冷空调工程中的具体应用将分节介绍于后。

13.4　微机热敏电阻温度检测系统

该系统可归于微机巡回检测数据处理系统。是利用 Z80—CPU 微处理器及其 PIO 接口、A/D 模数转换器和热敏电阻组成的微机数字式温度检测系统（即热敏电阻数字式温度计），用来检测生产过程中的温度及其变化。下面主要介绍其参数变换和 A/D 转换电路、测温系统的电路组成和测温的程序流程。

13.4.1　参数变换和模/数转换电路

热敏电阻的温度参数变换和 ADC0804 芯片模/数转换电路，如图 13-8 所示。

ADC0804 是 8 位分辨率的模/数转换芯片，完成一次转换需 100μs，输入电压为 0 ~ 5V。该片内有输出数据锁存器，因此输出数据总线可以直接连接在 CPU 数据总线上，无需附加逻辑接口电路。当选片信号$\overline{CS}$和写信号$\overline{WR}$同时有效时，便启动转换。转换结束时产生结束信号$\overline{INTR}$，$\overline{INTR}$信号可作为中断请求信号。当$\overline{CS}$与读信号$\overline{RD}$同时有效时可读取数据。

热敏电阻 R_T 接到模/数转换器 ADC0804 的模拟量输入端。如 $R_B = 68k\Omega$，$U_{CC} = 7.5V$ 的电压经过 R_T 和 R_B 分压后，在模拟量输入端的电压为

$$U_{IN} = \frac{R_B}{R_T + R_B} \times 7.5V = \frac{68k\Omega}{R_T + 68k\Omega} \times 7.5V \tag{13-1}$$

设测量的最高温度为 50°C，这时热敏电阻的值为最小，$R_T = 34k\Omega$，根据上式可得模拟量输入的最大电压为

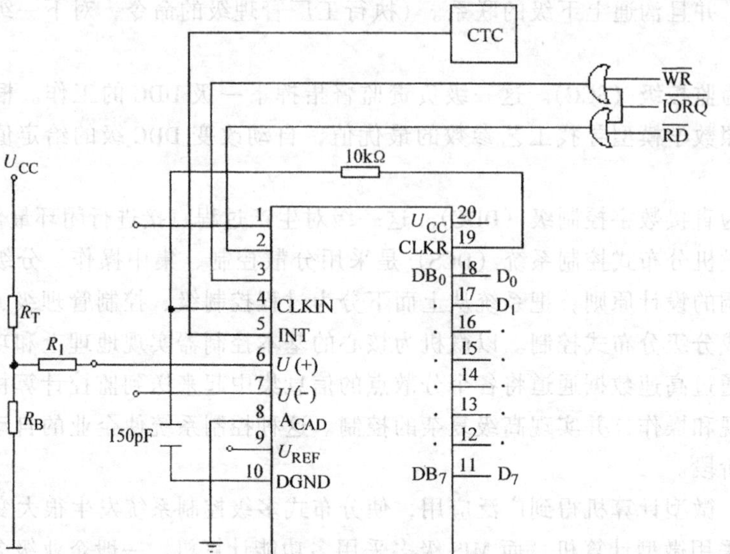

图 13-8 热敏电阻温度参数变换和模/数转换电路

$$U_{\text{INmax}} = \frac{68\text{k}\Omega}{34\text{k}\Omega + 68\text{k}\Omega} \times 7.5\text{V} = 5.0\text{V} \tag{13-2}$$

由上两式可知，热敏电阻的温度变化信号利用 R_T 和 R_B 组成的分压电路，变换成模拟电压信号 U_{IN}。

模/数转换器的起动端信号和并行接口 Z80—PIO 的口 B 的第 7 位相连。如果 CPU 通过 PIO 向起动端发一个从高到低的脉冲，则模/数转换器开始把输入的模拟量转换为 8 位数字量。这 8 位数字量由 $DB_7 \sim DB_0$ 送到 PIO 口 A 的 $P_{A0} \sim P_{A7}$ 线。

13.4.2 微机热敏电阻温度检测系统的电路组成与程序流程

微机热敏电阻温度检测系统的电路由 Z80—CPU、PIO 及显示和驱动器等部分组成。当模拟量转换为数字量以后，被 CPU 读入，然后送到 PIO 的口 B，利用两个 7 段发光二极管显示器，显示出温度的二位十进制数：一个为十位数，另一个为个位数。

微机热敏电阻温度检测系统的程序流程如图 13-9 所示。

1）初始化。

把地址为 0 的存储单元处（微处理机的复位 RESET 位置），用一条转移指令把程序转移到主程序的起始地址。开始时，对 PIO 要写入控制字，使之按规定的要求进行工作。

2）把启动信号送给 A/D 转换器。

CPU 先把 1 信号送到 PIO 口 B 的第 7 位，再把 0 信号送到这一位。这个从 1 到 0 的信号就是 A/D 的启动信号。每次把模拟量送到 A/D 以后，都要一个启动信号才能使之开始转换为数字量。

3）等待 1ms。

从开始起动 A/D 转换以后延迟 1ms，以确保 A/D 转换完成。

4）从 A/D 转换器读入数据。

只要利用简单的输入操作即可把数据读入 CPU。

5）把 A/D 转换器的数字量转换为温度值。

由于热敏电阻的电阻值和温度之间的关系不完全是正比关系，因此，根据热敏电阻在每一温度下 A/D 转换器应输出的数字量，把它们的对应关系列成对照表。把这个对照表放在内存中，并给其起始地址固定标号。当从 A/D 转换器读取一个值后，就和表中的数据进行比较。每一次比较都取一个计数值，该计数值的初始值为 0，它对应于表中温度 0°C 的第一项。每比较一次，如果 A/D 转换得到的数字值大于表中的值，则计数值加 1，但最后一次不加 1。如上例中前两次的比较应计数，最后一次不计数，得到的计数次数就等于温度值。

6）准备显示用的数据。

经 A/D 转换器转换后得到的值换算成二-十进制表示的温度值以后，把它存在累加器 A 中。A 中的低四位表示温度的个位数，高四位表示十位数。为了进行显示，要把低四位和高四位分开。为此把累加器 A 中的低四位送到寄存器 E 的低四位，把 A 中的高四位送到寄存器 D 的低四位。

7）温度值的显示。

温度的十位数送出显示后，等待 2ms，再把个位数送出显示。再等待 2ms，重新送十位数去显示，这样轮流显示十位数和个位数共计显示 6ms，由于显示时每次只等待 2ms。显示的数看起来好象永远是亮的。

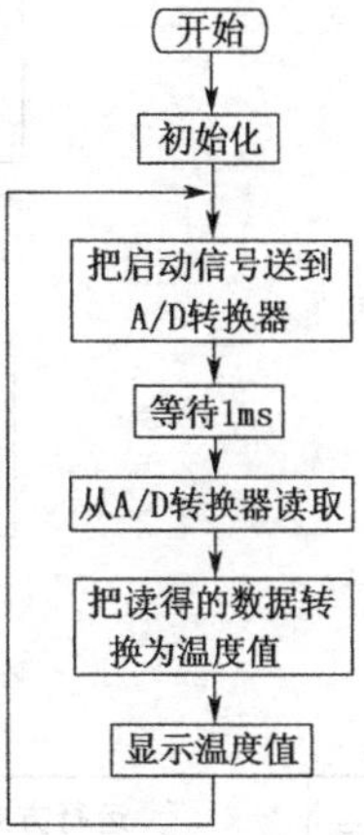

图 13-9　程序流程图

13.5　热泵型分体空调的微电脑控制

带有微电脑控制系统的空调器的主要优点是高效、节能、舒适、低噪声、性能良好，而且操作简便、运行可靠。目前，已有很多空调器采用微电脑控制，且功能日趋完善。

空调器的微电脑控制功能及控制系统组成如图 13-10 所示。其微电脑控制部分的构成要素与电子电路框图如图 13-11 所示。

微电脑控制的空调器以日本的产品最为突出，下面就以日本东芝公司的 RAS-225LKH/LAN 热泵型分体空调器为例，介绍其控制系统。该热泵型分体空调的控制功能如表 13-1 所列。其电气控制线路如图 13-12 所示。

13.5.1　热泵型分体空调的运行方式

由表 13-1 可知，该热泵空调器能以正常、自动和睡眠三种方式运行，用遥控开关可选择运行方式。

正常运行时，空调器保持原有方式连续工作，按设定的要求值，自动控制房间的温度和湿度，并进行风量调节。

自动运行时，具有 5 小时定时自动运行功能，能根据室温和室内热交换器的温度按三档选择风量，即微风、弱风和强风。

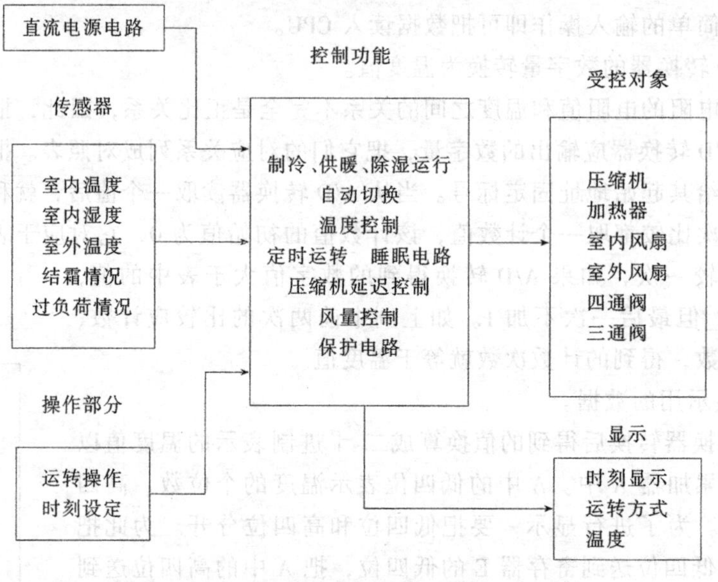

图 13-10　空调器的微电脑控制功能与系统组成

表 13-1　热泵型空调器的电脑控制

	运行方式	内　容	
运行方式选择	正常运行	空调器连续运行	均可由定时器定时
	自动运行	按室温维持定值的程序运行 5h，自动调节风量	
	睡眠运行	按室温变化的程序自动运行，最长 10h	
自动控制	功能	控制方法	
	室内风扇控制	根据室温与设定值偏差，自动切换室内风扇、电动机	
	供热时出风温度控制	根据出风温度控制	
	供热时过负荷卸载	根据热交换器传感器测出的负荷卸载	
	安全保护定时器	保证压缩机停机后延时 3min 才能再起动	
	冷热自动切换	根据室温与设定值的偏差，进行冷暖自动切换	
	室内温度自动控制	根据回风温度，控制压缩机起停	
	电脑控制除霜	从供暖能力下降判断室外换热器结霜情况，电脑控制热气除霜	

睡眠运行时，考虑到人体的生理特征，即在正常工作、活动与在睡眠时对周围空气的适宜温度要求有所不同。冬天睡眠时温度可以低一些，夏天睡眠时温度允许高一些。在该方式下，对空调房间的温度实行程序控制，可以既舒适又节电。具体控制程序为：夏季制冷时，控制室温在人睡眠后每小时升高 1℃，经过 3h，升高 3℃，然后维持在这个恒温水准上；冬季供暖时，控制室温在睡眠后每小时降低 2℃，经过 3h 降低 6℃，然后维持在这个水准上。人起床后可操作终止睡眠运行方式，恢复按正常的室温值恒温控制运行。

以上三种运行方式用电钮选择，并均有独立的开关计时调节。睡眠运行时的室温变化过程如图 13-13 所示。

13.5.2　热泵型分体空调的自动控制功能

1. 微电脑控制的对象

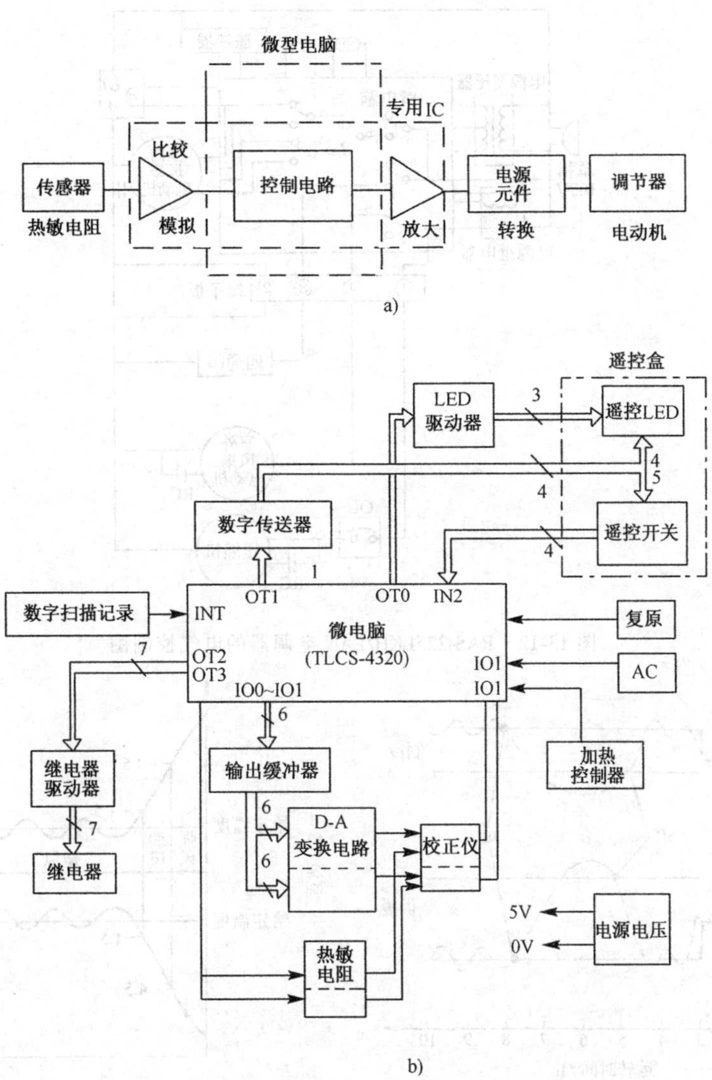

图 13-11　空调器微电脑控制的构成要素与电子电路框图

a）空调器微电脑控制的构成要素　b）电子电路框图

微电脑主要对室内换热器与室外换热器的风扇、压缩机、四通换向电磁阀的运行进行自动控制。

2. 回风温度 T_a 对室内风扇进行风量控制

T_a 与室内温度给定值的偏差大时采用强风，随着偏差减小，逐渐改为弱风、微风。如图 13-14 所示。

3. 冬季供暖时室内、外风扇的控制

冬季供暖时按室内换热器温度 T_c 对室内、外风扇控制，如图 13-15 所示。

当 $T_c < 26$℃时，室内风扇停止运转。随着 T_c 升高，按超微风、微风、弱风、强风四种风量逐挡切换控制室内风扇运转，这样可保证从室内换热器吹出的空气温度较高，使室

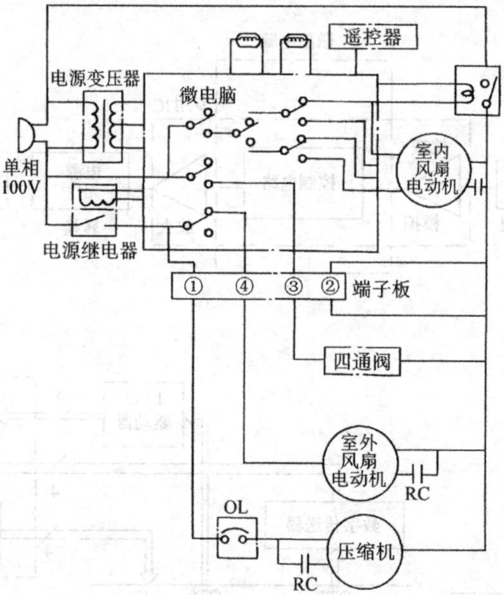

图 13-12 RAS-225LKH/LAN 空调器的电气控制图

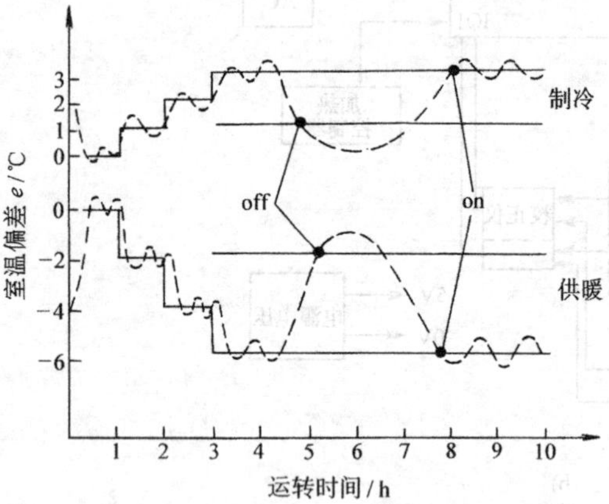

图 13-13 睡眠运行时的室温变化

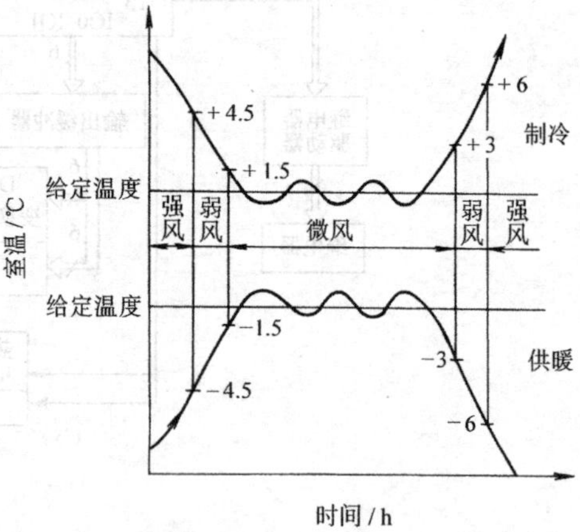

图 13-14 室内风量控制

内较快地升温。

当 T_c 高于给定值时，可分三个阶段控制以减轻压缩机的负荷：

1）增加室内风扇的风量，通过强化对流传热使 T_c 下降。

2）若 T_c 仍高于给定值，则关闭室外风扇，通过室外蒸发温度下降来降低室内冷凝温度，从而使 T_c 下降。

3）若 T_c 仍高于给定值，则令压缩机停机。

13.5.3 热泵型分体空调的除霜控制

用电脑控制代替传统的机械控制，进行冬季供暖运行时的除霜操作。电脑除霜有别于传统除霜控制之处在于：它用集成电路构成除霜控制系统，与上述其他自动控制系统联为

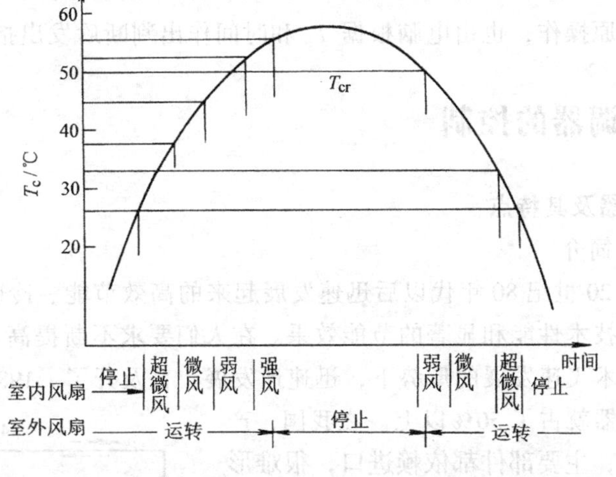

图 13-15　按室内换热器温度 T_c 对风扇运行的控制（冬季供热时）

一个整体的控制系统；用传感器进行温度检测。

传统除霜控制采用的是直接检测室外热交换器的参数，按时间和温度预测结霜。而电脑控制通过检测室内热交换器的参数，从室内供暖能力的变化上判断室外结霜情况。即将 T_c 与 T_a 的数据输入到电脑中，电脑经过记忆和运算作出结霜判断，然后发出除霜指令、或供暖运行指令或控制器通电磁阀换向指令、或风扇电动机动作指令等。

图 13-16 所示为电脑除霜控制的原理框图。

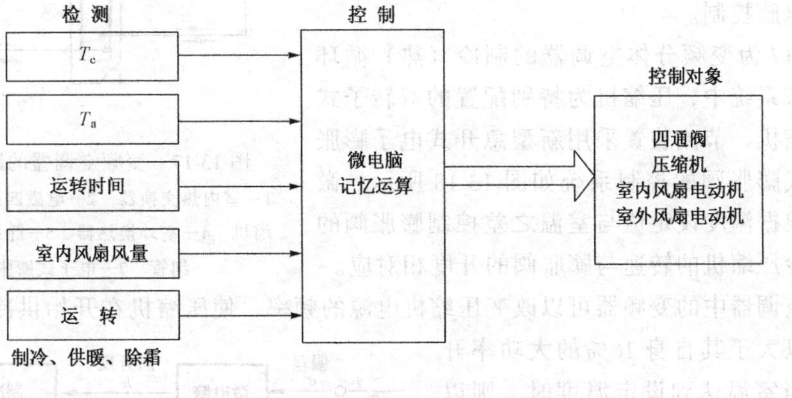

图 13-16　电脑除霜控制原理图

除霜控制的方式有定时控制和判断控制两种。

1. 定时控制除霜

此时，指定时间和除霜程序贮存在电脑中，到指定时间，电脑发出指令，按预定的时间程序完成除霜操作。

2. 判断控制除霜

以室内风扇的风量与温差（$T_c - T_a$）的乘积作为供暖能力的数据，对室外热交换器的结霜程度作出判断。当供暖能力降到预计的最低限时，表明结霜很多，电脑发出除霜指令，使四通电磁阀动作，制冷剂改变流向，室外风扇关闭进行热气除霜。为确保判断正确，还对（$T_c - T_a$）、室内风量的切换状态及变化、有无过负荷等进行监测。

除霜结束的复原操作，也由电脑根据 T_c 和时间作出判断后发出指令予以控制。

13.6 变频空调器的控制

13.6.1 变频空调器及其特点

1. 变频空调器简介

变频空调器是20世纪80年代以后迅速发展起来的高效节能、冷暖兼用的热泵型空调器，它具有优良的技术性能和显著的节能效果。在人们要求不断提高、能源日紧、微电脑技术与电力电子技术飞速发展的形势下，迅速地发展、普及开了。1988年，日本空调器总量中，变频式空调器就占了50%以上。在我国，产品研制的初级阶段，主要部件都依赖进口，很难形成自己的特色，但经过科技工作者不断攻关，到目前已开发出具有自身特色的变频空调产品，甚至有部分产品的性能达到了国际领先水平，如美的MDV复合式空调系列等。

变频式空调就是通过改变输入电源的频率，使压缩机的转速连续变化，从而实现压缩机能量的无级调节。它主要依赖于电子变频技术、双转子式压缩机和微电脑控制。

图13-17为变频分体空调器的制冷（热）循环系统。在该系统中，压缩机为特别配置的双转子式全封闭压缩机，节流装置采用新型急开式电子膨胀阀。电子式膨胀阀的控制系统如图13-18所示，微电脑可以根据温度设定值与室温之差控制膨胀阀的开度。制冷压缩机的转速与膨胀阀的开度相对应。

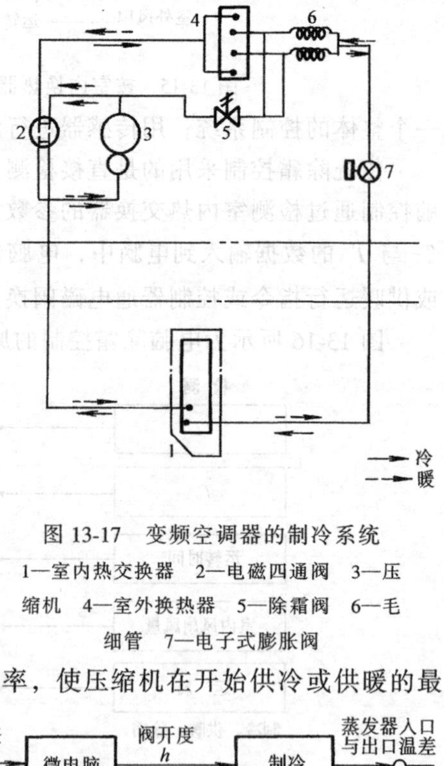

图13-17 变频空调器的制冷系统

1—室内热交换器 2—电磁四通阀 3—压缩机 4—室外换热器 5—除霜阀 6—毛细管 7—电子式膨胀阀

变频空调器中的变频器可以改变压缩机电源的频率，使压缩机在开始供冷或供暖的最初阶段，以大于其自身16%的大功率开始运转。当室温达到设定温度时，则以50%的小功率运转，不但能维持室温恒定，而且还能节能。当室温与设定温度之差较大时，变频器自动增大压缩机电源的频率（最大可达120Hz），提高压缩机的转速，在极短的时间内使室温达到设定温度。

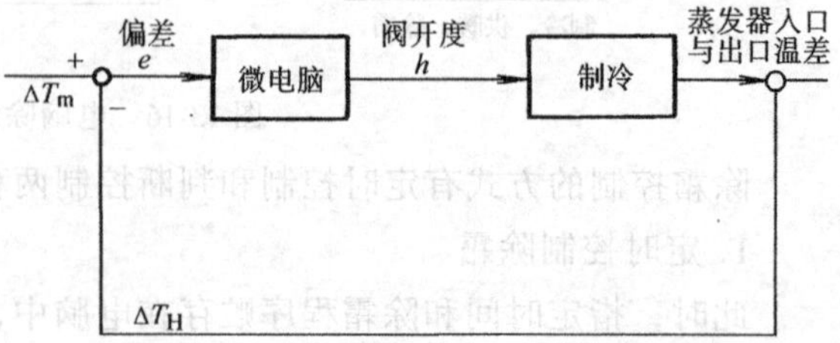

图13-18 电子式膨胀阀的控制系统

变频空调器在冬季供暖时的急速升温极为明显，在供暖刚开始时，压缩机以最高频率运转（急开式电子膨胀阀的开度也随之变大），急速供暖。室温从0℃上升到18℃只需18min，而一般非变频空调器的冬季供暖运转上升到同样温度却需要40min。变频空调器室外换热器采用不间断的运转方式除霜，在室外温度为 0℃以下时，尚能保持较高的供暖能力。一般的空调器除霜方式运转时，要中断供暖 5～10min，会引起室温受干扰而降低 6℃左右；而变频空调器由于采用新的除霜方式，就没有这种缺陷，除霜时四通阀不换向，电子膨胀阀与变频器配合调节制冷剂大流量循环，利用排气显热快速除霜，使除霜时间由 11min 缩短为 6min，除霜引起的室温降低由 6℃减为 2℃。变频空调器与普通空调器的供暖特性比较如图 13-19 所示。

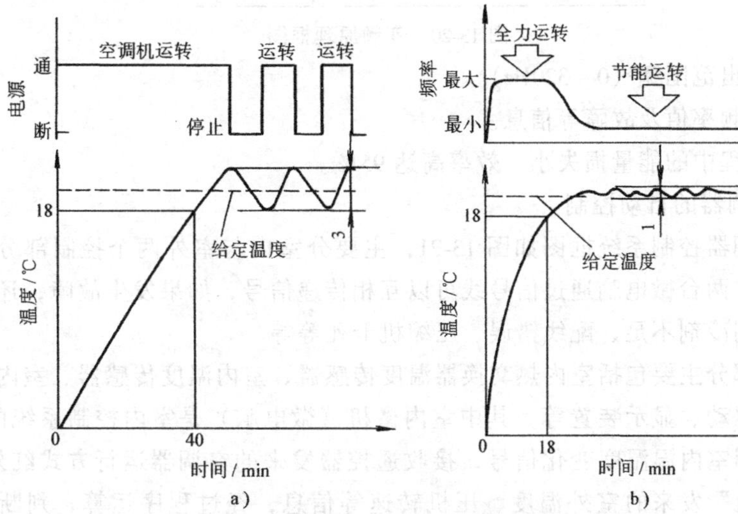

图 13-19　变频空调与普通空调供暖特性比较

a）普通空调器　b）变频空调器

2. 变频空调器的优点

由于变频空调器应用了电子膨胀阀等反应快速的电子元器件，同时又采用了先进的微电脑测控技术与变频技术，使空调器的控制功能更为齐全，控制精度也得到了很大提高。同时还提高了使用空调的舒适性。概括地说，变频空调的优点主要表现为：制冷制热速度快；能平稳地连续运转，无开关机的电流冲击，且起动电流小，能实现空调的“软起动”；节能（节能 20%～30%）；室内温度变化小，更舒适宜人；在电压波动情况下也能正常运转；突然停电后再来电时能自动起动；使用操作方便、功能多样等。

13.6.2　变频空调器的控制

1. 变频器

变频器的变频原理框图如图 13-20 所示。220V、50Hz 的市电输入，经变频器的交直流变换、直交流变换，输出电动机所需频率的三相交流电。其控制信号来自微电脑，即微电脑对温度传感器信号进行计算后，输出控制变频器频率大小的控制信号，从而控制变频器的输出频率。变频器完成交-直变换与直-交变换的变频功能可由六个大功率晶体管等来完成。一般地，容量在 120kV·A 以下，多采用晶体管变频器；120～150kV·A 范围，多采用可控硅变频器；高效能的则采用矢量控制的晶体管或可控硅变频器。

通用电压型变频器的典型产品以日本东芝公司生产 TOSVERT—130GI 体系的晶体管变频器为代表。其主要特点是：

1）容量范围大（1～300kV·A）。

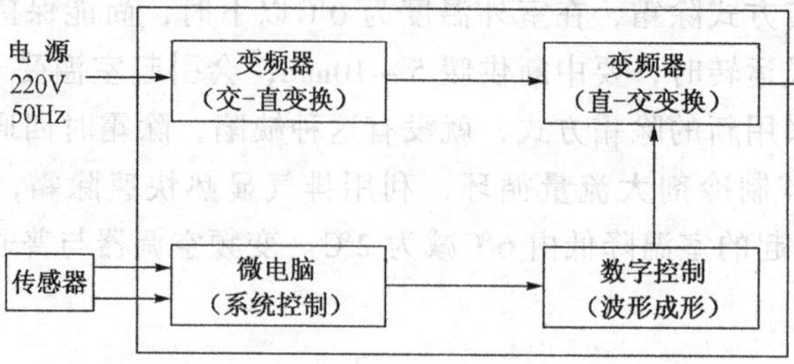

图 13-20 变频原理框图

2）频率输出范围宽（0～320Hz）。

3）能数显频率值及故障等信息。

4）变频过程中的能量损失小、效率高达95%。

2. 变频空调器的自动控制

变频式空调器控制系统框图如图13-21，主要分室内与室外两个控制部分，分别由两台微电脑控制。两台微电脑通过信号线可以互相传递信号，如果发生故障，还能自行作出故障判断，如制冷剂不足、配线错误、压缩机卡死等等。

室内控制部分主要包括室内热交换器温度传感器、室内温度传感器、室内微电脑控制器及其相应的驱动、显示装置等。其中室内微机（微电脑）是室内控制系统的控制中枢，主要任务是监测室内温湿度变化信号，接收遥控器发来的空调器运行方式红外编码信号，接收“室外微机”发来的室外温度、压机转速等信息，经过程序运算、判断，向室内风扇、室外微机发出一定的控制指令。

室外控制部分主要由主电路和控制电路组成。主电路负责供给压缩机电动机变频电源，过程为：整流滤波→交变直→变频器晶体管变频为三相变频交流电。控制电路的中枢为室外微机，其任务是监测室外温度、室内换热器表面温度、压缩机进气温度、压缩机电动机电流，并接收室内微机发来的控制信号，经程序运算、判断，对室外风扇、四通阀、电子膨胀阀发出控制指令，同时产生变频控制信号，控制变频器的输出信号，从而改变压缩机电动机的供电频率。

无线电遥控和室内、室外机组共同使用4组CPU。由无线电装置发射和接收红外信号。无线电接收器根据接收到的红外信号发出各种控制空调器动作的脉冲信号。室内微电脑控制器接收数据信号，并将信号译码后对室内机组进行控制，同时把对应于压缩机频率的指令信号送到室外微电脑控制器。室外微电脑控制器按照室内传来的指令信号向变频器输出压缩机电动机运转频率的数据，变频器按指定的频率输出，控制压缩机的转速。

变频空调器室内外机组微电脑的输入/输出控制信号如表13-2所示。

目前，变频空调的技术仍在不断发展之中，开始出现了一些功能更多、技术更先进、使用更舒适的新产品，例如将模糊控制理论应用于变频空调就是其中之一。

模糊控制变频空调器是应用模糊控制理论，利用“人体感觉传感器”（如活动量传感器、着衣量智能预测器等）、温湿度传感器、辐射传感器等自动检测室内外空气状态，经过模糊运算，使室内温度稳定在舒适温度上，避免了以往变频空调器所控制的温度波动过大的缺点，从而部分实现了空调器运行的“人性化”，使舒适性和节能性均有提高。

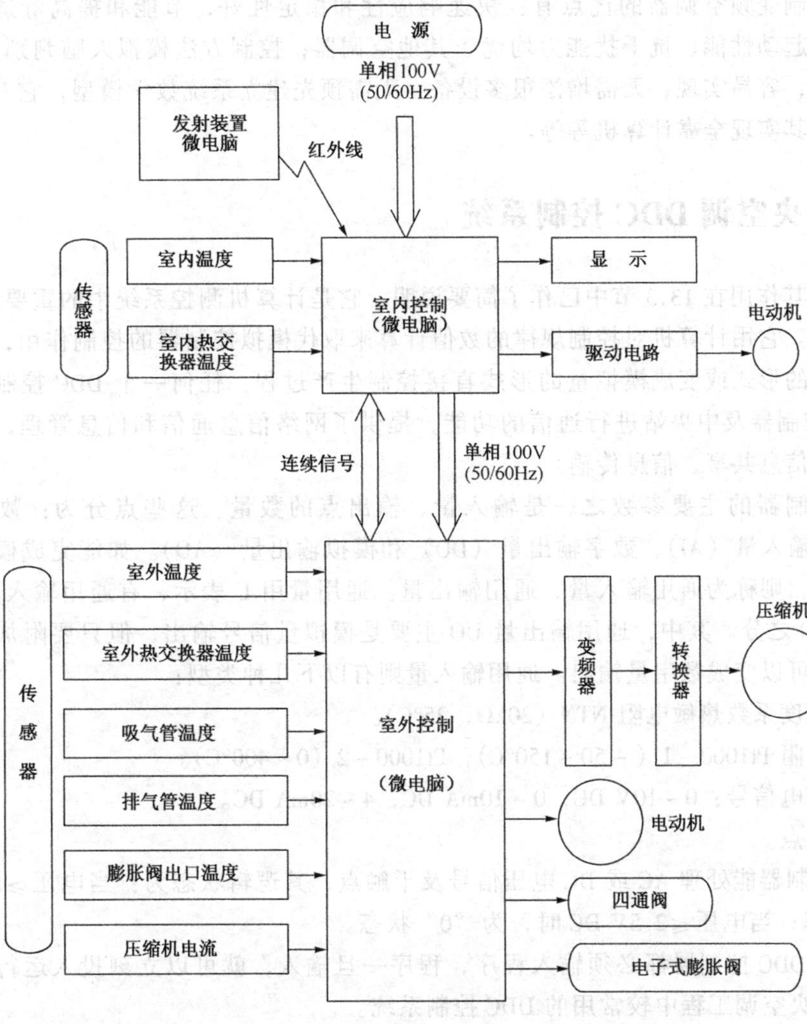

图 13-21　变频式空调器控制系统框图

表 13-2　变频空调器室内外机组微电脑的输入、输出信号

微电脑＼信号	输入信号	输出信号
室内微电脑	1. 遥控器指令运转状态的控制信号 2. 室内温度传感器信号 3. 蒸发温度传感器信号 4. 反映室内风机转速的反馈信号	1. 室内风机转速控制信号 2. 压缩机运转频率控制信号 3. 显示部分的控制信号（用于自诊断） 4. 向室外机传送控制信息的串行信号
室外微电脑	1. 来自室内机的串行信号 2. 电流传感器信号 3. 电子膨胀阀出入口温度信号 4. 吸气管温度信号 5. 压缩机壳温度信号 6. 大气温度传感器信号 7. 变频开关散热器温度信号 8. 除霜时冷凝器温度信号	1. 控制压缩机转速信号 2. 四通电磁阀切换信号 3. 室外风机转速控制信号 4. 通过电子膨胀阀控制冷剂流量信号 5. 各安全及保护电路的监控信号

模糊控制变频空调器的优点有：快速响应性和稳定性好，节能和提高舒适感效果明显；空调器起动性能、抗干扰能力均优于其他空调器；控制方法模拟人脑判别过程进行，故十分简单，容易实现，无需增添很多设备；无需预先建立系统数学模型，它对参数改变并不敏感，其实现全靠计算机等等。

13.7 中央空调 DDC 控制系统

DDC 及其作用在 13.3 节中已作了简要说明，它是计算机测控系统中的重要组成部分，被广泛应用。它用计算机对控制规律的数值计算来取代模拟控制器的控制作用，计算的结果以数字量的形式或变成模拟量的形式直接控制生产过程。任何一个 DDC 控制器都有与其他 DDC 控制器及中央站进行通信的功能，提供了网络信息通信和信息管理，便于实现全面的整体信息共享、信息传输。

DDC 控制器的主要参数之一是输入量、输出点的数量。这些点分为：数字输入量（DI）、模拟输入量（AI）、数字输出量（DO）和模拟输出量（AO）。如能完成模拟量和数字量的处理，则称为通用输入量、通用输出量。通用量用 U 表示，有通用输入量 UI 和通用输出量 UO 之分。其中，通用输出量 UO 主要是模拟量信号输出，但只要附加一组继电器模块，就可以变成数字量输出。通用输入量则有以下几种类型：

1）负温度系数热敏电阻 NTN（20kΩ，25°C）。

2）铂电阻 Pt1000－1（－50～150°C），Pt1000－2（0～400°C）。

3）直流电信号：0～10V DC；0～10mA DC；4～20mA DC。

4）干触点。

DDC 控制器能处理 AC 或 DC 电压信号及干触点，其逻辑状态为：当电压≥5V DC 时，为“1”状态；当电压≤2.5V DC 时，为“0”状态。

每一个 DDC 控制器都必须输入程序，程序一旦输入，就可以立刻投入运行。下面就介绍一些中央空调工程中较常用的 DDC 控制系统。

13.7.1 C500 型中央空调 DDC 控制系统

图 13-22 为中央空调 DDC 控制系统，其中采用的 DDC 控制器为 C500 型。该控制系统可以对中央空调进行焓值控制、最佳起停控制和温度控制等，还可以挂在 BAS 系统（即楼宇自动化系统）中的子中央处理单元通信干线上和子中央进行通信，把采集到的温、湿度等数据送到子中央，并按子中央发来的控制命令运行。

1.C500 型 DDC 控制器

C500 型 DDC 控制器有五个模拟信号输入口（AI）和一条输出总线 L_1。模拟信号输入口 AI_1～AI_5 可供输入两个湿度、三个温度信号；输出总路线 L_1 可输出数字信号驱动四台数字电动机以控制风门、阀门的开度。在 DDC 控制器中，可以根据控制对象的不同特性，选用最合适的控制算法编程，如新风温度补偿控制、预估控制、自动整定最佳 P、I、D 参数控制或模糊控制等，以保证在满足空调舒适、卫生要求的前提下，达到最大的节能效果。如果要改变 DDC 控制器的控制规律，只需改变控制程序，而无需改变系统的硬件设备，使控制系统投资省、设备组成简单，还可实现模拟控制器无法实现的复杂控制规律。

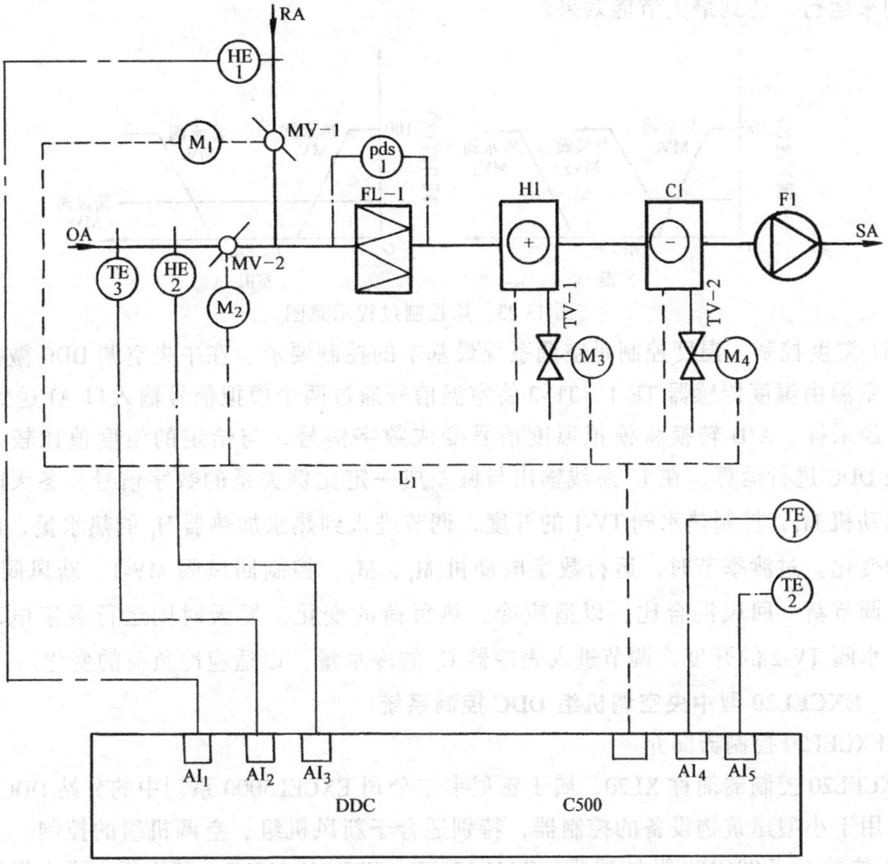

图 13-22　中央空调 DDC 控制系统示意图

2. C500 型 DDC 控制器的三个控制功能

(1) 焓值控制　DDC 控制器根据温度传感器 TE-1、TE-2 和湿度传感器 HE-1 送来的室内温、湿度信号，计算出室内焓 h_i，根据温度传感器 TE-3 和湿度传感器 HE-2 送来的室外温、湿度信号计算出室外焓 h_e，然后比较 h_i 和 h_e 的大小，结合室内温度值，发出控制指令，驱动数字电动机 M_1、M_2，控制回风阀 MV-1、新风阀 MV-2 的开度，改变新风与回风混合比的调节。图 13-23 为焓值控制过程示意图。从图中可以看出，当室内焓大于室外焓时，焓值控制可以充分利用新风这一自然冷源对室内进行冷却，以达到节能目的。即便是在 $h_e > h_i$ 时，或当 $h_i > h_e$，但室内温度较低时，新风阀并不关闭，只是在最小开度位置，以保证送风中有 10%新风量的卫生要求。

(2) 空调器最佳起停控制　为了保证工作人员一上班时房间内就有适当的舒适温度，空调应当提前运行。但是，存在一个最佳提前运行时间的问题，这个最佳时间实际上就是从空调系统开始起动运行，到室温变化到舒适温度区（18℃～28℃）的这段过渡过程时间。同样，在下班时空调系统也存在一个最佳的停机时间。显然，空调系统的最佳起停时间是随季节、天气，即室外气温变化而变化。这个控制程序是人们利用现场操作经验、运行数据记录，综合归纳出的最佳起停时间数学模型编制的，空调系统就按计算机给出的最佳起停时间来运行，达到最大节能效果。

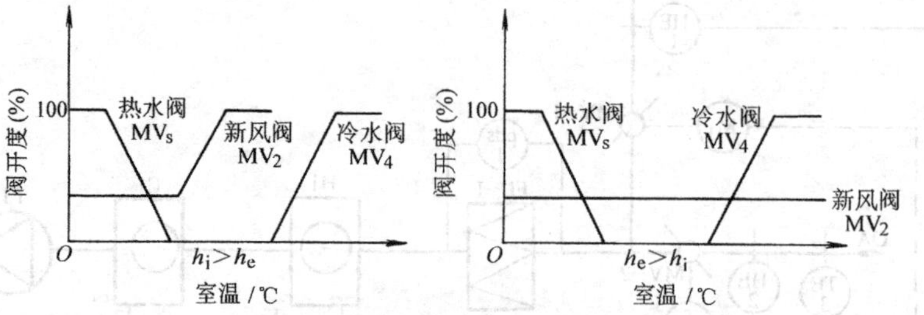

图 13-23 焓控制过程示意图

(3) 温度控制 温度控制是空调系统最基本的控制要求。在中央空调 DDC 微机测控系统中，室温由温度传感器 TE-1、TE-2 将室温信号通过两个模拟信号输入口 AI 送到 DDC 控制器；经采样、A/D 转换将模拟温度信号变成数字信号，与给定的温度值比较，得出偏差；经 DDC 进行运算，在 L_1 总线输出与偏差成一定比例关系的数字信号。冬天时，运行数字电动机 M_3，控制热水阀 TV-1 的开度，调节进入到热水加热器 H_1 的热水量，以适应热负荷的变化。过渡季节时，运行数字电动机 M_1、M_2，控制回风阀 MV-1、新风阀 MV-2 的开度，调节新、回风混合比，以适应冷、热负荷的变化。夏天时则运行数字电动机 M_4，控制冷水阀 TV-2 的开度，调节进入表冷器 C_1 的冷水量，以适应冷负荷的变化。

13.7.2 EXCEL20 型中央空调机组 DDC 控制系统

1. EXCEL20 控制器简介

EXCEL20 控制器简称 XL20，属于霍尼韦尔公司 EXCEL5000 系列中的分站 DDC 控制器，是一台用于小型建筑物设备的控制器，特别适合于新风机组、空调机组的控制。其电脑芯片为 16 位的 Intel 80C188 微处理器，RAM 128kB，EPROM 512kB。其面板上设有操作键和液晶显示，以供用户直接操作。该控制器尤其适用于单一空调机使用，在其显示器上可显示控制器的数据资料。

XL20 有固定的输入、输出配置，其输入、输出点数及信号种类分别见表 13-3、表 13-4。

表 13-3 XL20 控制器输入、输出点数

输入 (I)		输出 (O)	
DI	AI	DO	AO
2	7	4	3
16			

表 13-4 XL20 控制器输入、输出信号

AI	NTC，0～10V DC，0～20mA DC（外加 500Ω 电阻）
AO	0～10V DC，最大 11V DC，1mA
DI	0～0.4Hz，当作为总加点时，可为 15Hz
DO	双向可控硅，400mA，24V AC

当传感器为 PT1000、TP3000 和 BALCO500 时，可通过 XSI100 变送器，转换为 0～10V DC 信号输入到 XL20 的 AI 口上。模拟输入可以作为数字输入使用，可将一个数字信号联到一个模拟输入端子上。所有输入、输出均有 24V AC 及 40V DC 的过电压保护及短路保护。数字输入可用于总加器或计数器，具有累加功能。借助软件，每一个模拟输入点可选择 NTC 或 0～10V DC 输入。

数字输出 DO 为双向可控硅，400mA、24V AC。如用于强电回路时，需另加继电器模块。继电器模块有 MCD3 和 MCE3，MCD3 可将一个模拟输出变成一个无电压的触点或将一

个模拟输出变成一个三位控制输出。MCE3 可将两个模拟输出分别变成两个无电压触点或将一个模拟输出变成一个无电压触点（具体线路略）。

XL20 的软件应用程序可以是一组标准的应用程序，也可以是利用 CARE 图形编程，即通过在计算机显示器上简单的图形接口生成可直接运行的应用程序。作为设计过程的一部分，EXCEL、CARE 还能自动生成全部文件的材料汇总表。其固化软件和应用程序都永久驻存在一片 EPROM 中。其应用程序功能主要有：

1）控制和监视功能。

2）对控制器上连接的控制点提供全部信息点的说明。

3）提供时间程序，可用来按事先安排的时间程序完成各种功能。

4）正文有用户地址，英文说明符，状态和报警信息。用户可以定义这些正文信息，然后把它们存放到单独的文件中。

5）在液晶显示器上，显示控制器的数据资料可用面板上的 12 个键来搜寻信息。

6）通信功能。除单独完成区域控制任务外，当连接 XL20XD 这个 C-Bus 总线通信器后，可直接搭接在 C-Bus 总线上，与其他控制器通信，还可以与中央站通信，达到相互交换数据、资源共享的目的。

2. 用 XL20 控制的空调机组

图 13-24 为用 XL20 控制的空调机组系统图，图 13-24a 为测控原理图，图 13-24b 为其接线图。

在该控制系统中，XL20 型 DDC 控制器从空调机组中获得的模拟输入信号有回风温度信号 T、回风湿度信号 φ，分别获得空调回风的温、湿度参数。数字输入信号有过滤网两侧的压差信号 Δp、风机的运转参数（如电压、电流、转速等）信号。控制器获得这些输入参数后，与控制器内的设定值进行比较运算，根据其偏差情况发出控制指令，控制指令以模拟量或数字量输出信号发出。XL20 的模拟输出信号有控制电动风门的电信号和控制热交换器水管路上电动二通阀开度的电信号，分别实现新、回风混合比控制和水流量控制㊀。

XL20 的数字输出信号，主要有用来控制风机运转的信号和控制加湿器管路上的电动调节阀开度的信号。

可见，该控制系统的功能主要有：

1）对空调回风的温湿度、过滤网的压差值、风机的运行参数等进行检测。

2）控制新风阀门和回风阀门的开度，改变空调机组的新、回风混合比，达到节能运行的目的。

3）根据压差的大小判断过滤网的脏污情况，当过滤网太脏时，可通过过滤网报警提示清洁过滤网。

4）根据回风温湿度的高低控制空调系统的送风温湿度。

5）具有风机起停控制和风机故障指示的功能。

13.7.3　DC-9100 型中央空调机组 DDC 控制系统

91系列DDC控制器是江森公司开发的产品，它既可以作为一个独立的控制器使用，

㊀ 通过水流量控制来控制热交换器的换热量，从而与空调负荷相适应。

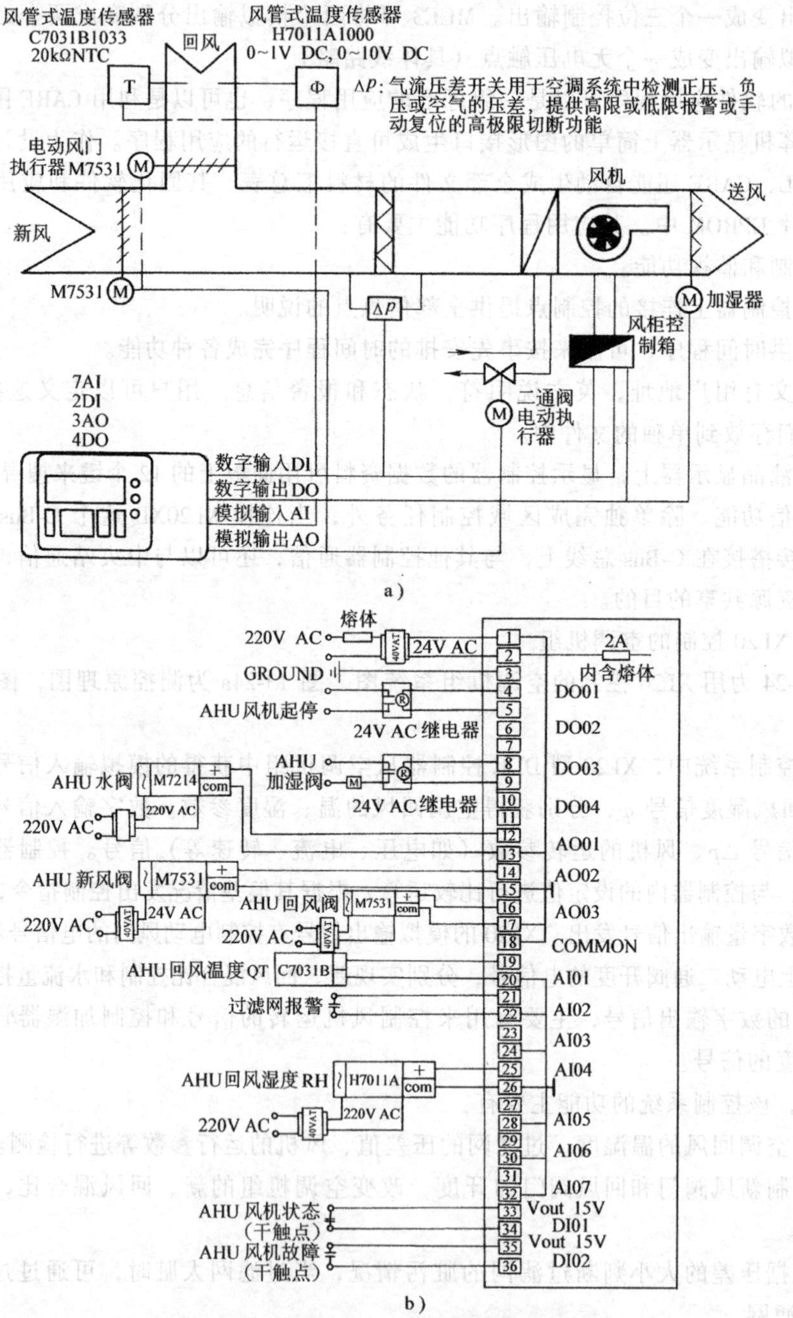

图 13-24 用 XL20 型 DDC 控制的空调机组

a) 自控原理图 b) 接线图

又能作为集散控制系统中的现场控制器使用。它可根据用户的需要来进行集成，利用图形编程的软件包，可以自动进行软件的内部连接，也就是实现输入、控制、输出之间的软件连接。它可在个人电脑上操作，并将软件存储在控制器内。控制器带有显示屏及功能按钮。在调试方面可进行模拟测试，在系统运行中能监测被控量和机电设备的运行、事故等。

图 13-25 为 DC-9100 型 DDC 控制器的接线及在空调机组上的应用。图中 TS-9100、W99 分别是风管式温度变送器、风管式湿度变送器，其输出信号均为 0～10V DC，供电电压均为 24V AC，交、直流共地，为三线连接。其控制原理读者可依照 XL20 控制系统的工作原理进行分析，这里从略。DC-9100 的输入、输出点见表 13-5。

与前述采用 XL20 型 DDC 控制器控制的空调机组相比，除控制器本身输入、输出点数不同之外，图 13-25 所示的空调机组控制系统在功能上亦稍有不同，具体表现在：

1）DC-9100控制器对新风、回风和送风同时进行温、湿度检测，而采用XL20控制系

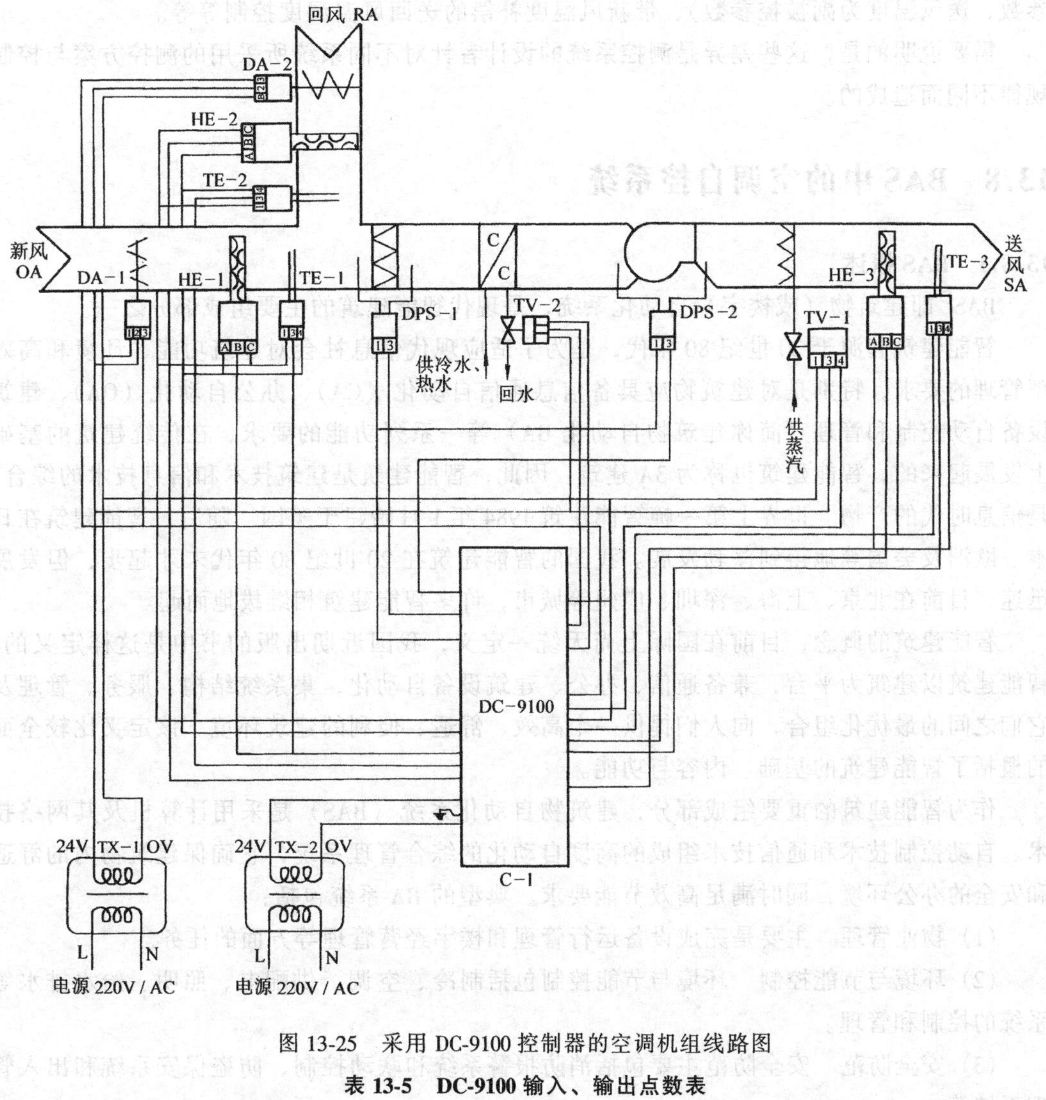

图 13-25　采用 DC-9100 控制器的空调机组线路图

表 13-5　DC-9100 输入、输出点数表

输入（I）		输出（O）	
AI	DI	AO	DO
8	8	2	6
24			

统（图13-24）中只对回风的温、湿度进行检测。

2）DC-9100控制器对风机只监测其进出口的风压差，通过风压差来判断与控制风机的运转，而不再对风机的其他运行参数进行检测。

3）如图13-25所示的控制系统，由于对新风、回风与送风同时进行了温湿度检测，因此从理论上讲，该系统便于通过编程而实现多种控制规律，在控制功能上具有较大的灵活性。例如，除可根据回风情况控制送风温湿度外，还可以利用新风和回风的温湿度进行空调系统的焓值控制、按新风温度选择风阀开度的送回风温度串级控制（回风温度为主被控参数，送风温度为副被控参数）、带新风温度补偿的送回风温湿度控制等等。

需要说明的是，这些差异是测控系统的设计者针对不同系统所采用的测控方案与控制规律不同而造成的。

13.8 BAS中的空调自控系统

13.8.1 BAS概述

BAS⊖即建筑物（或楼宇）自动化系统，是现代智能建筑的主要组成部分之一。

智能建筑起源于20世纪80年代，是为了适应现代信息社会对建筑功能、环境和高效率管理的要求，特别是对建筑物应具备信息通信自动化（CA）、办公自动化（OA）、建筑设备自动控制和管理（简称建筑物自动化BA）等一系列功能的要求，在传统建筑的基础上发展起来的，智能建筑也称为3A建筑。因此，智能建筑是建筑技术和信息技术的综合，是信息时代的产物。世界上第一幢智能建筑1984年1月始建于美国。随后，智能建筑在日本、欧洲及美国等地得到蓬勃发展。我国的智能建筑在20世纪80年代末才起步，但发展迅速，目前在北京、上海、深圳、广州等城市，许多智能建筑相继拔地而起。

智能建筑的概念，目前在国际上尚无统一定义，我国近期出版的书中是这样定义的，智能建筑以建筑为平台，兼备通信、办公、建筑设备自动化，集系统结构、服务、管理及它们之间的最优化组合，向人们提供一个高效、舒适、便利的建筑环境。该定义比较全面的概括了智能建筑的基础、内容与功能。

作为智能建筑的重要组成部分，建筑物自动化系统（BAS）是采用计算机及其网络技术、自动控制技术和通信技术组成的高度自动化的综合管理系统，它确保建筑物内的舒适和安全的办公环境，同时满足高效节能要求。典型的BA系统包括：

（1）物业管理　主要是完成设备运行管理和楼宇经营管理等方面的任务。

（2）环境与节能控制　环境与节能控制包括制冷、空调、供配电、照明、给水排水等系统的控制和管理。

（3）安全防范　安全防范主要包括消防报警系统和联动控制、防盗保安系统和出入管理系统等。

在BAS中，制冷空调的自动控制占有相当大的比重，是BAS中最重要的、节能潜力最大的一个子系统。

⊖ BAS，即Building Automation System。

13.8.2　BAS 中的制冷空调自控系统

在前面的有关章节中已经提到过，制冷空调自动控制系统的目的，主要是对室内空气的温度、湿度、清新度或洁净度等参数加以控制，保持室内空气的最佳品质；使制冷空调设备安全、高效地运行，并根据实际需要进行综合的能量控制，以达到既安全又节能的目的。

目前 BAS 中的制冷空调自控系统，主要还是用来确保建筑物内人们舒适性，以及设备安全、高效运行等的要求能得到满足。下面就结合某大厦中所采用的自控系统实例来进行说明。

1. 系统概况

某大厦地上 29 层，地下 2 层，其中地下第一层布置冷冻站、热交换站。整个系统有新风机组 48 台，空调机组 6 台。要求监控的范围为制冷、空调、给排水、电力和照明等。下面主要介绍其中的制冷、空调部分。

该大厦 BAS 实际采用的是美国霍尼韦尔公司的 EXCEL5000 型集散式测控系统，设有中央站及各监控现场的区域智能分站二级控制。中央站通过网络将分布在各监控现场的区域智能分站连接起来，共同完成集中操作、管理和分散控制的综合监控任务，即由中央站进行全面管理以及状态显示，由分站进行分散控制，使系统可靠，维护、管理方便。

确定分站的布置时，要考虑制冷空调设备在各层的分布情况，各层输入、输出点数的多少，以及安装和管理上方便等因素。由于地下第一层是冷、热站，设备多、控制点多，故设置三台大型控制器 XL500，27 ~ 29 层共用两台中型控制器 XL100，1 ~ 26 层、地下第二层各设置一台 XL100 控制器，整个大厦共采用 32 台控制器，满足了制冷、空调、给水排水、电力、照明等设施的监控和管理要求。同时，还与火灾报警系统连网，监控消防系统并报警。

由于一条系统总线 C-Bus 最多可联接 29 台控制器，故本系统中选用两条 C-Bus 总线。由两条通信总线联接到中央站，由计算机中心监测和管理。系统如图 13-26 所示。

本系统共有 670 个输入、输出点（不包括照明监控点），另有 20% 的输入输出点留作备用。所有现场设备均直接连接到所属的控制器上，而控制器之间、控制器与中央站之间分别由无屏蔽双绞线连在一起，作为信息传递媒介。该系统的特点是：

(1) 系统简洁　采用集散系统，现场控制域内的通信总线是无主式的，即无主从关系，各控制器独立工作，并可相互通信。结构直观简单，系统通信速度为 9600bit/s（比特每秒），可用图形组态方式编程，使用快捷、方便。

(2) 开放式的结构　从编程到应用均是对用户开放的，对其他系统也是开放的。

(3) 有综合管理的功能　对包括制冷空调等多个子系统进行管理，操作简便，采用中文及图形显示。各子系统相互联系，组成一个综合集成管理系统。

2. 空调监控子系统

该 BAS 对空调系统中的新风机与空调机组编制相应的时间程序、假日时间程序及事故程序。用户可以根据现场的具体情况和要求，对这些程序中的参数进行修改和设定。空调系统中需监测的主要内容包括：空调机组（包括新风机组）进、出风口空气的温度与湿

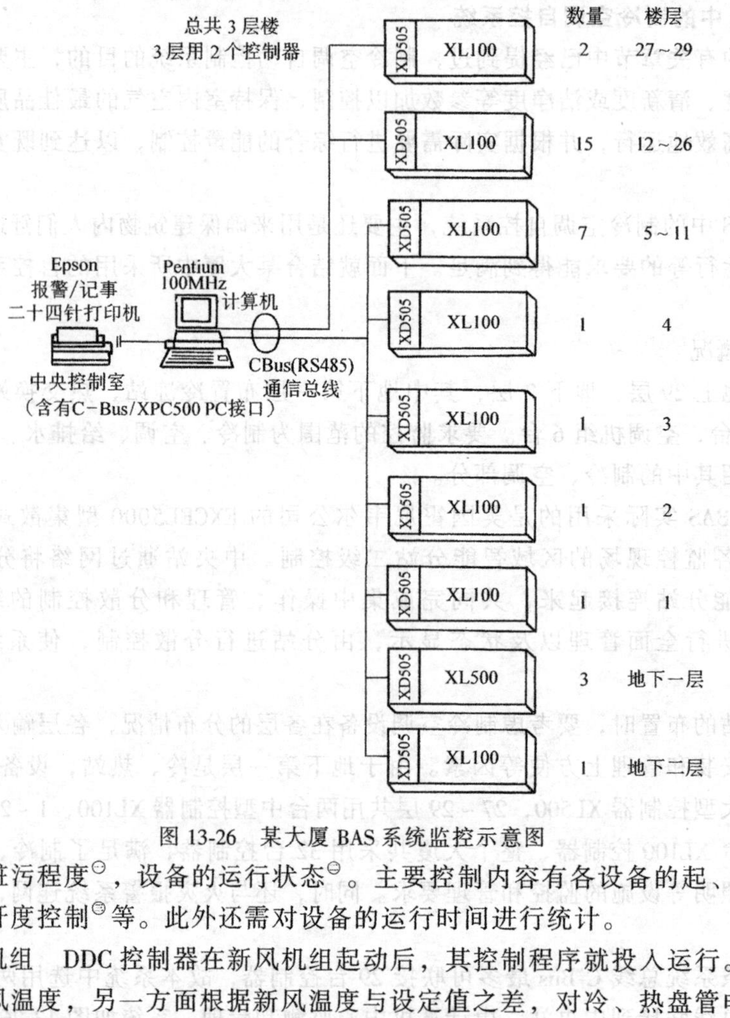

图 13-26 某大厦BAS系统监控示意图

度，过滤器的脏污程度㊀，设备的运行状态㊁。主要控制内容有各设备的起、停控制，风、水管路的阀门开度控制㊂等。此外还需对设备的运行时间进行统计。

（1）新风机组 DDC控制器在新风机组起动后，其控制程序就投入运行。一方面测量新风机组的送风温度，另一方面根据新风温度与设定值之差，对冷、热盘管电动二通阀的开度进行PI控制，使送风温度恒定。当新风机组中风机停止运行时，控制程序停止，并关闭新风阀门和水阀或蒸汽阀，使系统节能和安全。

运行中不断监视风机运行状态和故障、风机手动与自动开关状态、过滤器前后压差等。当过滤器压差超过报警值时，进行报警。

（2）空调机组 空调机组的监控线路如图13-27所示。

DDC控制器在空调机组起动后，其控制程序投入运行。一方面测量回风温、湿度，另一方面根据回风温度与设定值的偏差，对冷、热水盘管电动二通阀的开度进行PI控制，使回风温度维持在设定值范围内。当有加湿器时，根据回风实测湿度与设定值的偏差，控制加湿器电磁阀开或关（或控制电动二通阀的开度），维持房间湿度恒定。

当空调机组的风机停止运转时，新风阀门、电动二通阀、电磁阀等会自动关闭。

㊀ 通过检测两侧的压差判断。

㊁ 手动或自动控制、开关状态、故障报警等。

㊂ 如水量调节阀、新风阀、回风阀。

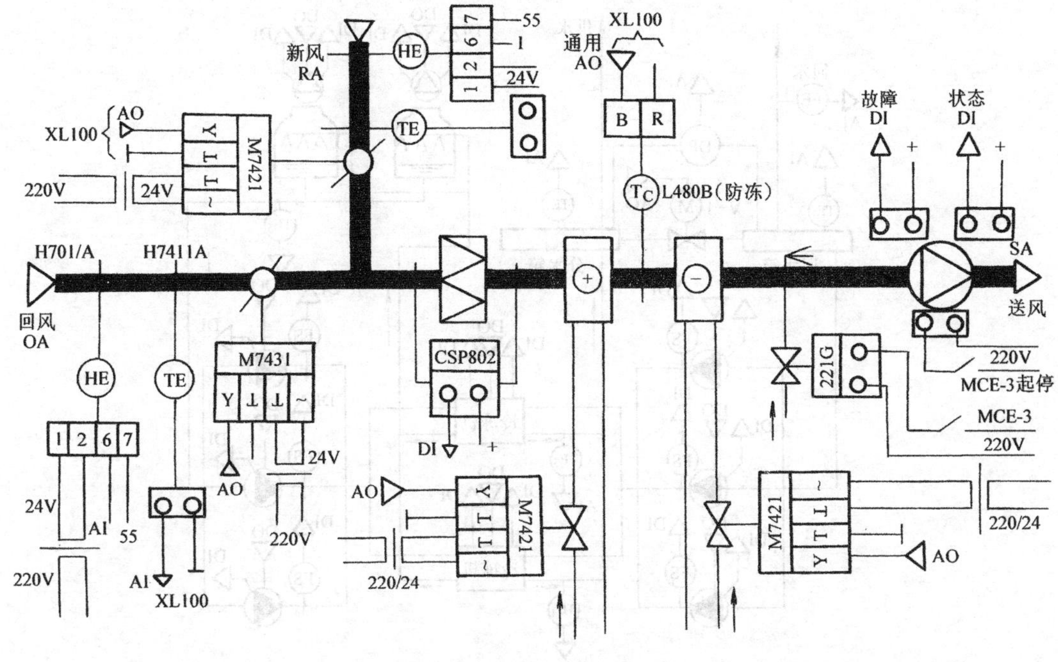

图 13-27　空调机组监控线路图

运行中不断监视风机运行状态和故障、空调机组手动与自动状态、过滤器前后压差等，并具有压差报警功能。

在寒冷地区，为了防止盘管冻结，系统中设有防冻开关（装在加热器之后）。当加热器后风温等于或低于某一设定值时（如 5℃），就通过防冻开关的数字输入信号，由 DDC 控制器使送风机停止运转，并关闭新风阀门，使风温回升。

(3) 节能控制　空调机组的节能控制包括设备的最佳起停控制、间歇运行控制、焓差控制，设定值再设定与夜间风净化控制等。其中，夜间风净化控制是指在凉爽季节，用夜间新风充满建筑物，以节约空调能耗。

3. 冷冻站监控子系统

冷冻站系统包括 3 台冷冻机、5 台冷冻水泵、5 台冷却水泵、3 台冷却塔和 1 个膨胀水箱等。控制系统如图 13-28 所示，监控内容与项目由表 13-6 列出。

在冷冻站监控系统中，由中央控制站每天按预先编排的时间程序来控制冷水机组的起停及进行监视各设备的工作状态。中央站可显示或打印、记录以下内容：

1) 冷水机组的起停控制情况。

2) 冷水机组、冷冻水泵、冷却水泵、冷却塔风机等动力设备的运行状态及故障状态。

3) 冷冻水供、回水温度，冷却水供水温度。

4) 冷冻水供水或回水流量。

分站 DDC 控制器则按内部预先编好的软件程序来控制冷水机组的起停机顺序，以及运行台数、供回水干管压差旁通阀开度等。还可记录全部冷水机组等设备的运行时间，在有备用时，根据设备运行时间的统计，起动运行时间最短的设备，平衡有关设备的运行时

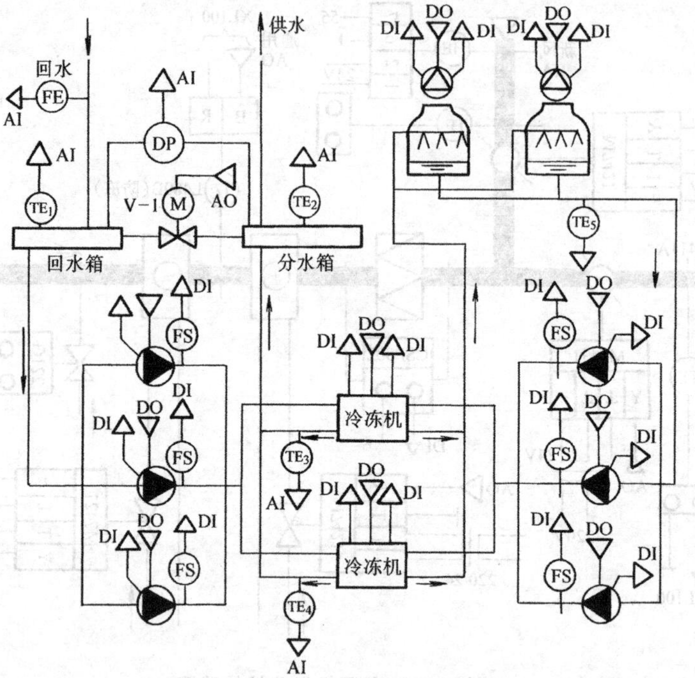

图 13-28　冷冻站控制系统图

间，降低维护及保养开支。当系统内各动力设备出现故障时，能在 DDC 控制器的控制下自动投入备用设备，维持系统正常工作。

表 13-6　冷冻站系统监控内容

类别	项目	冷水机组	冷冻泵	冷却泵	冷却塔	膨胀水箱	冷冻水	冷却水	其他
监测	运行状态	*	*	*	*				
	故障报警	*	*	*	*				
	手、自动开关状态	*	*	*	*				
	水位超限报警				*				
	供、回水压力						*	*	
	供、回水温度						*	*	
	供水总流量						*		
	供、回水干管压差						*		
	水流状态						*	*	
	供水压力							*	
	高水位监测					*			
	低水位监测					*			
控制	起停控制	*	*	*	*				
	旁通阀控制						*		
	蝶阀开关控制				*		*		
伪点	冷负荷								*
	运行累计时间	*	*	*	*				

13.9　可编程序控制器与微机组成的集散控制系统

在一些大的建筑物或大的工业厂房内，有时可能会设置几套、十几套甚至几十套空调系统，为了便于运行管理，在现场采用可编程控制器（PLC）进行各空调系统的就地运行控制，然后用总线将可编程控制器的通信接口与中央控制总站内的监控微机联接，实现通信。各现场控制元件的数据和状态由可编程控制器送入控制总站内的微机，由微机采集这些数据，进行分析及运行状态监测，同时还可以利用控制总站内的微机改变可编程控制器设备的初始值和设定值，从而实现微机对可编程控制器的直接控制。这样便构成了由可编程控制器作为一级控制，由微机作为第二级监控的集散控制系统。

13.9.1　可编程序控制器（PLC）及其特点

1. 可编程控制器的组成与工作原理

可编程控制器（PLC）是一种数字运算的电子操作系统，专门用于工业环境的控制。它采用可编程序的存储器，用来在其内部存储执行逻辑运算、顺序控制、定时、计数和算数运算等操作指令，并通过数字式和模拟式的输入、输出信号，控制各种生产过程。可编程控制器及其外围的有关设备都易于连成一个整体，且易于扩充。它采用面向用户的指令，因此编程方便。在空调系统的运行控制中，PLC 能做到安全可靠，且能提高控制精度，同时又简化了工人的劳动、减少了工作量，还可以做到最大限度地节能降耗。

PLC 由输入、输出和逻辑部分组成。输入部分负责收集并保存被控对象实际运行的数据和信息，如来自被控对象上的各种开关信息或操作台的操作命令。逻辑部分负责处理输入部分所取得的信息，并按被控对象的实际动作作出反应，将信号传递给输出部分。输出部分接收来自逻辑部分的信息后，输出信息和指令，去驱动控制系统中的调节、执行机构进行调节。PLC 的原理框图如图 13-29 所示。

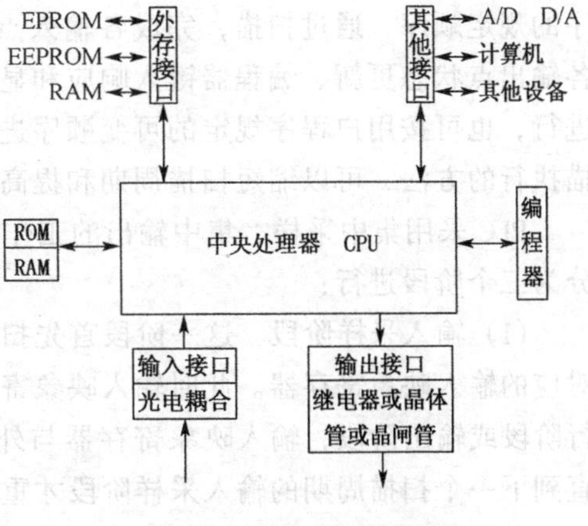

图 13-29　可编程控制器原理框图

由于 PLC 本质上是一台用于控制的计算机，因此它与一般的控制机在结构上有很大的相似性。其主要特点是与控制对象有更强的接口能力，即它的基本结构主要是围绕着适宜于控制的要求来进行设计的，其内部采用了大规模集成电路构成的微处理器和存储器等。PLC 内部各主要部分的功能如下：

（1）中央处理模板 CPU　CPU 是 PLC 的核心部件，其作用与通用微机的 CPU 一样。整个控制器的工作过程都是在 CPU 的统一指挥和协调下进行的，CPU 的主要任务是按一定的规律或要求读入被控对象的各种状态，然后根据用户所编制的应用程序的要求去处理有关数据，最后再向被控对象送出相应的控制信号。它与被控对象之间的联系是通过各种输入/输出（I/O）接口实现的。

(2) 输入/输出 (I/O) 组件 I/O模块是CPU与现场I/O装置或其他外部设备之间的联接部件，它负责将外部输入信号变成CPU能接受的信号，或将CPU的输出信号变换成需要的控制信号去驱动控制对象（包括开关量和模拟量）。PLC提供了各种操作电平与驱动能力的I/O模块和各种用途的I/O组件，供用户选用，如输入/输出电平转换、电气隔离、串/并行转换、数据传送、误码校验、A/D或D/A变换等功能模块。

(3) 系统程序存储器 系统程序存储器用来存放系统的工作程序（监控程序）、模块化应用功能子程序、命令解释、功能子程序的调用管理程序，以及存储各种系统参数等。

(4) 用户存储器 用来存放通过编程器输入的用户程序。常用的用户存储器型式或者存储方式有CMOS、RAM、EPROM和EEPROM等，信息外存常用盒式磁带和磁盘。

(5) 编程器 编程器用于用户程序的编制、编辑、调试检查和监视，还可以通过其键盘去调用和显示PLC的一些内部状态和系统参数。它通过通讯端口与CPU联系，完成人机对话连接。编程器上有供编程用的各种功能键和显示灯，以及编程、监控转换开关。

编程器分为简易型和智能型两种，前者只能联机编程，而后者既可联机编程又能脱机编程。

(6) 外部设备 一般的PLC都配有盒式录音机、打印机、EPROM写入器、高分辨率的屏幕彩色图形监控系统等外部设备。

除此以外，PLC还需有电源部件。

2.PLC的工作过程

PLC的工作过程采用的是周期循环扫描方式。当其开始运行时，CPU根据系统监控程序的规定顺序，通过扫描，完成各输入点的状态采集或输入数据采集、用户程序的执行、各输出点状态更新、编程器键入响应和显示更新及CPU等自检功能。扫描既可按固定顺序进行，也可按用户程序规定的可变顺序进行，通过不同组织模块的安排，采用分时分批扫描执行的方法，可以缩短扫描周期和提高控制的适时响应性。

PLC采用集中采样、集中输出的工作方式，减少了外界干扰的影响。其工作过程可以分为三个阶段进行：

(1) 输入采样阶段 这一阶段首先扫描所有输入端子，并将各输入信号存入内存中各对应的输入映象寄存器。此时输入映象寄存器被刷新，接着进入程序执行阶段，在程序执行阶段或输出阶段，输入映象寄存器与外界隔离，无论信号如何变化，其内容保持不变，直到下一个扫描周期的输入采样阶段才重新写入输入端的新内容。

(2) 程序执行阶段 PLC按先左后右、先上后下的步序语句逐句扫描（按梯形图程序扫描原则）。但遇到程序跳动指令时，就根据跳转条件是否满足来决定程序的跳转地址。当指令中涉及输入、输出状态时，就从输入映象寄存器中“读入”上一阶段采入的对应输入端子状态信号，从输出映象寄存器“读入”对应输出映象寄存器的当前状态。然后进行相应的运算，运算结果再存入元件映象寄存器中。对于元件映象寄存器，每一个元件会随着程序执行过程而变化。

(3) 输入刷新阶段 在所有指令执行完毕之后，输出映象寄存器中所有输出继电器的状态（通/断）在输出刷新阶段转存到输出锁存寄存器中，通过一定方式输出，驱动外部负载。

3. PLC 的特点及其与微机控制的区别

PLC 的特点主要有：

1）可靠性高，抗干扰能力强。

2）控制程序可变，具有很好的柔性。

3）编程简单，使用方便。

4）功能完善，扩充方便，组合灵活。

5）减少了控制系统设计及施工的工作量。

6）体积小，重量轻，是机电一体化的特有产品。

微机是一种通用的专用机，PLC 则是专为工业生产控制设计的专用计算机（即专用的通用机）。微机是在计算机与大规模集成电路的基础上发展起来的，其最大特点为运算速度快、功能强、应用范围广；而 PLC 是为适应工业控制环境而设计的，选配对应的模块便可适用于各种工业控制系统，用户只要改变用户程序即可满足工业控制系统的具体控制要求。两者有很大的相似性，但也有一定的区别，其差别主要表现在：

1）PLC 的抗干扰性能比微机高。

2）PLC 的编程比微机简单。

3）PLC 的设计调试周期短。

4）PLC 的输入/输出响应速度比微机慢，有较大的滞后时间。

5）PLC 易于操作。

6）PLC 易于维修，而微机则较困难。

4. 由 PLC 组成的空调控制系统

PLC 用于空调系统的控制时，按照空调系统的一定运行方式编制出满足运行调节需要的程序，通过编程器送入 PLC 的用户存储器中，使空调系统按照人们选定的运行方式进行安全可靠的自动运行控制，尤其对于多工况自动转换的系统特别有利。

在空调系统中，可作为 PLC 的输入信号有：风机、水泵、冷水机组的起动和停止按钮开关及连锁信号，有关的温度、相对湿度的上、下限接点信号，各调节阀如冷水调节阀、热水/蒸汽调节阀、风量调节阀等的极限位置信号，空调系统运行中的转换信号等。

PLC 的输出信号用来控制和显示的内容有：风机、水泵、冷水机组的起动、停止控制和运行、停机的信号显示，运行工况的自动转换和信号显示，运行中的故障报警及信号显示，各调节阀的阀位调节及阀位极限位置的显示等。

如某直流式空调系统采用蒸汽加热、加湿和水冷式表面冷却器处理空气的方式，全年运行采用三个调节工况，在控制系统中采用了 PLC。其全年运行调节工况及工况转换条件如图 13-30 所示，PLC 的输入（X）、输出（Y）编号及相应动作见表 13-7，部分梯形图如图 13-31 所示。

由梯形图可以看出，空调系统在 2 工况条件下运行的条件为：

1）如果通过工况选择转换开关选定 2 工况运行时，则有输入继电器 X_2、X_{11} 的常开触点将闭合，此时系统可进入 2 工况运行调节。

2）如果空调系统在运行中，起动控制器系统中 PLC 使其在程序控制状态下运行，即输入继电器 X_{400} 常开触点闭合。

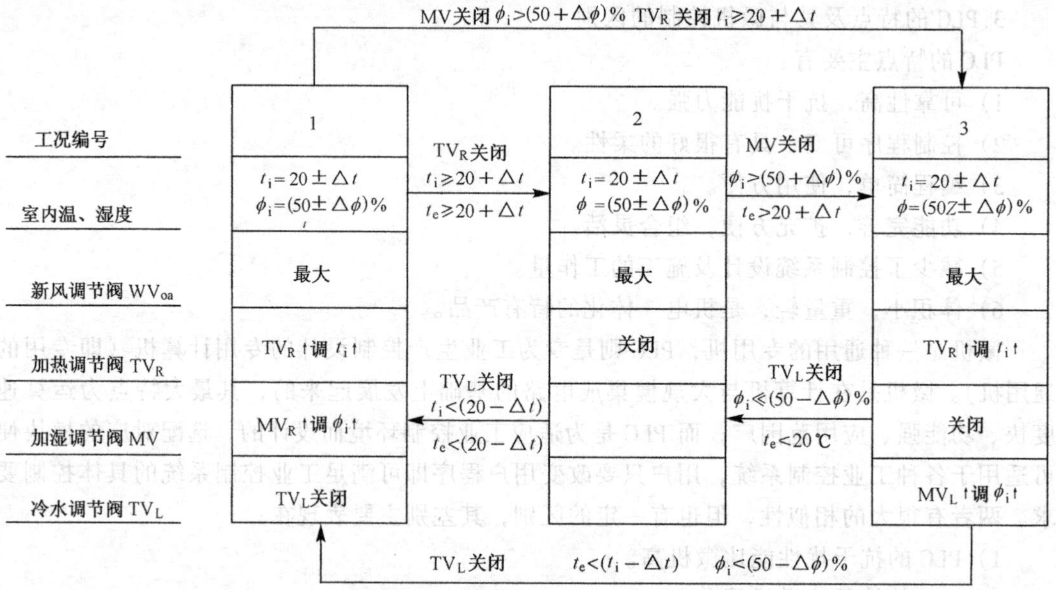

图 13-30 空调运行工况及工况转换条件

表 13-7 空调系统 PLC 控制输入（X）、输出（Y）编号及相应动作

编 号	用 途	编 号	用 途
X_1	手动转换1工况	X_{505}	M_S 关足
X_2	手动转换2工况	X_{506}	M_R 关足
X_3	手动转换3工况	X_{507}	M_L 关足
X_{10}	自动转换工况	Y_{30}	M_S 关
X_{11}	手动转换工况	Y_{31}	M_S 开
X_{400}	开程序	Y_{32}	M_R 关
X_{401}	风机连锁	Y_{33}	M_R 开
X_{402}	t_i 上限	Y_{36}	M_L 关
X_{403}	t_i 下限	Y_{37}	M_L 开
X_{404}	t_i 上调	Y_{432}	M_F 关
X_{405}	t_i 下调	Y_{433}	M_F 开
X_{406}	ϕ_i 上调	Y_{434}	M_O 关
X_{407}	ϕ_i 下调	Y_{435}	M_O 开
X_{410}	ϕ_i 下限	Y_{534}	1工况指示
X_{411}	ϕ_i 上限	Y_{532}	2工况指示
X_{500}	t_e 上限	Y_{533}	3工况指示
X_{501}	t_e 下限		

3）如果空调系统采用运行工况自动转换方式且在1工况条件下运行时，加热调节阀 TV_R 关足，室内温度 t_i 等于或大于要求值上限和室外温度 t_e 大于或等于室内温度上限时，

输入继电器 X_{101}、X_{506}、X_{402}、X_{501} 常开触点闭合，将由于自动工况转换继电器 X_{10} 常开触点的闭合而自动转换为 2 工况运行。

4）如果空调系统采用运行工况自动转换方式且在 3 工况条件下运行时，冷水调节阀 TV_L 关足。室内相对湿度 ϕ_i 小于或等于要求值下限和室内温度小于等于室内温度要求下限时，由于继电器 X_{103}、X_{507}、X_{400}、X_{403} 常开触点的闭合而使其由 3 工况自动转换为 2 工况运行。

5）在 2 工况运行时，输入继电器 X_{101}、X_{103} 的常闭触点将断开。

6）在 2 工况条件运行时，将通过输出继电器线圈 Y_{32} 发出控制指令，以驱动空调系统中的蒸汽加湿调节阀和冷水调节阀的开或关来实现空调房间内温、湿度控制的目的。

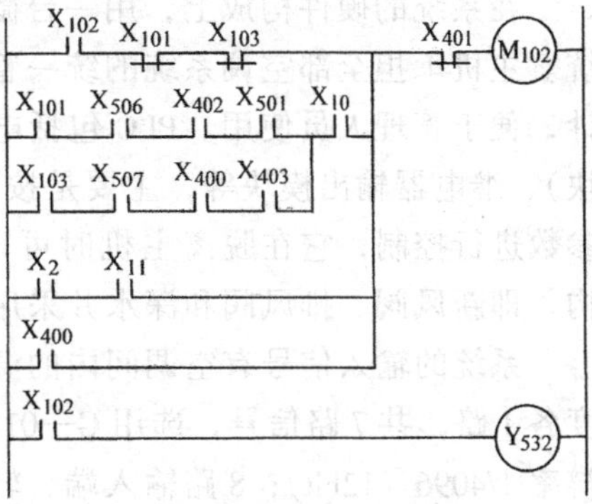

图 13-31　采用 PLC 的空调控制系统的部分梯形图

13.9.2　PLC 与微机组成的空调集散控制系统

由 PLC 和微机联接构成的两级控制系统，可以充分发挥 PLC 作为工业控制机时的可靠性高、抗干扰能力强的特点，又可发挥微机的数据处理、图形显示、打印报表的优势。

在这种系统中，微机通常仅用于编程、修改参数、数据显示、统计制表、各空调系统运行状况的图形显示等系统管理方面，一般不直接参与控制过程。而 PLC 在控制现场直接对空调系统的运行进行控制，即使与中央控制总站的微机脱开，或中央微机发生故障，也不会影响空调系统的正常运行。

在中央控制总站内，以微机为基础的 CRT 数据显示器与控制键盘组成一个中央操作单元，它具有智能终端的功能，并有一套标准图面的选择性显示，以显示空调系统的运行状态。标准图面一般有总貌显示、系统显示、局部显示、趋势显示、报表显示、报警显示等。中央控制总站的功能主要有：

1）收集控制现场信息，建立和管理、保存数据库。

2）利用中央控制总站的微机控制所有空调系统的工作状态，并采取最优控制。

3）在 CRT 操作显示屏上以多种画面显示过程状态，并进行装置图和流程图的显示。

4）利用 CRT 操作屏、键盘完成对现场运行状态的遥控，监督运行参数的变化，切换控制方式，改变控制系统中的设定值。

5）进行运行数据的统计、制表和记录等。

6）利用在线数据、内存的库存数据进行能量消耗、效率、成本的核算和统计。

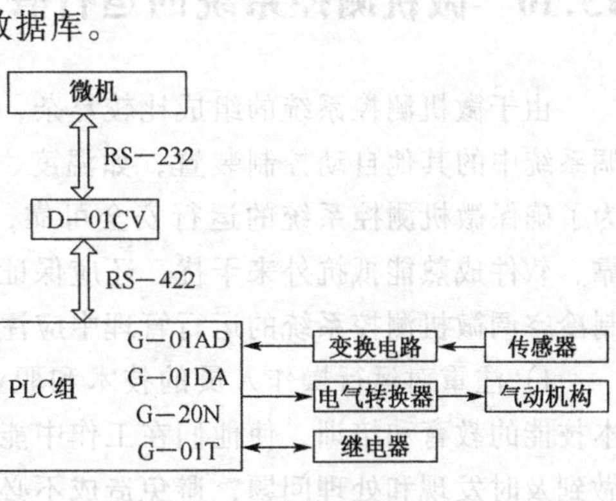

图 13-32　微机 + PLC 空调集散控制系统框图

图 13-32 为采用微机与 PLC 组成的某空调集散控制系统的构成框图。

该控制系统要求做到：随全年气象的变化，按室外新风焓值进行控制；将空调间内的温湿度控制在规定范围之内，并用变风量控制空调间的温度、变露点控制湿度。

在系统的硬件构成上，用一台微机和多台PLC及执行机构组成主从两级分布式控制系统。主机承担全部空调系统的统一管理，完成与PLC通信工作，其操作界面可选用组态设计，便于管理人员使用。PLC包括电源框架、通信模块、A/D与D/A转换模块（G—01模块）、继电器输出模块等，主要是按照主机下达的参数和自己的控制方案对空调系统中各参数进行控制，它在脱离主机时可以独立工作。执行器采用了气动和电动混合式执行机构，即新风阀、排风阀和深水井采用气动执行机构，蒸气采用电磁阀。

系统的输入信号有空调间内的温、湿度各2路，送风露点温度、室外温度、循环水温度各1路，共7路信号，选用G—01AD模块。其主要性能为：转换精度 $\pm 50\times10^{-6}/℃$，分辨率1/4096（12bit）；8路输入端，转换时间为10ms，输入信号为0~10V，输入方式为差动方式。系统的输出信号有新风阀、回风阀、排风阀、喷淋水量共4路，选用G—01DA模块2块，其主要性能为：转换精度 $\pm 50\times10^{-6}/℃$，分辨率1/4096（12bit）；2路输出端，转换时间为100μs，输出信号为0~10V。

风机与水泵的高低转速、手动-自动切换、开关等开关量信号共8个输入、8个输出，选用的是G—20N输入模块、G—01T输出模块，最大输出为220V2A，可以控制相对的继电器工作。

在通信方面，PLC选用G—01DM模块，主机选用RS—232串行口和D—01CV变换器，实现主从通信。

该控制系统中，主机可以根据管理人员的需要输入数据或观察工作情况。控制程序是按照先检测、再计算判断、后控制的原则设计，每分钟检测20次，然后求平均值。当此平均值超出设计范围时，开始进行分步调节。

采用微机与PLC控制，该空调系统的温湿度可以稳定在要求的范围内，减轻了工人的劳动强度，并具有显著的节能效果。

13.10 微机测控系统的运行管理

由于微机测控系统的组成比较复杂，除了微机及其外部设备等硬件之外，还有制冷空调系统中的其他自动控制装置，如温度、湿度、压差等传感器及变送器，各种调节阀等。为了确保微机测控系统的运行安全可靠，应保证微机控制系统硬件的性能稳定和安全可靠、软件成熟能抵抗外来干扰，还应保证制冷空调系统其他设备的工作正常。一般地，在制冷空调微机测控系统的运行管理中应注意以下几点：

1）注重对运行操作人员的技术和职业道德的培训。应加强对其事业心、责任心和基本技能的教育和培训，使他们在工作中能切实做到定时、定点、定路线的巡检设备，以便做到及时发现和处理问题，避免造成不必要的经济损失。

2）应定期对系统中的传感器、变送器进行检查、标定和校验，对执行机构进行必要的检查和保养。

3）经常检查微机测控系统中控制指令的执行情况。一般在微机测控系统中都配有很多执行器、调节阀（如加热、加湿、冷水电动阀及风量调节阀等）的开关信号灯和阀位开度显示仪表。如果系统中的电动调节阀、执行器、风量调节阀处于卡死、锈死、变形等不良状态，当微机控制系统发出调节指令时，相应的执行机构将无法准确执行其指令而使制冷空调系统的控制目的难以达到。如果这种状态持续时间过长还可能会因加大负载而烧毁电动阀和执行器的电动机或发生电气事故。

4）经常检查微机测控系统的供电电源（尤其是直流输出部分）的质量指标是否正常。如果供电电压过高，负载过大将会造成个别元器件的烧毁和烧断；电压过低将引起 A/D 或 D/A 转换的较大误差、甚至不能工作。

5）应确认被控参数设定值的正确性。有些微机测控系统在投入运行后，必须根据一年中空气等的参数变化修改被检或被控参数的设定值，系统才能进行正确的检测和控制。如果被控参数的设定值没有送入微机或设定值不正确，系统都不能获得令人满意的控制效果，甚至会引起自控的混乱或者违反制冷空调控制逻辑、而使制冷空调系统不能正常工作。如果在运行中发现被控参数发生失控或不能消除偏差，这时应首先检查送入微机的被控参数设定值是否正确。

6）采用微机测控的制冷空调系统一般在调试时应先采用手动控制方式，使被控参数接近设定值时再启动微机自控系统投入运行，这样可以缩短被控参数达到设定值的时间，使自控系统很快进入稳定运行阶段，同时也避免控制系统中继电器长时间的频繁吸合或断开，以延长其寿命。

7）微机测控系统出现死机时的处理。微机测控系统在运行中出现控制停止、微机不再执行程序的现象称为“死机”。死机的发生往往是由于微机自控系统受到强电磁场的干扰所致。如空调系统中大型风机、水泵、压缩机等在起动时的大电流、高电压所产生的强电场作用等，对于抗干扰能力较差的微机系统会造成死机现象。由于死机的发生是短暂的、甚至是瞬间的，因而在运行中出现的死机一般不会损坏微机系统，这时可先关闭微机系统等大型用电设备运行平稳后再重新起动微机自控系统。而最好的方法是采取有效措施提高微机测控系统的抗干扰能力。

本章要点

1. 微机测控系统的组成、特点与功能。

2. 根据应用特点、控制方案、控制目的和系统构成，微机测控系统大体上可分为巡回检测数据处理系统，操作指导控制系统，直接数字控制系统，监督控制系统，分布式控制系统或集散控制系统五种类型。每种类型都有其特点与作用，在实际工程中应根据需要进行选用。

3. 各种微机测控系统在现代制冷空调工程中，尤其是在热工参数检测、设备运行监控与运行决策优化等方面的应用。

思考题与习题

13-1　什么是微机测控系统？它与常规的测控系统有何区别？有何特点？

13-2　现代微机测控系统是如何发展起来的？

13-3　微机测控系统的主要组成有哪些？

13-4 微机测控系统硬件中的各组成部分分别有何作用？

13-5 微机测控系统的系统软件和应用软件是如何区分的？各有何作用？

13-6 简述微机测控系统的类型及各类型的特点。

13-7 监督微机控制系统与分布式（或集散式）控制系统有何区别？

13-8 举例说明微机测控系统在制冷空调工程中的应用（说明是哪种微机测控系统、硬件组成与特点、软件类型、系统的输入/输出参数种类与数量、控制功能与控制流程或方案等）。

实训 11 现场了解微机测控系统在制冷空调工程中的应用实例

1. 实训目的

通过了解现代微机测控系统在制冷空调中的实际应用，熟悉其原理、特点、测控工艺流程、运行管理与维护保养的要求等，将所学的理论知识与实际工程相结合，并通过实际应用来促进理论知识的学习。

2. 实训场所

由指导老师根据当地条件，选择合适的对象进行参观和了解，如冷库、中央空调系统、带微电脑的电冰箱与空调器、冷藏柜等。

3. 实训内容和要求

1）了解实际制冷空调微机测控系统的类别、功能、主要组成部分、系统输入与输出参数的种类与数量、测控系统的控制流程、自控元件的名称与特性及其安装、调试、运行管理及维护方面的内容。

2）了解和对比不同制冷空调微机测控系统的特点。

3）分析测控系统在制冷空调系统中所起的作用。

4）根据参观和了解对象的实际情况完成实训报告（将以上内容叙述清楚）。

附　　录

附录 A　铂铑$_{10}$-铂热电偶分度表

分度号:S

温度/℃	热电动势/μV										温度/℃
	0	1	2	3	4	5	6	7	8	9	
-50	-236										-50
-40	-194	-199	-203	-207	-211	-215	-220	-224	-228	-232	-40
-30	-150	-155	-159	-164	-168	-173	-177	-181	-186	-190	-30
-20	-103	-108	-112	-117	-122	-127	-132	-136	-141	-145	-20
-10	-53	-58	-63	-68	-73	-78	-83	-88	-93	-98	-10
0	0	-5	-11	-16	-21	-27	-32	-37	-42	-48	0
0	0	5	11	16	22	27	33	38	44	50	0
10	55	61	67	72	78	84	90	95	101	107	10
20	113	119	125	131	137	142	148	154	161	167	20
30	173	179	185	191	197	203	210	216	222	228	30
40	235	241	247	254	260	266	273	279	286	292	40
50	299	305	312	318	325	331	338	345	351	358	50
60	365	371	378	385	391	398	405	412	419	425	60
70	432	439	446	453	460	467	474	481	488	495	70
80	502	509	516	523	530	537	544	551	558	566	80
90	573	580	587	594	602	609	616	623	631	638	90
100	645	653	660	667	675	682	690	697	704	712	100
110	719	727	734	742	749	757	764	772	780	787	110
120	795	802	810	818	825	833	841	848	856	864	120
130	872	879	887	895	903	910	918	926	934	942	130
140	950	957	965	973	981	989	997	1005	1013	1021	140
150	1029	1037	1045	1053	1061	1069	1077	1085	1093	1101	150
160	1109	1117	1125	1133	1141	1149	1158	1166	1174	1182	160
170	1190	1198	1207	1215	1223	1231	1240	1248	1256	1264	170
180	1273	1281	1289	1297	1306	1314	1322	1331	1339	1347	180
190	1356	1364	1373	1381	1389	1398	1406	1415	1423	1432	190
200	1440	1448	1457	1465	1474	1482	1491	1499	1508	1516	200
210	1525	1534	1542	1551	1559	1568	1576	1585	1594	1602	210
220	1611	1620	1628	1637	1645	1654	1663	1671	1680	1689	220
230	1698	1706	1715	1724	1732	1741	1750	1759	1767	1776	230
240	1785	1794	1802	1811	1820	1829	1838	1846	1855	1864	240

（续）

温度/℃	热电动势/μV										温度/℃
	0	1	2	3	4	5	6	7	8	9	
250	1873	1882	1891	1899	1908	1917	1926	1935	1944	1953	250
260	1962	1971	1979	1988	1997	2006	2015	2024	2033	2042	260
270	2051	2060	2069	2078	2087	2096	2105	2114	2123	2132	270
280	2141	2150	2159	2168	2177	2186	2195	2204	2213	2222	280
290	2232	2241	2250	2259	2268	2277	2286	2295	2304	2314	290
300	2323	2332	2341	2350	2359	2368	2378	2387	2396	2405	300
310	2414	2424	2433	2442	2451	2460	2470	2479	2488	2497	310
320	2506	2516	2525	2534	2543	2553	2562	2571	2581	2590	320
330	2599	2608	2618	2627	2636	2646	2655	2664	2674	2683	330
340	2692	2702	2711	2720	2730	2739	2748	2758	2767	2776	340
350	2786	2795	2805	2814	2823	2833	2842	2852	2861	2870	350
360	2880	2889	2899	2908	2917	2927	2936	2946	2955	2965	360
370	2974	2984	2993	3003	3012	3022	3031	3041	3050	3059	370
380	3069	3078	3088	3097	3107	3117	3126	2136	2145	3155	380
390	3164	3174	3183	3193	3202	3212	3221	3231	3241	3250	390
400	3260	3269	3279	3288	3298	3308	3317	3327	3336	3346	400
410	3356	3365	3375	3384	3394	3404	3413	3423	3433	3442	410
420	3452	3462	3471	3481	3491	3500	3510	3520	3529	3539	420
430	3549	3558	3568	3578	3587	3597	3607	3610	3626	3636	430
440	3645	3655	3665	3675	3684	3694	3704	3714	3723	3733	440
450	3743	3752	3762	3772	3782	3791	3801	3811	3821	3831	450
460	3840	3850	3860	3870	3879	3889	3899	3909	3919	3928	460
470	3938	3948	3958	3968	3977	3987	3997	4007	4017	4027	470
480	4036	4046	4056	4066	4076	4086	4095	4105	4115	4125	480
490	4135	4145	4155	4164	4174	4184	4194	4204	4214	4224	490
500	4234	4243	4253	4263	4273	4283	4293	4303	4313	4323	500
510	4333	4343	4352	4362	4373	4382	4393	4402	4412	4422	510
520	4432	4442	4452	4462	4472	4482	4492	4502	4512	4522	520
530	4532	4542	4552	4562	4572	4582	4592	4602	4612	4622	530
540	4632	4642	4652	4662	4672	4682	4692	4702	4712	4722	540
550	4732	4742	4752	4762	4772	4782	4792	4802	4812	4822	550
560	4832	4842	4852	4862	4873	4883	4893	4903	4913	4923	560
570	4933	4943	4953	4963	4973	4984	4994	5004	5014	5024	570
580	5034	5044	5054	5065	5075	5085	5095	5105	5115	5125	580
590	5136	5146	5156	5166	5176	5186	5197	5207	5217	5227	590

（续）

温度/℃	热电动势/μV										温度/℃
	0	1	2	3	4	5	6	7	8	9	
600	5237	5247	5258	5268	5278	5288	5298	5309	5319	5329	600
610	5339	5350	5360	5370	5380	5391	5401	5411	5421	5431	610
620	5442	5452	5462	5473	5483	5493	5503	5514	5524	5534	620
630	5544	5555	5565	5575	5586	5596	5606	5617	5627	5637	630
640	5648	5658	5668	5679	5689	5700	5710	5720	5731	5741	640
650	5751	5762	5772	5782	5793	5803	5814	5824	5834	5845	650
660	5855	5866	5876	5887	5897	5907	5918	5928	5939	5949	660
670	5960	5970	5980	5991	6001	6012	6022	6033	6043	6054	670
680	6064	6075	6085	6096	6106	6117	6127	6138	6148	6159	680
690	6169	6180	6190	6201	6211	6222	6232	6243	6253	6264	690
700	6274	6285	6295	6306	6316	6327	6338	6348	6359	6369	700
710	6380	6390	6401	6412	6422	6433	6443	6454	6465	6475	710
720	6486	6496	6507	6518	6528	6539	6549	6560	6571	6581	720
730	6592	6603	6613	6624	6635	6645	6656	6667	6677	6688	730
740	6699	6709	6720	6731	6741	6752	6763	6773	6784	6795	740
750	6805	6816	6827	6838	6848	6859	6870	6880	6891	6902	750
760	6913	6923	6934	6945	6956	6966	6977	6988	6999	7009	760
770	7020	7031	7042	7053	7063	7074	7085	7096	7107	7117	770
780	7128	7139	7150	7161	7171	7182	7193	7204	7215	7225	780
790	7236	7247	7258	7269	7280	7291	7301	7312	7323	7334	790
800	7345	7356	7367	7377	7388	7399	7410	7421	7432	7443	800
810	7454	7465	7476	7486	7497	7508	7519	7530	7541	7552	810
820	7563	7574	7585	7596	7607	7618	7629	7640	7651	7661	820
830	7672	7683	7694	7705	7716	7727	7738	7749	7760	7771	830
840	7782	7793	7804	7815	7826	7837	7848	7859	7870	7881	840
850	7892	7904	7915	7926	7937	7948	7959	7970	7981	7992	850
860	8003	8014	8025	8036	8047	8058	8069	8081	8092	8103	860
870	8114	8125	8136	8147	8158	8169	8180	8192	8203	8214	870
880	8225	8236	8247	8258	8270	8281	8292	8303	8314	8325	880
890	8336	8348	8359	8370	8381	8392	8404	8415	8426	8437	890
900	8448	8460	8471	8482	8493	8504	8516	8527	8538	8549	900
910	8560	8572	8583	8594	8605	8617	8628	8639	8650	8662	910
920	8673	8684	8695	8707	8718	8729	8741	8752	8763	8774	920
930	8786	8797	8808	8820	8831	8842	8854	8865	8876	8888	930
940	8899	8910	8922	8933	8944	8956	8967	8978	8990	9001	940

（续）

温度/℃	热电动势/μV										温度/℃
	0	1	2	3	4	5	6	7	8	9	
950	9012	9024	9035	9047	9058	9069	9081	9092	9103	9115	950
960	9126	9138	9149	9160	9172	9183	9195	9206	9217	9229	960
970	9240	9252	9263	9275	9286	9298	9309	9320	9332	9343	970
980	9355	9366	9378	9389	9401	9412	9424	9435	9447	9458	980
990	9470	9481	9493	9504	9516	9527	9539	9550	9562	9573	990
1000	9585	9596	9608	9619	9631	9642	9654	9665	9677	9689	1000
1010	9700	9712	9723	9735	9746	9758	9770	9781	9793	9804	1010
1020	9816	9828	9839	9851	9862	9874	9886	9897	9909	9920	1020
1030	9932	9944	9955	9967	9979	9990	10002	10013	10025	10037	1030
1040	10048	10060	10072	10083	10095	10107	10118	10130	10142	10154	1040
1050	10165	10177	10189	10200	10212	10224	10235	10247	10259	10271	1050
1060	10282	10294	10306	10318	10329	10341	10353	10364	10376	10388	1060
1070	10400	10411	10423	10435	10447	10459	10470	10482	10494	10506	1070
1080	10517	10529	10541	10553	10565	10576	10588	10600	10612	10624	1080
1090	10635	10647	10659	10671	10683	10694	10706	10718	10730	10742	1090
1100	10754	10765	10777	10789	10801	10813	10825	10836	10848	10860	1100
1110	10872	10884	10896	10908	10919	10931	10943	10955	10967	10979	1110
1120	10991	11003	11014	11026	11038	11050	11062	11074	11086	11098	1120
1130	11110	11121	11133	11145	11157	11169	11181	11193	11205	11217	1130
1140	11229	11241	11252	11264	11276	11288	11300	11312	11324	11336	1140
1150	11348	11360	11372	11384	11396	11408	11420	11432	11443	11455	1150
1160	11467	11479	11491	11503	11515	11527	11539	11551	11563	11575	1160
1170	11587	11599	11611	11623	11635	11647	11659	11671	11683	11695	1170
1180	11707	11719	11731	11743	11755	11767	11779	11791	11803	11815	1180
1190	11827	11839	11851	11863	11875	11887	11899	11911	11923	11935	1190
1200	11947	11959	11971	11983	11995	12007	12019	12031	12043	12055	1200
1210	12067	12079	12091	12103	12116	12128	12140	12152	12164	12176	1210
1220	12188	12200	12212	12224	12236	12248	12260	12272	12284	12296	1220
1230	12308	12320	12332	12345	12357	12369	12381	12393	12405	12417	1230
1240	12429	12441	12453	12465	12477	12489	12501	12514	12526	12538	1240
1250	12550	12562	12574	12586	12598	12610	12622	12634	12647	12659	1250
1260	12671	12683	12695	12707	12719	12731	12743	12755	12767	12780	1260
1270	12792	12804	12816	12828	12840	12852	12864	12876	12888	12901	1270
1280	12913	12925	12937	12949	12961	12973	12985	12997	13010	13022	1280
1290	13034	13046	13058	13070	13082	13094	13107	13119	13131	13143	1290

（续）

温度/℃	热电动势/μV										温度/℃
	0	1	2	3	4	5	6	7	8	9	
1300	13155	13167	13179	13191	13203	13216	13228	13240	13252	13264	1300
1310	13276	13288	13300	13313	13325	13337	13349	13361	13373	13385	1310
1320	13397	13410	13422	13434	13446	13458	13470	13482	13495	13507	1320
1330	13519	13531	13543	13555	13567	13579	13592	13604	13616	13628	1330
1340	13640	13652	13664	13677	13689	13701	13713	13725	13737	13749	1340
1350	13761	13774	13786	13798	13810	13822	13834	13846	13859	13871	1350
1360	13883	13895	13907	13919	13931	13943	13956	13968	13980	13992	1360
1370	14004	14016	14028	14040	14053	14065	14077	14089	14101	14113	1370
1380	14125	14138	14150	14162	14174	14186	14198	14210	14222	14235	1380
1390	14247	14259	14271	14283	14295	14307	14319	14332	14344	14356	1390
1400	14368	14380	14392	14404	14416	14429	14441	14453	14465	14477	1400
1410	14489	14501	14513	14526	14538	14550	14562	14574	14586	14598	1410
1420	14610	14622	14635	14647	14659	14671	14683	14695	14707	14719	1420
1430	14731	14744	14756	14768	14780	14792	14804	14816	14828	14840	1430
1440	14852	14865	14877	14889	14901	14913	14925	14937	14949	14961	1440
1450	14973	14985	14998	15010	15022	15034	15046	15058	15070	15082	1450
1460	15094	15106	15118	15130	15143	15155	15167	15179	15191	15203	1460
1470	15215	15227	15239	15251	15263	15275	15287	15299	15311	15324	1470
1480	15336	15348	15360	15372	15384	15396	15408	15420	15432	15444	1480
1490	15456	15468	15480	15492	15504	15516	15528	15540	15552	15564	1490
1500	15576	15589	15601	15613	15625	15637	15649	15661	15673	15685	1500
1510	15697	15709	15721	15733	15745	15757	15769	15781	15893	15805	1510
1520	15817	15829	15841	15853	15865	15877	15889	15901	15913	15925	1520
1530	15937	15949	15961	15973	15985	15997	16009	16021	16033	15045	1530
1540	16057	16069	16080	16092	16104	16116	16128	16140	16152	16164	1540
1550	16176	16189	16200	16212	16224	16236	16248	16260	16272	16284	1550
1560	16296	16308	16319	16331	16343	16355	16367	16379	16391	16403	1560
1570	16415	16427	16439	16451	16462	16474	16486	16498	16510	16522	1570
1580	16534	16546	16558	16569	16581	16593	16605	16617	16629	16641	1580
1590	16653	16664	16676	16688	16700	16712	16724	16736	16747	16759	1590
1600	16771	16783	16795	16807	16819	16830	16842	16854	16866	16878	1600
1610	16890	16901	16913	16925	16937	16949	16960	16972	16984	16996	1610
1620	17008	17019	17031	17043	17055	17067	17078	17090	17102	17114	1620
1630	17125	17137	17149	17161	17173	17184	17196	17208	17220	17231	1630
1640	17243	17255	17267	17278	17290	17302	17313	17325	17337	17349	1640

（续）

温度/℃	热电动势/μV										温度/℃
	0	1	2	3	4	5	6	7	8	9	
1650	17360	17372	17384	17396	17407	17419	17431	17442	17454	17466	1650
1660	17477	17489	17501	17512	17524	17536	17548	17559	17571	17583	1660
1670	17594	17606	17617	17629	17641	17652	17664	17676	17687	17699	1670
1680	17711	17722	17734	17745	17757	17769	17780	17792	17803	17815	1680
1690	17826	17838	17850	17861	17873	17884	17896	17907	17919	17930	1690
1700	17942	17953	17965	17976	17988	17999	18010	18022	18033	18045	1700
1710	18056	18068	18079	18090	18102	18113	18124	18136	18147	18158	1710
1720	18170	18181	18192	18204	18215	18226	18237	18249	18260	18271	1720
1730	18282	18293	18305	18316	18327	18338	18349	18360	18372	18383	1730
1740	18394	18405	18416	18427	18438	18449	18460	18471	18482	18493	1740
1750	18504	18515	18526	18536	18547	18558	18569	18580	18591	18602	1750
1760	18612	18623	18634	18645	18655	18666	18677	18687	18698	18709	1760

附录 B 镍铬－康铜热电偶分度表

分度号：E （单位为：μV）

温度/℃	0	10	20	30	40	50	60	70	80	90	温度/℃
0	0	591	1192	1801	2419	3047	3683	4329	4983	5646	0
100	6317	6996	7683	8377	9078	9787	10501	11222	11949	12681	100
200	13419	14161	14909	15661	16417	17178	17942	18710	19481	20256	200
300	21033	21814	22597	23383	24171	24961	25754	26549	27345	28143	300
400	28943	29744	30546	31350	32155	32960	33767	34574	35382	36190	400
500	36999	37808	38617	39426	40236	41045	41853	42662	43470	44278	500
600	45085	45891	46697	47502	48306	49109	49911	50713	51513	52312	600
700	53110	53907	54703	55498	56291	57083	57873	58663	59451	60237	700
800	61022	61806	62588	63368	64147	64924	65700	66473	67245	68015	800
900	68783	69549	70313	71075	71835	72593	73350	74104	74857	75608	900
1000	76358										1000

附录 C 镍铬－镍硅热电偶分度表

分度号：K

温度/℃	热电动势/μV										温度/℃
	0	1	2	3	4	5	6	7	8	9	
－270	－6458										－270
－260	－6441	－6444	－6446	－6448	－6450	－6452	－6453	－6455	－6456	－6457	－260
－250	－6404	－6408	－6413	－6417	－6421	－6425	－6429	－6432	－6435	－6438	－250

（续）

温度/℃	热电动势/μV										温度/℃
	0	1	2	3	4	5	6	7	8	9	
-240	-6344	-6351	-6358	-6364	-6371	-6377	-6382	-6388	-6394	-6399	-240
-230	-6262	-6271	-6280	-6289	-6297	-6306	-6314	-6322	-6329	-6337	-230
-220	-6158	-6170	-6181	-6192	-6202	-6213	-6223	-6233	-6243	-6253	-220
-210	-6035	-6048	-6061	-6074	-6087	-6099	-6111	-6123	-6135	-6147	-210
-200	-5891	-5907	-5922	-5936	-5951	-5965	-5980	-5994	-6007	-6021	-200
-190	-5730	-5747	-5763	-5780	-5796	-5813	-5829	-5845	-5860	-5876	-190
-180	-5550	-5569	-5587	-5606	-5624	-5642	-5660	-5678	-5695	-5712	-180
-170	-5354	-5374	-5394	-5414	-5434	-5454	-5474	-5493	-5512	-5531	-170
-160	-5141	-5163	-5185	-5207	-5228	-5249	-5271	-5292	-5313	-5333	-160
-150	-4912	-4936	-4959	-4983	-5006	-5029	-5051	-5074	-5097	-5119	-150
-140	-4669	-4694	-4719	-4743	-4768	-4792	-4817	-4841	-4865	-4889	-140
-130	-4410	-4437	-4463	-4489	-4515	-4541	-4567	-4593	-4618	-4644	-130
-120	-4138	-4166	-4193	-4221	-4248	-4276	-4303	-4330	-4357	-4384	-120
-110	-3852	-3881	-3910	-3939	-3968	-3997	-4025	-4053	-4082	-4110	-110
-100	-3553	-3584	-3614	-3644	-3674	-3704	-3734	-3764	-3793	-3823	-100
-90	-3242	-3274	-3305	-3337	-3368	-3399	-3430	-3461	-3492	-3523	-90
-80	-2920	-2953	-2985	-3018	-3050	-3082	-3115	-3147	-3179	-3211	-80
-70	-2586	-2620	-2654	-2687	-2721	-2754	-2788	-2821	-2854	-2887	-70
-60	-2243	-2277	-2312	-2347	-2381	-2416	-2450	-2484	-2518	-2552	-60
-50	-1889	-1925	-1961	-1996	-2032	-2067	-2102	-2137	-2173	-2208	-50
-40	-1527	-1563	-1600	-1636	-1673	-1709	-1745	-1781	-1817	-1853	-40
-30	-1156	-1193	-1231	-1268	-1305	-1342	-1379	-1416	-1453	-1490	-30
-20	-777	-816	-854	-892	-930	-968	-1005	-1043	-1081	-1118	-20
-10	-392	-431	-469	-508	-547	-585	-624	-662	-701	-739	-10
0	0	-39	-79	-118	-157	-197	-236	-275	-314	-353	0
0	0	39	79	119	158	198	238	277	317	357	0
10	397	437	477	517	557	597	637	677	718	758	10
20	798	838	879	919	960	1000	1041	1081	1122	1162	20
30	1203	1244	1285	1325	1366	1407	1448	1489	1529	1570	30
40	1611	1652	1693	1734	1776	1817	1858	1899	1940	1981	40
50	2022	2064	2105	2146	2188	2229	2270	2312	2353	2394	50
60	2436	2477	2519	2560	2601	2643	2684	2726	2767	2809	60
70	2850	2892	2933	2975	3016	3058	3100	3141	3183	3224	70
80	3266	3307	3349	3390	3432	3473	3515	3556	3598	3639	80
90	3681	3722	3764	3805	3847	3888	3930	3971	4012	4054	90

（续）

温度/℃	热电动势/μV										温度/℃
	0	1	2	3	4	5	6	7	8	9	
100	4095	4137	4178	4219	4261	4302	4343	4384	4426	4467	100
110	4508	4549	4590	4632	4673	4714	4755	4796	4837	4878	110
120	4949	4960	5001	5042	5083	5124	5164	5205	5246	5287	120
130	5327	5363	5409	5450	5490	5531	5571	5612	5652	5693	130
140	5733	5774	5814	5855	5895	5936	5976	6016	6057	6097	140
150	6137	6177	6218	6258	6298	6338	6378	6419	6459	6499	150
160	6539	6579	6619	6659	6699	6739	6779	6819	6859	6899	160
170	6939	6979	7019	7059	7099	7139	7179	7219	7259	7299	170
180	7338	7378	7418	7458	7498	7538	7578	7618	7658	7697	180
190	7737	7777	7817	7857	7897	7937	7977	8017	8057	8097	190
200	8137	8177	8216	8256	8296	8336	8376	8416	8456	8497	200
210	8537	8577	8617	8657	8697	8737	8777	8817	8857	8898	210
220	8938	8978	9018	9058	9099	9139	9179	9220	9260	9300	220
230	9341	9381	9421	9462	9502	9543	9583	9624	9664	9705	230
240	9745	9786	9826	9867	9907	9948	9989	10029	10070	10111	240
250	10151	10192	10233	10274	10315	10355	10396	10437	10478	10519	250
260	10560	10600	10641	10682	10723	10764	10805	10846	10887	10928	260
270	10969	11010	11051	11093	11134	11175	11216	11257	11298	11339	270
280	11381	11422	11463	11504	11546	11587	11628	11669	11711	12752	280
290	11793	11835	11876	11918	11959	12000	12042	12083	12125	12166	290
300	12207	12249	12290	12332	12373	12415	12456	12498	12539	12581	300
310	12623	12664	12706	12747	12789	12831	12872	12914	12955	12997	310
320	13039	13080	13122	13164	13205	13247	13289	13331	13372	13414	320
330	13456	13497	13539	13581	13623	13665	13706	13748	13790	13832	330
340	13874	13915	13957	13999	14041	14083	14125	14167	14208	14250	340
350	14292	14334	14376	14418	14460	14502	14544	14586	14628	14670	350
360	14712	14754	14796	14838	14880	14922	14964	15006	15048	15090	360
370	15132	15174	15216	15258	15300	15342	15384	15426	15468	15510	370
380	15552	15594	15636	15679	15721	15763	15805	15847	15889	15931	380
390	15974	16016	16058	16100	16142	16184	16227	16269	16311	16363	390
400	16395	16438	16480	16522	16564	16607	16649	16691	16733	16776	400
410	16818	16860	16902	16945	16987	17029	17072	17114	17156	17199	410
420	17241	17283	17326	17368	17410	17453	17495	17537	17580	17622	420
430	17664	17707	17749	17792	17834	17876	17919	17961	18004	18046	430
440	18088	18131	18173	18216	18258	18301	18343	18385	18428	18470	440

（续）

温度/℃	热电动势/μV										温度/℃
	0	1	2	3	4	5	6	7	8	9	
450	18513	18555	18598	18640	18683	18725	18768	18810	18853	18895	450
460	18938	18980	19023	19065	19108	19150	19193	19235	19278	19320	460
470	19363	19405	19448	19490	19533	19576	19618	19661	19703	19746	470
480	19788	19831	19873	19910	19959	20001	20044	20086	20129	20172	480
490	20214	20257	20299	20342	20385	20427	20470	20512	20555	20598	490
500	20640	20683	20725	20768	20811	20853	20896	20038	20981	21024	500
510	21066	21109	21152	21194	21237	21280	21322	21365	21407	21450	510
520	21493	21535	21578	21621	21663	21706	21749	21791	21834	21876	520
530	21919	21962	22004	22047	22090	22132	22175	22218	22260	22303	530
540	22346	22388	22431	22473	22516	22559	22601	22644	22687	22729	540
550	22772	22815	22857	22900	22942	22985	23028	23070	23113	23156	550
560	23198	23241	23284	23326	23369	23411	23454	23497	23539	23582	560
570	23624	23667	23710	23752	23795	23837	23880	23923	23965	24008	570
580	24050	24093	24136	24178	24221	24263	24306	24348	24391	24434	580
590	24476	24519	24561	24604	24646	24689	24731	24774	24817	24859	590
600	24902	24944	24987	25029	25072	25114	25157	25199	25242	25284	600
610	25327	25369	25412	25454	25497	25539	25582	25624	25666	25709	610
620	25751	25794	25836	25879	25921	25964	26006	26048	26091	26133	620
630	26176	26218	26260	26303	26345	26387	26430	26472	26515	26557	630
640	26599	26642	26684	26726	26769	26811	26853	26896	26938	26980	640
650	27022	27065	27107	27149	27192	27234	27276	27318	27361	27403	650
660	27445	27487	27529	27572	27614	27656	27698	27740	27783	27825	660
670	27867	27909	27951	27993	28035	28078	28120	28162	28204	28246	670
680	28288	28330	28372	28414	28456	28498	28540	28583	28625	28667	680
690	28709	28751	28793	28835	28877	28919	28961	29002	29044	29086	690
700	29128	29170	29212	29254	29296	29338	29380	29422	29464	29505	700
710	29547	29589	29631	29673	29715	29756	29798	29840	29882	29924	710
720	29965	30007	30049	30091	30132	30174	30216	30257	30299	30341	720
730	30383	30424	30466	30508	30549	30591	30632	30674	30716	30757	730
740	30799	30840	30882	30924	30965	31007	31048	31090	31131	31173	740
750	31214	31256	31297	31339	31380	31422	31463	31504	31546	31587	750
760	31629	31670	31712	31753	31794	31836	31877	31918	31960	32001	760
770	32042	32084	32125	32166	32207	32249	32290	32331	32372	32414	770
780	32455	32496	32537	32578	32619	32661	32702	32743	32784	32825	780
790	32866	32907	32948	32990	33031	33072	33113	33154	33195	33236	790

（续）

温度/℃	热电动势/μV										温度/℃
	0	1	2	3	4	5	6	7	8	9	
800	33277	33318	33359	33400	33441	33482	33523	33564	33604	33645	800
810	33686	33727	33768	33809	33850	33891	33931	33972	34013	34054	810
820	34095	34136	34176	34217	34258	34299	34339	34380	34421	34461	820
830	34502	34543	34583	34624	34665	34705	34746	34787	34827	34868	830
840	34909	34949	34990	35030	35071	35111	35152	35192	35233	35273	840
850	35314	35354	35395	35435	35476	35516	35557	35597	35637	35678	850
860	35718	35758	35799	35839	35880	35920	35960	36000	36041	36081	860
870	36121	36162	36202	36242	36282	36323	36363	36403	36443	36483	870
880	36524	36564	36604	36644	36684	36724	36764	36804	36844	36885	880
890	36925	36965	37005	37045	37085	37125	37165	37205	37245	37285	890
900	37325	37365	37405	37445	37484	37524	37564	37604	37644	37684	900
910	37724	37764	37803	37843	37883	37923	37963	38002	38042	38082	910
920	38122	38162	38201	38241	38281	38320	38360	38400	38439	38479	920
930	38519	38558	38598	38638	38677	38717	38756	38796	38836	38875	930
940	38915	38954	38994	39033	39073	39112	39152	39191	39231	39270	940
950	39310	39349	39388	39428	39467	39507	39546	39585	39625	39664	950
960	39703	39743	39782	39821	39861	39900	39939	39979	40018	40057	960
970	40096	40136	40175	40214	40253	40292	40332	40371	40410	40449	970
980	40488	40527	40566	40605	40645	40684	40723	40762	40801	40840	980
990	40879	40918	40957	40996	41035	41074	41113	41152	41191	41230	990
1000	41269	41308	41347	41385	41424	41463	41502	41541	41580	41619	1000
1010	41657	41696	41735	41774	41813	41851	41890	41929	41968	42006	1010
1020	42045	42084	42123	42161	42200	42239	42277	42316	42355	42393	1020
1030	42432	42470	42509	42548	42586	42625	42663	42702	42740	42779	1030
1040	42817	42856	42894	42933	42971	43010	43048	43087	43125	43164	1040
1050	43202	43240	43279	43317	43356	43394	43432	43471	43509	43547	1050
1060	43585	43624	43662	43700	43739	43777	43815	43853	43891	43930	1060
1070	43968	44006	44044	44082	44121	44159	44197	44235	44273	44311	1070
1080	44349	44387	44425	44463	44501	44539	44577	44615	44653	44691	1080
1090	44729	44767	44805	44843	44881	44919	44957	44995	45033	45070	1090
1100	45108	45146	45184	45222	45260	45297	45335	45373	45411	45448	1100
1110	45486	45524	45561	45599	45637	45675	45712	45750	45787	45825	1110
1120	45863	45900	45938	45975	46013	46051	46088	46126	46163	46201	1120
1130	46238	46275	46313	46350	46388	46425	46463	46500	46537	46575	1130
1140	46612	46649	46687	46724	46761	46799	46836	46873	46910	46948	1140

（续）

温度/℃	热电动势/μV										温度/℃
	0	1	2	3	4	5	6	7	8	9	
1150	46985	47022	47059	47096	47013	47171	47208	47245	47282	47319	1150
1160	47356	47393	47430	47468	47505	47542	47579	47616	47653	47689	1160
1170	47726	47763	47800	47837	47874	47911	47948	47985	48021	48058	1170
1180	48095	48132	48169	48205	48242	48279	48316	48352	48389	48426	1180
1190	48462	48499	48536	48572	48609	48645	48682	48718	48755	48792	1190
1200	48828	48865	48901	48937	48974	49010	49047	49083	49120	49156	1200
1210	49192	49229	49265	49301	49338	49374	49410	49446	49483	49519	1210
1220	49555	49591	49627	49663	49700	49736	49772	49808	49844	49880	1220
1230	49916	49952	49988	50024	50060	50096	50132	50168	50204	50240	1230
1240	50276	50311	50347	50383	50419	50455	50491	50526	50562	50598	1240
1250	50633	50669	50705	50741	50776	50812	50847	50883	50919	50954	1250
1260	50990	51025	51061	51096	51132	51167	51203	51238	51274	51309	1260
1270	51344	51380	51415	51450	51486	51521	51556	51592	51627	51662	1270
1280	51697	51733	51768	51803	51838	51873	51908	51943	51979	52014	1280
1290	52049	52084	52119	52154	52189	52224	52259	52294	52329	52364	1290
1300	52398	52433	52468	52503	52538	52573	52608	52642	52677	52712	1300
1310	52747	52781	52816	52851	52886	52920	52955	52989	53024	53059	1310
1320	53093	53128	53162	53197	53233	53266	53301	53335	53370	53404	1320
1330	53439	53473	53507	53542	53576	53611	53645	53679	53714	53748	1330
1340	53782	53817	53851	53885	53920	53954	53988	54022	54057	54091	1340
1350	54125	54159	54193	54228	54262	54296	54330	54364	54398	54432	1350
1360	54466	54501	54535	54569	54603	54637	54671	54705	54739	54773	1360
1370	54807	54841	54875								

附录 D 铂电阻分度表

分度号：Pt_{100} $R_0 = 100.00\Omega$（单位为：Ω）

温度/℃	0	1	2	3	4	5	6	7	8	9
-200	18.49									
-190	22.80	22.37	21.94	21.51	21.08	20.65	20.22	19.79	19.36	18.93
-180	27.08	26.65	26.23	25.80	25.37	24.94	24.52	24.09	23.66	23.23
-170	31.32	30.90	30.47	30.05	29.63	29.20	28.78	28.35	27.93	27.50
-160	35.53	35.11	34.69	34.27	33.85	33.43	33.01	32.59	32.16	31.74
-150	39.71	39.30	38.88	38.46	38.04	37.63	37.21	36.79	36.37	35.95
-140	43.87	43.45	43.04	42.63	42.21	41.79	41.38	40.96	40.55	40.13

（续）

温度/℃	0	1	2	3	4	5	6	7	8	9
-130	48.00	47.59	47.18	46.76	46.35	45.94	45.52	45.11	44.70	44.28
-120	52.11	51.70	51.29	50.88	50.47	50.06	49.64	49.23	48.82	48.41
-110	56.19	55.78	55.38	54.97	54.56	54.15	53.74	53.33	52.92	52.52
-100	60.25	59.85	59.44	59.04	58.63	58.22	57.82	57.41	57.00	56.00
-90	64.30	63.90	63.49	63.09	62.68	62.28	61.87	61.47	61.06	60.66
-80	68.33	67.92	67.52	67.12	66.72	66.31	65.91	65.51	65.11	64.70
-70	72.33	71.93	71.53	71.13	70.73	70.33	69.93	69.53	69.13	68.73
-60	76.33	75.93	75.53	75.13	74.73	74.33	73.93	73.53	73.13	72.73
-50	80.31	79.91	79.51	79.11	78.72	78.32	77.92	77.52	77.13	76.73
-40	84.27	83.88	83.48	83.08	82.69	82.29	81.89	81.50	81.10	80.70
-30	88.22	87.83	87.43	87.04	86.64	86.25	86.85	85.46	85.06	84.67
-20	92.16	91.77	91.37	90.98	90.59	90.19	89.80	89.40	89.01	88.62
-10	96.09	95.69	95.30	94.91	94.52	94.12	93.73	93.34	92.95	92.95
0	100.00	99.61	99.22	98.83	98.44	98.04	97.65	97.26	96.87	96.48
0	100.00	100.39	100.78	101.17	101.56	101.95	102.34	102.73	103.13	103.51
10	103.90	104.29	104.68	105.07	105.46	105.85	106.24	106.63	107.02	107.40
20	107.79	108.18	108.57	108.96	109.35	109.73	110.12	110.51	110.90	111.28
30	111.67	112.06	112.45	112.83	113.22	113.61	113.99	114.38	114.77	115.15
40	115.54	115.93	116.31	116.70	117.08	117.47	117.85	118.24	118.62	119.01
50	119.40	119.78	120.16	120.55	120.93	121.32	121.70	122.09	122.47	122.86
60	123.24	123.62	124.01	124.39	124.77	125.16	125.54	125.92	126.31	126.69
70	127.07	127.45	127.84	128.22	128.60	128.98	129.37	129.75	130.13	130.51
80	130.89	131.27	131.66	132.04	132.42	132.80	133.18	133.56	133.94	134.32
90	134.70	135.08	135.46	135.84	136.22	136.60	136.98	137.36	137.74	138.12
100	138.50	138.88	139.26	139.64	140.02	140.39	140.77	141.15	141.53	141.91
110	142.29	142.66	143.04	143.42	143.80	144.17	144.55	144.93	145.31	145.68
120	146.06	146.44	146.81	147.19	147.57	147.94	148.32	184.70	149.07	149.45
130	149.82	150.20	150.57	150.95	151.33	151.70	152.08	152.45	152.83	153.20
140	153.58	153.95	154.32	154.70	155.07	155.45	155.82	156.19	156.57	156.94
150	157.31	157.69	158.06	158.43	158.81	159.18	159.55	159.93	160.30	160.67
160	161.04	161.42	161.79	162.16	162.53	162.90	163.27	163.65	164.02	164.39
170	164.76	165.13	165.50	165.87	166.24	166.61	166.98	167.35	167.72	168.09
180	168.46	168.83	169.20	169.57	169.94	170.31	170.68	171.05	171.42	171.79

（续）

温度/℃	0	1	2	3	4	5	6	7	8	9
190	172.16	172.53	172.90	173.26	173.63	174.00	174.37	174.74	175.10	175.47
200	175.84	176.21	176.57	176.94	177.31	177.68	178.04	178.41	178.78	179.14
210	179.51	179.88	180.24	180.61	180.97	181.34	181.71	182.07	182.44	182.80
220	183.17	183.53	183.90	184.26	184.63	184.99	185.36	185.72	186.09	186.45
230	186.82	187.18	187.54	187.91	188.27	188.63	189.00	189.36	189.72	190.09
240	190.45	190.81	191.18	191.54	191.90	192.26	192.63	192.99	193.35	193.71
250	194.07	194.44	194.80	195.16	195.52	195.88	196.24	196.60	196.96	197.33
260	197.69	198.05	198.41	198.77	199.13	199.49	199.85	200.21	200.57	200.93
270	201.29	201.65	202.01	202.36	202.72	203.08	203.44	203.80	204.16	204.52
280	204.88	205.23	205.59	205.95	206.31	206.67	207.02	207.38	207.74	208.10
290	208.45	208.81	209.17	209.52	209.88	210.24	210.59	210.95	211.31	211.66
300	212.02	212.37	212.73	213.09	213.44	213.80	214.15	214.51	214.86	215.22
310	215.57	215.93	216.28	216.64	216.99	217.35	217.70	218.05	218.41	218.76
320	219.12	219.47	219.82	220.18	220.53	220.88	221.24	221.59	221.94	222.29
330	222.65	223.00	223.35	223.70	224.06	224.41	224.76	225.11	225.46	225.81
340	226.17	226.52	226.87	227.22	227.57	227.92	228.27	228.62	228.97	229.32
350	229.67	230.02	230.37	230.72	231.07	231.42	231.77	232.12	232.47	232.82
360	233.17	233.52	233.87	234.22	234.56	234.91	235.26	235.61	235.96	236.31
370	236.65	237.00	237.35	237.70	238.04	238.39	238.74	239.09	239.43	239.78
380	240.13	240.47	240.82	241.17	241.51	241.86	242.20	242.55	242.90	243.24
390	243.59	243.93	244.28	244.62	244.97	245.31	245.66	246.00	246.35	246.69
400	247.04	247.38	247.73	248.07	248.41	248.76	249.10	249.45	249.79	250.13
410	250.48	250.82	251.16	251.50	251.85	252.19	252.53	252.88	253.22	253.56
420	253.90	254.24	254.59	254.93	255.27	255.61	255.95	256.29	256.64	256.98
430	257.32	257.66	258.00	258.34	258.68	259.02	259.36	259.70	260.04	260.38
440	260.72	261.06	261.40	261.74	262.08	262.42	262.76	263.10	263.43	263.77
450	264.11	264.45	264.79	265.13	265.47	265.80	266.14	266.48	266.82	267.15
460	267.49	267.83	268.17	268.50	268.84	269.18	269.51	269.85	270.19	270.52
470	270.86	271.20	271.53	271.87	272.20	272.54	272.88	273.21	273.55	273.88
480	274.22	274.55	274.89	275.22	275.56	275.89	276.23	276.56	276.89	277.23
490	277.56	277.90	278.23	278.56	278.90	279.23	279.56	279.90	280.23	280.56
500	280.90	281.23	281.56	281.89	282.23	282.56	282.89	283.22	283.55	283.89
510	284.22	284.55	284.88	285.21	285.54	285.87	286.21	286.54	286.87	287.20

（续）

温度/℃	0	1	2	3	4	5	6	7	8	9
520	287.53	287.86	288.19	288.52	288.85	289.18	289.51	289.84	290.17	290.50
530	290.83	291.16	291.49	291.81	292.14	292.47	292.80	293.13	293.46	293.79
540	294.11	294.44	294.77	295.10	295.43	295.75	296.08	296.41	296.74	297.06
550	297.39	297.72	298.04	298.37	298.70	299.02	299.35	299.68	300.00	300.33
560	300.65	300.98	301.31	301.63	301.96	302.28	302.61	302.93	303.26	303.58
570	303.91	304.23	304.56	304.88	305.20	305.53	305.85	306.18	306.50	306.82
580	307.15	307.47	307.79	308.12	308.44	308.76	309.09	309.41	309.73	310.05
590	310.38	310.70	311.02	311.34	311.67	311.99	312.31	312.63	312.95	313.27
600	313.59	313.92	314.24	314.56	314.88	315.20	315.52	315.84	316.16	316.48
610	316.80	317.12	317.44	317.76	318.08	318.40	318.72	319.04	319.36	319.68
620	319.99	320.31	320.63	320.95	321.27	321.59	321.91	322.22	322.54	322.86
630	323.18	323.49	323.81	324.13	324.45	324.76	325.08	325.40	325.72	326.03
640	326.35	326.66	326.98	327.30	327.61	327.93	328.25	328.56	328.88	329.19
650	329.51	329.82	330.14	330.45	330.77	331.08	331.40	331.71	332.03	332.34
660	332.66	332.97	333.28	333.60	333.91	334.23	334.54	334.85	335.17	335.48
670	335.79	336.11	336.42	336.73	337.04	337.36	337.67	337.98	338.29	338.61
680	338.92	339.23	339.54	339.85	340.16	340.48	340.79	341.10	341.41	341.72
690	342.03	342.34	342.65	342.96	343.27	343.58	343.89	344.20	344.51	344.82
700	345.13	345.44	345.75	346.06	346.37	346.68	346.99	347.30	347.60	347.91
710	348.22	348.53	348.84	349.15	349.45	349.76	350.07	350.38	350.69	350.99
720	351.30	351.61	351.91	352.22	352.53	352.83	353.14	353.45	353.75	354.06
730	354.37	354.67	354.98	355.28	355.59	355.90	356.20	356.51	356.81	357.12
740	357.42	357.73	358.03	358.34	358.64	358.95	359.25	359.55	359.86	360.16
750	360.47	360.77	361.07	361.38	361.68	361.98	362.29	362.59	362.89	363.19
760	363.50	363.80	364.10	364.40	364.71	365.01	365.31	365.61	365.91	366.22
770	366.52	366.82	367.12	367.42	367.72	368.02	368.32	368.63	368.93	369.23
780	369.53	369.83	370.13	370.43	370.73	371.03	371.33	271.63	371.93	372.22
790	372.52	372.82	373.12	373.42	373.72	374.02	374.32	374.61	374.91	375.21
800	375.51	375.81	376.10	376.40	376.70	377.00	377.29	377.59	377.89	378.19
810	378.48	378.78	379.08	379.37	379.67	379.97	380.26	380.56	380.85	381.15
820	381.45	381.74	382.04	382.33	382.63	382.92	383.22	383.51	383.81	384.10
830	384.40	384.69	384.98	385.28	385.57	385.87	386.16	386.45	386.75	387.04
840	387.34	387.63	387.92	388.21	388.51	388.80	389.09	389.39	389.68	389.97
850	390.26									

附录E　铜电阻分度表(Cu_{50})

分度号:Cu_{50}　　$R_0 = 50\Omega$　(单位为:Ω)

温度/℃	0	1	2	3	4	5	6	7	8	9
-50	39.29	—	—	—	—	—	—	—	—	—
-40	41.40	41.18	40.97	40.75	40.54	40.32	40.10	39.89	39.67	39.46
-30	43.55	43.34	43.12	42.91	42.69	42.48	42.27	42.05	41.83	41.61
-20	45.70	45.49	45.27	45.06	44.84	44.63	44.41	44.20	43.98	43.77
-10	47.85	47.64	47.42	47.21	46.99	46.78	46.56	46.35	46.13	45.92
-0	50.00	49.78	49.57	49.35	49.14	48.92	48.71	48.50	48.28	48.07
0	50.00	50.21	50.43	50.64	50.86	51.07	51.28	51.50	51.71	51.93
10	52.14	52.36	52.57	52.78	53.00	53.21	53.43	53.64	53.86	54.07
20	54.28	54.50	54.71	54.92	55.14	55.35	55.57	55.78	56.00	56.21
30	56.42	46.64	56.85	57.07	57.28	57.49	57.71	57.92	58.14	58.35
40	58.56	58.78	58.99	59.20	59.42	59.63	59.85	60.06	60.27	60.49
50	60.70	60.92	61.13	61.34	61.56	61.77	61.98	62.20	62.41	62.63
60	62.84	63.05	63.27	63.48	63.70	63.91	64.12	64.34	64.55	64.76
70	64.98	65.19	65.41	65.62	65.83	66.05	66.26	66.48	66.69	66.90
80	67.12	67.33	67.54	67.76	67.97	68.19	68.40	68.62	68.83	69.04
90	69.26	69.47	69.68	69.90	70.11	70.33	70.54	70.76	70.97	71.18
100	71.40	71.61	71.83	72.04	72.25	72.47	72.68	72.90	73.11	73.33
110	73.54	73.75	73.97	74.18	74.40	74.61	74.83	75.04	75.26	75.47
120	75.68	75.90	76.11	76.33	76.54	76.76	76.97	77.19	77.40	77.62
130	77.83	78.05	78.26	78.48	78.69	78.91	79.12	79.34	79.55	79.77
140	79.98	80.20	80.41	80.63	80.84	81.06	81.27	81.49	81.70	81.92
150	82.13	—	—	—	—	—	—	—	—	—

附录 F 铜电阻分度表(Cu_{100})

分度号:Cu_{100} $R_0=100\Omega$(单位为:Ω)

温度/℃	0	1	2	3	4	5	6	7	8	9
-50	78.49	—	—	—	—	—	—	—	—	—
-40	82.80	82.36	81.94	81.50	81.08	80.64	80.20	79.78	79.34	78.92
-30	87.10	86.68	86.24	85.82	85.38	84.95	84.54	84.10	83.66	83.22
-20	91.40	90.98	90.54	90.12	89.68	86.26	88.82	88.40	87.96	87.54
-10	95.70	95.28	94.84	94.42	93.98	93.56	93.12	92.70	92.26	91.84
-0	100.00	99.56	99.14	98.70	98.28	97.84	97.42	97.00	96.56	96.14
0	100.00	100.42	100.86	101.28	101.72	102.14	102.56	103.00	103.43	103.86
10	104.28	104.72	105.14	105.56	106.00	106.42	106.86	107.28	107.72	108.14
20	108.56	109.00	109.42	109.84	110.28	110.70	111.14	111.56	112.00	112.42
30	112.84	113.28	113.70	114.14	114.56	114.98	115.42	115.84	116.28	116.70
40	117.12	117.56	117.98	118.40	118.84	119.26	119.70	120.12	120.54	120.98
50	121.40	121.84	122.26	122.68	123.12	123.54	123.96	124.40	124.82	125.26
60	125.68	126.10	126.54	126.96	127.40	127.82	128.24	128.68	129.10	129.52
70	129.96	130.38	130.82	131.24	131.66	132.10	132.52	132.96	133.38	133.80
80	134.24	134.66	135.08	135.52	135.94	136.33	136.80	137.24	137.66	138.08
90	138.52	138.94	139.36	139.80	140.22	140.66	141.08	141.52	141.94	142.36
100	142.80	143.22	143.66	144.08	144.50	144.94	145.36	145.80	146.22	146.66
110	147.08	147.50	147.94	148.36	148.80	149.22	149.66	150.08	150.52	150.94
120	151.36	151.80	152.22	152.66	153.08	153.52	153.94	154.38	154.80	155.24
130	155.66	156.10	156.52	156.96	157.38	157.82	158.24	158.68	159.10	159.54
140	159.96	160.40	160.82	161.28	161.68	162.12	162.54	162.98	163.40	163.84
150	164.27	—	—	—	—	—	—	—	—	—

附录G 空调制冷常用执行器特性

霍尼韦尔公司主要电动执行机构

型号规格	电压/V AC	输入信号	功率/W	行程/mm	时间/min	复位弹簧	附注
ML684	24	触点	3	20	—		V5011，V5013 阀 *DN*15 ~ 40mm阀门配套
ML784	24	2~10V DC	3	20	—		
ML6421A	24、220	触点	9	20	1.9		
ML6421B	24、222	触点	9	38	3.5		
ML6425A	24、220	触点	15	20	1.8	弹簧复位	
ML6425B	24	触点	15	20	1.8	弹簧复位	
ML7421A	24	2~10 V DC 或135Ω	11	20	1.9		
ML7421B				38	3.5		
ML7425	24		21	20	1.8	弹簧复位	
ML7984	24	2~10 V DC 4~20 mA DC 或135Ω	6	19	1.05 S	手动复位	操纵V5011F,G及V5013F阀
ML6531A	24	触点	3	15 Nm 90°	2.5		配用风量调节阀
ML6531B	220						
ML7420A	24	2~10 V DC 135Ω	11	20	30S		V5011 V5013 V5049 *DN*15 ~ 80mm
ML7425 A·B	24	2~10V DC 135Ω	21	20	1.9	弹簧复位	控制蒸气阀
ML7425 C·D	24	2~10V DC 135Ω	21	38	3.5	弹簧复位	控制蒸气阀
ML7531A	24	2~10V					控制风量调节阀

霍尼韦尔公司部分常用调节阀(水及蒸汽)

型号规格	阀径		C_v	K_v	联接	应　用
	/in	/mm				
V5011F1048	1/2	15	4	3.43	螺纹	两通调节阀,应用在空调、制冷系统中加热、冷却、加湿等场合,用来控制热水、冷水或蒸汽的流量
V5011F1055	3/4	20	6.3	5.4		
V5011F1063	1	25	10	8.57		
V5011F1071	$1^1/_4$	32	16	13.71		
V5011F1089	$1^1/_2$	40	25	21.43		
V5011F1097	2	50	40	34.28		
V5011F1105	$2^1/_2$	65	63	54.0		
V5011F1113	3	80	100	85.7		
V5011G1046	1/2	15	2.5	2.14		
V5011G1053	1/2	15	4	3.43		
V5011G1061	3/4	20	6.3	5.4		
V5011G1079	1	25	10	8.57		
V5011G1087	$1^1/_4$	32	16	13.71		
V5011G1095	$1^1/_2$	40	25	21.43		
V5011G1103	2	50	40	34.28		
V5011G1111	$2^1/_2$	65	63	54.0		
V5011G1129	3	80	100	85.7		
V5011G1228	$1^1/_2$	32	25	21.43		
V5013B1003	$2^1/_2$	65	63	54	法兰	三通合流阀,不能用在分流上
V5013B1011	3	80	100	85.7		
V5013B1029	4	100	160	137.12		
V5013C1019	3	80	100	85.7		三通分流阀,不能用在合流上
V5013F1004	1/2	15	2.5	2.14	螺纹联接	三通合流,不能用在分流上
V5013F1012	1/2	15	4	3.43		
V5013F1020	3/4	20	6.3	5.4		
V5013F1038	1	25	10	8.57		
V5013F1046	$1^1/_4$	32	16	13.71		
V5013F1053	$1^1/_2$	40	25	21.43		
V5013F1061	2	50	40	34.28		

霍尼韦尔公司风机盘管水阀

型号规格	电压/V DC	管径		联接	失电时	C_v	应用
		/in	/mm				
V4043C1214B	220	1/2	15	焊接	关闭（直通阀）		冷水
V4043C1222B		1/2	15	外螺纹			冷水
V4043C1230B		3/4	20	焊接		3.5	冷水
V4043C1263		3/4	20	内螺纹		8	热水
V4043C1271		1	25	内螺纹		10	
V4043C1370B		1/2	15	内螺纹		3.5	
V4043C3046B		1/2	15	外螺纹		3.5	热水、冷水
V4043C3111B		1/2	15			2.5	
V4044B1082		1/2	15	外螺纹	A口关闭（三通阀）	4	
V4044C1189B		3/4	20	内螺纹		7	
V4044C1429B		1/2	15	外螺纹		3.5	冷水
V4044C1478		1	25	内螺纹		9.5	热水、冷水
V4044C3029B		3/4	20	内螺纹			
V4044C3136B		1/2	15	外螺纹			

注：V4044 型号均为 3 通合流型；V4043 型号均为直通型。

江森、埃珂特公司主要电动调节阀

型号规格	电压/V AC	输入信号	功率/W	口径 DN/mm	全行程时间/s	应用
EGSVD	24，220	触点 0～10V DC（内装电子阀门定位器 EPOS）	5～16	从 15 到 150 共 11 种	120	水、蒸气阀阀门全开时最大压降 ΔP_v：对标准阀杆为 0.6MPa，对加强阀杆为 1.6MPa
EGSVDB（压力平衡阀）	24、220	触点 0～10V DC（内装电子阀门定位器）	5～18	从 25 到 150 共 8 种	120	

江森公司风机盘管水阀

型号规格	电压/V AC	管径/in	联接	失电时	C_v	应用
J773C0335EV33（直通阀）	220	1	内螺纹联接	关	8	冷、热水
J773C6336EV33（三通阀）		1		使用侧常闭	6.7	
J672C0308EV33（直通阀）		3/4		关	3.7	
J672C0309EV33（三通阀）		3/4		使用侧常闭	5.4	
J691C0307EV33（直通阀）		1/2		关	2.4	
J691C0308EV33（直通阀）		1/2			3.7	
J691C0309EV33（三通阀）		1/2		使用侧常闭	5	

北京汉威机电有限公司 FDF 调节风阀面积值

（单位：m^2）

高/mm		叶片数/个	宽/mm									
公称尺寸/mm	实际尺寸/mm		200	300	400	600	800	1000	1200	1400	1600	1800
150	146	1	0.03	0.04	0.06	0.09	0.12	0.15	0.18	0.20	0.23	0.26
160	154	1	0.03	0.05	0.06	0.09	0.12	0.15	0.19	0.22	0.25	0.28
300	299	2	0.06	0.09	0.12	0.18	0.24	0.30	0.36	0.42	0.48	0.54
320	313	2	0.06	0.09	0.13	0.19	0.25	0.31	0.38	0.44	0.50	0.56
450	450	3	0.09	0.14	0.18	0.27	0.36	0.45	0.54	0.63	0.72	0.81
500	472	3	0.09	0.14	0.19	0.28	0.38	0.47	0.57	0.66	0.76	0.85
600	602	4	0.12	0.18	0.24	0.36	0.48	0.60	0.72	0.84	0.96	1.08
630	631	4	0.13	0.19	0.25	0.38	0.51	0.63	0.76	0.88	1.01	1.14
750	753	5	0.15	0.23	0.30	0.45	0.60	0.75	0.90	1.06	1.21	1.36
800	790	5	0.16	0.24	0.32	0.47	0.63	0.79	0.95	1.11	1.27	1.42
900	905	6	0.18	0.27	0.36	0.54	0.72	0.91	1.09	1.27	1.45	1.63
960	949	6	0.19	0.29	0.38	0.57	0.76	0.95	1.14	1.33	1.52	1.71
1050	1057	7	0.21	0.32	0.42	0.63	0.85	1.06	1.27	1.48	1.69	1.90

（续）

高/mm		叶片数/个	宽/mm									
公称尺寸/mm	实际尺寸/mm		200	300	400	600	800	1000	1200	1400	1600	1800
1120	1108	7	0.22	0.33	0.44	0.67	0.89	1.11	1.33	1.55	1.77	1.99
1200	1208	8	0.24	0.36	0.48	0.73	0.97	1.21	1.45	1.69	1.93	2.18
1280	1267	8	0.25	0.38	0.51	0.76	1.01	1.27	1.52	1.77	2.03	2.28
1350	1360	9	0.27	0.41	0.54	0.82	1.09	1.36	1.63	1.90	2.18	2.45
1440	1426	9	0.29	0.43	0.57	0.86	1.14	1.43	1.71	1.99	2.28	2.57
1500	1511	10	0.30	0.45	0.61	0.91	1.21	1.50	1.81	2.12	2.42	2.72
1600	1585	10	0.32	0.48	0.63	0.95	1.27	1.56	1.90	2.22	2.54	2.85
1650	1663	11	0.33	0.50	0.67	0.99	1.33	1.66	1.99	2.33	2.66	2.99
1760	1744	11	0.35	0.52	0.70	1.05	1.40	1.74	2.09	2.44	2.79	3.14
1800	1814	12	0.36	0.54	0.73	1.09	1.45	1.82	2.18	2.54	2.90	3.27
1920	1903	12	0.38	0.57	0.76	1.14	1.52	1.90	2.28	2.67	3.05	3.43

风阀执行机构

型号规格	电压/V AC	输入信号	功率/W	力矩/(N·m)	应用
SM-24	24	触点	1.5	15	控制风门
SM24-SRS（带 EPOS）	24	0～10V DC	2	15	
SM-220	220	触点	8	15	
GM-24	24	触点	3	30	
GM24-SRS	24	0～10V DC	10	30	
GM-220	220	触点	4	30	

注：EPOS 为电动阀门定位器，接受 0～10V DC 信号，控制阀的阀位。

参考文献

1 张子慧主编．热工测量与自动控制．北京:中国建筑工业出版社,1996
2 赵玉珠主编．测量仪表与自动化．东营:石油大学出版社,1997
3 黄素逸主编．动力工程现代测试技术．武汉:华中科技大学出版社,2001
4 张子慧等编著．制冷空调自动控制．北京:科学技术出版社,1999
5 朱瑞琪编．制冷装置自动化．西安:西安交通大学出版社,1993
6 刘耀浩主编．热能与空调的微机测控技术．天津:天津大学出版社,1996
7 刘国荣等编．计算机控制技术与应用．北京:机械工业出版社,1999
8 徐德胜等编．变频式空调器——选购 使用 维修 电路图集．上海:上海交通大学出版社,2000
9 冯玉琪等编．新型空调器的选择安装维修．北京:人民邮电出版社,1996
10 刘基宏等编．微机可编程技术在空调系统中的应用．计算机应用,2000(2):56~57
11 张祯等编．空调自控设计基础及图例集．北京:中国建筑工业出版社,1993
12 邢水泉主编．冰蓄冷中央空调计算机控制系统．制冷学报,1998(2):5~9
13 唐双波等编．轿车空调微机控制系统研究．流体机械,2000(9):57~60
14 蔡武昌等编．流量测量方法和仪表的选用．北京:化学工业出版社,2001
15 刘耀浩主编．空调与供热的自动化．天津:天津出版社,1996
16 河北水产学校主编．冷藏库制冷装置自动化．北京:农业出版社,1981
17 吕崇德主编．热工参数测量与处理．北京:清华大学出版社,2001
18 单翠霞主编．制冷与空调自动化．北京:中国商业出版社,1997
19 范玉久主编．化工测量及仪表．北京:化学工业出版社,2002
20 厉玉鸣主编．化工仪表及自动化．北京:化学工业出版社,2001
21 张宝芬主编．自动检测技术及仪表控制系统．北京:化学工业出版社,2000
22 刘文铁主编．锅炉热工测试技术．哈尔滨:哈尔滨工业大学出版社,1989
23 岳孝方等编．制冷技术与应用．上海:同济大学出版社,1992
24 方贵银编著．蓄冷空调工程实用新技术．北京:人民邮电出版社,2000
25 金苏敏编．制冷技术及其应用．北京:机械工业出版社,1999
26 邹根南等编．制冷装置及其自动化．北京:机械工业出版社,1987
27 李松寿等编著．制冷原理与设备．上海:上海科学技术出版社,1988
28 韩宝琦等编．制冷空调原理及应用．北京:机械工业出版社,1995
29 范际礼等编．制冷空调实用技术手册．沈阳:辽宁科学技术出版社,1995
30 卢士勋编．制冷与空气调节技术．上海:上海科学技术出版社,1992
31 张祉祐编．制冷原理与制冷设备．北京:机械工业出版社,1995
32 商业冷藏加工局编．冷库制冷技术．北京:中国财政出版社,1980
33 戴永庆等编．溴化锂吸收式制冷技术及应用．北京:机械工业出版社,1996
34 徐世琼编．新编制冷技术问答．北京:农业出版社,1999
35 卫宏毅编．制冷空调设备电气与控制．广东:广东科技出版社,1998
36 潘云钢编著．高层民用建筑空调设计．北京:中国建筑工业出版社,1988
37 李佐周等编著．中央空调工程设计与施工．北京:高等教育出版社,1997
38 陈芝久等编著．制冷装置自动化．北京:机械工业出版社,1997

39 蒋能照等编．空调用热泵技术及应用．北京:机械工业出版社,1999
40 崔文富等编．直燃型溴化锂吸收式制冷工程设计．北京:中国建筑工业出版社,2000
41 何耀东等编．空调用溴化锂吸收式制冷机．北京:中国建筑工业出版社,1996
42 杨永辉编著．智能大厦．北京:北京邮电大学出版社,2002
43 冯玉琪等编．空调机制冷机电冰箱电路维修手册．北京:人民邮电出版社,1996
44 蒋能照等编．家用中央空调实用技术．北京:机械工业出版社,2002
45 石家泰等编．制冷空调的自动调节．北京:国防工业出版社,1980
46 胡鹏程等编著．电冰箱空调器的原理和维修．北京:电子工业出版社,2000
47 方贵银等编．新型空调器结构与维修技术．北京:机械工业出版社,2001
48 李天立编．小型制冷设备与维修．上海:上海交通大学出版社,1998
49 侯志林编．过程控制与自动化仪表．北京:机械工业出版社,2002